VDE-Schriftenreihe **100**

VDE-Schriftenreihe Normen verständlich **100**

Wo steht was in DIN VDE 0100?

Elektrische Anlagen von Gebäuden

Dipl.-Ing. Bernd Schröder

3., vollständig überarbeitete Auflage 2000

VDE VERLAG • Berlin • Offenbach

Maßgebend für das Anwenden der Normen sind deren Fassungen mit dem neuesten Ausgabedatum, die beim VDE VERLAG, Bismarckstraße 33, 10625 Berlin, und der Beuth-Verlag GmbH, Burggrafenstraße 6, 10787 Berlin, erhältlich sind.

Die Deutsche Bibliothek – CIP-Einheitsaufnahme

Ein Titeldatensatz für diese Publikation ist bei Der Deutschen Bibliothek erhältlich

ISBN 3-8007-2521-5

ISSN 0506-6719

Druck: GAM Media GmbH, Berlin 0005

Vorwort zur 3. Auflage

> *„Obwohl bis jetzt von keiner Seite irgendeine Einwendung gegen diese Vorschriften erhoben worden ist, so halte ich die Vorschriften so, wie sie jetzt vorliegen, nicht für das mögliche Ideal; ich glaube, es sind mehrere Fehler darin und manches, was der Verbesserung bedarf. Ich glaube es auch aussprechen zu dürfen, dass jedes Mitglied der damaligen Kommission dieselbe Ansicht hegte. Jeder von uns hat gewisse Thesen, die er für richtig hielt, aufgegeben, um den Andern entgegen zu kommen und so die gewünschte Einstimmigkeit zu erzielen. Und wir haben ein Werk zustande gebracht, welches infolge der Einstimmigkeit vorläufig Gültigkeit beanspruchen kann. Wir sind zunächst der Ansicht, dass diese Vorschriften erst 2 bis 3 Jahre lang die Feuerprobe der Praxis durchmachen müssen, und glauben, dass sich dann manches der Verbesserung Bedürftige herausstellen wird, was nach Ablauf dieser Zeit zu beseitigen nicht schwer fallen dürfte."*
>
> Prof. Emil Arnold Budde[1]), 1896

An der Entstehung eines Buches ist nicht nur der Autor beteiligt. Von der ersten Idee über die Drucklegung bis zum Vertrieb sind mehr Personen beteiligt, als man vielleicht glauben mag. Deshalb möchte ich mich an dieser Stelle besonders bei den Mitarbeitern des *VDE-VERLAGS* bedanken, die mich unterstützt haben. Besonderer Dank gebührt meinem Lektor, *Herrn Roland Werner*, VDE-VERLAG, Offenbach, der immer ein offenes Ohr für mich hatte. Mein Schwiegervater, Herr *Horst Wittwer*, erleichterte mir durch seine Hilfe die Datenerfassung und -pflege.

Meinen Dank richte ich auch an die Menschen, die im Umfeld des Themas DIN VDE 0100 (VDE 0100) positiv mit mir zusammenarbeiten und nur zum Teil nachfolgend Erwähnung finden können, damit das Vorwort knapp bleibt. Meinen Erfahrungsschatz über die DIN VDE 0100 (VDE 0100) konnte ich in etlichen Beratungen und Diskussionen der für DIN VDE 0100 (VDE 0100) zuständigen Normungsgremien der Deutschen Elektrotechnischen Kommission im DIN und VDE (DKE) bereichern. Die ehrenamtlichen Mitglieder der DKE-Normungsgremien

---

[1]) *Prof. Emil Arnold Budde* (1842 - 1921) war der 1. Vorsitzende der VDE-Kommission, die die 1. Sicherheitsvorschriften für elektrische Anlagen (in Deutschland) am 23. November 1895 in Eisenach verabschiedete. Die 1. Sicherheitsvorschriften wurden am 9. Januar 1896 in der Elektrotechnischen Zeitschrift des VDE veröffentlicht. Der kursive Text ist ein Auszug aus dem damaligen Bericht von *Prof. Budde*.

- Komitee 221 „Elektrische Anlagen von Gebäuden“
  (Obmann: Herr *Dr. Ulrich Spindler*),
- Unterkomitee 221.1 „Schutz gegen elektrischen Schlag“
  (Obmann: Herr Ing. *Werner Hörmann*),
- Unterkomitee 221.2 „Schutz gegen thermische Auswirkungen/Sachschutz“
  (Obmann: Herr Ing. *Burkhard Schulze*),
- Unterkomitee 221.3 „Bauliche Anlagen für Menschenansammlungen“
  (Obmann: Herr Dipl.-Ing. *Manfred Scharfenberg*),
- Unterkomitee 221.4 „Elektrische Anlagen in medizinischen Einrichtungen“
  (Obmann: Herr Dipl.-Ing. (FH) *Thomas Flügel*),

geben sich große Mühe mit der Entwicklung der DIN VDE 0100 (VDE 0100).

Alles in allem ist die bestehende DIN VDE 0100 (VDE 0100) ein anerkanntes Gemeinschaftswerk, das keinen Anspruch auf Perfektionismus erhebt, aber das gemeinschaftlich - praktisch weltweit - ständig im lebendigen Dialog von den betroffenen Anwenderkreisen den festgestellten Erfordernissen entsprechend im Konsens weiterentwickelt wird.

Unterstützung erfährt die Arbeit an DIN VDE 0100 (VDE 0100) hauptamtlich auch durch den DKE-Geschäftsführer Herrn Dipl.-Ing. *Enno Liess*, seinem Stellvertreter Herrn *Dr. Bernhard Thies* und dem DKE-Fachbereichsreferenten Herrn *Dr. Gerhard Imgrund.*

Zu großem Dank verbunden bin ich auch den erfahrenen Herren des DKE-Telefonservices

- Herrn Elektromeister *Heinz Haufe*,
- Herrn Dipl.-Ing. *Heinz Olenik*,
- Herrn Dipl.-Ing. *Wilhelm Rudolph*,

die telefonische Anfragen zur Auslegung und Anwendung der Errichtungsnormen beantworten und deren Anregungen und Unterstützung mir wertvoll sind.

Etliche Anfrager, die mich aus unterschiedlichen Gründen baten, Textstellen zu diesem oder jenem Thema zu suchen, motivierten mich, für einen größeren Leserkreis die wesentlichen Stichwörter zu erfassen, zu ordnen und zu pflegen. Die Resonanz der Leserschaft, für die ich mich bedanke, ermunterte mich, mit dieser

neuen Auflage das Nachschlagewerk auf den neuesten Stand zu bringen, wobei auch Anregungen so weit wie möglich berücksichtigt wurden.

Meiner Ehefrau *Hanne Schröder* danke ich für ihre liebevolle Unterstützung und Geduld während der Erarbeitung des Buches.

Ihnen, dem Besitzer dieses Buches, wünsche ich viel Erfolg durch die Benutzung dieses Nachschlagewerkes.

Mainz, im Mai 2000

Bernd Schröder

Inhalt

Vorwort zur 3. Auflage 3
Inhalt 7
1 Einführung 9
2 Änderungen seit der 1. Auflage (ab Mai 1994) 11
3 Hinweise zur Benutzung 25
4 Berücksichtigte Normen, Beiblätter und Entwürfe 29
5 Alphabetisches Stichwortverzeichnis 49

1 Einführung

Die Normenreihe DIN VDE 0100 (VDE 0100) „Elektrische Anlagen von Gebäuden“ (teilweise noch mit bisherigem Titel: „Errichten von Starkstromanlagen mit Nennspannungen bis 1 000 V“) ist anzuwenden auf das Errichten von elektrischen Anlagen bis 1 000 V Wechselspannung / 1 500 V Gleichspannung.

Sie enthält Anforderungen für das richtige

- Planen (siehe DIN VDE 0100-300 (VDE 0100 Teil 300)) unter Berücksichtigung der erforderlichen Schutzmaßnahmen (siehe Gruppe 400 der DIN VDE 0100 (VDE 0100)) und
- Auswählen und Errichten der Betriebsmittel (siehe Gruppe 500 der DIN VDE 0100 (VDE 0100)).

Gegebenenfalls sind für spezielle Räume, Betriebsstätten und Anlagen besonderer Art zusätzliche Anforderungen der Gruppe 700 der DIN VDE 0100 (VDE 0100) zu berücksichtigen.

Die Prüfungen vor der ersten Inbetriebnahme zum Nachweis der Konformität der elektrischen Anlagen mit den Anforderungen, die teilweise bereits errichtungsbegleitend stattfinden müssen, sind in DIN VDE 0100-610 (VDE 0100 Teil 610) enthalten.

Grundlegende Aussagen zum Anwendungsbereich (siehe DIN VDE 0100-100 (VDE 0100 Teil 100)) und Erklärungen zahlreicher verwendeter Begriffe (siehe DIN VDE 0100-200 (VDE 0100 Teil 200)) sind prinzipiell zu berücksichtigen.

Beiblätter der DIN VDE 0100 (VDE 0100) geben Hinweise

- zum Entwicklungsgang der Errichtungsbestimmungen (siehe Beiblatt 1),
- zum aktuellen Stand (siehe Beiblatt 2),
- über den Zusammenhang mit IEC und CENELEC (siehe Beiblatt 2),
- zur Einführung der DIN VDE 0100 und zu notwendigen Anpassungen in den neuen Bundesländern und im Ostteil Berlins (siehe Beiblatt 2),
- zur Struktur der Normenreihe (siehe Beiblatt 3),
- zu maximal zulässigen Längen von Kabeln und Leitungen (siehe Beiblatt 5).

Aus der „alten“ VDE 0100: 1973-05 mit Änderung VDE 0100g: 1976-07 sind noch einige alte Paragraphen gültig, was nicht vergessen werden darf.

Es sind somit über 40 einzelne Schriftstücke („Weißdrucke“) zu beachten. Hilfreich ist dabei die Struktur der DIN VDE 0100 (VDE 0100) (siehe Beiblatt 3), die in den neueren Normen (ab Ende 1990) der Normenreihe DIN VDE 0100 (VDE 0100) graphisch dargestellt ist und die jeweilige Einordnung zeigt.

Aber in der alltäglichen Suche nach Problemlösungen oder bei Differenzen mit dem Vertragspartner lässt sich doch häufig die gewünschte Aussage nicht so schnell finden. Nicht zu vergessen ist, dass es auch zahlreiche, im Umgang mit DIN VDE 0100 (VDE 0100) weniger geübte Anwender gibt, für die das Errichten der elektrischen Anlagen nicht das Hauptaufgabengebiet ist, z. B. Hersteller von Betriebsmitteln, die der Errichter verwenden soll. Auch der Praktiker, der bereits weiß, wie ordnungsgemäß errichtet wird, braucht hin und wieder für einen zweifelnden Auftraggeber die Stelle, die „Schwarz auf Weiß“ sein richtiges Handeln bestätigt. Kurzum, es gilt die Frage „Wo steht was in DIN VDE 0100?” zu beantworten.

2 Änderungen seit der 1. Auflage (ab Mai 1994)

Seit der ersten Auflage des Bandes 100 der VDE-Schriftenreihe, also nach April 1994, haben sich in der Normenreihe DIN VDE 0100 die Änderungen nach Tabelle 2.1 ergeben (Titel noch gültiger Ausgaben siehe Kapitel 4), die in dieser neuen Auflage berücksichtigt wurden. Die Angaben sind in zeitlicher Chronologie der Herausgabedaten sortiert. Die Änderungen ab der 2. Auflage des Bandes 100 der VDE-Schriftenreihe beginnen in Tabelle 2.1 ab Juni 1998.

Tabelle 2.1 Änderungen der DIN VDE 0100 (VDE 0100) ab 01. Mai 1994

Hinzugekommen sind	Ersetzt/Zurückgezogen wurden	Bemerkungen
	01. Juni 1994	
DIN IEC 64(Sec)694 (**VDE 0100 Teil 300/A4**): 1994-06 (Entwurf)		
DIN IEC 64(Sec)695 (**VDE 0100 Teil 510/A4**): 1994-06 (Entwurf)		
	01. Juli 1994	
DIN VDE 0100-726/A2 (**VDE 0100 Teil 726/A2**): 1994-07 (Entwurf)		Der Entwurf wurde später durch die Norm DIN VDE 0100-726/A1 (**VDE 0100 Teil 726/A1**): 1995-04 ersetzt.
DIN VDE 0100-732/A1 (**VDE 0100 Teil 732/A1**): 1994-07 (Entwurf)		Der Entwurf wurde später in DIN VDE 0100-732 (**VDE 0100 Teil 732**): 1995-07 eingearbeitet.
	Beiblatt 4 zu DIN VDE 0100 (**Beiblatt 4 zu VDE 0100**): 1987-11	Das Stichwortverzeichnis wurde zurückgezogen. Dieser Band 100 der VDE-Schriftenreihe enthält stattdessen das Stichwortverzeichnis zu DIN VDE 0100.

(wird fortgesetzt)

Tabelle 2.1 Änderungen der DIN VDE 0100 (VDE 0100) ab 01. Mai 1994 (Fortsetzung)

Hinzugekommen sind	Ersetzt/Zurückgezogen wurden	Bemerkungen
	01. September 1994	
DIN IEC 64(Sec)690 (**VDE 0100 Teil 444**): 1994-09 (Entwurf)	DIN VDE 0100-444 (**VDE 0100 Teil 444**): 1992-11 (Entwurf)	2. Entwurf
	01. Oktober 1994	
DIN IEC 64(Sec)711 (**VDE 0100 Teil 713**): 1994-10 (Entwurf)	DIN VDE 0100-724 (**VDE 0100 Teil 724**): 1986-04 (Entwurf)	Der internationale Entwurf ersetzt den bisherigen nationalen Entwurf.
	01. November 1994	
DIN IEC 64(Sec)701 (**VDE 0100 Teil 430/A1**): 1994-11 (Entwurf)		
DIN IEC 64(Sec)700 (**VDE 0100 Teil 470/A2**): 1994-11 (Entwurf)		Der Entwurf wurde später durch Entwurf DIN IEC 64/81115/CD (**VDE 0100 Teil 470/A2**): 1996-02 ersetzt.
Beiblatt 1 zu DIN VDE 0100-520 (**Beiblatt 1 zu VDE 0100 Teil 520**): 1994-11	DIN VDE 0100-520/A2 (**VDE 0100 Teil 520/A2**): 1990-01 (Entwurf)	Der bisherige Entwurf führte zu dem Beiblatt.
	01. Januar 1995	
DIN IEC 64(Sec)725 (**VDE 0100 Teil 410/A4**): 1995-01 (Entwurf)		
DIN VDE 0100-610/A1 (**VDE 0100 Teil 610/A1**): 1995-01 (Entwurf)	DIN VDE 0100-600/A2 (**VDE 0100 Teil 600/A2**): 1989-08 (Entwurf)	Der internationale Entwurf ersetzt den bisherigen nationalen Entwurf.
DIN IEC 64(Sec)722 (**VDE 0100 Teil 620**): 1995-01 (Entwurf)		

(wird fortgesetzt)

Tabelle 2.1 Änderungen der DIN VDE 0100 (VDE 0100) ab 01. Mai 1994 (Fortsetzung)

Hinzugekommen sind	Ersetzt/Zurückgezogen wurden	Bemerkungen
	01. März 1995	
DIN IEC 64(Sec)726 (**VDE 0100 Teil 410/A5**): 1995-03 (Entwurf)		
	01. April 1995	
DIN IEC 64/758/CD (**VDE 0100 Teil 530/A6**): 1995-04 (Entwurf)	DIN IEC 64(Sec)684 (**VDE 0100 Teil 530/A6**): 1994-04 (Entwurf)	2. Entwurf
DIN VDE 0100-726/A1 (**VDE 0100 Teil 726/A1**): 1995-04	DIN VDE 0100-726/A1 (**VDE 0100 Teil 726/A1**): 1991-07 (Entwurf)	Die bisherigen Entwürfe Änderungen A1 und A2 führten zu der Norm, die später durch DIN EN 60204-32 (**VDE 0113 Teil 32**): 1999-06 ersetzt wurde.
	DIN VDE 0100-726/A2 (**VDE 0100 Teil 726/A2**): 1994-07 (Entwurf)	Die bisherigen Entwürfe Änderungen A1 und A2 führten zu der Norm.
Beiblatt 5 zu DIN VDE 0100 (**Beiblatt 5 zu VDE 0100**): 1995-04	Beiblatt 5 zu DIN VDE 0100 (**Beiblatt 5 zu VDE 0100**): 1988-03 (Entwurf)	Der bisherige Beiblatt-Entwurf führte zu dem Beiblatt. Berichtigung 1 zu DIN VDE 0100 Bbl 5 (**Berichtigung 1 zu VDE 0100 Bbl 5**): 1995-08 berichtigt später dieses Beiblatt. Beiblatt 5 zu DIN VDE 0100 (**Beiblatt 5 zu VDE 0100**): 1995-11 ersetzt später die Ausgabe 1995-04 mit der Berichtigung 1: 1995-08.
	01. Juni 1995	
DIN VDE 0100-701 (**VDE 0100 Teil 701**): 1995-06 (Entwurf)	DIN VDE 0100-701 (**VDE 0100 Teil 701**): 1992-04 (Entwurf)	2. Entwurf, der im März 2000 durch einen 3. Entwurf ersetzt wird

(wird fortgesetzt)

Tabelle 2.1 Änderungen der DIN VDE 0100 (VDE 0100) ab 01. Mai 1994 (Fortsetzung)

Hinzugekommen sind	Ersetzt/Zurückgezogen wurden	Bemerkungen
	01. Juli 1995	
DIN VDE 0100-560 (**VDE 0100 Teil 560**): 1995-07	DIN VDE 0100-560/A1 (**VDE 0100 Teil 560/A1**): 1993-12 (Entwurf)	Der Entwurf führte zu der Norm.
	DIN VDE 0100-560 (**VDE 0100 Teil 560**): 1984-11	Die Norm wurde durch die Folgeausgabe 1995-07 ersetzt.
DIN VDE 0100-732 (**VDE 0100 Teil 732**): 1995-07	DIN VDE 0100-732/A1 (**VDE 0100 Teil 732/A1**): 1994-07 (Entwurf)	Der Entwurf führte zu der Norm.
	DIN VDE 0100-732 (**VDE 0100 Teil 732**): 1990-11	Die Norm wurde durch die Folgeausgabe 1995-07 ersetzt.
	01. August 1995	
Berichtigung 1 zu DIN VDE 0100 Bbl 5 (**Berichtigung 1 zu VDE 0100 Bbl 5**): 1995-08		Berichtigung zu Beiblatt 5 zu DIN VDE 0100 (**Beiblatt 5 zu VDE 0100**): 1995-04 Beiblatt 5 zu DIN VDE 0100 (**Beiblatt 5 zu VDE 0100**): 1995-11 ersetzt später die Ausgabe 1995-04 mit der Berichtigung 1: 1995-08.
	01. September 1995	
DIN VDE 0100-460/A1 (**VDE 0100 Teil 460/A1**): 1995-09 (Entwurf)		

(wird fortgesetzt)

Tabelle 2.1 Änderungen der DIN VDE 0100 (VDE 0100) ab 01. Mai 1994 (Fortsetzung)

Hinzugekommen sind	Ersetzt/Zurückgezogen wurden	Bemerkungen
	01. November 1995	
DIN VDE 0100-510 (**VDE 0100 Teil 510**): 1995-11	DIN VDE 0100-510/A2 (**VDE 0100 Teil 510/A2**): 1988-01 (Entwurf)	Der Entwurf führte zu der Norm, die später durch Folgeausgabe 1997-01 ersetzt wurde.
	DIN VDE 0100-510 (**VDE 0100 Teil 510**): 1987-06	Die Norm wurde durch die Folgeausgabe 1995-11 ersetzt.
Beiblatt 5 zu DIN VDE 0100 (**Beiblatt 5 zu VDE 0100**): 1995-11	Beiblatt 5 zu DIN VDE 0100 (**Beiblatt 5 zu VDE 0100**): 1995-04	Die Ausgabe 1995-11 ersetzt die Ausgabe 1995-04 mit der Berichtigung 1: 1995-08.
	Berichtigung 1 zu DIN VDE 0100 Bbl 5 (**Berichtigung 1 zu VDE 0100 Bbl 5**): 1995-08	Beiblatt 5 zu DIN VDE 0100 (**Beiblatt 5 zu VDE 0100**): 1995-11 ersetzt die Ausgabe 1995-04 mit der Berichtigung 1: 1995-08.
	01. Dezember 1995	
DIN IEC 64/801/CD (**VDE 0100 Teil 410/A6**): 1995-12 (Entwurf)		Der Entwurf wurde später durch Entwurf DIN IEC 64/910/CD (**VDE 0100 Teil 410/A6**): 1997-04 ersetzt.
	01. Januar 1996	
DIN VDE 0100-300 (**VDE 0100 Teil 300**): 1996-01	DIN VDE 0100-300/A1 (**VDE 0100 Teil 300/A1**): 1989-05 (Entwurf)	Der Entwurf führte zu der Norm.
	DIN VDE 0100-300/A2 (**VDE 0100 Teil 300/A2**): 1991-04 (Entwurf)	Der Entwurf führte zu der Norm.
	DIN VDE 0100-300 (**VDE 0100 Teil 300**): 1985-11	Die Norm wurde durch die Folgeausgabe 1996-01 ersetzt.

(wird fortgesetzt)

Tabelle 2.1 Änderungen der DIN VDE 0100 (VDE 0100) ab 01. Mai 1994 (Fortsetzung)

Hinzugekommen sind	Ersetzt/Zurückgezogen wurden	Bemerkungen
	Fortsetzung 01. Januar 1996	
DIN VDE 0100-520 (**VDE 0100 Teil 520**): 1996-01	DIN VDE 0100-520/A1 (**VDE 0100 Teil 520/A1**): 1986-02 (Entwurf)	Der Entwurf führte zu der Norm.
	DIN VDE 0100-520 (**VDE 0100 Teil 520**): 1985-11	Die Norm wurde durch die Folgeausgabe 1996-01 ersetzt.
	01. Februar 1996	
DIN VDE 0100-470 (**VDE 0100 Teil 470**): 1996-02	DIN VDE 0100-470/A1 (**VDE 0100 Teil 470/A1**): 1992-10 (Entwurf)	Der Entwurf führte zu der Norm.
	DIN VDE 0100-470 (**VDE 0100 Teil 470**): 1992-10	Die Norm wurde durch die Folgeausgabe 1996-02 ersetzt.
DIN IEC 64/815/CD (**VDE 0100 Teil 470/A2**): 1996-02 (Entwurf)	DIN IEC 64(Sec)700 (**VDE 0100 Teil 470/A2**): 1994-11 (Entwurf)	2. Entwurf
	01. März 1996	
DIN IEC 64/834/CD (**VDE 0100 Teil 520/A1**): 1996-03 (Entwurf)		
	DIN VDE 0100-705/A1 (**VDE 0100 Teil 705/A1**): 1992-11 (Entwurf)	Der Entwurf wurde ersatzlos zurückgezogen.
	01. August 1996	
DIN IEC 64/876/CD (**VDE 0100 Teil 711/A1**): 1996-08 (Entwurf)		
DIN IEC 64/875/CD (**VDE 0100 Teil 719**): 1996-08 (Entwurf)		

(wird fortgesetzt)

Tabelle 2.1 Änderungen der DIN VDE 0100 (VDE 0100) ab 01. Mai 1994 (Fortsetzung)

Hinzugekommen sind	Ersetzt/Zurückgezogen wurden	Bemerkungen
	01. September 1996	
DIN VDE 0100-520/A2 (**VDE 0100 Teil 520/A2**): 1996-09 (Entwurf)		Der Entwurf ist als Änderung zu DIN VDE 0293 (**VDE 0293**): 1990-01 vorgesehen.
	01. Oktober 1996	
DIN IEC 64/867/CDV (**VDE 0100 Teil 534**): 1996-10 (Entwurf)	DIN IEC 64(Sec)615 (**VDE 0100 Teil 534**): 1993-02 (Entwurf)	2. Entwurf
DIN VDE 0100-534/A1 (**VDE 0100 Teil 534/A1**): 1996-10 (Entwurf)		Der Entwurf führte zu der Vornorm DIN V VDE V 0100-534 (VDE V 0100 Teil 534):1999-04
	01. November 1996	
DIN VDE 0100-520/A4 (**VDE 0100 Teil 520/A4**): 1996-11 (Entwurf)		Der Entwurf führte zu der Norm DIN VDE 0100-520/A1 (VDE 0100 Teil 520/A1):1999-01
DIN VDE 0100-560/A1 (**VDE 0100 Teil 560/A1**): 1996-11 (Entwurf)		
DIN IEC 64/889/CD (**VDE 0100 Teil 704/A2**): 1996-11 (Entwurf)		
DIN VDE 0100-708/A1 (**VDE 0100 Teil 708/A1**): 1996-11 (Entwurf)		Der Entwurf wurde später durch den 2. Entwurf DIN VDE 0100-708/A1 (**VDE 0100 Teil 708/A1**): 1997-10 ersetzt.

(wird fortgesetzt)

Tabelle 2.1 Änderungen der DIN VDE 0100 (VDE 0100) ab 01. Mai 1994 (Fortsetzung)

Hinzugekommen sind	Ersetzt/Zurückgezogen wurden	Bemerkungen
	01. Januar 1997	
DIN VDE 0100-410 (**VDE 0100 Teil 410**): 1997-01	DIN VDE 0100-410/A2 (**VDE 0100 Teil 410/A2**): 1988-08 (Entwurf)	Der Entwurf führte zu der Norm.
	DIN VDE 0100-410/A3 (**VDE 0100 Teil 410/A3**): 1989-06 (Entwurf)	Der Entwurf führte zu der Norm.
	DIN VDE 0100-410 (**VDE 0100 Teil 410**): 1983-11	Die Norm wurde durch die Folgeausgabe 1997-01 ersetzt.
DIN VDE 0100-510 (**VDE 0100 Teil 510**): 1997-01	DIN VDE 0100-510/A1 (**VDE 0100 Teil 510/A1**): 1984-11 (Entwurf)	Der Entwurf führte zu der Norm.
	DIN IEC 64(Sec)624 (**VDE 0100 Teil 510/A3**): 1993-04 (Entwurf)	Der Entwurf führte zu der Norm.
	DIN VDE 0100-510 (**VDE 0100 Teil 510**): 1995-11	Die Norm wurde durch die Folgeausgabe 1997-01 ersetzt.
DIN IEC 64/893/CD (**VDE 0100 Teil 717**): 1997-01 (Entwurf)	DIN VDE 0100-735 (**VDE 0100 Teil 735**): 1991-06 (Entwurf)	2. Entwurf mit anderer Teile-Nr.
	01. Februar 1997	
DIN IEC 64/898/CD (**VDE 0100 Teil 540/A4**): 1997-02 (Entwurf)		
	01. April 1997	
DIN IEC 64/910/CD (**VDE 0100 Teil 410/A6**): 1997-04 (Entwurf)	DIN IEC 64/801/CD (**VDE 0100 Teil 410/A6**): 1995-12 (Entwurf)	2. Entwurf
DIN IEC 64/909/CD (**VDE 0100 Teil 410/A7**): 1997-04 (Entwurf)		

(wird fortgesetzt)

Tabelle 2.1 Änderungen der DIN VDE 0100 (VDE 0100) ab 01. Mai 1994 (Fortsetzung)

Hinzugekommen sind	Ersetzt/Zurückgezogen wurden	Bemerkungen
	Fortsetzung 01. April 1997	
DIN IEC 64/907/CDV (**VDE 0100 Teil 443/A4**): 1997-04 (Entwurf)		
DIN IEC 64/911/CD (**VDE 0100 Teil 559/A1**): 1997-04 (Entwurf)		
DIN IEC 64/908/CDV (**VDE 0100 Teil 715**): 1997-04 (Entwurf)	DIN VDE 0100-559/A2 (**VDE 0100 Teil 559/A2**): 1991-07 (Entwurf)	Der 3. Entwurf mit anderer Teile-Nr. ersetzt den 2. Entwurf.
	01. August 1997	
DIN VDE 0100-482 (**VDE 0100 Teil 482**): 1997-08	DIN VDE 0100-420/A2 (**VDE 0100 Teil 420/A2**): 1990-06 (Entwurf)	Der Entwurf führte zu der Norm DIN VDE 0100-482 (**VDE 0100 Teil 482**): 1997-08.
	DIN IEC 64(CO)112 (**VDE 0100 Teil 482**): 1982-04 (Entwurf)	Der Entwurf führte zu der Norm DIN VDE 0100-482 (**VDE 0100 Teil 482**): 1997-08.
	DIN VDE 0100-532 (**VDE 0100 Teil 532**): 1990-06 (Entwurf)	Der Entwurf führte zu der Norm DIN VDE 0100-482 (**VDE 0100 Teil 482**): 1997-08.
	DIN VDE 0100-720 (**VDE 0100 Teil 720**): 1983-03	Die Norm wurde durch die Folgeausgabe DIN VDE 0100-482 (**VDE 0100 Teil 482**): 1997-08 ersetzt.
	DIN VDE 0100-730 (**VDE 0100 Teil 730**): 1986-02	Die Norm wurde durch die Folgeausgabe DIN VDE 0100-482 (**VDE 0100 Teil 482**): 1997-08 ersetzt

(wird fortgesetzt)

Tabelle 2.1 Änderungen der DIN VDE 0100 (VDE 0100) ab 01. Mai 1994 (Fortsetzung)

Hinzugekommen sind	Ersetzt/Zurückgezogen wurden	Bemerkungen
	Fortsetzung 01. August 1997	
DIN VDE 0100-551 (**VDE 0100 Teil 551**): 1997-08	DIN VDE 0100-551 (**VDE 0100 Teil 551**): 1991-11 (Entwurf)	Der Entwurf führte zu der Norm.
	DIN VDE 0100-551/A1 (**VDE 0100 Teil 551/A1**): 1992-01 (Entwurf)	Der Entwurf führte zu der Norm.
	DIN VDE 0100-728 (**VDE 0100 Teil 728**): 1990-03	Die Norm wurde durch die Folgeausgabe DIN VDE 0100-551 (**VDE 0100 Teil 551**): 1997-08 ersetzt.
	01. Oktober 1997	
DIN IEC 64/906/FDIS (**VDE 0100 Teil 702/A1**): 1997-10 (Entwurf)	DIN IEC 64(Sec)672 (**VDE 0100 Teil 702/A1**): 1993-10 (Entwurf)	2. Entwurf
DIN VDE 0100-708/A1 (**VDE 0100 Teil 708/A1**): 1997-10 (Entwurf)	DIN VDE 0100-708/A1 (**VDE 0100 Teil 708/A1**): 1996-11 (Entwurf)	2. Entwurf
DIN IEC 64/945/CD (**VDE 0100 Teil 716**): 1997-10 (Entwurf)		
	01. November 1997	
DIN VDE 0100-442 (**VDE 0100 Teil 442**): 1997-11	DIN VDE 0100-442 (**VDE 0100 Teil 442**): 1988-05 (Entwurf)	Der Entwurf führte zu der Norm.
	DIN VDE 0100-442/A1 (**VDE 0100 Teil 442/A1**): 1992-04 (Entwurf)	Der Entwurf führte zu der Norm DIN VDE 0100-442 (**VDE 0100 Teil 442**): 1997-11.
	DIN VDE 0141/A2 (**VDE 0141/A2**): 1988-05 (Entwurf)	Der Entwurf führte zu der Norm DIN VDE 0100-442 (**VDE 0100 Teil 442**): 1997-11.

(wird fortgesetzt)

Tabelle 2.1 Änderungen der DIN VDE 0100 (VDE 0100) ab 01. Mai 1994 (Fortsetzung)

Hinzugekommen sind	Ersetzt/Zurückgezogen wurden	Bemerkungen
	01. Juni 1998	
DIN VDE 0100-200 (**VDE 0100 Teil 200**): 1998-06	DIN VDE 0100-200/A4 (**VDE 0100 Teil 200/A4**): 1992-11 (Entwurf)	Der Entwurf führte zu der Norm.
	DIN VDE 0100-200/A5 (**VDE 0100 Teil 200/A5**): 1992-12 (Entwurf)	Der Entwurf führte zu der Norm.
	DIN VDE 0100-200 (**VDE 0100 Teil 200**): 1993-11	Die Norm wurde durch die Folgeausgabe 1998-06 ersetzt.
Beiblatt 1 zu DIN VDE 0100-200 (**Beiblatt 1 zu VDE 0100 Teil 200**): 1998-06		
DIN VDE 0100-712 (**VDE 0100 Teil 712**): 1998-06 (Entwurf)		
	01. Juli 1998	
DIN IEC 64/1004/CD (**VDE 0100 Teil 443/A5**): 1998-07 (Entwurf)		
	01. August 1998	
DIN IEC 64/1016/CD (**VDE 0100 Teil 410/A2**): 1998-08 (Entwurf)		

(wird fortgesetzt)

Tabelle 2.1 Änderungen der DIN VDE 0100 (VDE 0100) ab 01. Mai 1994 (Fortsetzung)

Hinzugekommen sind	Ersetzt/Zurückgezogen wurden	Bemerkungen
	01. Oktober 1998	
DIN VDE 0100-510 (**VDE 0100 Teil 510**): 1998-10 (Entwurf)	DIN IEC 64(Sec)695 (**VDE 0100 Teil 510/A4**): 1994-06 (Entwurf)	2. Entwurf
DIN IEC 64/1019/CD (**VDE 0100 Teil 540/A1**): 1998-10 (Entwurf)	DIN VDE 0100-540/A1 (**VDE 0100 Teil 540/A1**): 1992-01 (Entwurf)	2. Entwurf
	DIN VDE 0100-540/A2 (**VDE 0100 Teil 540/A2**): 1992-01 (Entwurf)	Der Entwurf wird durch Entwurf DIN IEC 64/1019/CD (**VDE 0100 Teil 540/A1**): 1998-10 ersetzt.
DIN IEC 64/1021/CD (**VDE 0100 Teil 740**): 1998-10 (Entwurf)		
	01. November 1998	
DIN VDE 0298-4 (**VDE 0298 Teil 4**): 1998-11	Beiblatt 1 zu DIN VDE 0100-430 (**Beiblatt 1zu VDE 0100 Teil 430**): 1991-11 (Entwurf)	Die Norm ersetzt das Beiblatt.
	01. Dezember 1998	
DIN VDE 0100-704 (**VDE 0100 Teil 704**): 1998-12 (Entwurf)	DIN VDE 0100-704/A1 (**VDE 0100 Teil 704/A1**): 1986-07 (Entwurf)	2. Entwurf
	DIN IEC 64/889/CD (**VDE 0100 Teil 704/A2**): 1992-01 (Entwurf)	
	01. Januar 1999	
DIN VDE 0100-520/A1 (**VDE 0100 Teil 520/A1**): 1999-01	DIN VDE 0100-520/A4 (**VDE 0100 Teil 520/A4**): 1996-11 (Entwurf)	Der Entwurf führte zu der Norm.

(wird fortgesetzt)

Tabelle 2.1 Änderungen der DIN VDE 0100 (VDE 0100) ab 01. Mai 1994 (Fortsetzung)

Hinzugekommen sind	Ersetzt/Zurückgezogen wurden	Bemerkungen
	01. April 1999	
DIN V VDE V 0100-534 (**VDE V 0100 Teil 534**): 1999-04	DIN VDE 0100-534/A1 (**VDE 0100 Teil 534/A1**): 1996-10 (Entwurf)	Der Entwurf führte zu der Vornorm.
	01. Mai 1999	
DIN VDE 0100-560/A2 (**VDE 0100 Teil 560/A2**): 1999-05 (Entwurf)		
	01. Juni 1999	
DIN VDE 0100-200/A1 (**VDE 0100 Teil 200/A1**): 1999-06 (Entwurf)	DIN VDE 0100-200/A6 (**VDE 0100 Teil 200/A6**): 1993-12 (Entwurf)	2. Entwurf
DIN VDE 0100-537 (**VDE 0100 Teil 537**): 1999-06	DIN VDE 0100-537/A1 (**VDE 0100 Teil 537/A1**): 1986-07 (Entwurf)	Der Entwurf führte zu der Norm.
	DIN VDE 0100-537 (**VDE 0100 Teil 537**): 1988-10	Die Norm wurde durch die Folgeausgabe 1999-06 ersetzt.
	DIN VDE 0100-726 (**VDE 0100 Teil 726**): 1990-03	Die Norm wurde durch DIN EN 60204-32 (**VDE 0113 Teil 32**): 1999-06 ersetzt.
	DIN VDE 0100-726/A1 (**VDE 0100 Teil 726/A1**): 1995-04	Die Norm wurde durch DIN EN 60204-32 (**VDE 0113 Teil 32**): 1999-06 ersetzt.
	01. Juli 1999	
Beiblatt 1 zu DIN VDE 0100-534 (**Beiblatt 1 zu VDE 0100 Teil 534**): 1999-07 (Entwurf)		
DIN IEC 64/1043/CD (**VDE 0100 Teil 710**): 1999-07 (Entwurf)	DIN IEC 64(Sec)629 (**VDE 0100 Teil 710**): 1993-04 (Entwurf)	2. Entwurf Beginn der Überführung von DIN VDE 0107 nach DIN VDE 0100

(wird fortgesetzt)

Tabelle 2.1 Änderungen der DIN VDE 0100 (VDE 0100) ab 01. Mai 1994 (Fortsetzung)

Hinzugekommen sind	Ersetzt/Zurückgezogen wurden	Bemerkungen
	01. August 1999	
DIN VDE 0100-753 (**VDE 0100 Teil 753**): 1999-08 (Entwurf)	DIN VDE 0100-520/A3 (**VDE 0100 Teil 520/A3**): 1990-09 (Entwurf)	2. Entwurf mit anderer Teile-Nummer
	01. Oktober 1999	
DIN VDE 0100-444 (**VDE 0100 Teil 444**): 1999-10	DIN IEC 64(Sec)690 (**VDE 0100 Teil 444**): 1994-09 (Entwurf)	Der Entwurf führte zu der Norm.
DIN V VDE V 0800-2-548 (**VDE V 0800 Teil 2-548**): 1999-10	DIN IEC 64(Sec)633 (**VDE 0100 Teil 540/A3**): 1993-05 (Entwurf)	Der Entwurf führte zu der Vornorm mit anderer Hauptnummer.
	01. Januar 2000	
	DIN VDE 0100-410/A1 (**VDE 0100 Teil 410/A1**): 1986-03 (Entwurf)	Der Entwurf wurde ersatzlos zurückgezogen.
	01. März 2000	
DIN VDE 0100-701 (**VDE 0100 Teil 701**): 2000-03 (Entwurf)	DIN VDE 0100-701 (**VDE 0100 Teil 701**): 1995-06 (Entwurf)	3. Entwurf
	01. Mai 2000	
DIN VDE 0100-718 (**VDE 0100 Teil 718**): 2000-05 (Entwurf)		Beginn der Überführung von DIN VDE 0108 nach DIN VDE 0100

3 Hinweise zur Benutzung

Dieser Band soll Ihnen helfen, möglichst schnell gesuchte Textstellen zu finden. Die Auswahl der Stichwörter und die Eingrenzung der Textstellen, die keinen Anspruch auf Vollständigkeit erheben, unterliegen der subjektiven Auswahl des Autors. Es können nur Texte gefunden werden, wenn auch etwas zu dem mit dem Stichwort bezeichneten Thema geregelt ist. Um nach einem Thema möglichst erschöpfend zu suchen, sollten mit Fantasie verschiedene Wörter zum Thema angegeben und nachgesehen werden. In einigen Fällen findet sich an der verwiesenen Textstelle nicht tatsächlich das Stichwort, sondern die Textstelle kann auch in engem Zusammenhang mit dem Stichwort stehen. Zwei Beispiele sollen dies verdeutlichen:

Beispiel 1:

Unter dem Suchbegriff „TT-System" wird auch auf Abschnitte verwiesen, die für alle Systeme nach Art der Erdverbindungen — also auch das TT-System — gleichermaßen zu erfüllen sind. Im verwiesenen Text selber wird dann nicht immer ausdrücklich die Begriffsbenennung „TT-System" zu finden sein.

Beispiel 2:

Unter dem Suchbegriff „sichere Trennung" wird auf Festlegungen verwiesen, die fordern, dass Betriebsmittel DIN VDE 0106-101 (VDE 0106 Teil 101) entsprechen müssen. Dies ist praktisch eine Forderung nach sicherer Trennung von Stromkreisen in Betriebsmitteln; jedoch ist der Suchbegriff „sichere Trennung" nicht im verwiesenen Text genannt, sondern im Titel der an der betreffenden Textstelle zitierten Norm enthalten.

Sprache unterliegt, auch bei technischen Normen, einem ständigen Wandel. In der Normenreihe DIN VDE 0100 (VDE 0100) sind Normen aus fast zwei Jahrzehnten enthalten, die noch gültigen Paragraphen der „alten DIN VDE 0100" sind noch älter. Früher sprach man z. B. von **Netzformen**, heute von **Systemen nach Art der Erdverbindungen**. Während früher „**Elektro-Installationsrohr**" mit Bindestrich geschrieben wurde - was noch in etlichen Normen zu finden ist - wird das „**Elektroinstallationsrohr**", ebenso wie nun auch der „**Elektroinstallationskanal**", neuerdings in **einem** Wort geschrieben. Der Regelsetzer verwendet auch nicht immer einheitlich gleichbedeutende Begriffe, z. B. wird teilweise „Errichtung" und teilweise „Errichten" verwendet. Dies kann, ebenso wie Plural- und Singularformen, zur Aufsplitterung der verwiesenen Textstellen führen. Der Autor hat, wenn sachlich vertretbar, teilweise eine Vereinheitlichung vorgenommen und

entsprechende Hinweise aufgenommen. Darüber hinaus wurde auf die neue Rechtschreibung umgestellt, also z. B. "kurzschlusssicher" anstelle von "kurzschlußsicher".

Das Stichwortverzeichnis enthält von links nach rechts folgende Spalten (siehe **Bild 3.1**):

- Stichwörter (fett),
- spezifizierende Angaben/Stichwörter,
- Status des Schriftstücks (B = Beiblatt, E = Entwurf, EB = Beiblatt-Entwurf, N = Norm, V = Vornorm),
- Teile-Nr. der VDE-Klassifikation innerhalb der Normenreihe DIN VDE 0100 (fett),
- Abschnitt, Bild, Seite, Tabelle, usw.

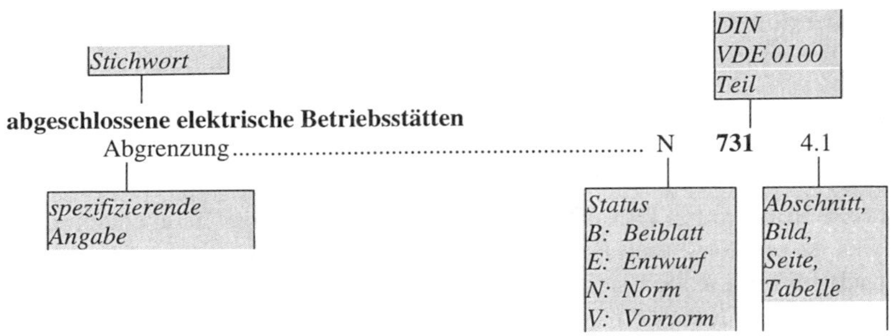

Bild 3.1: Erläuterung der Zuordnung der Angaben im Stichwortverzeichnis

Enthält die letzte Spalte keine Angaben, ist der gesamte angegebene Teil für das Thema relevant. Die korrekten Bezeichnungen der verwiesenen Normen, Entwürfe und Beiblätter und deren Ausgabedaten können den Verzeichnissen im Kapitel 4 entnommen werden.

Beispiel 1:

Anschlussklemmen
Selbstlockern B1 **520** 52.3.1.7

Angaben zum Selbstlockern von Anschlussklemmen sind in **B**eiblatt **1** zu DIN VDE 0100-**520** (**B**eiblatt **1** zu VDE 0100 Teil **520**), dort **Abschnitt 52.3.1.7**, zu finden.

Beispiel 2:

Beitrittsgebiet
Reparatur bestehender Anlagen .... B2 — Seite 19

Angaben zur Reparatur bestehender Anlagen im Beitrittsgebiet sind in **B**eiblatt **2** zu DIN VDE 0100 (**B**eiblatt **2** zu VDE 0100) (ohne Teile-Nr., daher —) auf **Seite 19** zu finden.

Beispiel 3:

Schutz gegen Überspannungen
atmosphärische Entladungen .... N **alt** § 18

Angaben zu atmosphärischen Entladungen beim Schutz gegen Überspannungen sind in § 18 der „**alt**en“ VDE 0100, also VDE 0100: 1973-05 mit Änderung VDE 0100g: 1976-07 (mit **N**ormcharakter), zu finden. Die **Tabelle 4.1** der gültigen Paragraphen aus VDE 0100: 1973-05 mit Änderung VDE 0100g: 1976-07 im Kapitel 4 zeigt, dass der § 18 nur in VDE 0100: 1973-05 zu finden ist und somit keine Änderung in VDE 0100g: 1976-07 erfahren hat.

Beispiel 4:

Schutzeinrichtungen
versetzen zum Schutz bei Kurzschluss .... N **430** 6.4.2

Angaben zum Versetzen der Schutzeinrichtungen zum Schutz bei Kurzschluss sind in der **N**orm DIN VDE 0100-**430** (VDE 0100 Teil **430**), dort Abschnitt **6.4.2**, zu finden.

Beispiel 5:

Überspannungs-Schutzeinrichtungen
Anschlussleitungen .... V **534** Anhang C

Angaben zu Anschlussleitungen von Überspannungs-Schutzeinrichtungen sind in der **V**ornorm DIN **V** VDE **V** 0100-534 (VDE **V** 0100 Teil **534**), dort Anhang C, zu finden.

Zur auffälligeren Unterscheidung sind die Hinweise auf Entwürfe (zusätzlich zur Angabe des „**E**“) *kursiv* gedruckt, wie Beispiel 6 zeigt. Es sollte beachtet werden,

dass die beabsichtigte spätere Norm von der derzeitigen Fassung des Entwurfes abweichen kann, so dass die Anwendung eines Entwurfs besonders vereinbart werden sollte.

Beispiel 6:

RCDs
Oberbegriff für Differenzstrom-Schutzeinrichtung und Fehlerstrom-Schutzeinrichtung............................ E ***530A4*** *Nationales Vorwort*

Angaben zu RCDs als Oberbegriff sind im **E**ntwurf DIN IEC 64(Sec)615 (VDE 0100 Teil **530/A4**), dort im **Nationalen Vorwort**, zu finden.

Die exakte DIN-Nr., hier DIN IEC 64(Sec)615 ... kann der Auflistung der berücksichtigten Entwürfe im Kapitel 4 entnommen werden. Vielfach genügt es aber schon, die Teile-Nr. der VDE-Klassifikation, also Teil 530/A4, zu kennen.

Bei den Änderungen **Teil .../A ...** ist der Schrägstrich zwischen der Teile-Nr. und dem A im Stichwortverzeichnis aus Platzgründen weggelassen worden.

4 Berücksichtigte Normen, Beiblätter und Entwürfe

Das Stichwortverzeichnis berücksichtigt die zur Zeit (Mai 2000) gültigen Abschnitte/Paragraphen der folgenden Normen und Beiblätter[2]) (sortiert nach der VDE-Klassifikations-Nummer, die **fett** angegeben ist).

VDE 0100:1973-05	Bestimmungen für das Errichten von Starkstromanlagen mit Nennspannungen bis 1 000 V
VDE 0100g:1976-07	Bestimmungen für das Errichten von Starkstromanlagen mit Nennspannungen bis 1 000 V - Änderung zu VDE 0100/05.73
Beiblatt 1 zu DIN VDE 0100 (**Beiblatt 1 zu VDE 0100**):1982-11	Errichten von Starkstromanlagen mit Nennspannungen bis 1 000 V - Entwicklungsgang der Errichtungsbestimmungen
Beiblatt 2 zu DIN VDE 0100 (**Beiblatt 2 zu VDE 0100**):1992-10	Errichten von Starkstromanlagen mit Nennspannungen bis 1 000 V - Verzeichnis der einschlägigen Normen
Beiblatt 3 zu DIN VDE 0100 (**Beiblatt 3 zu DIN VDE 0100**):1983-03	Errichten von Starkstromanlagen mit Nennspannungen bis 1 000 V - Struktur der Normenreihe
Beiblatt 5 zu DIN VDE 0100 (**Beiblatt 5 zu VDE 0100**):1995-11	Errichten von Starkstromanlagen mit Nennspannungen bis 1 000 V - Maximal zulässige Längen von Kabeln und Leitungen unter Berücksichtigung des Schutzes bei indirektem Berühren, des Schutzes bei Kurzschluss und des Spannungsfalls
DIN VDE 0100-100 (**VDE 0100 Teil 100**):1982-05	Errichten von Starkstromanlagen mit Nennspannungen bis 1 000 V - Anwendungsbereich, Allgemeine Anforderungen

[2]) Bezugsquelle: VDE-VERLAG, Berlin

DIN VDE 0100-200 (**VDE 0100 Teil 200**):1998-06	Elektrische Anlagen von Gebäuden - Teil 200: Begriffe
Beiblatt 1 zu DIN VDE 0100-200 (**Beiblatt 1 zu VDE 0100 Teil 200**):1998-06	Elektrische Anlagen von Gebäuden - Teil 200: Begriffe - Beiblatt 1: Zusammenfassung der deutschsprachigen Begriffe *Hinweis:* *Das Beiblatt wiederholt die deutschen Begriffe aus der Norm DIN VDE 0100-200 (**VDE 0100 Teil 200**):1998-06, so dass hierfür auch die Verweise auf die Norm zutreffen.*
DIN VDE 0100-300 (**VDE 0100 Teil 300**):1996-01	Errichten von Starkstromanlagen mit Nennspannungen bis 1 000 V - Teil 3: Bestimmungen allgemeiner Merkmale; (IEC 364-3:1993, modifiziert); Deutsche Fassung HD 384.3 S2:1995
DIN VDE 0100-410 (**VDE 0100 Teil 410**):1997-01	Errichten von Starkstromanlagen mit Nennspannungen bis 1 000 V - Teil 4: Schutzmaßnahmen - Kapitel 41: Schutz gegen elektrischen Schlag; (IEC 364-4-41:1992, modifiziert); Deutsche Fassung HD 384.4.41 S2:1996
DIN VDE 0100-420 (**VDE 0100 Teil 420**):1991-11	Errichten von Starkstromanlagen mit Nennspannungen bis 1 000 V - Schutzmaßnahmen - Schutz gegen thermische Einflüsse
DIN VDE 0100-430 (**VDE 0100 Teil 430**):1991-11	Errichten von Starkstromanlagen mit Nennspannungen bis 1 000 V - Schutzmaßnahmen - Schutz von Kabeln und Leitungen bei Überstrom
DIN VDE 0100-442 (**VDE 0100 Teil 442**):1997-11	Elektrische Anlagen von Gebäuden - Teil 4: Schutzmaßnahmen - Kapitel 44: Schutz bei Überspannungen - Hauptabschnitt 442: Schutz von Niederspannungsanlagen bei Erdschlüssen in Netzen mit höherer Spannung; Deutsche Fassung HD 384.4.442 S1:1997

DIN VDE 0100-444 (**VDE 0100 Teil 444**): 1999-10	Elektrische Anlagen von Gebäuden - Teil 4: Schutzmaßnahmen - Kapitel 44: Schutz bei Überspannungen - Hauptabschnitt 444: Schutz gegen elektromagnetische Störungen (EMI) in Anlagen von Gebäuden; (IEC 60364-4-444:1996, modifiziert); Deutsche Fassung CENELEC R064-004:1999
DIN VDE 0100-450 (**VDE 0100 Teil 450**):1990-03	Errichten von Starkstromanlagen mit Nennspannungen bis 1 000 V - Schutzmaßnahmen - Schutz gegen Unterspannung
DIN VDE 0100-460 (**VDE 0100 Teil 460**):1994-02	Errichten von Starkstromanlagen mit Nennspannungen bis 1 000 V - Schutzmaßnahmen - Trennen und Schalten
DIN VDE 0100-470 (**VDE 0100 Teil 470**):1996-02	Errichten von Starkstromanlagen mit Nennspannungen bis 1 000 V - Teil 4: Schutzmaßnahmen - Kapitel 47: Anwendung der Schutzmaßnahmen; (IEC 364-4-47:1981 + A1:1993, modifiziert); Deutsche Fassung HD 384.4.47 S2:1995
DIN VDE 0100-482 (**VDE 0100 Teil 482**):1997-08	Elektrische Anlagen von Gebäuden - Teil 4: Schutzmaßnahmen - Kapitel 48: Auswahl von Schutzmaßnahmen als Funktion äußerer Einflüsse - Hauptabschnitt 482: Brandschutz bei besonderen Risiken oder Gefahren; Deutsche Fassung HD 384.4.482 S1:1997
DIN VDE 0100-510 (**VDE 0100 Teil 510**):1997-01	Errichten von Starkstromanlagen mit Nennspannungen bis 1 000 V - Teil 5: Auswahl und Errichtung elektrischer Betriebsmittel - Kapitel 51: Allgemeine Bestimmungen; (IEC 364-5-51:1994, modifiziert); Deutsche Fassung HD 384.5.51 S2:1996
DIN VDE 0100-520 (**VDE 0100 Teil 520**):1996-01	Errichten von Starkstromanlagen mit Nennspannungen bis 1 000 V - Teil 5: Auswahl und Errichtung elektrischer Betriebsmittel - Kapitel 52: Kabel- und Leitungssysteme (-anlagen); (IEC 364-5-52:1993, modifiziert); Deutsche Fassung HD 384.5.52 S1:1995

DIN VDE 0100-520/A1 (**VDE 0100 Teil 520/A1**):1999-01	Elektrische Anlagen von Gebäuden - Teil 5: Auswahl und Errichtung elektrischer Betriebsmittel - Kapitel 52: Kabel- und Leitungssysteme (-anlagen); Änderung 1; Deutsche Fassung HD 384.5.52 S1:1995/A1:1998
Beiblatt 1 zu DIN VDE 0100-520 (**Beiblatt 1 zu VDE 0100 Teil 520**):1994-11	Errichten von Starkstromanlagen mit Nennspannungen bis 1 000 V - Leitfaden für elektrische Anlagen - Auswahl und Errichtung von elektrischen Betriebsmitteln - Kabel- und Leitungssysteme (-anlagen) - Begrenzung des Temperaturanstiegs bei Schnittstellenanschlüssen; Deutsche Fassung R 064-002
DIN V VDE V 0100-534 (**VDE V 0100 Teil 534**):1999-04	Elektrische Anlagen von Gebäuden - Teil 534: Auswahl und Errichtung von Betriebsmitteln - Überspannungs-Schutzeinrichtungen
DIN VDE 0100-537 (**VDE 0100 Teil 537**):1999-06	Elektrische Anlagen von Gebäuden - Teil 5: Auswahl und Errichtung elektrischer Betriebsmittel - Kapitel 53: Geräte zum Trennen und Schalten; (IEC 600364-5-537:1981 + A1:1989:, modifiziert); Deutsche Fassung HD 384.5.537 S2:1998
DIN VDE 0100-540 (**VDE 0100 Teil 540**):1991-11	Errichten von Starkstromanlagen mit Nennspannungen bis 1 000 V - Auswahl und Errichtung elektrischer Betriebsmittel - Erdung, Schutzleiter, Potentialausgleichsleiter
DIN VDE 0100-550 (**VDE 0100 Teil 550**):1988-04	Errichten von Starkstromanlagen mit Nennspannungen bis 1 000 V - Auswahl und Errichtung elektrischer Betriebsmittel - Steckvorrichtungen, Schalter und Installationsgeräte
DIN VDE 0100-551 (**VDE 0100 Teil 551**):1997-08	Errichten von Starkstromanlagen mit Nennspannungen bis 1 000 V - Auswahl und Errichtung elektrischer Betriebsmittel - Steckvorrichtungen, Schalter und Installationsgeräte

DIN VDE 0100-559 (**VDE 0100 Teil 559**):1983-03	Elektrische Anlagen von Gebäuden - Teil 5: Auswahl und Errichtung elektrischer Betriebsmittel - Kapitel 55: Andere Betriebsmittel - Hauptabschnitt 551: Niederspannungs-Stromerzeugungsanlagen; (IEC 364-5-551:1994); Deutsche Fassung HD 384.5.551 S1:1997
DIN VDE 0100-560 (**VDE 0100 Teil 560**):1995-07	Errichten von Starkstromanlagen mit Nennspannungen bis 1 000 V - Teil 5: Auswahl und Errichtung elektrischer Betriebsmittel - Kapitel 56: Elektrische Anlagen für Sicherheitszwecke; (IEC 364-5-56:1980, modifiziert); Deutsche Fassung HD 384.5.56 S1:1985)
DIN VDE 0100-610 (**VDE 0100 Teil 610**):1994-04	Errichten von Starkstromanlagen mit Nennspannungen bis 1 000 V - Prüfungen - Erstprüfungen
DIN VDE 0100-701 (**VDE 0100 Teil 701**):1984-05	Errichten von Starkstromanlagen mit Nennspannungen bis 1 000 V - Räume mit Badewanne oder Dusche
DIN VDE 0100-702 (**VDE 0100 Teil 702**):1992-06	Errichten von Starkstromanlagen mit Nennspannungen bis 1 000 V - Überdachte Schwimmbäder (Schwimmhallen) und Schwimmbäder im Freien
DIN VDE 0100-703 (**VDE 0100 Teil 703**):1992-06	Errichten von Starkstromanlagen mit Nennspannungen bis 1 000 V - Räume mit elektrischen Sauna-Heizgeräten
DIN VDE 0100-704 (**VDE 0100 Teil 704**):1987-11	Errichten von Starkstromanlagen mit Nennspannungen bis 1 000 V - Baustellen
DIN VDE 0100-705 (**VDE 0100 Teil 705**):1992-10	Errichten von Starkstromanlagen mit Nennspannungen bis 1 000 V - Landwirtschaftliche und gartenbauliche Anwesen
DIN VDE 0100-706 (**VDE 0100 Teil 706**):1992-06	Errichten von Starkstromanlagen mit Nennspannungen bis 1 000 V - Leitfähige Bereiche mit begrenzter Bewegungsfreiheit

DIN VDE 0100-708 (**VDE 0100 Teil 708**):1993-10	Errichten von Starkstromanlagen mit Nennspannungen bis 1 000 V - Elektrische Anlagen auf Campingplätzen und in Caravans; Deutsche Fassung HD 384.7.708 S1: 1992
DIN VDE 0100-721 (**VDE 0100 Teil 721**):1984-04	Errichten von Starkstromanlagen mit Nennspannungen bis 1 000 V - Caravans, Boote und Jachten sowie ihre Stromversorgung auf Camping- bzw. An Liegeplätzen
DIN VDE 0100-722 (**VDE 0100 Teil 722**):1984-05	Errichten von Starkstromanlagen mit Nennspannungen bis 1 000 V - Fliegende Bauten, Wagen und Wohnwagen nach Schaustellerart
DIN VDE 0100-723 (**VDE 0100 Teil 723**):1990-11	Errichten von Starkstromanlagen mit Nennspannungen bis 1 000 V - Unterrichtsräume mit Experimentierständen
DIN VDE 0100-724 (**VDE 0100 Teil 724**):1980-06	Errichten von Starkstromanlagen mit Nennspannungen bis 1 000 V - Elektrische Anlagen in Möbeln und ähnlichen Einrichtungsgegenständen, z.B. Gardinenleisten, Dekorationsverkleidung
DIN VDE 0100-725 (**VDE 0100 Teil 725**):1991-11	Errichten von Starkstromanlagen mit Nennspannungen bis 1 000 V - Hilfsstromkreise
DIN VDE 0100-729 (**VDE 0100 Teil 729**):1986-11	Errichten von Starkstromanlagen mit Nennspannungen bis 1 000 V - Aufstellen und Anschließen von Schaltanlagen und Verteilern
DIN VDE 0100-731 (**VDE 0100 Teil 731**):1986-02	Errichten von Starkstromanlagen mit Nennspannungen bis 1 000 V - Elektrische Betriebsstätten und abgeschlossene elektrische Betriebsstätten
DIN VDE 0100-732 (**VDE 0100 Teil 732**):1995-07	Errichten von Starkstromanlagen mit Nennspannungen bis 1 000 V - Teil 732: Hausanschlüsse in öffentlichen Kabelnetzen
DIN VDE 0100-736 (**VDE 0100 Teil 736**):1983-11	Errichten von Starkstromanlagen mit Nennspannungen bis 1 000 V - Niederspannungsstromkreise in Hochspannungsschaltfeldern

DIN VDE 0100-737 (**VDE 0100 Teil 737**):1990-11	Errichten von Starkstromanlagen mit Nennspannungen bis 1 000 V - Feuchte und nasse Bereiche und Räume, Anlagen im Freien
DIN VDE 0100-738 (**VDE 0100 Teil 738**):1988-04	Errichten von Starkstromanlagen mit Nennspannungen bis 1 000 V - Springbrunnen
DIN VDE 0100-739 (**VDE 0100 Teil 739**):1989-06	Errichten von Starkstromanlagen mit Nennspannungen bis 1 000 V - Zusätzlicher Schutz bei direktem Berühren in Wohnungen durch Schutzeinrichtungen mit $I_{\Delta n} \leq 30$ mA in TN- und TT-Netzen

Das Stichwortverzeichnis enthält aus Normen nur Stichwörter zu gültigen Abschnitten und Paragraphen. Nachfolgend sind in **Tabelle 4.1** für die "alte" VDE 0100 die noch **gültigen** Abschnitte/Paragraphen genannt, während für die "neue" DIN VDE 0100 (Normenreihe) in **Tabelle 4.2** die **ungültigen** Abschnitte/Paragraphen aufgeführt sind, um die Tabellen möglichst knapp zu halten.

Aus der Normenreihe DIN VDE 0100 (VDE 0100) sind die in Tabelle 4.2 aufgeführten Abschnitte in noch nicht ersetzten Teilen teilweise **ungültig**.

Tabelle 4.1 Aus VDE 0100:1973-05 mit Änderung VDE 0100g:1976-07 noch **gültige** Paragraphen

Gültige Paragraphen aus VDE 0100:1973-05 mit Änderung VDE 0100g:1976-07, "alte" VDE 0100	zugeordnete Teile-Nr. in den (blauen) Auszügen aus VDE 0100: 1973-05 und VDE 0100g: 1976-07
VDE 0100:1973-05 mit Änderung VDE 0100g:1976-07, § 1 a), b) für die in diesen Bestimmungen noch nicht ersetzten Abschnitte/Paragraphen	100
VDE 0100:1973-05, § 2 für die in VDE 0100:1973-05 mit Änderung VDE 0100g:1976-07 noch nicht ersetzten Abschnitte/Paragraphen	100
VDE 0100:1973-05, § 18	443
VDE 0100:1973-05, § 25 a) und c)	510
VDE 0100:1973-05, § 25 b)	520
VDE 0100:1973-05, § 26 a), b)1, b)2 und b)3	510
VDE 0100:1973-05, § 26 b)4 und b)6	420
VDE 0100:1973-05, § 26 b)7 und c)	510
VDE 0100:1973-05, § 31 a)3, b)8 und b)9	530
VDE 0100:1973-05, § 34, § 35, § 36, § 37, § 38	550
VDE 0100:1973-05, § 52	—
VDE 0100g:1976-07, § 57 f)3	722
VDE 0100:1973-05, Anhang	520

Tabelle 4.2 Ungültige Abschnitte in noch nicht vollständig ersetzten Teilen der DIN VDE 0100 (VDE 0100)

Teile der Normenreihe DIN VDE 0100 (VDE 0100), die teilweise ersetzt sind	**Ungültige** (ersetzte) Abschnitte	Teilweise ersetzt durch
DIN VDE 0100-540 (**VDE 0100 Teil 540**):1991-11	7.2, C.2 (teilweise)	DIN V VDE V 0800-2-548 (**VDE V 0800 Teil 2-548**): 1999-10
DIN VDE 0100-721 (**VDE 0100 Teil 721**):1984-04	alles bezüglich Caravans, Fahrgestell, Campingplätze und Stellplätze in den Abschnitten 1, 3, 4.1, 6.2.4 ist ersetzt, Abschnitt 6.1.1 vollständig ersetzt	DIN VDE 0100-708 (**VDE 0100 Teil 708**):1993-10
DIN VDE 0100-736 (**VDE 0100 Teil 736**):1983-11	4.1	DIN VDE 0100-442 (**VDE 0100 Teil 442**):1997-11
DIN VDE 0100-737 (**VDE 0100 Teil 737**):1990-11	5.3	DIN VDE 0100-470 (**VDE 0100 Teil 470**):1996-02

Das Stichwortverzeichnis gibt auch Hinweise auf Textstellen in folgenden Entwürfen[3]) der Normenreihe DIN VDE 0100 (VDE 0100) (Stand Mai 2000) (sortiert nach der VDE-Klassifikations-Nummer, die **fett** angegeben ist):

DIN VDE 0100-100 (**VDE 0100 Teil 100**):1985-02 (Entwurf)	Errichten von Starkstromanlagen mit Nennspannungen bis 1 000 V - Anwendungsbereich, Allgemeine Anforderungen
DIN VDE 0100-100/A1 (**VDE 0100 Teil 100/A1**):1990-12 (Entwurf)	Errichten von Starkstromanlagen mit Nennspannungen bis 1 000 V - Anwendungsbereich, Gegenstand und Grundsätze; Identisch mit IEC 64(CO)200

[3]) Bezugsquelle: VDE-VERLAG, Berlin

DIN VDE 0100-200/A1 (**VDE 0100 Teil 200/A1**): 1999-06 (Entwurf)	Elektrische Anlagen von Gebäuden - Teil 200: Begriffe; Änderung A1
DIN VDE 0100-200/A2 (**VDE 0100 Teil 200/A2**):1989-02 (Entwurf)	Errichten von Starkstromanlagen mit Nennspannungen bis 1 000 V - Allgemeingültige Begriffe; Änderung 2; Identisch mit IEC 64(CO)172
DIN VDE 0100-300/A3 (**VDE 0100 Teil 300/A3**):1992-07 (Entwurf)	Errichten von Starkstromanlagen mit Nennspannungen bis 1 000 V - Bestimmungen allgemeiner Merkmale; Änderung 3; Identisch mit IEC 64(CO)221
DIN IEC 64(Sec)694 (**VDE 0100 Teil 300/A4**):1994-06 (Entwurf)	Errichten von Starkstromanlagen mit Nennspannungen bis 1 000 V - Allgemeine Angaben zur Planung elektrischer Anlagen; Änderung 4; (IEC 64(Sec)694:1994)
DIN VDE 0100-410/A1 (**VDE 0100 Teil 410/A1**):1986-03 (Entwurf)	Errichten von Starkstromanlagen mit Nennspannungen bis 1 000 V - Schutzmaßnahmen - Schutz gegen gefährliche Körperströme; Änderung 1
DIN IEC 64/1016/CD (**VDE 0100 Teil 410/A2**):1998-08 (Entwurf)	Elektrische Anlagen von Gebäuden - Teil 4: Schutzmaßnahmen - Kapitel 41: Schutz gegen elektrischen Schlag; Änderung 2; (IEC 64/1016/CD:1998)
DIN IEC 64(Sec)725 (**VDE 0100 Teil 410/A4**):1995-01 (Entwurf)	Errichten von Starkstromanlagen mit Nennspannungen bis 1 000 V - Schutzmaßnahmen - Schutz gegen elektrischen Schlag; Änderung A4; (IEC 64(Sec)725:1994)
DIN IEC 64(Sec)726 (**VDE 0100 Teil 410/A5**):1995-03 (Entwurf)	Errichten von Starkstromanlagen mit Nennspannungen bis 1 000 V - Schutzmaßnahmen - Schutz gegen elektrischen Schlag; Änderung A5; (IEC 64(Sec)726:1994)

DIN IEC 64/910/CD (**VDE 0100 Teil 410/A6**):1997-04 (Entwurf)	Elektrische Anlagen von Gebäuden - Schutzmaßnahmen - Schutz gegen elektrischen Schlag; Änderung A6; (IEC 64/910/CD:1996)
DIN IEC 64/909/CD (**VDE 0100 Teil 410/A7**):1997-04 (Entwurf)	Elektrische Anlagen von Gebäuden - Schutzmaßnahmen - Schutz gegen elektrischen Schlag; Änderung A7; (IEC 64/909/CD:1996)
DIN IEC 64(Sec)701 (**VDE 0100 Teil 430/A1**) (Entwurf)	Errichten von Starkstromanlagen mit Nennspannungen bis 1 000 V - Schutzmaßnahmen - Schutz bei Überstrom; Änderung 1; (IEC 64(Sec)701:1994)
DIN VDE 0100-443 (**VDE 0100 Teil 443**):1987-04 (Entwurf)	Errichten von Starkstromanlagen mit Nennspannungen bis 1 000 V - Schutzmaßnahmen - Schutz gegen Überspannungen infolge atmosphärischer Einflüsse; Identisch mit IEC 64(CO)168
DIN VDE 0100-443/A1 (**VDE 0100 Teil 443/A1**):1988-02 (Entwurf)	Errichten von Starkstromanlagen mit Nennspannungen bis 1 000 V - Schutzmaßnahmen - Schutz gegen Überspannungen infolge atmosphärischer Einflüsse; Änderung 1 zum Entwurf DIN VDE 0100 Teil 443; Identisch mit IEC 64(CO)181
DIN VDE 0100-443/A2 (**VDE 0100 Teil 443/A2**):1993-02 (Entwurf)	Errichten von Starkstromanlagen mit Nennspannungen bis 1 000 V - Schutzmaßnahmen - Schutz gegen Überspannungen infolge atmosphärischer Einflüsse; Änderung 2 zum Entwurf DIN VDE 0100 Teil 443; Identisch mit IEC 64(Sec)614 und IEC 64(Sec)607
DIN IEC 64(Sec)675 (**VDE 0100 Teil 443/A3**):1993-10 (Entwurf)	Errichten von Starkstromanlagen mit Nennspannungen bis 1 000 V - Schutzmaßnahmen - Schutz bei Überspannungen infolge atmosphärischer Einflüsse und von Schaltvorgängen; Änderung 3 zum Entwurf DIN VDE 0100 Teil 443; (IEC 64(Sec)675: 1993)

DIN IEC 64/907/CDV (**VDE 0100 Teil 443/A4**):1997-04 (Entwurf)	Elektrische Anlagen von Gebäuden - Schutzmaßnahmen - Schutz bei Überspannungen - Schutz bei Überspannungen infolge atmosphärischer Einflüsse und von Schaltvorgängen; Änderung A4 zum Entwurf DIN VDE 0100-443 (VDE 0100 Teil 443); (IEC 64/907/CDV:1996)
DIN IEC 64/1004/CD (**VDE 0100 Teil 443/A5**):1998-07 (Entwurf)	Elektrische Anlagen von Gebäuden - Schutzmaßnahmen - Kapitel 44: Schutz bei Überspannungen infolge atmosphärischer Einflüsse und von Schaltvorgängen; Änderung A5 zum Entwurf DIN VDE 0100-443 (VDE 0100 Teil 443); (IEC 64/1004/CD:1998)
DIN IEC 64(CO)136 (**VDE 0100 Teil 450**):1983-10 (Entwurf)	Errichten von Starkstromanlagen mit Nennspannungen bis 1 000 V - Schutzmaßnahmen - Schutz bei Unterspannungen
DIN VDE 0100-460/A1 (**VDE 0100 Teil 460/A1**):1995-09 (Entwurf)	Errichten von Starkstromanlagen mit Nennspannungen bis 1 000 V - Schutzmaßnahmen - Trennen und Schalten; Änderung 1; Deutsche Fassung CLC/SC 64A(Sec)1201:1995-02
DIN IEC 64/815/CD (**VDE 0100 Teil 470/A2**):1996-02 (Entwurf)	Errichten von Starkstromanlagen mit Nennspannungen bis 1 000 V - Schutzmaßnahmen - Anwendung der Schutzmaßnahmen - Maßnahmen zum Schutz bei Überstrom; Änderung 2; (IEC 64/815/CD:1995)
DIN VDE 0100-481 (**VDE 0100 Teil 481**):1987-10 (Entwurf)	Errichten von Starkstromanlagen mit Nennspannungen bis 1 000 V - Schutzmaßnahmen - Auswahl von Schutzmaßnahmen gegen gefährliche Körperströme in Abhängigkeit von äußeren Einflüssen; Identisch mit IEC 64(CO)169

DIN VDE 0100-481/A1 **(VDE 0100 Teil 481/A1)**:1989-11 (Entwurf)	Errichten von Starkstromanlagen mit Nennspannungen bis 1 000 V - Schutzmaßnahmen - Auswahl von Schutzmaßnahmen gegen gefährliche Körperströme in Abhängigkeit von äußeren Einflüssen; Änderung 1 zum Entwurf DIN VDE 0100 Teil 481; Identisch mit IEC 64(CO)201
DIN VDE 0100-510 **(VDE 0100 Teil 510)**:1998-10 (Entwurf)	Elektrische Anlagen von Gebäuden - Teil 5: Auswahl und Errichtung elektrischer Betriebsmittel - Kapitel 51: Allgemeine Bestimmungen; (IEC 60364-5-51:1997); Deutsche Fassung prHD 384.5.51 S3:1998
DIN IEC 64/834/CD **(VDE 0100 Teil 520/A1)**:1996-03 (Entwurf)	Errichten von Starkstromanlagen mit Nennspannungen bis 1 000 V - Teil 5: Auswahl und Errichtung elektrischer Betriebsmittel - Kapitel 52: Kabel- und Leitungssysteme (-anlagen); Änderung A1; IEC 64/834/CD:1995)
DIN VDE 0100-520/A2 **(VDE 0100 Teil 520/A2)**:1996-09 (Entwurf)	Errichten von Starkstromanlagen mit Nennspannungen bis 1 000 V - Teil 5: Auswahl und Errichtung elektrischer Betriebsmittel - Kapitel 52: Kabel- und Leitungssysteme (-anlagen); Änderung 2; Deutsche Fassung prHD 308 S2:1996
DIN VDE 0100-530 **(VDE 0100 Teil 530)**:1985-05 (Entwurf)	Errichten von Starkstromanlagen mit Nennspannungen bis 1 000 V - Auswahl und Errichtung elektrischer Betriebsmittel - Schaltgeräte und Steuergeräte; Identisch mit IEC 64(CO)151
DIN VDE 0100-530/A1 **(VDE 0100 Teil 530/A1)**:1986-07 (Entwurf)	Errichten von Starkstromanlagen mit Nennspannungen bis 1 000 V - Auswahl und Errichtung elektrischer Betriebsmittel - Schaltgeräte und Steuergeräte; Änderung 1; Identisch mit IEC 64(CO)164

DIN VDE 0100-530/A2 (**VDE 0100 Teil 530/A2**):1989-09 (Entwurf)	Errichten von Starkstromanlagen mit Nennspannungen bis 1 000 V - Auswahl und Errichtung elektrischer Betriebsmittel - Schaltgeräte und Steuergeräte; Änderung 2 zum Entwurf DIN VDE 0100 Teil 530; Identisch mit IEC 64(CO)197
DIN VDE 0100-530/A3 (**VDE 0100 Teil 530/A3**):1989-12 (Entwurf)	Errichten von Starkstromanlagen mit Nennspannungen bis 1 000 V - Auswahl und Errichtung elektrischer Betriebsmittel - Schaltgeräte und Steuergeräte; Änderung 3 zum Entwurf DIN VDE 0100 Teil 530; Identisch mit IEC 64(CO)198
DIN VDE 0100-530/A4 (**VDE 0100 Teil 530/A4**):1991-11 (Entwurf)	Errichten von Starkstromanlagen mit Nennspannungen bis 1 000 V - Auswahl und Errichtung elektrischer Betriebsmittel - Schaltgeräte und Steuergeräte; Änderung 4 zum Entwurf DIN VDE 0100 Teil 530; Identisch mit IEC 64(CO)218
DIN VDE 0100-530/A5 (**VDE 0100 Teil 530/A5**):1992-07 (Entwurf)	Errichten von Starkstromanlagen mit Nennspannungen bis 1 000 V - Auswahl und Errichtung elektrischer Betriebsmittel - Schaltgeräte und Steuergeräte; Änderung 5 zum Entwurf DIN VDE 0100 Teil 530; Identisch mit IEC 64(CO)222
DIN IEC 64/758/CD (**VDE 0100 Teil 530/A6**):1995-04 (Entwurf)	Errichten von Starkstromanlagen mit Nennspannungen bis 1 000 V - Auswahl und Errichtung elektrischer Betriebsmittel - Schaltgeräte und Steuergeräte; Änderung 6 zum Entwurf DIN VDE 0100-530 (VDE 0100 Teil 530); (IEC 64/758/CD)
Beiblatt 1 zu DIN VDE 0100-530 (**Beiblatt 1 zu VDE 0100 Teil 530**):1993-06 (Entwurf)	Errichten von Starkstromanlagen mit Nennspannungen bis 1 000 V - Auswahl und Errichtung elektrischer Betriebsmittel - Schaltgeräte und Steuergeräte - Leitfaden; Identisch mit IEC 64(Sec)630:1992 und IEC 64(Sec)630A:1993

DIN IEC 64/867/CDV (**VDE 0100 Teil 534**):1996-10 (Entwurf)	Elektrische Anlagen von Gebäuden - Auswahl und Errichtung elektrischer Betriebsmittel - Schaltgeräte und Steuergeräte - Überspannungs-Schutzeinrichtungen; (IEC 64/867/CDV:1996)
Beiblatt 1 zu DIN VDE 0100-534 (**Beiblatt 1 zu VDE 0100 Teil 534**): 1999-07 (Entwurf)	Elektrische Anlagen von Gebäuden - Allgemeine Grundinformationen zu Überspannungen und Schutz bei Überspannungen in Niederspannungs-Starkstromanlagen mit Wechselspannungen
DIN VDE 0100-537/A2 (**VDE 0100 Teil 537/A2**):1988-02 (Entwurf)	Errichten von Starkstromanlagen mit Nennspannungen bis 1 000 V - Auswahl und Errichtung elektrischer Betriebsmittel - Trenn- und Schaltgeräte; Änderung 2 zum Entwurf DIN IEC 64(CO)81/VDE 0100 Teil 537; Identisch mit IEC 64(CO)179
DIN VDE 0100-537/A3 (**VDE 0100 Teil 537/A3**):1991-07 (Entwurf)	Errichten von Starkstromanlagen mit Nennspannungen bis 1 000 V - Auswahl und Errichtung elektrischer Betriebsmittel - Geräte zum Trennen und Schalten; Änderung 3
DIN VDE 0100-540/A1 (**VDE 0100 Teil 540/A1**):1992-01 (Entwurf)	Elektrische Anlagen von Gebäuden - Auswahl und Errichtung elektrischer Betriebsmittel - Erdung, Schutzleiter, Potentialausgleichsleiter - Gebrauch von Erdern für Funktionszwecke - Änderung 1; (IEC 64/1019/CD:1998)
DIN IEC 64/898/CD (**VDE 0100 Teil 540/A4**):1997-02 (Entwurf)	Elektrische Anlagen von Gebäuden - Auswahl und Errichtung elektrischer Betriebsmittel - Erdung, Schutzleiter, Potentialausgleichsleiter - Gebrauch von Erdern für Funktionszwecke; Änderung 4; (IEC 64/898/CD:1996)
DIN IEC 64/911/CD (**VDE 0100 Teil 559/A1**):1997-04 (Entwurf)	Elektrische Anlagen von Gebäuden - Teil 5: Auswahl und Errichtung elektrischer Betriebsmittel - Kapitel 55: Andere Betriebsmittel - Hauptabschnitt 559: Leuchten und Beleuchtungsanlagen; (IEC 64/911/CD:1996)

DIN IEC 64/884/CD (**VDE 0100 Teil 560/A1**):1996-11 (Entwurf)	Elektrische Anlagen von Gebäuden - Teil 5: Auswahl und Errichtung elektrischer Betriebsmittel - Kapitel 56: Sicherheitszwecke; Änderung A1; (IEC 64/884/CD:1996)
DIN VDE 0100-560/A2 (**VDE 0100 Teil 560/A2**): 1999-05 (Entwurf)	Elektrische Anlagen von Gebäuden - Teil 5: Auswahl und Errichtung elektrischer Betriebsmittel - Kapitel 56: Sicherheitseinrichtungen; Änderung 2; (IEC 64/1066/CD:1999)
DIN VDE 0100-600/A1 (**VDE 0100 Teil 600/A1**):1988-02 (Entwurf)	Errichten von Starkstromanlagen mit Nennspannungen bis 1 000 V - Erstprüfungen; Änderung 1; Identisch mit IEC 64(CO)173
DIN VDE 0100-610/A1 (**VDE 0100 Teil 610/A1**):1995-01 (Entwurf)	Errichten von Starkstromanlagen mit Nennspannungen bis 1 000 V - Nachweise - Nachweise vor erster Inbetriebnahme; Änderung A1; (IEC 64(Sec)723:1994 und IEC 64(Sec)727:1994)
DIN IEC 64(Sec)722 (**VDE 0100 Teil 620**):1995-01 (Entwurf)	Errichten von Starkstromanlagen mit Nennspannungen bis 1 000 V - Nachweise - Wiederkehrende Nachweise durch Prüfungen; (IEC 64(Sec)722:1994)
DIN VDE 0100-701 (**VDE 0100 Teil 701**):2000-03 (Entwurf)	Elektrische Anlagen von Gebäuden - Teil 7: Bestimmungen für Räume und Anlagen besonderer Art - Hauptabschnitt 701: Räume mit Badewanne oder Dusche
DIN IEC 64/906/FDIS (**VDE 0100 Teil 702/A1**):1997-10 (Entwurf)	Überarbeitung von IEC 60364-7-702 - Elektrische Anlagen von Gebäuden - Anforderungen für spezielle Anlagen oder Bereiche - Schwimmbäder und andere Becken; (IEC 64/906/FDIS:1997)

DIN VDE 0100-704 (**VDE 0100 Teil 704**):1998-12 (Entwurf)	Elektrische Anlagen von Gebäuden - Teil 7: Anforderungen für Betriebsstätten, Räume und Anlagen besonderer Art - Hauptabschnitt 704: Baustellen; (IEC 60364-7-704:1989, modifiziert); Deutsche Fassung prHD 384.7.704 S1:1998
DIN VDE 0100-707 (**VDE 0100 Teil 707**):1989-09 (Entwurf)	Errichten von Starkstromanlagen mit Nennspannungen bis 1 000 V - Anforderungen für die Erdung von Einrichtungen der Informationstechnik; Deutsche Fassung prHD 384.7.707: 1989
DIN VDE 0100-708/A1 (**VDE 0100 Teil 708/A1**):1997-10 (Entwurf)	Elektrische Anlagen von Gebäuden - Elektrische Anlagen auf Campingplätzen und in Caravans; Änderung 1; Deutsche Fassung CENELEC 64A(Sec)1220:1997
DIN VDE 0100-709 (**VDE 0100 Teil 709**):1990-03 (Entwurf)	Errichten von Starkstromanlagen mit Nennspannungen bis 1 000 V - Elektrische Anlagen für Marinas (Liegeplätze) und Wassersportfahrzeuge; Identisch mit IEC 64(CO)207
DIN IEC 64/1043/CD (**VDE 0100 Teil 710**):1999-07 (Entwurf)	Elektrische Anlagen von Gebäuden - Teil 7: Anforderungen für besondere Anlagen und Bereiche - Hauptabschnitt 710: Medizinisch genutzte Räume; (IEC 64/1043/CD:1998)

*Mit diesem Entwurf deutet sich die derzeitige Überführung von DIN VDE 0107 (**VDE 0107**) nach Normenreihe DIN VDE 0100 (**VDE 0100**) an. Für Krankenhäuser und medizinisch genutzte Räume empfiehlt der Autor das von ihm veröffentlichte Stichwortverzeichnis in Band 108 der VDE-Schriftenreihe „Stichwörter zu DIN VDE 0107 und DIN VDE 0108 - Starkstromanlagen und Sicherheitsstromversorgung in Krankenhäusern, medizinisch genutzten Räumen und baulichen Anlagen für Menschenansammlungen“*[4])

[4]) Bezugsquelle: VDE-VERLAG, Berlin

DIN IEC 64(Sec)674 (**VDE 0100 Teil 711**):1994-04 (Entwurf)	Errichten von Starkstromanlagen mit Nennspannungen bis 1 000 V - Elektrische Anlagen in Ausstellungen, Shows, Ständen und Jahrmärkten; (IEC 64(Sec)674)
DIN IEC 64/876/CD (**VDE 0100 Teil 711/A1**):1996-08 (Entwurf)	Errichten von Starkstromanlagen mit Nennspannungen bis 1 000 V - Vorübergehend errichtete Anlagen für Gebäude, Vergnügungseinrichtungen und Buden auf Messegeländen, Vergnügungsparks und Zirkussen; Änderung 1 (IEC 64/876/CD)
DIN VDE 0100-712 (**VDE 0100 Teil 712**):1998-06 (Entwurf)	Elektrische Anlagen von Gebäuden - Anforderungen für spezielle Anlagen oder Bereiche - Photovoltaik-Anlagen
DIN IEC 64(Sec)711 (**VDE 0100 Teil 713**):1994-10 (Entwurf)	Errichten von Starkstromanlagen mit Nennspannungen bis 1 000 V - Möbel; (IEC 64(Sec)711):1994
DIN IEC 64/908/CDV (**VDE 0100 Teil 715**):1997-04 (Entwurf)	Elektrische Anlagen von Gebäuden - Bestimmungen für Räume und Anlagen besonderer Art - Kleinspannungs-Beleuchtungsanlagen; (IEC 64/908/CDV:1996)
DIN IEC 64/945/CD (**VDE 0100 Teil 716**):1997-10 (Entwurf)	Elektrische Anlagen von Gebäuden - Anforderungen für spezielle Anlagen oder Bereiche - Hauptabschnitt 716: Hilfsstromkreise; (IEC 64/945/CD:1997)
DIN IEC 64/893/CD (**VDE 0100 Teil 717**):1997-01 (Entwurf)	Elektrische Anlagen von Gebäuden - Teil 7: Anforderungen für Betriebsstätten, Räume und Anlagen besonderer Art - Hauptabschnitt 717: Bewegliche oder ortsveränderliche elektrische Anlagen; (IEC 64/893/CD:1996)

DIN VDE 0100-718 (**VDE 0100 Teil 718**):2000-05 (Entwurf)	Elektrische Anlagen von Gebäuden - Teil 7-718: Anforderungen für Betriebsstätten, Räume und Anlagen besonderer Art - Elektrische Anlagen und Stromversorgungen für Sicherheitszwecke in baulichen Anlagen für Menschenansammlungen; (IEC 64/1116/CD:1999 und IEC 64/1117/CDV:1988) *Mit diesem Entwurf deutet sich die derzeitige Überführung der Normenreihe DIN VDE 0108 (**VDE 0108**) nach Normenreihe DIN VDE 0100 (**VDE 0100**) an. Für bauliche Anlagen für Menschenansammlungen empfiehlt der Autor das von ihm veröffentlichte Stichwortverzeichnis in Band 108 der VDE-Schriftenreihe „Stichwörter zu DIN VDE 0107 und DIN VDE 0108 - Starkstromanlagen und Sicherheitsstromversorgung in Krankenhäusern, medizinisch genutzten Räumen und baulichen Anlagen für Menschenansammlungen“*[5])
DIN IEC 64/875/CD (**VDE 0100 Teil 719**):1996-08 (Entwurf)	Errichten von Starkstromanlagen mit Nennspannungen bis 1 000 V - Errichtung von Systemen mit Stromkreisen, die Betriebsmittel mit Begrenzung des Fehlerstroms enthalten und/oder mit der Möglichkeit von Gleichstromanteilen im Fehlerstrom; (IEC 64/875/CD:1996)
DIN VDE 0100-722 (**VDE 0100 Teil 722**):1990-03 (Entwurf)	Errichten von Starkstromanlagen mit Nennspannungen bis 1 000 V - Fliegende Bauten, Wagen und Wohnwagen nach Schaustellerart
DIN VDE 0100-723/A1 (**VDE 0100 Teil 723/A1**):1990-11 (Entwurf)	Errichten von Starkstromanlagen mit Nennspannungen bis 1 000 V - Unterrichtsräume mit Experimentierständen; Änderung 1

[5]) Bezugsquelle: VDE-VERLAG, Berlin

DIN VDE 0100-737/A1 (**VDE 0100 Teil 737/A1**):1992-11 (Entwurf)	Errichten von Starkstromanlagen mit Nennspannungen bis 1 000 V - Feuchte und nasse Bereiche und Räume, Anlagen im Freien - Beleuchtungsanlagen im Freien; Änderung 1; Deutsche Fassung CENELEC 64B(Sec)2166
DIN IEC 64/1021/CD (**VDE 0100 Teil 740**):1998-10 (Entwurf)	Elektrische Anlagen von Gebäuden - Bestimmungen für Betriebsstätten, Räume und Anlagen besonderer Art - Vorübergehend errichtete Anlagen für Bauwerke, Vergnügungseinrichtungen und Buden auf Kirmesplätzen, Vergnügungsparks und Zirkusse; (IEC 64/1021/CD:1998)
DIN VDE 0100-753 (**VDE 0100 Teil 753**):1998-10 (Entwurf)	Elektrische Anlagen von Gebäuden - Teil 7: Anforderungen für besondere Anlagen und Bereiche - Hauptabschnitt 753: Fußboden- und Decken-Flächenheizungen; Deutsche Fassung prHD 384.7.753

5 Alphabetisches Stichwortverzeichnis

2-Leiter

Systeme .... N **300** 312.1

3-Leiter

Systeme .... N **300** 312.1

A

A-Abweichungen

für Belgien beim Brandschutz .... N **482** Anhang A

für Frankreich beim Schutz von Niederspannungsanlagen bei Erdschlüssen in Netzen mit höherer Spannung .... N **442** Anhang B

AA

charakteristische Eigenschaften der Betriebsmittel für Umgebungstemperaturen unterschiedlicher Bereiche (AA1 bis AA8) .... N **510** Tabelle 51A, Seite 7,
E ***510*** *Tabelle 51A (321.1)*

Kenngrößen und Merkmale für Umgebungstemperaturen N **300** 321.1

Kurzfassung der Kenngrößen .... N **300** Anhang A

Kurzzeichen für Umgebungstemperaturen .... N **300** 321.1

AB

charakteristische Eigenschaften der Betriebsmittel für kombinierte Einflüsse von Luftfeuchte unterschiedlicher Bereiche (AB1 bis AB8) .... N **510** Tabelle 51A, Seite 8,
E ***510*** *Tabelle 51A (321.2)*

Kenngrößen und Merkmale für Umgebungstemperaturen und Luftfeuchte .... N **300** 321.2

Kurzfassung der Kenngrößen .... N **300** Anhang A

Kurzzeichen für Umgebungstemperaturen und Luftfeuchte .... N **300** 321.2

Abdeckungen

Begriff .... N **200** 2.3.13

Besichtigen .... N **610** 4.3

die entfernt werden müssen; Basisschutz	N	**410**	412.2.4
Festigkeit	N	**410**	412.2.3
Haltbarkeit	N	**410**	412.2.3
Abdichtungen			
Mittel für Kabel- und Leitungssysteme (-anlagen)	N	**520**	527.2.6
Abfüllstellen			
Drehstrom-Steckvorrichtungen	N	**550**	4.4
abgeschlossene elektrische Betriebsstätten			
Abgrenzung	N	**731**	4.1
allgemeine Anforderungen	N	**731**	3
Begriff	N	**200**	A.6.2
Fenster	N	**731**	5.5, 5.6
Kennzeichnung	N	**731**	3.4, 4.2
Leuchten	N	**731**	3.2
Rettungsweg	N	**731**	5.4
Schaltpläne	N	**731**	3.4
Schutz bei indirektem Berühren	N	**731**	6.5
Schutz durch Abstand	N	**410**	NB.2,
	N	**731**	6.2.2
Schutz durch Hindernisse	N	**410**	NB.2,
	N	**731**	6.2.1
Schutz gegen gefährliche Körperströme	N	**731**	6
Steckdosen	N	**731**	3.2
Türen	N	**731**	5.2, 5.3
Abgrenzung			
abgeschlossene elektrische Betriebsstätten	N	**731**	4.1
elektrische Betriebsstätten	N	**731**	4.1
Ablaufstutzen (leitfähig) der Bade- oder Duschwanne			
zusätzlicher Potentialausgleich	N	**701**	4.2.1
Ableiter			
→ siehe Überspannungs-Schutzeinrichtungen	V	**534**	
Ableitertrennschalter			
Überspannungs-Schutzeinrichtungen	V	**534**	534.2.6
Überspannungs-Schutzeinrichtungen im TT-System	V	**534**	Bild A4
Ableitströme			
gegen Erde	N	**300**	330.1
Hilfsstromkreise	N	**725**	6.1.1,
	E	***716***	*716.552.6*
in einer Anlage; Begriff	N	**200**	2.3.8
RCDs	*E*	***530A6***	*531.2.1.2*

verstärkte Schutzleiter für Ableitströme über 10 mA	*E*	***540A1***	*543.5*
zwischen Trennstreckenpolen	N	**537**	537.2.1.1
→ siehe auch unter hoher Ableitstrom	*E*	***707***	
Abschaltbedingungen			
beim 2. Fehler; IT-Systeme	N	**410**	413.1.5.5
Betriebsmittel mit strombegrenzenden Eigenschaften	*E*	***719***	*7XX.471.2.3.1*
durch Überstrom-Schutzeinrichtungen nicht zu erfüllen; IT-Systeme	N	**410**	413.1.5.7
durch Überstrom-Schutzeinrichtungen nicht zu erfüllen; TN-Systeme	N	**410**	413.1.3.6
Gleichstromanteil im Fehlerstrom	*E*	***719***	*7XX.471.2.3.1*
nicht zu erfüllen in TT-Systemen	N	**410**	413.1.4.3
Stromquellen mit strombegrenzenden Eigenschaften	*E*	***719***	*7XX.471.2.3.1*
TN-Systeme	N	**410**	413.1.3.3
TT-Systeme	N	**410**	413.1.4.2
abschalten			
Antrieb	N	**537**	537.3.1
Neutralleiter	N	**470**	NB.4
vor dem Besichtigen	N	**610**	4.1
Abschaltströme			
Tabelle mit Werten zur Beurteilung; TN-System	N	**610**	Tabelle 3, Tabelle F.1
Tabelle mit Werten zur Beurteilung; TT-System	N	**610**	Tabelle F.2
TN-System	N	**610**	5.6.1.2.3.2
TT-System	N	**610**	5.6.1.3.3.2
Abschaltung			
bei Sicherheitsstromversorgungen ungewollte Abschaltungen vermeiden	*E*	***560A2***	*569.6*
Erproben und Messen	N	**610**	5.1, 5.6
Sicherstellung der sicheren Abschaltung von Hilfsstromkreisen bei Personengefährdung	*E*	***716***	*716.552.7*
Abschaltung der Stromversorgung			
Schutz durch automatische Abschaltung der Stromversorgung	N	**410**	413.1.1.1
Schutz durch Schutztrennung	N	**410**	413.5.3.4
Abschaltzeiten			
5 s in TN-Systemen	*E*	***410A5***	*1.6*
bei öffentlichen Verteilungsnetzen; TN-Systeme	N	**410**	NB.1
bei U_L = 25 V AC oder 60 V DC	*E*	***481A1***	*Tabelle 48A*
Berührungsspannung	*E*	***410A5***	*Bild 2*
bis zu 5 s bei Endstromkreisen oder Verteilungsstromkreisen; TN-Systeme	N	**410**	413.1.3.5

größere Werte für die Abschaltzeit beim Schutz
durch automatische Abschaltung der
Stromversorgung .... N **410** Anmerkung 6
Hintergrund für die Festlegung der Abschaltzeiten .... *E* ***410A5*** *1.5*
IT-Systeme .... N **410** Tabelle 41B
meist 5 s in TT-Systemen .... *E* ***410A5*** *2.2*
nicht zu erfüllen; zusätzlicher Potentialausgleich .... N **410** 413.1.2.2
Schutz von Niederspannungsanlagen bei
Erdschlüssen in Netzen mit höherer Spannung .... N **442** 442.1.2
TN-Systeme .... N **410** Tabelle 41A,
N **610** 5.6.1.2.3.2
TT-Systeme .... N **410** 413.1.4.2,
N **610** 5.6.1.3.3.2

Abschnitt-Schalter
Sicherheitsstromversorgungen .... *E* ***560A2*** *567.5*

Abstand
Besichtigen .... N **610** 4.3
der Kabel und Leitungen bei
Sicherheitsstromversorgungen .... *E* ***560A2*** *569.4*
von Abdeckungen oder Umhüllungen von aktiven
Teilen .... N **410** 412.2.3
von Energie- und Signalleitungen zum Schutz gegen
elektromagnetische Störungen (EMI) .... N **444** 444.3.6

abstützen
Kabel und Leitungen .... N **520** 522.8.1.3

Abtrennen
der Stromkreise bei elektrischen Anlagen für
Sicherheitszwecke .... N **560** 563.1
Erdungsleiter .... N **540** 4.4.2

Abtrennvorrichtungen
Begriff *EB1* ***534*** *3.5*
für den Fall des Versagens von Überspannungs-
Schutzeinrichtungen *EB1* ***534*** *11.5*
Schutz bei Überspannungen *EB1* ***534*** *11.5*

Abwasserpumpen
Räume mit Badewanne oder Dusche .... *E* ***701*** *701.55*

Abwasserrohre
Räume mit Badewanne oder Dusche .... *E* ***701*** *701.413.1.6*

Abweichungen
elektrochemische Anlagen .... *E* ***100*** *1.4,*
E ***100A1*** *1.4*

Elektrowärmeanlagen	*E*	***100***	*1.4*
spezielle Verbrauchsmittel	*E*	***100***	*1.4*
Stromrichteranlagen	*E*	***100***	*1.4*
→ siehe auch A-Abweichungen			
Abzweigdosen			
Räume mit Badewanne oder Dusche	*E*	***701***	*701.53*
AC			
charakteristische Eigenschaften der Betriebsmittel für unterschiedliche Seehöhen (AC1 und AC2)	N	**510**	Tabelle 51A, Seite 9,
	E	***510***	*Tabelle 51A (321.3)*
Kenngrößen für Seehöhe	N	**300**	321.3
Kurzfassung der Kenngrößen	N	**300**	Anhang A
Kurzzeichen für Seehöhe	N	**300**	321.3
AC-...			
Gebrauchs-Kategorie von Niederspannung-Schaltgeräten	*EB1*	***530***	*Anhang A*
AD			
charakteristische Eigenschaften der Betriebsmittel für unterschiedliches Auftreten von Wasser (AD1 bis AD8)	N	**510**	Tabelle 51A, Seite 9,
	E	***510***	*Tabelle 51A (321.4)*
Kenngrößen für Auftreten von Wasser	N	**300**	321.4
Kurzfassung der Kenngrößen	N	**300**	Anhang A
Kurzzeichen für Auftreten von Wasser	N	**300**	321.4
Adapter			
Beitrittsgebiet	B2	**-**	Seite 20
Aderleitungen			
in abgehängten zu öffnenden Elektroinstallationskanälen	N	**520**	Tabelle 52 H Referenz 34
in eingebetteten Elektroinstallationskanälen	N	**520**	Tabelle 52 H Referenz 75
in Elektroinstallationsrohren auf Wänden	N	**520**	Tabelle 52 H Referenz 3
in Elektroinstallationsrohren in baulichen Hohlräumen	N	**520**	Tabelle 52 H Referenz 22

in Elektroinstallationsrohren in belüfteten Kabelkanälen im Fußboden .... N **520** Tabelle 52 H Referenz 42
in Elektroinstallationsrohren in Fensterrahmen .... N **520** Tabelle 52 H Referenz 74
in Elektroinstallationsrohren in Mauerwerk .... N **520** Tabelle 52 H Referenz 5
in Elektroinstallationsrohren in Türrahmen .... N **520** Tabelle 52 H Referenz 73
in Elektroinstallationsrohren in waagerecht oder senkrecht verlegten geschlossenen Kabelkanälen .... N **520** Tabelle 52 H Referenz 41
in Elektroinstallationsrohren in wärmegedämmten Wänden .... N **520** Tabelle 52 H Referenz 1
in geschlossenen Elektroinstallationskanälen auf Wänden .... N **520** Tabelle 52 H Referenz 4
in geschlossenen Elektroinstallationskanälen in baulichen Hohlräumen .... N **520** Tabelle 52 H Referenz 23
in geschlossenen Elektroinstallationskanälen in Mauerwerk .... N **520** Tabelle 52 H Referenz 24
in geteilten zu öffnenden Elektroinstallationskanälen (Sockelleistenkanäle) .... N **520** Tabelle 52 H Referenz 72
in Kunststoff-Formteilen (Leitungsträger) .... N **520** Tabelle 52 H Referenz 71
in zu öffnenden Elektroinstallationskanälen auf Wänden, senkrecht .... N **520** Tabelle 52 H Referenz 32, 32 A
in zu öffnenden Elektroinstallationskanälen auf Wänden, waagerecht .... N **520** Tabelle 52 H Referenz 31, 31 A
in zu öffnenden Fußbodenkanälen .... N **520** Tabelle 52 H Referenz 33

Adern
Farben bei flexiblen Leitungen .... E ***520A2*** *2.1*
Kennzeichnung und Verwendung bei flexiblen Leitungen .... E ***520A2***
Verwendung bei flexiblen Leitungen entsprechend ihrer Kennzeichnung durch Farbe .... E ***520A2*** *3*
von flexiblen Leitungen .... E ***520A2***
von flexiblen Leitungen ohne Mantel .... E ***520A2*** *2.2*

Adern von flexiblen Leitungen

Bedingungen für die Verwendung der Adern entsprechend ihrer Kennzeichnung durch Farbe	*E*	***520A2***	*3*
einadrige ummantelte Leitungen	*E*	***520A2***	*2.3*
Farben der Adern	*E*	***520A2***	*2.1*
flexible Leitungen mit einem Leiter mit Schutzfunktion	*E*	***520A2***	*Tabelle 1a*
flexible Leitungen ohne einem Leiter mit Schutzfunktion	*E*	***520A2***	*Tabelle 1b*
flexible Leitungen ohne Mantel	*E*	***520A2***	*2.2*
Kennzeichnung	*E*	***520A2***	*2*
Kennzeichnung grün-gelb	*E*	***520A2***	*2.4*

AE

charakteristische Eigenschaften der Betriebsmittel für unterschiedliches Auftreten von festen Fremdkörpern (AE1 bis AE6)	N	**510**	Tabelle 51A, Seite 9,
	E	***510***	*Tabelle 51A (321.5)*
Kenngrößen für Auftreten von festen Fremdkörpern	N	**300**	321.5
Kurzfassung der Kenngrößen	N	**300**	Anhang A
Kurzzeichen für Auftreten von festen Fremdkörpern	N	**300**	321.5

AF

charakteristische Eigenschaften der Betriebsmittel für unterschiedliches Auftreten von korrosivem Schadstoffen (AF1 bis AF4)	*E*	***510***	*Tabelle 51A (321.6)*
charakteristische Eigenschaften der Betriebsmittel für unterschiedliches Auftreten von korrosivem Staub (AF1 bis AF4)	N	**510**	Tabelle 51A, Seite 9
Kenngrößen für Korrosion	N	**300**	321.6
Kurzfassung der Kenngrößen	N	**300**	Anhang A
Kurzzeichen für Korrosion	N	**300**	321.6

AG

charakteristische Eigenschaften der Betriebsmittel für unterschiedliche mechanische Beanspruchungen (AG1 bis AG3)	N	**510**	Tabelle 51A, Seite 10,
	E	***510***	*Tabelle 51A (321.7)*
Kenngrößen für Schlag	N	**300**	321.7.1
Kurzfassung der Kenngrößen	N	**300**	Anhang A
Kurzzeichen für Schlag	N	**300**	321.7.1

AH

charakteristische Eigenschaften der Betriebsmittel für unterschiedliches Auftreten von Schwingungen (AH1 bis AH3) ... N **510** Tabelle 51A, Seite 10,
E ***510*** *Tabelle 51A (321.7.1)*

Kenngrößen für Schwingungen (Vibrationen) ... N **300** 321.7.2
Kurzfassung der Kenngrößen ... N **300** Anhang A
Kurzzeichen für Schwingungen (Vibrationen) ... N **300** 321.7.2

AJ

charakteristische Eigenschaften der Betriebsmittel für andere mechanische Beanspruchungen ... N **510** Tabelle 51A, Seite 10,
E ***510*** *Tabelle 51A (321.7.3)*

Kenngrößen für andere mechanische Beanspruchungen ... N **300** 321.7.3
Kurzfassung der Kenngrößen ... N **300** Anhang A
Kurzzeichen für andere mechanische Beanspruchungen .. N **300** 321.7.3

AK

charakteristische Eigenschaften der Betriebsmittel für Pflanzen- und Schimmelwachstum (Flora) (AK1 und AK2) ... N **510** Tabelle 51A, Seite 10,
E ***510*** *Tabelle 51A (321.8)*

Kenngrößen für Pflanzen- und Schimmelwachstum (Flora) ... N **300** 321.8
Kurzfassung der Kenngrößen ... N **300** Anhang A
Kurzzeichen für Pflanzen- und Schimmelwachstum (Flora) ... N **300** 321.8

Akkumulatoren

Verbindungsleitungen ... N **430** 5.5 b),
E ***470A2*** *473.1.2 b)*
Wassersportfahrzeuge ... *E* ***709*** *6.2.1*

Akkumulatorenbatterien

Stromquellen für Sicherheitszwecke ... N **300** 351
Verbindungsleitungen ... N **430** 6.4.3

aktive Leiter

betriebsmäßiges Schalten ... N **460** 7.1.2
IT-System ... N **610** 5.6.1.4.1.1 a)
Systeme ... N **300** 312.1

aktive Teile
Begriff .... N **200** 2.3.1
gefährliche aktive Teile; Begriff .... N **200** 2.3.15
IT-Systeme .... N **410** 413.1.5.1
nicht mit aktiven Teilen anderer Stromkreise
verbinden bei SELV .... N **410** 411.1.4.1
nicht mit Erde verbinden bei SELV .... N **410** 411.1.4.1
nicht mit Schutzleitern verbinden bei SELV .... N **410** 411.1.4.1
Schutz durch Schutztrennung .... N **410** 413.5.1.3

AL
charakteristische Eigenschaften der
Betriebsmittel für die Anwesenheit von Tieren
(Fauna) (AL1 und AL2) .... N **510** Tabelle 51A, Seite 10,
E ***510*** *Tabelle 51A (321.9)*
Kenngrößen für Anwesenheit von Tieren (Fauna) .... N **300** 321.9
Kurzfassung der Kenngrößen .... N **300** Anhang A
Kurzzeichen für Anwesenheit von Tieren (Fauna) .... N **300** 321.9

Alarmanlagen
Einrichtungen für Sicherheitszwecke .... E ***718*** *563.4 Anmerkung*

Alarmeinrichtungen
elektrische Anlagen für Sicherheitszwecke .... N **560** 563.6

Alarmierungsanlagen
Einrichtungen für Sicherheitszwecke .... E ***718*** *718.1*

Alarmierungssysteme
Einrichtungen für Sicherheitszwecke .... E ***718*** *563.4 Anmerkung*

allgemeine Anforderungen
abgeschlossene elektrische Betriebsstätten .... N **731** 3
Beleuchtungsanlagen .... N **559** 3
Betriebserdung .... N **540** 7.1
elektrische Betriebsstätten .... N **731** 3
Fertigstellung prüfen .... N **610** 3.1
Funktionserdung .... N **540** 7.1
Leuchten .... N **559** 3
Prüfung bei Änderung bestehender Anlagen .... N **610** 3.4
Prüfung bei Erweiterung bestehender Anlagen .... N **610** 3.4
Schutzleiter .... N **540** 5

AM

charakteristische Eigenschaften der Betriebsmittel für elektromagnetische, elektrostatische, ionisierende Einflüsse .... N **510** Tabelle 51A, Seite 11,
E ***510*** *Tabelle 51A (321.10)*

Kenngrößen für elektromagnetische, elektrostatische und ionisierende Einflüsse .... N **300** 321.10

Kurzfassung der Kenngrößen .... N **300** Anhang A

Kurzzeichen für elektromagnetische elektrostatische, ionisierende Einflüsse .... E ***300A4*** *321.10*

Kurzzeichen für elektromagnetische und ionisierende Einflüsse .... N **300** 321.10

AM-1

charakteristische Eigenschaften der Betriebsmittel für Oberschwingungen, Zwischenharmonische .... E ***510*** *Tabelle 51A (321.10.1.1)*

AM-1-1 bis AM-1-3

Kurzzeichen für Oberschwingungen, Zwischenharmonische .... E ***300A4*** *321.10.1.1*

AM-2

charakteristische Eigenschaften der Betriebsmittel für Signalspannungen .... E ***510*** *Tabelle 51A (321.10.1.2)*

AM-2-1 bis AM-2-3

Kurzzeichen für Signalspannungen (überlagerte Spannungen für Steuerzwecke, z. B. Rundsteueranlagen) .... E ***300A4*** *321.10.1.2*

AM-21

charakteristische Eigenschaften der Betriebsmittel für hochfrequente elektromagnetische Störgrößen, leitungsgebunden, induziert oder gestrahlt .... E ***510*** *Tabelle 51A (321.10.2.1)*

Kurzzeichen für induzierte schwingende Spannungen oder Ströme .... E ***300A4*** *321.10.2.1*

AM-22

charakteristische Eigenschaften der Betriebsmittel für leitungsgebundene einseitig gerichtete transiente Vorgänge im Nanosekunden-Bereich .... *E* **510** *Tabelle 51A (321.10.2.2)*

AM-22-1 bis AM-22-4

Kurzzeichen für leitungsgeführte unidirektionale Transiente im Nanosekunden Bereich (Bursts) .... *E* **300A4** *321.10.2.2*

AM-23

charakteristische Eigenschaften der Betriebsmittel für leitungsgebundene einseitig gerichtete transiente Vorgänge im Bereich zwischen einer Milli- und einer Mikrosekunde .... *E* **510** *Tabelle 51A (321.10.2.3)*

AM-23-1 bis AM-23-3

Kurzzeichen für leitungsgeführte unidirektionale Transiente von Mikrosekunden- bis Millisekunden-Dauer .... *E* **300A4** *321.10.2.3*

AM-24

charakteristische Eigenschaften der Betriebsmittel für leitungsgebundene schwingende transiente Vorgänge .... *E* **510** *Tabelle 51A (321.10.2.4)*

AM-24-1 bis AM-24-2

Kurzzeichen für leitungsgeführte schwingende Transiente (gedämpfte Schwingungen, 'Ringwave') .... *E* **300A4** *321.10.2.4*

AM-25

charakteristische Eigenschaften der Betriebsmittel für gestrahlte hochfrequente elektromagnetische Störgrößen .... *E* **510** *Tabelle 51A (321.10.2.5)*

AM-25-1 bis AM-25-3

Kurzzeichen für hochfrequente Felder .... *E* **300A4** *321.10.2.5*

AM-2X

Kurzzeichen für hochfrequente elektromagnetische Störgrößen .... *E* **300A4** *321.10.2*

AM-3
charakteristische Eigenschaften der Betriebsmittel für Schwankungen der Spannungsamplitude.................... *E* ***510*** *Tabelle 51A (321.10.1.3)*

AM-3-1 bis AM-3-2
Kurzzeichen für Schwankungen der Spannungsamplitude.. *E* ***300A4*** *321.10.1.3*

AM-31
charakteristische Eigenschaften der Betriebsmittel für elektrostatische Entladungen.......... *E* ***510*** *Tabelle 51A (321.10.3.1)*

AM-31-1 bis AM-31-4
Kurzzeichen für Entladung statischer Elektrizität............ *E* ***300A4*** *321.10.3*

AM-4
charakteristische Eigenschaften der Betriebsmittel für Spannungsunsymmetrie .... *E* ***510*** *Tabelle 51A (321.10.1.4)*
Kurzzeichen für Spannungsunsymmetrie.......................... *E* ***300A4*** *321.10.1.4*

AM-41
charakteristische Eigenschaften der Betriebsmittel für Ionisierung...................................... *E* ***510*** *Tabelle 51A (321.10.4.1)*

AM-41-1
Kurzzeichen für Ionisation .... *E* ***300A4*** *321.10.4*

AM-5
charakteristische Eigenschaften der Betriebsmittel für Schwankungen der Netzfrequenz.... *E* ***510*** *Tabelle 51A (321.10.1.5)*
Kurzzeichen für Schwankungen der Netzfrequenz .... *E* ***300A4*** *321.10.1.5*

AM-6
charakteristische Eigenschaften der Betriebsmittel für induzierte niederfrequente Spannungen............................ *E* ***510*** *Tabelle 51A (321.10.1.6)*
Kurzzeichen für induzierte niederfrequente Spannungen... *E* ***300A4*** *321.10.1.6*

AM-7

charakteristische Eigenschaften der Betriebsmittel für Gleichstrom in Wechselstromnetzen .... *E* ***510*** *Tabelle 51A (321.10.1.7)*

Kurzzeichen für Gleichstrom in Wechselspannungsnetzen .... *E* ***300A4*** *321.10.1.7*

AM-8

charakteristische Eigenschaften der Betriebsmittel für gestrahlte Magnetfelder .... *E* ***510*** *Tabelle 51A (321.10.1.8)*

AM-8-1 bis AM-8-2

Kurzzeichen für Magnetfelder .... *E* ***300A4*** *321.10.1.8*

AM-9

charakteristische Eigenschaften der Betriebsmittel für elektrische Felder .... *E* ***510*** *Tabelle 51A (321.10.1.9)*

AM-9-1 bis AM-9-4

Kurzzeichen für elektrische Felder .... *E* ***300A4*** *321.10.1.9*

AM1

charakteristische Eigenschaften der Betriebsmittel für vernachlässigbare elektromagnetische, elektrostatische und ionisierende Einflüsse .... N **510** Tabelle 51A, Seite 11

AM2

charakteristische Eigenschaften der Betriebsmittel für Streuströme .... N **510** Tabelle 51A, Seite 11

AM3

charakteristische Eigenschaften der Betriebsmittel für elektromagnetische Einflüsse .... N **510** Tabelle 51A, Seite 11

AM4

charakteristische Eigenschaften der Betriebsmittel für ionisierende Einflüsse .... N **510** Tabelle 51A, Seite 11

AM5

charakteristische Eigenschaften der Betriebsmittel für elektrostatische Einflüsse .... N **510** Tabelle 51A, Seite 11

AM6

charakteristische Eigenschaften der
Betriebsmittel für induktive Wirkung .... N **510** Tabelle 51A, Seite 11

AN

charakteristische Eigenschaften der
Betriebsmittel für Sonnenstrahlung (AN1 bis AN3) ... N **510** Tabelle 51A, Seite 11,
E ***510*** *Tabelle 51A (321.11)*
Kenngrößen für Sonnenstrahlung .... N **300** 321.11
Kurzfassung der Kenngrößen .... N **300** Anhang A
Kurzzeichen für Sonnenstrahlung .... N **300** 321.11

Anästhesieräume

Begriff .... *E* ***710*** *Tabelle B.1-14.*
Zuordnung Sicherheitsstromversorgung und
Anwendungsgruppe .... *E* ***710*** *Tabelle B.1-14.*

Anbringung

Hausanschlusskasten .... N **732** 5

Änderungen der Anlage

allgemeine Anforderungen .... N **610** 3.4
wiederkehrende Nachweise durch Prüfungen .... *E* ***620*** *62.1*

Anfang der Beleuchtungsanlage

Begriff .... *E* ***737A1*** *7XX.21*

Anfang einer elektrischen Anlage

Begriff .... N **200** 2.1.2,
E ***200A2*** *826-01-02*
→ siehe auch Speisepunkt

Angiographieräume

Begriff .... *E* ***710*** *Tabelle B.1-21.*
Zuordnung Sicherheitsstromversorgung und
Anwendungsgruppe .... *E* ***710*** *Tabelle B.1-21.*

Anlagen

Ableitströme gegen Erde .... N **300** 330.1
Arten von Verteilungssystemen .... N **300** 312
Aufbau .... N **300** 3.1, 31
Aufteilung der Stromkreise .... N **300** 314
äußere Einflüsse .... N **300** 3.1
charakteristische Merkmale .... N **300** 3.1
Einschaltströme .... N **300** 330.1
Ersatzstromversorgungsanlagen .... N **300** 313.2

Erstprüfungen	N	**610**	3.1
Fernmeldeanlagen	N	**300**	3.1
getrennte Verteilungsstromkreise	N	**300**	314.2
Gleichstromanteile in Wechselströmen	N	**300**	330.1
Gleichzeitigkeitsfaktor	N	**300**	311
Haupterdungsklemme oder -schiene	N	**540**	4.4.1
hochfrequente Schwingungen	N	**300**	330.1
Isolationswiderstand	N	**610**	5.3
IT-Systeme	N	**300**	312.2.3
Leistungsbedarf	N	**300**	311
Merkmale	N	**300**	3.1
mit Verteilungsstromkreis; Hauptpotentialausgleich	*E*	***410A5***	*Bild 5*
Möglichkeit zur Instandhaltung	N	**300**	3.1, 34
Notwendigkeit zusätzlicher Erdverbindungen	N	**300**	330.1
Oberschwingungsströme	N	**300**	330.1
ohne Verteilungsstromkreis; Hauptpotentialausgleich	*E*	***410A5***	*Bild 4*
Planung	N	**300**	311.1
schnell wechselnde Lasten	N	**300**	330.1
Spannungsfall	N	**300**	311.1
Stromquellen für Sicherheitszwecke	N	**300**	35
Stromversorgungen	N	**300**	3.1, 31, 313
Systeme nach Art und Zahl der aktiven Leiter	N	**300**	312.1
TN-C-S-Systeme	N	**300**	312.2.1
TN-C-Systeme	N	**300**	312.2.1
TN-S-Systeme	N	**300**	312.2.1
TN-Systeme	N	**300**	312.2.1
TT-Systeme	N	**300**	312.2.2
Überspannungen	N	**300**	330.1
Versorgungseinrichtungen für Sicherheitszwecke	N	**300**	313.2
Verträglichkeit	N	**300**	33
Verträglichkeit der Betriebsmittel	N	**300**	3.1
Verwendungszweck	N	**300**	3.1
Zweck	N	**300**	31

→ siehe auch Kabel- und Leitungssysteme (-anlagen)

Anlagen auf Baustellen

Begriff	N	**200**	A.1.7,
	N	**704**	2.1

Anlagen der Informationstechnik

Anlagen der Gebäudeleittechnik	*E*	***540A1***	*545.1*
Anwendung der Haupterdungsklemme oder -schiene	*E*	***540A1***	*545.3*
Anwendung von Erdern für die Funktionserdung	*E*	***540A1***	*545.8*
Brandmeldeanlagen	*E*	***540A1***	*545.1*
CAM-Anlagen	*E*	***540A1***	*545.1*
Einbruchmeldeanlagen	*E*	***540A1***	*545.1*
elektromagnetische Verträglichkeit (EMV)	*E*	***540A1***	*545.6*

Erdung .... E **540A1** *545.7*
Erdungsanforderungen für Anlagen .... E **540A1** *545.2*
Erdungsanforderungen für Betriebsmittel der Informationstechnik .... E **540A1** *545.2*
Erdungsanlagen .... E **540A1** *545*
Erdungssammelleiter .... E **540A1** *545.7.1*
Feuermeldeanlagen .... E **540A1** *545.1*
fremdspannungsarmer Potentialausgleich .... N **540** C.2
Funktionserdung .... E **540A1** *545.3.1*
Funktionserdungsleiter .... E **540A1** *545.5, 545.7.3*
Gleichstrom .... E **540A1** *545.5*
Haupterdungsklemme .... E **540A1** *545.7.1, 545.8.2*
Haupterdungsschiene .... E **540A1** *545.8.2*
kombinierte Funktionserdungs- und Schutzleiter .... E **540A1** *545.7.4*
Kommunikationsnetzwerke .... E **540A1** *545.1*
Maßnahmen zur Reduzierung von Beeinflussungen bei Anwendung von örtlichen Erdern für die Funktionserdung .... E **540A1** *545.7.5*
Metallteile von Gebäuden .... E **540A1** *545.7.2*
Nebenstellenanlagen .... E **540A1** *545.1*
PELV-Stromkreise .... E **540A1** *545.3.1*
PEN-Leiter .... E **540A1** *545.4*
Potentialausgleich .... E **540A1** *545, 545.7*
Potentialausgleich für Funktionszwecke .... E **540A1** *545.7.2*
Schutz gegen elektrolytische Korrosion .... E **540A1** *545.5*
Schutzmaßnahmen in Verbindung mit der Funktionserdung .... E **540A1** *545.8.1*
Stahlbewehrungen von Gebäuden .... E **540A1** *545.7.2*
TN-Systeme .... E **540A1** *545.4, Bild 1*
vermaschtes Potentialausgleichsystem .... E **540A1** *545.7.2*
Vermeidung von Neutralleiterströmen .... E **540A1** *Bild 1*
Verringerung von hochfrequenter elektromagnetischer Beeinflussung (EMB) .... E **540A1** *545.8.4*
Verträglichkeit von Anlagen der Informationstechnik mit PEN-Leitern in Gebäuden .... E **540A1** *545.4*
→ siehe auch DIN V VDE V 0800-2-548 (VDE V 0800 Teil 2-548)

Anlagen im Freien
Begriff .... N **200** A.1.6
Betriebsmittel .... N **737** 5.1, 5.2
Buden auf Messegeländen .... E **711A1** *711A.537.2.1*
Vergnügungsparks .... E **711A1** *711A.537.2.1*
vorübergehend errichtete elektrische Anlagen auf Messegeländen .... E **711A1** *711A.537.2.1*
Zirkusse .... E **711A1** *711A.537.2.1*

Anlagen mit EMI-sensiblen Betriebsmitteln			
TN-C-Systeme	N	**444**	444.3.12
Anlagenschutz			
Hilfsstromkreise	N	**725**	6
Anlasser			
Verbindungsleitungen	N	**430**	5.5 b),
	E	***470A2***	*473.1.2 b)*
Anordnung			
Betriebsmittel	N	**510**	513.1,
	E	***510***	*513.1*
Betriebsmittel der Stromversorgungssysteme für Sicherheitseinrichtungen	*E*	***560A2***	*564.3*
der Betriebsmittel elektrischer Anlagen für Sicherheitszwecke	N	**560**	561.3
der Schutzeinrichtungen beim Schutz bei Kurzschluss	N	**430**	6.4
der Schutzeinrichtungen beim Schutz bei Überlast	N	**430**	5.4
der Schutzeinrichtungen im IT-System	N	**430**	5.6,
	E	***470A2***	*473.1.3*
gemeinsam von Betriebsmitteln unterschiedlicher Stromarten und Spannungen	N	**510**	515.2,
	E	***510***	*515.2*
Geräte zum Ausschalten für mechanische Instandhaltung	N	**537**	537.3.3
Not-Schalteinrichtung	N	**460**	6.3, 6.4
Sicherheitsstromversorgungen	*E*	***560A2***	*568.2.1.2*
Überspannungs-Schutzeinrichtungen	*E*	***534***	*534.2.1*
Anpassung			
Beitrittsgebiet	B2	**-**	Seite 20
Boote	N	**721**	Deckblatt
Campingplätze	N	**708**	Nationales Vorwort
Jachten	N	**721**	Deckblatt
Liegeplätze	N	**721**	Deckblatt
Schwimmanlage	N	**702**	Erläuterung
Standorte für Fliegende Bauten, Wagen, Wohnwagen nach Schaustellerart	N	**722**	Deckblatt
Vorführstände für Leuchten	N	**559**	Deckblatt
anschließen			
Schaltanlagen	N	**729**	
Verteiler	N	**729**	
Anschluss			
Anlagen mit Großtieren	N	**722**	11,

	E	***722***	*11*
Boote, Jachten	N	**721**	6.1
Caravan	N	**708**	5.3.1
Drehstromverbrauchsmittel	N	**550**	4.4
Erder	N	**540**	4.3.2
Erdungsleiter	N	**540**	4.3.2
Erdungsleiter an Erder	*E*	***540A1***	*542.3.2*
fester Anschluss; Begriff	N	**200**	A.2.3
Schaltanlagen	N	**729**	4.3
Sicherungen	N	**alt**	§ 31 b)8
Temperatur	B1	**520**	
Verteiler	N	**729**	4.3
Anschlussdosen			
Räume mit Badewanne oder Dusche	*E*	***701***	*701.53*
Anschlussklemmen			
Befestigung der Leiter	B1	**520**	52.3.1.7
Grenzwerte für den Temperaturanstieg	B1	**520**	52.2.1
Maßnahmen zur Begrenzung der Temperatur	B1	**520**	52.3.1
Mittel zur Begrenzung der Temperatur	B1	**520**	52.3
Schutzleiter	*E*	***540A1***	*543.1*
Selbstlockern	B1	**520**	52.3.1.7
Temperaturen	B1	**520**	
	B1	**520**	52.2
Anschlussleitungen			
bewegliche Bade- oder Duscheinrichtung	N	**701**	5.2.6
bewohnbares Freizeitfahrzeug	N	**708**	4
Boote, Jachten	N	**721**	5
Caravan	N	**708**	4
Einfluss bei Überspannungs-Schutzeinrichtungen	*EB1*	***534***	*12.4.3*
Motorcaravan	N	**708**	4
Überspannungs-Schutzeinrichtungen	V	**534**	534.2.7, Anhang C
Wassersportfahrzeuge	*E*	***709***	*4.2*
Anschlussseile			
mit Gegengewichten bei Kleinspannungs-Beleuchtungsanlagen	*E*	***715***	*715.521.8*
Anschlussstellen			
Beleuchtungsanlagen	*E*	***559A1***	*559.6.1*
Experimentierstände	N	**723**	4.3.3
Leuchten	*E*	***559A1***	*559.6.1*
Anschlussvorrichtungen			
bewohnbares Freizeitfahrzeug	N	**708**	4
Caravan	N	**708**	4
Motorcaravan	N	**708**	4

Ansprechstrom
Begriff .... N **200** 2.5.9,
E ***200A2*** *826-05-09*

Anstriche
ungeeignet als isolierende Umhüllung; Schutz durch Verwendung von Betriebsmitteln der Schutzklasse II oder durch gleichwertige Isolierung .... N **410** 413.2.3
ungeeignet als Schutz durch Isolierung .... N **410** 412.1

Antennensteckdosen
Räume mit Badewanne oder Dusche .... E ***701*** *701.53*

Antriebe
Abschalten .... N **537** 537.3.1
Funktionsprüfungen .... N **610** 5.9
Sicherheitsstromversorgungen .... E ***560A2*** *568.5.1.4*
Steuerstromkreis .... N **537** 537.3.1

Anwendung
Schutz gegen elektrischen Schlag .... N **410** 410.1
Schutzmaßnahmen .... N **470**

Anwendung der Schutzmaßnahmen
Buden auf Messegeländen .... E ***711A1*** *711A.47*
Planschbecken .... E ***702A1*** *702.47*
Schwimmbäder und andere Becken .... E ***702A1*** *702.47*
Springbrunnen .... E ***702A1*** *702.47*
Vergnügungsparks .... E ***711A1*** *711A.47*
vorübergehend errichtete elektrische Anlagen auf Messegeländen .... E ***711A1*** *711A.47*
Zirkusse .... E ***711A1*** *711A.47*

Anwendung von Betriebsmitteln der Schutzklasse II
Anwendung .... N **470** 471.2.1.3

Anwendungsbereich
allgemein .... N **100** 1,
E ***100*** *1,*
E ***100A1*** *1, 11*
Betriebsmittel .... E ***100*** *1.5,*
E ***100A1*** *11.5*
Erweiterung .... E ***100A1*** *11.2 f)*
noch gültige Paragraphen von DIN VDE 0100/05.73 .... N **alt** § 2
öffentliche Verteilungsnetze .... E ***100A1*** *11.4*
→ siehe in jeder Norm zu Beginn des normativen Teils

Anwendungsgruppen
Einteilung der medizinisch genutzten Räume .... *E* ***710*** *Anhang B*

Anwendungsgruppe 0
Begriff .... *E* ***710*** *710.13.5*

Anwendungsgruppe 1
Begriff .... *E* ***710*** *710.13.6*
medizinisch genutzte Räume .... *E* ***710*** *710.562.1*

Anwendungsgruppe 2
Begriff .... *E* ***710*** *710.13.7*
medizinisch genutzte Räume .... *E* ***710*** *710.53.1, 710.562.1*

Anwendungsteile
Begriff .... *E* ***710*** *710.13.4*

Anzahl
der Messungen bei isolierendem Fußboden .... N **610** 5.5
der Messungen bei isolierenden Wänden .... N **610** 5.5

Anzeigeeinrichtungen
Überspannungs-Schutzeinrichtungen .... *E* ***534*** *534.2.9*

AP
charakteristische Eigenschaften der Betriebsmittel für Auswirkungen von Erdbeben (AP1 bis AP4) .... N **510** Tabelle 51A, Seite 11,
E ***510*** *Tabelle 51A (321.12)*
Kenngrößen für Auswirkungen von Erdbeben .... N **300** 321.12
Kurzfassung der Kenngrößen .... N **300** Anhang A
Kurzzeichen für Auswirkungen von Erdbeben .... N **300** 321.12

AQ
charakteristische Eigenschaften der Betriebsmittel für Auswirkungen von Blitz (keraunischer Pegel) (AQ1 bis AQ3) .... N **510** Tabelle 51A, Seite 11,
E ***510*** *Tabelle 51A (321.13)*
Kenngrößen für Blitz .... N **300** 321.13
Kurzfassung der Kenngrößen .... N **300** Anhang A
Kurzzeichen für Blitz .... N **300** 321.13

AR			
charakteristische Eigenschaften der Betriebsmittel für unterschiedliches Auftreten von Luftbewegungen (AR1 bis AR3)	N	**510**	Tabelle 51A, Seite 12,
	E	***510***	*Tabelle 51A (321.14)*
Kenngrößen für Luftbewegung	N	**300**	321.14
Kurzfassung der Kenngrößen	N	**300**	Anhang A
Kurzzeichen für Luftbewegung	N	**300**	321.14
Art der Bauwerke			
Kenngrößen	N	**300**	323
Kurzzeichen	N	**300**	323
Art der bearbeiteten oder gelagerten Stoffe			
Kenngrößen	N	**300**	322.5
Kurzzeichen	N	**300**	322.5
Art der Einspeisung			
Überstrombegrenzung	N	**430**	8
Arten			
Kabel- und Leitungssysteme (-anlagen)	N	**520**	521
Verteilungssysteme	N	**300**	312
Arten von Verteilungssystemen			
elektrische Anlagen	N	**300**	312
ärztliche Versorgungszentren			
elektrische Anlagen	*E*	***710***	*710.11*
→ siehe medizinisch genutzte Räume	*E*	***710***	
Arztpraxen			
elektrische Anlagen	*E*	***710***	*710.11*
→ siehe medizinisch genutzte Räume	*E*	***710***	
AS			
charakteristische Eigenschaften der Betriebsmittel für unterschiedliches Auftreten von Wind (AS1 bis AS3)	N	**510**	Tabelle 51A, Seite 12,
	E	***510***	*Tabelle 51A (321.5)*
Kenngrößen für Wind	N	**300**	321.15
Kurzfassung der Kenngrößen	N	**300**	Anhang A
Kurzzeichen für Wind	N	**300**	321.15
atmosphärische Einflüsse			
Schutz bei Überspannungen	*E*	***443A3***	

	E	***443A5***	
Schutz gegen Überspannungen	*E*	***443***	
	E	***443A1***	
	E	***443A2***	

atmosphärische Entladungen

Schutz gegen Überspannungen	N	**alt**	§ 18

Atomanlagen

Schutz bei Überspannungen	*EB1*	***534***	*11.3*

ATS

→ siehe Ableitertrennschalter

Attraktionen

Begriff	*E*	***711A1***	*711A.2.3,*
	E	***740***	*740.2.3*

ätzende Dämpfe und Dünste

Metallteile	N	**737**	4.3

Aufbau

elektrische Anlagen	N	**300**	3.1, 31

Aufhängevorrichtungen

Beleuchtungsanlagen	*E*	***559A1***	*559.6.2*
für Leuchten; Tragkraft	N	**559**	5.1
Leuchten	*E*	***559A1***	*559.6.2*

Aufstellen

fabrikfertige Duschkabinen	N	**701**	5.3.2
Schaltanlagen	N	**729**	4.2
Transformatoren	N	**alt**	§ 26 b)2
Verteiler	N	**729**	4.2

Aufteilung

PEN-Leiter	N	**540**	8.2.3
Stromkreise	N	**300**	314

Auftreten von festen Fremdkörpern

Flächenheizungen	*E*	***753***	*753.522.4*
Kenngrößen	N	**300**	321.5
Kurzzeichen	N	**300**	321.5

Auftreten von Wasser

Kabel- und Leitungssysteme (-anlagen)	N	**520**	522.3, 522.5.1
Kenngrößen	N	**300**	321.4
Kurzzeichen	N	**300**	321.4

Ausbreitungswiderstand
Begriff ... N **200** A.5.10
Erstprüfungen ... E ***600A1*** *Anhang C*

Außenleiter
Begriff ... N **200** A.3.1
erden in IT-Systemen ... N **410** 413.1.5.1
erden in TN-Systemen ... N **410** 413.1.3.1
erden in TT-Systemen ... N **410** 413.1.4.1
Erdschluss; TN-Systeme ... N **410** 413.1.3.7
IT-System ... N **610** 5.6.1.1.1 c)
Mindestquerschnitte ... N **520** 524.1
nicht als PEN-Leiter in TN-Systemen ... N **410** 413.1.3.1
Schutz bei Überstrom ... N **430** 9.1
TN-System ... N **610** 5.6.1.1.1 c)
TT-System ... N **610** 5.6.1.1.1 c)

äußere Einflüsse
AA Umgebungstemperaturen ... N **300** 321.1, Anhang A
AB Umgebungstemperaturen und Luftfeuchte ... N **300** 321.2, Anhang A
AC Seehöhe ... N **300** 321.3, Anhang A
AD Auftreten von Wasser ... N **300** 321.4, Anhang A
AE Auftreten von festen Fremdkörpern ... N **300** 321.5, Anhang A
AF Korrosion ... N **300** 321.6, Anhang A
AG Schlag ... N **300** 321.7.1, Anhang A
AH Schwingungen (Vibrationen) ... N **300** 321.7.2, Anhang A
AJ andere mechanische Beanspruchungen ... N **300** 321.7.3, Anhang A
AK Pflanzen- oder Schimmelwachstum (Flora) ... N **300** 321.8, Anhang A
AL Tiere (Fauna) ... N **300** 321.9, Anhang A
AM elektromagnetische, elektrostatische und
ionisierende Einflüsse ... N **300** 321.10, Anhang A
AN Sonnenstrahlung ... N **300** 321.11, Anhang A
andere mechanische Beanspruchungen ... N **300** 321.7.3
Anwesenheit von Tieren (Fauna) ... N **300** 321.9
AP Auswirkungen von Erdbeben ... N **300** 321.12, Anhang A
AQ Blitz ... N **300** 321.13, Anhang A
AR Luftbewegung ... N **300** 321.14, Anhang A
Art der Bauwerke ... N **300** 323
Art der bearbeiteten oder gelagerten Stoffe ... N **300** 322.5
AS Wind ... N **300** 321.15, Anhang A
Auftreten von festen Fremdkörpern ... N **300** 321.5
Auftreten von Wasser ... N **300** 321.4
Auswirkungen von Erdbeben ... N **300** 321.12
BA Eignung von Personen ... N **300** 322.1, Anhang A
Baustoffe ... N **300** 323.1
BB elektrischer Widerstand des menschlichen
Körpers ... N **300** 322.2, Anhang A
BC Verbindung von Personen mit Erdpotential ... N **300** 322.3, Anhang A

BD Räumungsmöglichkeit bei Gefahr	N	**300**	322.4, Anhang A
BE Art der bearbeiteten oder gelagerten Stoffe	N	**300**	322.5, Anhang A
Beleuchtungsanlagen im Freien	*E*	***737A1***	*7XX.32*
Benutzung	N	**300**	322
Besichtigen der Betriebsmittel	N	**610**	4.3
Betriebsmittel	N	**510**	Anhang NB,
	E	*510*	*512.2*
Blitz	N	**300**	321.13
Buden auf Messegeländen	*E*	***711A1***	*711A.512*
CA Baustoffe	N	**300**	323.1, Anhang A
CB Gebäudestruktur	N	**300**	Anhang A
Eignung von Personen	N	**300**	322.1
Einteilung	N	**300**	Anhang ZB
elektrische Anlagen	N	**300**	3.1
elektrische Anlagen in Ausstellungen, Shows, Ständen, Jahrmärkten	*E*	***711***	*711.32*
elektrischer Widerstand des menschlichen Körpers	N	**300**	322.2
elektromagnetische, elektrostatische und ionisierende Einflüsse	N	**300**	321.10
elektrostatische Einflüsse	N	**300**	321.10
Erdungsanlagen	*E*	***540A1***	*542.1.1*
Flächenheizungen	*E*	***753***	*753.522*
gegenseitige Abhängigkeit der Lufttemperatur, der relativen Luftfeuchte und der absoluten Luftfeuchte	N	**300**	Anhang B
Gewitterhäufigkeit	N	**300**	321.13
Hilfsstromkreise	*E*	***716***	*716.512*
induktive Wirkung	N	**300**	321.10
ionisierende Einflüsse	N	**300**	321.10
keraunischer Pegel	N	**300**	321.13
Klassen der klimatischen Umgebungsbedingungen	N	**300**	Anhang B
Klassifizierung von Makro-Umgebungsbedingungen	N	**300**	Anhang D
Klassifizierung von mechanischen Umweltbedingungen	N	**300**	Anhang C
klimatische Umgebungsbedingungen	N	**300**	321.2
Klimatogramme	N	**300**	Anhang B
Korrosion	N	**300**	321.6
Kurzzeichen	N	**300**	320.2
Luftbewegung	N	**300**	321.14
Luftfeuchte	N	**300**	321.2, Anhang B
Lufttemperatur	N	**300**	Anhang B
Makro-Umgebungsbedingungen	N	**300**	Anhang D
mechanische Beanspruchungen	N	**300**	321.7
mechanische Umweltbedingungen	N	**300**	321.7, Anhang C
medizinisch genutzte Räume	*E*	***710***	*710.512.2*
Pflanzen- oder Schimmelwachstum (Flora)	N	**300**	321.8
Planschbecken	*E*	***702A1***	*702.32, 702.512*
Räumungsmöglichkeit bei Gefahr	N	**300**	322.4
Schlag	N	**300**	321.7.1

Schock	N	**300**	321.7.1
Schutz gegen gefährliche Körperströme	*E*	***481***	*481.1, 481.2,*
	E	***481A1***	*481.3*
Schutzmaßnahmen	*E*	***481***	
	E	***481A1***	
Schwimmbäder und andere Becken	*E*	***702A1***	*702.32, 702.512*
Schwingungen	N	**300**	321.7.2
Seehöhe	N	**300**	321.3
Sonnenstrahlung	N	**300**	321.11
Springbrunnen	*E*	***702A1***	*702.32, 702.512*
Staub in nennenswerter Menge	N	**300**	321.6
Streuströme	N	**300**	321.10
Umgebung	N	**300**	321
Umgebungstemperaturen	N	**300**	321.1, 321.2
Verbindung von Personen mit Erdpotential	N	**300**	322.3
Vergnügungsparks	*E*	***711A1***	*711A.512*
vorübergehend errichtete Anlagen für Bauwerke, Vergnügungseinrichtungen und Buden auf Kirmesplätzen	*E*	***740***	*740.32*
vorübergehend errichtete Anlagen für Bauwerke, Vergnügungseinrichtungen und Buden auf Kirmesplätzen, Vergnügungsparks und Zirkusse	*E*	***740***	*740.512*
vorübergehend errichtete elektrische Anlagen auf Messegeländen	*E*	***711A1***	*711A.512*
Wind	N	**300**	321.15
Wirksamkeit der Schutzmaßnahmen	N	**510**	510.1,
	E	***510***	*510.1*
Zirkusse	*E*	***711A1***	*711A.512*
zufriedenstellender Betrieb der Anlage	N	**510**	510.1,
	E	***510***	*510.1*

äußere Wärmequellen

Kabel- und Leitungssysteme (-anlagen)	N	**520**	522.2

außerhalb von Experimentierständen

Speisepunkte	N	**723**	6

Ausleger

Begriff	N	**200**	2.6.9

Auslegung

Schaltgeräte für betriebsmäßiges Schalten	N	**537**	537.5.1

Auslöseströme

RCDs	*E*	***530A6***	*531.2.1.2 Anmerkung 1*
von Schutzeinrichtungen entsprechend Gerätebestimmungen	N	**430**	5.2

Ausnahmen
für elektrotechnische Fachausbildung .... N **723** 8,
E ***723A1*** *8*

Auspuffgase
elektrische Anlagen für Sicherheitszwecke .... N **560** 562.3

Ausschalten für mechanische Instandhaltung
Begriff .... N **200** 2.8.2

Ausschalten für mechanische Wartung
elektrische Ausrüstungen von Maschinen .... *E* ***460A1*** *463.1*
unbeabsichtigtes Wiedereinschalten .... N **460** 5.2
Wiedereinschalten .... N **460** 5.2

Ausschalten im Notfall
Begriff .... N **537** Anhang NA

Ausschalten, Geräte zum
für mechanische Instandhaltung .... N **537** 537.3

Ausschaltung für mechanische Wartung
Begriff .... N **200** 2.8.2 Nationale Anmerkung

Ausschaltvermögen
Schutz bei Kurzschluss .... N **430** 6.3.1

Ausschaltzeit
Schutz bei Kurzschluss .... N **430** 6.3.2

Ausstellungen
Begriff .... *E* ***711*** *711.2.1*
elektrische Anlagen .... *E* ***711***

Ausstellungsflächen
Begriff .... *E* ***711A1*** *711A.2.1*

Auswahl
Betriebsmittel .... N **510**
E ***100A1*** *133,*
E ***510***
Betriebsmittel; bauliche Anlagen für Menschenansammlungen .... *E* ***718*** *718.5*
Betriebsmittel; Besichtigen .... N **610** 4.2
Betriebsmittel; Schutz gegen Überspannungen .... *E* ***443A2*** *443.3*
elektrische Betriebsmittel .... N **550** 3,
N **737** 3.1
Elektrowärmegeräte .... N **alt** § 34
Erdungsanlage .... N **540** 4.1.2

Erdungsschelle	N	**540**	4.3.2
Fehlerstrom-Schutzeinrichtungen	*E*	***530***	*532.2*
Geräte zum Trennen	*E*	***537A2***	*Tabelle 53A*
Installationsgeräte	N	**550**	6
Kabel- und Leitungssysteme (-anlagen)	N	**520**	Tabelle 52 F
Kurzschluss-Schutzeinrichtungen	*E*	***530***	*533.3,*
	E	***530A2***	*533.3*
Leistungsschalter	N	**alt**	§ 31 a)3.3
Leuchten	N	**559**	4
LS-Schalter	N	**alt**	§ 31 a)3.2
Messgeräte	N	**610**	Tabelle 2
PELV	*E*	***481A1***	*481.3.6*
PEN-Leiter	N	**540**	8.2
Potentialausgleichsleiter	N	**540**	9
Schaltanlagen	N	**729**	3.1
Schmelzsicherungen	N	**alt**	§ 31 a)3.1
Schutz durch erdfreien, örtlichen Potentialausgleich	*E*	***481A1***	*481.3.4*
Schutz durch nichtleitende Räume	*E*	***481A1***	*481.3.3*
Schutzisolierung	*E*	***481A1***	*481.3.2*
Schutzleiter	N	**540**	
Schutztrennung	*E*	***481A1***	*481.3.5*
SELV	*E*	***481A1***	*481.3.6*
Sicherheitseinrichtungen	*E*	***560A2***	
Sicherheitsstromversorgungen	*E*	***560A2***	*561, 568.2.1*
Sicherungen	N	**alt**	§ 31 a)3.1
Springbrunnen	N	**738**	3
Steckvorrichtungen	N	**550**	4
Überlast-Schutzeinrichtungen	*E*	***530***	*533.2*
Überspannungs-Schutzeinrichtungen	V	**534**	534.2.4,
	E	***534***	*534.2.3*
Überstrom-Schutzeinrichtungen	N	**430**	4,
	E	***430A1***	*432.1,*
	E	***530***	*532.1*
Unterspannungs-Schutzeinrichtungen	*E*	***450***	*535*
Versorgungseinrichtungen für Sicherheitszwecke	*E*	***560A2***	*561*
Verteiler	N	**729**	3.1
Vorführstände für Leuchten	N	**559**	6

Auswahl und Errichtung elektrischer Betriebsmittel

bewegliche oder ortsveränderliche elektrische Anlagen	*E*	***717***	*717.5*

Auswechseln

Drehstrom-Steckvorrichtungen	N	**550**	4.5
Steckvorrichtungen	N	**550**	4.5

Auswirkungen von Erdbeben

Kenngrößen	N	**300**	321.12

Kurzzeichen	N	**300**	321.12

Autowaschanlagen

Kurzzeichen	N	**300**	321.4

B

BA

charakteristische Eigenschaften der Betriebsmittel für Eignungen von Personen (BA1 bis BA5)	N	**510**	Tabelle 51A, Seite 12,
	E	***510***	*Tabelle 51A (322.1)*
Kenngrößen für Eignung von Personen	N	**300**	322.1
Kurzfassung der Kenngrößen	N	**300**	Anhang A
Kurzzeichen für Eignung von Personen	N	**300**	322.1

BA1

charakteristische Eigenschaften der Betriebsmittel für Anwendung von Laien	N	**510**	Tabelle 51A, Seite 12,
	E	***510***	*Tabelle 51A (322.1)*

BA2

charakteristische Eigenschaften der Betriebsmittel für Anwendung von Kindern	N	**510**	Tabelle 51A, Seite 12,
	E	***510***	*Tabelle 51A (322.1)*

BA3

charakteristische Eigenschaften der Betriebsmittel für Anwendung von Behinderten	N	**510**	Tabelle 51A, Seite 12,
	E	***510***	*Tabelle 51A (322.1)*

BA4

charakteristische Eigenschaften der Betriebsmittel für Anwendung von elektrotechnisch unterwiesenen Personen	N	**510**	Tabelle 51A, Seite 12,
	E	***510***	*Tabelle 51A (322.1)*

BA5
charakteristische Eigenschaften der Betriebsmittel für Anwendung von Elektrofachkräften .... N **510** Tabelle 51A, Seite 12,
E ***510*** *Tabelle 51A (322.1)*

Backofenleuchten
Schutzmaßnahmen gegen gefährliche Körperströme .... N **559** 4.3

Badewannen
Potentialausgleich .... *E* ***701*** *701.413.1.6*

Bahnhöfe
bauliche Anlagen für Menschenansammlungen .... *E* ***718*** *718.1*

Banderder
Erder .... N **540** 4.2.1

Band I
Beschreibung und Werte .... N **410** Nationales Vorwort
Kabel- und Leitungssysteme (-anlagen) .... N **520A1** 528.1.1
Spannungsbereich I .... N **520** Nationales Vorwort

Band II
Beschreibung und Werte .... N **410** Nationales Vorwort
Kabel- und Leitungssysteme (-anlagen) .... N **520A1** 528.1.1
Spannungsbereich II .... N **520** Nationales Vorwort

Basisisolierungen
Begriff .... N **200** 2.3.17

Basisschutz
Abdeckungen, die entfernt werden müssen .... N **410** 412.2.4
Abstand von Abdeckungen oder Umhüllungen von aktiven Teilen .... N **410** 412.2.3
Anstriche ungeeignet als Schutz durch Isolierung .... N **410** 412.1
Bemessungsdifferenzstrom beim zusätzlichen Schutz .... N **410** 412.5.1
Farbe ungeeignet als Schutz durch Isolierung .... N **410** 412.1
Festigkeit von Abdeckungen oder Umhüllungen .... N **410** 412.2.3
gleichzeitig berührbare Teile .... N **410** 412.4.1
Grenzen des Handbereichs .... N **410** 412.4.1
Haltbarkeit von Abdeckungen oder Umhüllungen .... N **410** 412.2.3
Handbereich .... N **410** Bild 41C
Handbereich bei Hindernis .... N **410** 412.4.2

Handbereich beim üblichen Umgang mit sperrigen oder langen leitfähigen Gegenständen	N	**410**	412.4.3
horizontale obere Flächen	N	**410**	412.2.2
Lacke ungeeignet als Schutz durch Isolierung	N	**410**	412.1
Lampenfassungen	N	**410**	412.2.1
Öffnungen	N	**410**	412.2.1
Schutz durch Abdeckungen oder Umhüllungen	N	**410**	412.2, NB.2
Schutz durch Abstand	N	**410**	412.4, NB.2
Schutz durch Hindernisse	N	**410**	412.3, NB.2
Schutz durch Isolierung von aktiven Teilen	N	**410**	412.1, NB.2
Schutz gegen elektrischen Schlag	N	**410**	412
Schutzart	N	**410**	412.2.1
Sicherungen	N	**410**	412.2.1
Umhüllungen, die ganz oder teilweise abgenommen werden müssen	N	**410**	412.2.4
Umhüllungen, die geöffnet werden müssen	N	**410**	412.2.4
unbeabsichtigtes Entfernen von Hindernissen verhindern	N	**410**	412.3.2
zusätzlicher Schutz durch RCDs	N	**410**	412.5
Zwischenabdeckungen	N	**410**	412.2.4
Basistrennung			
FELV	N	**470**	471.3.1
Batterieladespannung			
SELV	*E*	***410A4***	*411.1.1*
Batterien			
PELV	N	**410**	411.1.2.3
SELV	N	**410**	411.1.2.3
Bauarten			
Installationsgeräte	*EB1*	***530***	*Anhang B*
RCDs	*E*	***530A6***	*531.2.1.3, 531.2.2.5, 531.2.3.2, 531.2.5.2*
Baugruppen			
Funktionsprüfungen	N	**610**	5.9
bauliche Anlagen für Menschenansammlungen			
Auswahl elektrischer Betriebsmittel	*E*	***718***	*718.5*
Bahnhöfe	*E*	***718***	*718.1*
Bedienungsanleitung für Sicherheitseinrichtungen und Einrichtungen für Sicherheitszwecke	*E*	***718***	*718.514.5.7*
Einrichtungen für Sicherheitszwecke	*E*	***718***	*56, 718.1*
elektrische Anlagen	*E*	***718***	
Errichtung elektrischer Betriebsmittel	*E*	***718***	*718.5*

Erstprüfungen .... *E* **718** *718.61*
Flughäfen .... *E* **718** *718.1*
Gaststätten .... *E* **718** *718.1*
Hauptverteilungen .... *E* **718** *718.53.3*
Hochhäuser .... *E* **718** *718.1*
Hotels .... *E* **718** *718.1*
Installationspläne; Einrichtungen für Sicherheitszwecke .... *E* **718** *718.514.5.5*
Messung des Isolationswiderstands .... *E* **718** *718.53.3*
Neutralleitertrennklemmen .... *E* **718** *718.53.3*
Parkhäuser .... *E* **718** *718.1*
Prüfungen .... *E* **718** *718.6*
Restaurants .... *E* **718** *718.1*
Schaltbilder .... *E* **718** *718.514.5*
Schaltgeräte .... *E* **718** *718.53*
Schaltgeräte der Einrichtungen für Sicherheitszwecke; räumliche Trennung von allgemeiner Stromversorgung .... *E* **718** *567.3*
Schaltgeräte für die Sicherheitsbeleuchtung; Kennzeichnung .... *E* **718** *567.4*
Schaltgeräte für die Sicherheitsbeleuchtung; Zugänglichkeit .... *E* **718** *567.4*
Schaltgeräte; Funktionserhalt .... *E* **718** *567.1*
Schulen .... *E* **718** *718.1*
Sicherheitsbeleuchtung; Schaltbild .... *E* **718** *718.514.5.4*
Sportarenen .... *E* **718** *718.1*
Steuergeräte .... *E* **718** *718.53*
Steuergeräte der Einrichtungen für Sicherheitszwecke; räumliche Trennung von allgemeiner Stromversorgung .... *E* **718** *567.3*
Steuergeräte für die Sicherheitsbeleuchtung; Kennzeichnung .... *E* **718** *567.4*
Steuergeräte für die Sicherheitsbeleuchtung; Zugänglichkeit .... *E* **718** *567.4*
Steuergeräte; Bedienbarkeit .... *E* **718** *567.2*
Steuergeräte; Funktionserhalt .... *E* **718** *567.1*
Stromversorgungen .... *E* **718**
Theater .... *E* **718** *718.1*
Tiefgaragen .... *E* **718** *718.1*
Übersichtspläne .... *E* **718** *718.514.5.3*
Unterverteilungen .... *E* **718** *718.53.3*
Verbrauchsmittel; Liste .... *E* **718** *718.514.5.6*
Verkaufsstätten .... *E* **718** *718.1*
Versammlungsstätten .... *E* **718** *718.1*
Wiederholungsprüfungen .... *E* **718** *718.62*
→ siehe Fundstellen zu DIN VDE 0108 in Band 108 der VDE-Schriftenreihe

bauliche Bewegungen			
Kabel- und Leitungssysteme (-anlagen)	N	**520**	522.14.1
bauliche Hohlräume			
Begriff	N	**200**	2.6.2
Baustahlmatten			
Potentialsteuerung	N	**738**	4.5.3
Baustellen			
Anlagen auf Baustellen; Begriff	N	**200**	A.1.7
Baustromverteiler	N	**704**	4
Betonmischer, schutzisoliert und einzeln in Betrieb	N	**704**	2.1
Elektrowerkzeuge einzeln in Betrieb	N	**704**	2.1
Elektrowerkzeuge, handgeführt	N	**704**	10.3
Ersatzstromversorgungsanlage	N	**704**	4
Fehlerstrom-Schutzeinrichtungen	N	**704**	10.1,
	E	***704A1***	*704.471*
Freischalten	N	**704**	6
Geräte für Not-Ausschaltung	*E*	***704A1***	*704.537*
Geräte zum Trennen	*E*	***704A1***	*704.537*
Grenzlängen von Kabeln und Leitungen	B5	**-**	3.5
Handleuchten	N	**704**	11.2
Handleuchten einzeln in Betrieb	N	**704**	2.1
Installationsmaterial	N	**704**	9
IT-System	*E*	***704A1***	*704.413.1.5*
Kabel	N	**704**	8,
	E	***704A1***	*704.52*
Kennzeichnung der Betriebsmittel	*E*	***704A1***	*704.313*
Leitungen	N	**704**	8,
	E	***704A1***	*704.52*
Leitungsroller	N	**704**	8.4
Leuchten	N	**704**	11
Lötkolben einzeln in Betrieb	N	**704**	2.1
Netzformen	N	**704**	5.1
ortsfeste Anlage	*E*	***704A1***	*704.1.5*
RLV-Systeme	*E*	***704A2***	*704.471*
Schalt- und Steuergeräte	N	**704**	10.1,
	E	***704A1***	*704.53*
Schaltanlagen	N	**704**	7
Schutz gegen gefährliche Körperströme	*E*	***704A1***	*704.41, 704.471*
Schutzart	*E*	***704A1***	*704.512.2*
Schutzmaßnahmen	N	**704**	5
Schweißgeräte einzeln in Betrieb	N	**704**	2.1
Schweißstromquellen	N	**704**	10.2
Speisepunkt	N	**704**	4
Steckdosen	N	**704**	5.2,
	E	***704A1***	*704.471, 704.538*

Steckvorrichtungen	N	**550**	4.1,
	N	**704**	9.2
Versorgung	*E*	***704A1***	*704.3.1.3*
Verteiler	N	**704**	7,
	E	***704A1***	*704.511.1*
Wärmegeräte	N	**704**	12

Baustoffe

Kenngrößen	N	**300**	323.1
Kurzzeichen	N	**300**	323.1

Baustromverteiler

Baustelle	N	**704**	4

Bauweise entspricht nicht äußeren Einflüssen

Betriebsmittel	N	**737**	3.2

BB

charakteristische Eigenschaften der Betriebsmittel für den elektrischen Widerstand des menschlichen Körpers	N	**510**	Tabelle 51A, Seite 12,
	E	***510***	*Tabelle 51A (322.2)*
Kenngrößen für den elektrischer Widerstand des menschlichen Körpers	N	**300**	322.2
Kurzfassung der Kenngrößen	N	**300**	Anhang A
Kurzzeichen für den elektrischen Widerstand des menschlichen Körpers	N	**300**	322.2

BC

charakteristische Eigenschaften der Betriebsmittel für die Verbindung von Personen mit Erdpotential (BC1 bis BC4)	N	**510**	Tabelle 51A, Seite 12,
	E	***510***	*Tabelle 51A (322.3)*
Kenngrößen für Verbindung von Personen mit Erdpotential	N	**300**	322.3
Kurzfassung der Kenngrößen	N	**300**	Anhang A
Kurzzeichen für Verbindung von Personen mit Erdpotential	N	**300**	322.3

BD

charakteristische Eigenschaften der Betriebsmittel für die Räumungsmöglichkeiten bei Gefahr (BD1 bis BD4)	N	**510**	Tabelle 51A, Seite 13,

	E	***510***	*Tabelle 51A (322.4)*
Kenngrößen für Räumungsmöglichkeit bei Gefahr	N	**300**	322.4
Kurzfassung der Kenngrößen	N	**300**	Anhang A
Kurzzeichen für Räumungsmöglichkeit bei Gefahr	N	**300**	322.4

BE

charakteristische Eigenschaften der Betriebsmittel für die Arten der bearbeiteten und gelagerten Stoffe (BE1 bis BE4)	N	**510**	Tabelle 51A, Seite 13,
	E	***510***	*Tabelle 51A (322.5)*
Kenngrößen für die Art der bearbeiteten oder gelagerten Stoffe	N	**300**	322.5
Kurzfassung der Kenngrößen	N	**300**	Anhang A
Kurzzeichen für die Art der bearbeiteten oder gelagerten Stoffe	N	**300**	322.5

Beanspruchungsspannungen

im Falle eines Erdschlusses in einem IT-System	N	**442**	442.6
im Falle eines Kurzschlusses zwischen einem Außenleiter und dem PEN-Leiter oder dem Neutralleiter	N	**442**	442.7
im Falle eines Neutralleiterbruchs im TT-System	N	**442**	442.5
im Falle eines PEN-Leiter- oder Neutralleiterbruchs in einem TN-System	N	**442**	442.5
→ siehe auch unter betriebsfrequente Beanspruchungsspannungen			

Becken aus Metall

Springbrunnen	N	**738**	4.4.1

Becken von Springbrunnen

Begriff	*E*	***702A1***	*702.2.21.1*

Bedarf

Grundsätze	*E*	***100A1***	*132.3*

Bedienungsanleitungen

für Sicherheitseinrichtungen und Einrichtungen für Sicherheitszwecke	*E*	***718***	*718.514.5.7*

Bedienungsgänge

Begriff	N	**200**	A.1.9
Mindestbreiten	*E*	***481***	*481.2.4*

Bedienungsgriffe
Schutz durch Verwendung von Betriebsmitteln der Schutzklasse II oder durch gleichwertige Isolierung .... N **410** 413.2.5

Bedienungshinweise
medizinisch genutzte Räume .... E ***710*** *710.514.5*

Beeinflussungen
Betriebsmittel .... N **510** 515,
E ***510*** *515*
Reduzierung bei Anwendung von örtlichen Erdern für die Funktionserdung der Anlagen der Informationstechnik .... E ***540A1*** *545.7.5*

Befehlsgeräte
Hilfsstromkreise .... N **725** 7
Steckvorrichtungen .... N **725** 7.3

Befestigung der Leiter
Anschlussklemmen B1 **520** 52.3.1.7

Befestigungen
Stegleitungen .... N **520** Anhang ZB e)

Befestigungsmittel
Steckdoseneinsätze .... N **550** 4.9

Befestigungsteile
Flächenheizungen .... E ***753*** *753.522.4.3*

begehbare Kabelkanäle
Begriff .... N **200** 2.6.6

begehbare Springbrunnen
Begriff .... N **738** 2.2

Beginn
Hilfsstromkreise .... N **725** 3.1.4

Begrenzung von Bränden
Kabel- und Leitungssysteme (-anlagen) .... N **520** 527

Begriffe
(unbeeinflusster, vollkommener) Kurzschlussstrom .... N **430** 2.2
Abdeckung .... N **200** 2.3.13
abgeschlossene elektrische Betriebsstätten .... N **200** A.6.2
Ableitstrom (in einer Anlage) .... N **200** 2.3.8
Abtrennvorrichtungen EB1 ***534*** *3.5*
aktives Teil .... N **200** 2.3.1

aktives Teil, gefährliches	N	**200**	2.3.15
Anästhesieräume	*E*	***710***	*Tabelle B.1-14.*
Anfang der Beleuchtungsanlage	*E*	***737A1***	*7XX.21*
Anfang einer elektrischen Anlage	N	**200**	2.1.2,
	E	***200A2***	*826-01-02*
Angiographieräume	*E*	***710***	*Tabelle B.1-21.*
Anlagen auf Baustellen	N	**200**	A.1.7,
	N	**704**	2.1
Anlagen im Freien	N	**200**	A.1.6
Anschluss, fester	N	**200**	A.2.3
Ansprechstrom	N	**200**	2.5.9,
	E	***200A2***	*826-05-09*
Anwendungsgruppe 0	*E*	***710***	*710.13.5*
Anwendungsgruppe 1	*E*	***710***	*710.13.6*
Anwendungsgruppe 2	*E*	***710***	*710.13.7*
Anwendungsteile	*E*	***710***	*710.13.4*
Attraktionen	*E*	***711A1***	*711A.2.3,*
	E	***740***	*740.2.3*
Ausbreitungswiderstand	N	**200**	A.5.10
Außenleiter	N	**200**	A.3.1
Ausleger	N	**200**	2.6.9
Ausschalten für mechanische Instandhaltung	N	**200**	2.8.2
Ausschalten im Notfall	N	**537**	Anhang NA
Ausschaltung für mechanische Wartung	N	**200**	2.8.2 Nationale Anmerkung
Ausstellung	*E*	***711***	*711.2.1*
Ausstellungsflächen	*E*	***711A1***	*711A.2.1*
Basisisolierung	N	**200**	2.3.17
baulicher Hohlraum	N	**200**	2.6.2
Baustellen, Anlagen auf	N	**200**	A.1.7
Becken von Springbrunnen	*E*	***702A1***	*702.2.21.1*
Bedienungsgänge	N	**200**	A.1.9
begehbare Springbrunnen	N	**738**	2.2
begehbarer Kabelkanal	N	**200**	2.6.6
Bereitschaftsbetrieb	*E*	***560A2***	*563.2*
Bereitschaftsschaltung	*E*	***718***	*563.2, 718.3.4*
Berühren, direktes	N	**200**	2.3.5
Berühren, indirektes	N	**200**	2.3.6
Berühren, Schutz bei indirektem Berühren	N	**200**	A.8.4
Berühren, Schutz gegen direktes Berühren	N	**200**	A.8.1
Berührungsspannung	N	**200**	2.2.2,
	E	***410A5***	*Anhang A, 1.1*
Berührungsspannung, vereinbarte Grenze der	N	**200**	2.2.4
Berührungsspannung, zu erwartende	N	**200**	2.2.3
Besichtigen	N	**610**	2.3
betriebsmäßiges Schalten	N	**200**	2.8.5
Betriebsmittel, elektrische	N	**200**	2.7.1
Betriebsmittel, festangebrachte	N	**200**	2.7.7

Betriebsmittel, ortsfeste	N	**200**	2.7.6,
	E	***200A2***	*826-07-06*
Betriebsmittel, ortsveränderliche	N	**200**	2.7.4
Betriebsspannung	N	**200**	A.4.4
Betriebsstätten, abgeschlossene elektrische	N	**200**	A.6.2
Betriebsstätten, elektrische	N	**200**	A.6.1
Betriebsstrom	*E*	***200A2***	*826-05-04*
Betriebsstrom (eines Stromkreises)	N	**200**	2.5.4
Bettenräume	*E*	***710***	*Tabelle B.1-3.*
bewegliche Bade- oder Duscheinrichtungen mit elektrischen Betriebsmitteln	N	**701**	2.2
bewegliche Leitung	N	**200**	A.2.2
bewohnbares Freizeitfahrzeug	N	**708**	2.1
Blitzschutzsystem (LPS)	*EB1*	***534***	*3.8*
Bude	*E*	***740***	*740.2.2*
Buden	*E*	***711A1***	*711A.2.2*
Bypassdioden	*E*	***712***	*Vorwort*
Campingplatz	N	**708**	2.3
Caravan	N	**708**	2.1.1
Caravan-Stellplatz	N	**708**	2.2
CPS-System	*E*	***718***	*718.3.11*
Dauerschaltung	*E*	***718***	*563.3, 718.3.3*
Dauerstrombelastbarkeit, zulässige	N	**200**	2.5.5,
	E	***200A2***	*826-05-05*
Dialyseräume	*E*	***710***	*Tabelle B.1-22.*
Differenzstrom	N	**200**	2.3.9
direkte Teilblitze	*EB1*	***534***	*3.4*
direktes Berühren	N	**200**	2.3.5
direktes Berühren, Schutz gegen	N	**200**	A.8.1
Direktheizungen als Fußboden- oder Decken-Flächenheizungen	*E*	***753***	*753.2.2*
doppelte Isolierung	N	**200**	2.3.19
duales Versorgungssystem	*E*	***718***	*718.3.10*
Einrichtungen	*EB1*	***534***	*3.6*
Einrichtungen der Informationstechnik	*E*	***707***	*707.201*
Einrichtungen für Sicherheitszwecke	*E*	***718***	*563.4*
Einschalten im Notfall	N	**537**	Anhang NA
Einschlagpunkte	*EB1*	***534***	*3.10*
Einzelbatteriesysteme	*E*	***560A2***	*563.1,*
	E	***718***	*563.1*
elektrisch unabhängige Erder	N	**200**	2.4.4
elektrische Anlagen (von Gebäuden)	N	**200**	2.1.1
elektrische Betriebsmittel	N	**200**	2.7.1
elektrische Betriebsstätten	N	**200**	A.6.1
elektrische Verbrauchsmittel	N	**200**	2.7.2
elektrischer Schlag	N	**200**	2.3.4
elektrischer Speisepunkt (Versorgungseinheit) für einen Caravan-Stellplatz	N	**708**	2.4

elektrischer Stromkreis	N	**200**	2.5,
	E	***200A2***	*826-05-01*
elektrischer Stromkreis (einer Anlage)	N	**200**	2.5.1
Elektrofachkraft	N	**200**	2.9.1
Elektroinstallationskanal, zu öffnender	N	**200**	2.6.4
Elektroinstallationsrohr	N	**200**	2.6.3
elektrotechnisch unterwiesene Person	N	**200**	2.9.2
Endoskopieräume	*E*	***710***	*Tabelle B.1-6.*
Endstromkreis (eines Gebäudes)	N	**200**	2.5.3
Entbindungsräume	*E*	***710***	*Tabelle B.1-4.*
Erdblitze	*EB1*	***534***	*3.7*
Erde	N	**200**	2.4.1,
	E	***200A2***	*826-04-01*
Erden	N	**200**	A.5.1
Erder	N	**200**	2.4.2
Erder, elektrisch unabhängige	N	**200**	2.4.4
Erder, natürlicher	N	**200**	A.5.4
Erdschluss	N	**200**	A.7.7
Erdschluss, vollkommener	N	**200**	A.7.8
erdschlusssicher	N	**200**	A.7.6
erdschlusssicheres Verlegen	*E*	***710***	*Anhang C*
Erdung	N	**200**	A.5.2
Erdungsanlage	N	**200**	A.5.8
Erdungsleiter	N	**200**	2.4.7,
	E	***200A2***	*826-04-07*
Erdwiderstand, spezifischer	N	**200**	A.5.9
Erproben und Messen	N	**610**	2.4
Ersatzstromquellen	*E*	***200A1***	*826-01-08*
Ersatzstromversorgungsanlage	N	**200**	2.1.6,
	E	***200A2***	*826-01-06*
Ersatzstromversorgungsanlagen	*E*	***200A1***	*826-01-06*
Experimentierstände	N	**723**	2.2,
	E	***723A1***	*2.2*
Fehlerspannung	*E*	***410A5***	*Anhang A, 2*
Fehlerstrom	N	**200**	A.7.9
festangebrachte Betriebsmittel	N	**200**	2.7.7
fester Anschluss	N	**200**	A.2.3
feuchte Räume	N	**200**	A.6.4
feuergefährdete Betriebsstätten	N	**482**	Nationales Vorwort
Flächenheizelemente	*E*	***753***	*753.2.7*
Fliegende Bauten	N	**722**	2.2
Freileitung	N	**200**	A.1.3
fremdes leitfähiges Teil	N	**200**	2.3.3,
	E	***200A2***	*826-03-03*
fremdspannungsarme Erde	*E*	***707***	*707.202*
Fundamenterder	N	**200**	A.5.5
Fußboden-Ergänzungsheizungen	*E*	***753***	*753.2.3*

Fußboden-Speicherheizungen	*E*	***753***	*753.2.1*
Gebäudehauptverteiler	*E*	***710***	*710.13.19*
gefährlicher Körperstrom	N	**200**	2.3.7
gefährliches aktives Teil	N	**200**	2.3.15
Gesamterdungswiderstand	N	**200**	2.4.3
geschützte Anlagen im Freien	N	**200**	A.1.6
gleichzeitig berührbare Teile	N	**200**	2.3.10,
	E	***200A2***	*826-03-10*
Handbereich	N	**200**	2.3.11,
	E	***200A2***	*826-03-11*
Handgeräte	N	**200**	2.7.5,
	E	***200A2***	*826-07-05*
Handlungen im Notfall	N	**537**	Anhang NA
Haupterdungsklemme	N	**200**	2.4.8
Haupterdungsschiene	N	**200**	2.4.8
Hauptleitung	N	**732**	2.4
Hauptstromkreise	N	**200**	A.1.5.1,
	E	***716***	*716.2.2*
Hausanschluss	N	**732**	2.1
Hausanschlusskabel	N	**732**	2.2
Hausanschlusskasten	N	**732**	2.3
Hausinstallationen	N	**200**	A.1.8
Hebezeuge	N	**200**	A.9
Heißluft-Saunaraum	N	**703**	2.1
Heizeinheiten	*E*	***753***	*753.2.6*
Heizleitungen	*E*	***753***	*753.2.5*
Heizleitungen mit selbsttätiger Temperaturbegrenzung	*E*	***753***	*753.2.9*
heizungsfreie Flächen	*E*	***753***	*753.2.4*
Herzkatheterräume	*E*	***710***	*Tabelle B.1-19.*
Hilfsstromkreise	N	**200**	A.1.5.2,
	N	**725**	2.1,
	E	***716***	*716.2.1*
Hindernis	N	**200**	2.3.14
hoher Ableitstrom	*E*	***707***	*707.203*
Hohlraum, baulicher	N	**200**	2.6.2
Hydrotherapieräume	*E*	***710***	*Tabelle B.1-12.*
I_B (Betriebsstrom eines Stromkreises)	N	**200**	2.5.4,
	E	***200A2***	*826-05-04*
indirektem Berühren, Schutz bei	N	**200**	A.8.4
indirektes Berühren	N	**200**	2.3.6
Ingangsetzen im Notfall	N	**537**	Anhang NA
Inspektion	*E*	***610A1***	*Tabelle im Nationalen Vorwort*
Intensivpflegeräume	*E*	***710***	*Tabelle B.1-20.*
Isolationsfehler	N	**200**	A.7.1
Isolierung, doppelte	N	**200**	2.3.19

Isolierung, verstärkte	N	**200**	2.3.20
Isolierung, zusätzliche	N	**200**	2.3.18
Jahrmarkt	*E*	***711***	*711.2.4*
Kabel- und Leitungsanlagen	N	**200**	2.6.1
Kabel- und Leitungssysteme	N	**200**	2.6.1
Kabelkanal	N	**200**	2.6.5
Kabelkanal, begehbarer	N	**200**	2.6.6
Kabelpritsche	N	**200**	2.6.8
Kabelschelle	N	**200**	2.6.10
Kabelwanne	N	**200**	2.6.7
Kaltleitungen	*E*	***753***	*753.2.8*
Kirmes	*E*	***711***	*711.2.4*
Kirmesplätze	*E*	***740***	*740.2.1*
kombinierte Multi-Port Überspannungs-Schutzeinrichtungen	*EB1*	***534***	*3.2*
kombinierter Stoß	*EB1*	***534***	*3.1*
Konformität	*E*	***610A1***	*Tabelle im Nationalen Vorwort*
Konformitätsnachweis	*E*	***610A1***	*Tabelle im Nationalen Vorwort*
Koordination von Überspannungs-Schutzeinrichtungen (Kaskade)	*EB1*	***534***	*3.3*
Körper (eines elektrischen Betriebsmittels)	N	**200**	2.3.2
Körperschluss	N	**200**	A.7.2
Körperschluss, vollkommener	N	**200**	A.7.8
Körperstrom, gefährlicher	N	**200**	2.3.7
Kurzschluss	N	**200**	A.7.4
Kurzschluss, vollkommener	N	**200**	A.7.8
kurzschlussfest	N	**200**	A.7.5
kurzschlusssicher	N	**200**	A.7.6
kurzschlusssicheres Verlegen	*E*	***710***	*Anhang C*
Kurzschlussstrom	N	**200**	2.5.8
Kurzschlussstrom (unbeeinflusster, vollkommener)	N	**430**	2.2
Laie	N	**200**	2.9.3
leichtentzündlich (brennbare feste Stoffe)	N	**482**	Nationales Vorwort
Leiterschluss	N	**200**	A.7.3
leitfähige Bereiche mit begrenzter Bewegungsfreiheit	N	**706**	2.1
leitfähiges Teil, fremdes	N	**200**	2.3.3,
	E	***200A2***	*826-03-03*
Leitung, bewegliche	N	**200**	A.2.2
Leitung, ortsfeste	N	**200**	A.2.1
Leuchten	*E*	***737A1***	*7XX.22*
LPS-System	*E*	***718***	*718.3.12*
Marinas	*E*	***709***	*2.2*

medizinisch genutzte Räume	*E*	***710***	*710.13.1*
medizinische elektrische Geräte	*E*	***710***	*710.13.3*
Messen	N	**610**	2.4
Möbel	N	**724**	1,
	E	***713***	*713.1.3.1*
Mobilheim	N	**708**	2.1.3
Motorcaravan	N	**708**	2.1.2
N (Neutralleiter)	N	**200**	2.1.3,
	E	***200A2***	*826-01-03*
naher Blitzeinschlag	*EB1*	***534***	*3.9*
nasse Räume	N	**200**	A.6.4
natürlicher Erder	N	**200**	A.5.4
Nennbetriebsdauer der Stromquelle für Sicherheitseinrichtungen	*E*	***718***	*718.3.8*
Nennspannung (einer Anlage)	N	**200**	2.2.1,
	E	***200A2***	*826-02-01*
Nennspannung eines Netzes	N	**200**	A.4.2
Nennwerte von Größen	N	**200**	A.4.1
Neutralleiter	N	**200**	2.1.3,
	E	***200A2***	*826-01-03*
nichtbegehbare Springbrunnen	N	**738**	2.1
normal (bei Betriebsmitteln)	N	**510**	512.2.4 Anmerkung 2,
	E	***510***	*512.2.4 Anmerkung 2*
Not-Ausschaltung	N	**200**	2.8.3
Not-Halt	N	**200**	2.8.4
Notbeleuchtung	*E*	***718***	*718.3.5*
Notleuchten	*E*	***718***	*718.3.7*
OP-Aufwachräume	*E*	***710***	*Tabelle B.1-18.*
OP-Gipsräume	*E*	***710***	*Tabelle B.1-17.*
OP-Vorbereitungsräume	*E*	***710***	*Tabelle B.1-16.*
OP-Waschräume	*E*	***710***	*Tabelle B.1-2.*
Operationsräume	*E*	***710***	*Tabelle B.1-15.*
ortsfeste Betriebsmittel	N	**200**	2.7.6,
	E	***200A2***	*826-07-06*
ortsfeste Leitung	N	**200**	A.2.1
ortsveränderliche Betriebsmittel	N	**200**	2.7.4
Patienten	*E*	***710***	*710.13.2*
Patientenumgebung	*E*	***710***	*710.13.11*
PE (Schutzleiter)	N	**200**	2.4.5
PEN-Leiter	N	**200**	2.4.6
Physiotherapieräume	*E*	***710***	*Tabelle B.1-13.*
Potentialausgleich	N	**200**	2.4.9,
	E	***200A2***	*826-04-09*
Potentialausgleichsleiter	N	**200**	2.4.10
Potentialsteuerung	N	**200**	A.5.11

Prüfbericht	*E*	***610A1***	*Tabelle im Nationalen Vorwort*
Prüfen	N	**610**	2.2,
	E	***610A1***	*Tabelle im Nationalen Vorwort*
Prüfung	*E*	***610A1***	*Tabelle im Nationalen Vorwort*
Prüfverfahren	*E*	***610A1***	*Tabelle im Nationalen Vorwort*
PV-Anlagen	*E*	***712***	*712.2.10*
PV-Generatoranschlusskästen	*E*	***712***	*712.2.5*
PV-Generatoren	*E*	***712***	*712.2.4*
PV-Gleichstromhauptleitungen	*E*	***712***	*712.2.7*
PV-Module	*E*	***712***	*712.2.2*
PV-Modulkabel/-leitungen	*E*	***712***	*712.2.6*
PV-Stränge	*E*	***712***	*712.2.3*
PV-Versorgungskabel/PV-Versorgungsleitungen	*E*	***712***	*712.2.9*
PV-Wechselrichter	*E*	***712***	*712.2.8*
radiologische Anwendungsräume	*E*	***710***	*Tabelle B.1-11.*
radiologische Diagnoseräume	*E*	***710***	*Tabelle B.1-11.*
Räume, feuchte	N	**200**	A.6.4
Räume, nasse	N	**200**	A.6.4
Räume, trockene	N	**200**	A.6.3
RCDs	*E*	***530A6***	*531.2*
Rettungszeichenleuchten	*E*	***718***	*718.3.2*
Rohrschelle	N	**200**	2.6.10
Rückstromdioden	*E*	***712***	*Vorwort*
Schalten	N	**200**	2.8
Schaltgeräte	N	**200**	2.7.3
Schlag, elektrischer	N	**200**	2.3.4
Schleifenimpedanz	N	**200**	A.4.6
Schutz bei indirektem Berühren	N	**200**	A.8.4
Schutz durch Begrenzung des Beharrungsstroms und der Entladungsenergie	N	**200**	2.3.16
Schutz gegen direktes Berühren	N	**200**	A.8.1
Schutzleiter	N	**200**	2.4.5
Show	*E*	***711***	*711.2.2*
Sicherheitsbeleuchtung	*E*	***718***	*718.3.6*
Sicherheitsbeleuchtung für Rettungswege	*E*	***718***	*718.3.1*
Sicherheitseinrichtungen	*E*	***560A2***	*563.3*
Sicherheitsleuchten	*E*	***718***	*718.3.7*
Sicherheitsstromversorgungssystem mit Leistungsbegrenzung (LPS-System)	*E*	***718***	*718.3.12*
Solarzellen	*E*	***712***	*712.2.1*

Spannung gegen Erde	N	**200**	A.4.5
Speisepunkt der vorübergehend errichteten elektrischen Anlage	*E*	***740***	*740.2.7*
Speisepunkt einer elektrischen Anlage	N	**200**	2.1.2,
	E	***200A2***	*826-01-02*
spezifischer Erdwiderstand	N	**200**	A.5.9
Springbrunnen	N	**738**	2
Springbrunnen, begehbare	N	**738**	2.2
Springbrunnen, nichtbegehbare	N	**738**	2.1
Stand	*E*	***711***	*711.2.3*
Standardbezugsbedingungen (SRC)	*E*	***712***	*712.2.11*
Stände	*E*	***740***	*740.2.4*
Starkstromanlagen	N	**200**	A.1.1
Stationsräume	*E*	***710***	*Tabelle B.1-3.*
Steilheitsfaktor	*EB1*	***534***	*3.12*
Sterilisationsräume	*E*	***710***	*Tabelle B.1-9.*
Steuererder	N	**200**	A.5.6
Steuergeräte	N	**200**	2.7.3
Stillsetzen im Notfall	N	**537**	Anhang NA
Strombelastbarkeit	N	**200**	2.5.5,
	E	***200A2***	*826-05-05*
Stromkreis	N	**200**	A.1.5
Stromkreis, elektrischer	N	**200**	2.5, 2.5.1,
	E	***200A2***	*826-05-01*
Stromquellen für Sicherheitszwecke	*E*	***200A1***	*826-01-07,*
	E	***718***	*563.5*
Stromversorgungseinrichtungen für Sicherheitszwecke	*E*	***200A1***	*826-01-05*
Teil, fremdes leitfähiges	N	**200**	2.3.3,
	E	***200A2***	*826-03-03*
Teil, gefährliches aktives	N	**200**	2.3.15
Teilblitze	*EB1*	***534***	*3.13*
Teile, gleichzeitig berührbare	N	**200**	2.3.10,
	E	***200A2***	*826-03-10*
thermische Instabilität	*EB1*	***534***	*3.17*
Trennen	N	**200**	2.8.1,
	E	***200A2***	*826-08-01*
trockene Räume	N	**200**	A.6.3
Übereinstimmung	*E*	***610A1***	*Tabelle im Nationalen Vorwort*
Überlaststrom (eines Stromkreises)	N	**200**	2.5.7
Überspannungs-Referenz-Ausgleichsableiter	*EB1*	***534***	*3.15*
Überspannungs-Schutzeinrichtungen	*EB1*	***534***	*3.14*
Überstrom	N	**200**	2.5.6,
	E	***200A2***	*826-05-06*
Überstromüberwachung	N	**200**	2.5.10
Überwachungsräume	*E*	***710***	*Tabelle B.1-23.*

U_L (vereinbarte Grenze der Berührungsspannung)	N	**200**	2.2.4
Umgebungstemperatur	N	**200**	2.1.4,
	E	***200A2***	*826-01-04*
Umhüllung	N	**200**	2.3.12
Umschaltzeit	*E*	***718***	*718.3.9*
unbeeinflusste Überspannungen	*EB1*	***534***	*3.11*
ungeschützte Anlagen im Freien	N	**200**	A.1.6
Unterrichtsräume	N	**723**	2.1
Urologieräume	*E*	***710***	*Tabelle B.1-10.*
Verbraucheranlage	N	**200**	A.1.4
Verbrauchsmittel, elektrische	N	**200**	2.7.2
vereinbarte Grenze der Berührungsspannung	N	**200**	2.2.4
vereinbarter Ansprechstrom	N	**200**	2.5.9,
	E	***200A2***	*826-05-09*
Vergnügungseinrichtungen	*E*	***740***	*740.2.8*
Versorgungseinrichtung für Sicherheitszwecke	N	**200**	2.1.5,
	E	***200A2***	*826-01-05*
verstärkte Isolierung	N	**200**	2.3.20
Verteilungsnetz	N	**200**	A.1.2
Verteilungsstromkreis (eines Gebäudes)	N	**200**	2.5.2
vollkommener Körper-, Kurz- oder Erdschluss	N	**200**	A.7.8
Vorführstände für Leuchten	N	**559**	2.1,
	E	***559A1***	*559.3.1*
vorübergehend errichtete Aufbauten	*E*	***740***	*740.2.5*
vorübergehend errichtete elektrische Anlagen	*E*	***711***	*711.2.6,*
	E	***740***	*740.2.6*
vorübergehende Aufbauten	*E*	***711***	*711.2.5*
Wartungsgänge	N	**200**	A.1.10
Wasserrohrnetz	N	**540**	Erläuterung zu 5.2.2
Wassersportfahrzeuge	*E*	***709***	*2.1*
Wasserverbrauchsleitungen	N	**540**	Erläuterung zu 5.2.2
Wehenräume	*E*	***710***	*Tabelle B.1-8.*
Wohnung	N	**739**	2.1
zeitweilige Überspannung (TOV)	*EB1*	***534***	*3.16*
zentrales Stromversorgungssystem (CPS-System)	*E*	***718***	*718.3.11*
zu erwartende Berührungsspannung	N	**200**	2.2.3,
	E	***410A5***	*Anhang A, 1.2*
zu öffnender Elektroinstallationskanal	N	**200**	2.6.4
zulässige (Dauer-)Strombelastbarkeit	*E*	***200A2***	*826-05-05*
zulässige (Dauer-)Strombelastbarkeit (eines Leiters)	N	**200**	2.5.5
zusätzliche Isolierung	N	**200**	2.3.18
Zuständigkeit und Fähigkeit von Personen	N	**200**	2.9

Behandlungsräume
Zuordnung Sicherheitsstromversorgung und Anwendungsgruppe ..... *E* ***710*** *Tabelle B.1-7.*

Beharrungsströme
Schutz durch Begrenzung des Beharrungsstroms und der Entladungsenergie; Begriff ..... N **200** 2.3.16

Beharrungszustand
Grenzen bei kleinen Spannungen (ELV) ..... *E* ***410A4*** *Nationales Vorwort*

Behinderte
Kurzzeichen ..... N **300** 322.1

behördliche Anforderungen
Sicherheitseinrichtungen ..... *E* ***560A2*** *564.1.1, Anmerkung 1*

Beibehaltung der Versorgung
Not-Halt ..... N **537** 537.4.2

Beitrittsgebiet
Adapter ..... B2 - Seite 20
Anpassung ..... B2 - Seite 20
Betriebsmittel nach TGL ..... B2 - Seite 19
Boote ..... B2 - Seite 21
Caravans ..... B2 - Seite 21
Einführung der DIN VDE 0100 ..... B2 - Seite 19
Fliegende Bauten, Standorte für ..... B2 - Seite 21
Jachten ..... B2 - Seite 21
Kabel aus Aluminium ..... B2 - Seite 19
Leitungen aus Aluminium ..... B2 - Seite 19
Prüfung bestehender Anlagen ..... B2 - Seite 19
Reparatur bestehender Anlagen ..... B2 - Seite 19
Saunaanlagen ..... B2 - Seite 20
Schwimmanlagen ..... B2 - Seite 20
Schwimmbecken ..... B2 - Seite 20
Standorte für Fliegende Bauten, Wagen, Wohnwagen nach Schaustellerart ..... B2 - Seite 21
Vorführstände für Leuchten ..... B2 - Seite 20
Wagen nach Schaustellerart, Standorte für ..... B2 - Seite 21
Wasserrohrnetze ..... B2 - Seite 21

Beleuchtung
vorübergehend errichtete Anlagen für Bauwerke, Vergnügungseinrichtungen und Buden auf Kirmesplätzen, Vergnügungsparks und Zirkusse ..... *E* ***740*** *740.481.3.1.4*

Beleuchtung mit Hochspannungs-Entladungslampen
Not-Schaltung .... *E* ***460A1*** *464.1*

Beleuchtungsanlagen
allgemeine Anforderung .... N **559** 3
Anschlussstellen .... *E* ***559A1*** *559.6.1*
Aufhängevorrichtungen .... *E* ***559A1*** *559.6.2*
Beleuchtung von Maschinen .... *E* ***559A1*** *559.11*
Beleuchtungsstromkreise für medizinisch genutzte Räume .... *E* ***710*** *710.55.1*
Brandverhalten des Materials von Montageflächen .... *E* ***559A1*** *559.5.2*
Buden auf Messegeländen .... *E* ***711A1*** *711A.55.01*
Drehstromkreise .... *E* ***559A1*** *559.6.5*
Durchgangsverdrahtung .... *E* ***559A1*** *559.6.3*
elektrische Anlagen für Sicherheitszwecke .... N **560** 564.1
elektrische Anlagen in Ausstellungen, Shows, Ständen, Jahrmärkten .... *E* ***711*** *711.55.01*
Errichtung .... N **559** 5
F-Leuchten .... *E* ***559A1*** *559.5.2*
Fliegende Bauten .... N **722** 8,
E ***722*** *8*
Handleuchten .... *E* ***559A1*** *559.9*
Herstelleranleitungen .... *E* ***559A1*** *559.4*
im Freien .... *E* ***737A1***
Kabel- und Leitungssysteme (-anlagen) .... *E* ***559A1*** *559.6*
Klemmenkästen .... *E* ***559A1*** *559.6.1*
Kompensationskondensatoren .... *E* ***559A1*** *559.8*
Leitungen .... *E* ***559A1*** *559.6.3*
Leuchtengruppen mit nur einem Neutralleiter und 3 Außenleitern .... *E* ***559A1*** *559.6.4*
Lichterketten .... *E* ***559A1*** *559.1*
maximal zulässige Leistung der Leuchten .... *E* ***559A1*** *559.5.1*
mit Kleinspannung → siehe Kleinspannungs-Beleuchtungsanlagen .... *E* ***715***
Montage .... *E* ***559A1*** *559.6.2*
ortsveränderliche Schmuckbeleuchtung .... *E* ***559A1*** *559.1*
Prüfleuchten .... *E* ***559A1*** *559.9*
Reparaturleuchten .... *E* ***559A1*** *559.9*
Schutz gegen thermische Einflüsse .... *E* ***559A1*** *559.5*
Strahlerleuchten .... *E* ***559A1*** *559.5.1*
stroboskopischer Effekt .... *E* ***559A1*** *559.11*
Verbindung zwischen Vorschaltgeräten und Lampenfassungen .... *E* ***559A1*** *559.7*
Vergnügungsparks .... *E* ***711A1*** *711A.55.01*
Vorführstände von Leuchten .... *E* ***559A1*** *559.10*
Vorschaltgeräte .... *E* ***559A1*** *559.7*

vorübergehend errichtete Anlagen für Bauwerke, Vergnügungseinrichtungen und Buden auf Kirmesplätzen	*E*	***740***	*740.55.1*
vorübergehend errichtete elektrische Anlagen auf Messegeländen	*E*	***711A1***	*711A.55.01*
Wagen nach Schaustellerart	N	**722**	8,
	E	***722***	*8*
Widerstände	*E*	***559A1***	*559.7*
Wohnwagen nach Schaustellerart	N	**722**	8,
	E	***722***	*8*
Zirkusse	*E*	***711A1***	*711A.55.01*

Beleuchtungsanlagen im Freien

äußere Einflüsse	*E*	***737A1***	*7XX.32*
Betriebsmittel	*E*	***737A1***	*7XX.512*
Erder	*E*	***737A1***	*7XX.54*
Schutz bei indirektem Berühren	*E*	***737A1***	*7XX.413*
Schutz bei Überstrom	*E*	***737A1***	*7XX.43*
Schutz gegen direktes Berühren	*E*	***737A1***	*7XX.412*
Spannungsfall	*E*	***737A1***	*7XX.525*

Beleuchtungsgeräte

elektrische Anlagen in Ausstellungen, Shows, Ständen, Jahrmärkten	*E*	***711***	*711.482.3.2*
vorübergehend errichtete Anlagen für Bauwerke, Vergnügungseinrichtungen und Buden auf Kirmesplätzen	*E*	***740***	*740.482.3.2*

Beleuchtungsstärke

Sicherheitsbeleuchtung	*E*	***560A2***	*568.4, 568.5*

Belüftung

Sicherheitsstromversorgungen	*E*	***560A2***	*568.2.1.3*
Stromquellen für Sicherheitszwecke	*E*	***718***	*568.1.4*

Belüftungssysteme

Brandschutz	N	**482**	482.1.16
feuergefährdete Betriebsstätten	N	**482**	482.1.16

Bemessung

Hausanschlusskabel	N	**732**	4.1, Tabelle 1

Bemessungs-Differenzstrom

von RCDs beim Brandschutz	*E*	***530A6***	*531.2.4.1*

Bemessungsbetriebsdauer

Sicherheitsstromversorgungen	*E*	***560A2***	*568.2.1*
Stromquellen für Sicherheitszwecke	*E*	***718***	*568.1.1*

Bemessungsstoßspannung
Betriebsmittel (Schutz gegen Überspannungen) .... *E* ***443A2*** *Tabelle 44B*

Bemessungstemperaturen
Kabel- und Leitungssysteme (-anlagen) .... N **520** 522.1.3

Benutzung
Kenngrößen .... N **300** 322
Kurzzeichen .... N **300** 322

Berechnung
Kurzschlussströme *EB1* ***530*** *A.2*
Schutzleiter .... N **540** 5.1.1

Bereiche
Betriebsmittel in feuchten Bereichen .... N **737** 4.1
Betriebsmittel in nassen Bereichen .... N **737** 4.1
Heißluft-Saunaraum .... N **703** 4.1
Räume mit Badewanne oder Dusche .... N **701** 3,
E ***701*** *701.32*
Räume mit Badewanne oder Dusche; Abbildungen .... *E* ***701*** *Bild 1*
Räume mit fabrikfertiger Duschkabine .... *E* ***701*** *Bild 2*
Schwimmanlage .... N **702** 3.1
Schwimmbecken .... N **702** 3.1
Springbrunnen .... N **738** 3

Bereich 0
Planschbecken .... *E* ***702A1*** *702.32,*
702.471.3.1
Räume mit Badewanne oder Dusche .... N **701** 3,
E ***701*** *701.32.1, 701.51*
Schwimmbäder und andere Becken .... *E* ***702A1*** *702.32*
Schwimmbäder und andere Bereiche .... *E* ***702A1*** *702.471.3.1*
Springbrunnen .... *E* ***702A1*** *702.32,*
702.471.3.2
überdachte Schwimmbäder (Schwimmhallen) und
Schwimmbäder im Freien .... N **702** 3.1

Bereich 1
Planschbecken .... *E* ***702A1*** *702.32,*
702.471.3.1
Räume mit Badewanne oder Dusche .... N **701** 3,
E ***701*** *701.32.2,*
701.512.2, 701.55
Schwimmbäder .... *E* ***702A1*** *702.55.4*
Schwimmbäder und andere Becken .... *E* ***702A1*** *702.32*
Schwimmbäder und andere Bereiche .... *E* ***702A1*** *702.471.3.1*
Springbrunnen .... *E* ***702A1*** *702.32,*
702.471.3.2

überdachte Schwimmbäder (Schwimmhallen) und
Schwimmbäder im Freien .... N **702** 3.1

Bereich 2
Planschbecken .... *E* ***702A1*** *702.32, 702.471.3.3*
Räume mit Badewanne oder Dusche .... N **701** 3,
E ***701*** *701.32.3, 701.512.2*
Schwimmbäder und andere Becken .... *E* ***702A1*** *702.32, 702.471.3.3*
Springbrunnen .... *E* ***702A1*** *702.32, 702.471.3.3*
überdachte Schwimmbäder (Schwimmhallen) und
Schwimmbäder im Freien .... N **702** 3.1

Bereich 3
Räume mit Badewanne oder Dusche .... N **701** 3

Bereitschaftsbetrieb
Begriff .... *E* ***560A2*** *563.2*
Sicherheitsbeleuchtung .... *E* ***560A2*** *568.3.1, 569.11*

Bereitschaftsschaltung
Begriff .... *E* ***718*** *563.2, 718.3.4*
Sicherheitsbeleuchtung .... *E* ***718*** *568.3.1, 718.568.3.5, 718.568.3.6*

berührbare Teile
großflächig berührbare Teile bei Springbrunnen .... N **738** 4.4.1

Berühren
direktes Berühren; Begriff .... N **200** 2.3.5
indirektes Berühren; Begriff .... N **200** 2.3.6
Schutz bei indirektem Berühren; Begriff .... N **200** A.8.4
Schutz gegen direktes Berühren; Begriff .... N **200** A.8.1

Berührungsspannung
*abhängig vom Erdungssystem und der Örtlichkeit
der Körper* .... *E* ***410A5*** *Anhang A, 3*
Abschaltzeit .... *E* ***410A5*** *Bild 2*
Begriff .... N **200** 2.2.2,
E ***410A5*** *Anhang A, 1.1*
dauernd zulässige Berührungsspannung
(gartenbauliches Anwesen) .... N **705** 3.3
dauernd zulässige Berührungsspannung
(landwirtschaftliches Anwesen) .... N **705** 3.3
medizinisch genutzte Räume .... *E* ***710*** *710.413.1.1.1*

Niederspannungsbetriebsmittel der Transformatorstation .... *E* ***410A6*** *442.4.2*
vereinbarte Grenze der Berührungsspannung; Begriff ...... N **200** 2.2.4
zu erwartende Berührungsspannung; Begriff .... N **200** 2.2.3

Berührungsspannung U_L
Schutz durch automatische Abschaltung der Stromversorgung .... N **410** 413.1.1.1
vereinbarte Grenzen .... N **410** 413.1.1.1 Anmerkung 6
vorübergehend errichtete Anlagen für Bauwerke, Vergnügungseinrichtungen und Buden auf Kirmesplätzen, Vergnügungsparks und Zirkusse .... *E* ***740*** *740.413.1.4*

Besichtigen
abschalten vor Besichtigen .... N **610** 4.1
Abstand .... N **610** 4.3
allgemein .... N **610** 4
Auswahl der Betriebsmittel .... N **610** 4.2
Auswahl der Betriebsmittel nach äußeren Einflüssen ...... N **610** 4.3
Auswahl von Kabeln und Leitungen .... N **610** 4.3
Begriff .... N **610** 2.3
Brandabschottungen .... N **610** 4.3
IT-System .... N **610** 5.6.1.1.1, 5.6.1.4.1.1, 5.6.1.4.2.1.1
IT-System bei Abschaltung wie im TT-System .... N **610** 5.6.1.4.2.3.1
IT-System mit Abschaltung wie im TN-System .... N **610** 5.6.1.4.2.2.1
Kennzeichnung der Sicherungen, Schalter, Klemmen ...... N **610** 4.3
Kennzeichnung der Stromkreise .... N **610** 4.3
Kennzeichnung von Neutral- und Schutzleiter .... N **610** 4.3
Leiterverbindungen .... N **610** 4.3
Maßnahmen zum Schutz gegen gefährliche Körperströme .... N **610** 4.3
Maßnahmen zum Schutz gegen thermische Einflüsse ...... N **610** 4.3
Nachweise vor erster Inbetriebnahme .... *E* ***610A1*** *611*
Schaltgeräte .... N **610** 4.3
Schutzeinrichtungen .... N **610** 4.3
Stromschienen .... N **610** 4.3
TN-System .... N **610** 5.6.1.1.1, 5.6.1.2.1
Trenngeräte .... N **610** 4.3
TT-System .... N **610** 5.6.1.1.1, 5.6.1.3.1
Überwachungseinrichtungen .... N **610** 4.3
vor Erproben .... N **610** 4.1
vor Messen .... N **610** 4.1
Vorhandensein Schaltpläne, Warnhinweise .... N **610** 4.3
Zugänglichkeit .... N **610** 4.3

besondere Schutzeinrichtung zum Brandschutz
Kleinspannungs-Beleuchtungsanlagen ... *E* ***715*** *715.482.5.2*

Bestandteile
Geräte für Not-Ausschaltung ... N **537** 537.4.2

Bestimmung des Stromes
Schutz bei Kurzschluss ... N **430** 6.2

Bestimmungen allgemeiner Merkmale
elektrische Anlagen von Gebäuden ... N **300**
medizinisch genutzte Räume ... *E* ***710*** *710.3*
Starkstromanlagen ... N **300**

Betätigungseinrichtungen
Not-Ausschaltgeräte ... N **537** 537.4.3, 537.4.5, 537.4.6

Betätigungseinrichtungen für Not-Ausschaltgeräte
Kennzeichnung ... N **537** 537.4.4, *E* ***537A3*** *6.4*
Verklinkbarkeit ... N **537** 537.4.6
Verriegelbarkeit ... N **537** 537.4.6
Zugänglichkeit ... N **537** 537.4.5

Betonmischer, schutzisoliert
auf Baustellen einzeln in Betrieb ... N **704** 2.1

Betrieb
äußere Einflüsse ... N **510** 510.1, *E* ***510*** *510.1*
zufriedenstellend bei zu erwartenden äußeren Einflüssen ... N **510** 510.1, *E* ***510*** *510.1*

Betriebsbedingungen
Betriebsmittel ... N **510** 512, *E* ***510*** *512*
Buden auf Messegeländen ... *E* ***711A1*** *711A.512*
Frequenz ... N **510** 512.1.3, *E* ***510*** *512.1.3*
Hilfsstromkreise ... *E* ***716*** *716.512*
Leistung ... N **510** 512.1.4, *E* ***510*** *512.1.4*
Planschbecken ... *E* ***702A1*** *702.512*
Schwimmbäder und andere Becken ... *E* ***702A1*** *702.512*
Spannung ... N **510** 512.1.1, *E* ***510*** *512.1.1*
Springbrunnen ... *E* ***702A1*** *702.512*

Strom	N	**510**	512.1.2,
	E	***510***	*512.1.2*
Vergnügungsparks	*E*	***711A1***	*711A.512*
Verträglichkeit	N	**510**	512.1.5,
	E	***510***	*512.1.5*
vorübergehend errichtete Anlagen für Bauwerke, Vergnügungseinrichtungen und Buden auf Kirmesplätzen, Vergnügungsparks und Zirkusse	*E*	***740***	*740.512*
vorübergehend errichtete elektrische Anlagen auf Messegeländen	*E*	***711A1***	*711A.512*
Zirkusse	*E*	***711A1***	*711A.512*

Betriebseigenschaften

Kleinspannungs-Stromerzeugungsanlagen	N	**551**	551.2.3
Niederspannungs-Stromerzeugungsanlagen	N	**551**	551.2.3

Betriebserdung

allgemeine Anforderungen	N	**540**	7.1
leitfähige Bereiche mit begrenzter Bewegungsfreiheit	N	**706**	4.2.4

betriebsfrequente Beanspruchungsspannungen

für Niederspannungsbetriebsmittel der Transformatorstationen	N	**442**	442.4
Schutz von Niederspannungsanlagen bei Erdschlüssen in Netzen mit höherer Spannung	N	**442**	442.1.2

betriebsmäßiges Schalten

aktive Leiter	N	**460**	7.1.2
Allgemeines	N	**460**	7.1
Begriff	N	**200**	2.8.5
Ersatzstromversorgungen	N	**460**	7.1.5,
	E	***460A1***	*465.1.5*
Hilfsstromkreise	N	**460**	7.2
Motor	*E*	***460A1***	*465.3.3*
Motorsteuerung	N	**460**	7.3
Schalter	N	**460**	7.1.1, 7.1.2, 7.1.3
Steckvorrichtungen	N	**460**	7.1.4
Steuerstromkreise	N	**460**	7.2
Verbrauchsmittel	N	**460**	7.1.3

betriebsmäßiges Steuern

→ siehe betriebsmäßiges Schalten

Betriebsmittel

Anlagen im Freien, geschützt	N	**737**	5.1
Anlagen im Freien, ungeschützt	N	**737**	5.2
Anordnung	N	**510**	513.1,
	E	***510***	*513.1*

Anordnung zum Schutz gegen elektromagnetische Störungen (EMI)	N	**444**	444.3.2
Anwendungsbereich	*E*	***100***	*1.5,*
	E	***100A1***	*11.5*
äußere Einflüsse	N	**510**	Anhang NB,
	E	***510***	*512.2*
Auswahl	N	**510**	
	E	***100A1***	*133,*
	E	***510***	
Auswahl nach äußeren Einflüssen	N	**510**	512.2.1,
	E	***510***	*512.2.1*
Auswahl, wenn es keine normgerechten Betriebsmittel gibt	*E*	***510***	*511.2*
Bauweise entspricht nicht äußeren Einflüssen	N	**737**	3.2
Beeinflussung	N	**510**	515,
	E	***510***	*515*
Beleuchtungsanlagen im Freien	*E*	***737A1***	*7XX.512*
Bereiche, feuchte	N	**737**	4.1
Bereiche, nasse	N	**737**	4.1
Betriebsbedingungen	N	**510**	512,
	E	***510***	*512*
bewegliche oder ortsveränderliche elektrische Anlagen	*E*	***717***	*717.55*
Brandschutz	N	**482**	482.2.1
charakteristische Merkmale	N	**300**	3.1
der Informationstechnik; Erdungsanforderungen	*E*	***540A1***	*545.2*
der Informationstechnik; Schutz gegen elektromagnetische Störungen (EMI)	N	**444**	444.3.12
Druckwasser	N	**737**	4.2
Einbauräume	N	**510**	513.1,
	E	***510***	*513.1*
Einflüsse	*E*	***100A1***	*133.4*
Eingrenzung störender Einflüsse	N	**510**	512.1.5,
	E	***510***	*512.1.5*
Einrichtungen für Sicherheitszwecke	*E*	***718***	*718.569.8*
Einrichtungsgegenstände	N	**724**	7
elektrische Anlagen in Ausstellungen, Shows, Ständen, Jahrmärkten	*E*	***711***	*711.5*
elektromagnetische Verträglichkeit (EMV)	N	**444**	444.3
Erdungsanlage	N	**540**	4.1.2
Erdungsanlagen	*E*	***540A1***	*541.1, 542.1.1*
Errichten beim Schutz durch Verwendung von Betriebsmitteln der Schutzklasse II oder durch gleichwertige Isolierung	N	**410**	413.2.9
Errichtung	N	**510**	
	E	***510***	
Ertüchtigung, wenn diese nicht den äußeren Einflüssen genügen	N	**510**	512.2.2,

	E	***510***	*512.2.2*
feuchte Bereiche	N	**737**	4.1
feuchte Räume	N	**737**	4.1
feuergefährdete Betriebsstätten	N	**482**	482.2.1
feuersichere Trennung zu brennbaren Gebäudeoberflächen	N	**510**	515.1,
	E	***510***	*515.1*
Frequenz	N	**510**	512.1.3,
	E	***510***	*512.1.3*
Funken	N	**420**	4.3
für Möbel	*E*	***713***	*713.55*
gartenbauliches Anwesen	N	**705**	4.2.2, 5.1
Gehäuse	N	**510**	513.1,
	E	***510***	*513.1*
gemeinsame Anordnung bei unterschiedlichen Stromarten und Spannungen	N	**510**	515.2,
	E	***510***	*515.2*
geschützte Anlagen im Freien	N	**737**	5.1
Grundsätze	*E*	***100A1***	*133*
Heißluft-Saunaraum	N	**703**	4
Hilfsstromkreise	N	**725**	3.2.1
IP-Schutzarten; Anlagen im Freien	N	**737**	5.1, 5.2
IP-Schutzarten; feuchte und nasse Bereiche und Räume	N	**737**	4.1, 4.2
IP-Schutzarten; Räume mit Badewanne oder Dusche	N	**701**	5.1
IP-Schutzarten; Räume mit elektrischen Sauna-Heizgeräten	N	**703**	4.1
IP-Schutzarten; Schwimmanlagen	N	**702**	5.1
IP-Schutzarten; Springbrunnen	N	**738**	5.1
Kenngrößen	*E*	***100A1***	*133.2*
Kennzeichnung auf Baustellen	*E*	***704A1***	*704.313*
Koordination mit schützenden Überspannungs-Schutzeinrichtungen	*EB1*	***534***	*12.5*
landwirtschaftliches Anwesen	N	**705**	4.2.2.1, 5.1
Leistung	N	**510**	512.1.4,
	E	***510***	*512.1.4*
leitfähige Bereiche mit begrenzter Bewegungsfreiheit	N	**706**	3
Lichtbogen	N	**420**	4.3
mit höherer Schutzart als IP2X bei Vorhandensein von Kindern	N	**510**	Tabelle 51A, Seite 12,
	E	***510***	*Tabelle 51A (322.1)*
mit niedrigeren Oberflächentemperaturen bei Vorhandensein von Kindern	N	**510**	Tabelle 51A, Seite 12,

	E	***510***	*Tabelle 51A (322.1)*
Möbel	N	**724**	7,
	E	***713***	*713.55.1.3*
nasse Bereiche	N	**737**	4.1
nasse Räume	N	**737**	4.1
Niederspannungsstromkreise in Hochspannungsschaltfeldern	N	**736**	5
normgerecht	N	**510**	511.1,
	E	***510***	*511.1*
Oberflächentemperatur	N	**420**	4.2, 5
ohne Rückplatte	N	**510**	515.1,
	E	***510***	*515.1*
Räume mit Badewanne oder Dusche	N	**701**	5
Räume, feuchte	N	**737**	4.1
Räume, nasse	N	**737**	4.1
Schutz durch das Betriebsmittel selbst	N	**470**	470.3
Schutz gegen thermische Einflüsse	N	**420**	4.2, 4.3, 4.4, 5
Schutz gegen Überspannungen	*E*	***443***	*443.3, Anhang 2,*
	E	***443A2***	*443.3*
Schutzart	N	**510**	512.2.3,
	E	***510***	*512.2.3*
Schwimmanlage	N	**702**	5
Sicherheitseinrichtungen	*E*	***560A2***	
Spannung	N	**510**	512.1.1,
	E	***510***	*512.1.1*
Spannungsfestigkeit, wenn nicht typgeprüft	N	**610**	5.8.1
Spannungsverschleppung über Gebäudeoberflächen verhindern	N	**510**	515.1,
	E	***510***	*515.1*
Springbrunnen	N	**738**	5.1
Strahlwasser	N	**737**	4.2
Strom	N	**510**	512.1.2,
	E	***510***	*512.1.2*
Übereinstimmung mit Normen	N	**510**	511,
	E	***510***	*511*
Umgebungstemperaturen	N	**300**	321.1
ungeschützte Anlagen im Freien	N	**737**	5.2
Vermeidung gegenseitiger nachteiliger Beeinflussung	N	**510**	515,
	E	***510***	*515*
Verträglichkeit	N	**510**	512.1.5,
	E	***510***	*512.1.5*
vorübergehend errichtete Anlagen für Bauwerke, Vergnügungseinrichtungen und Buden auf Kirmesplätzen	*E*	***740***	*740.5*

vorübergehend errichtete Anlagen für Bauwerke, Vergnügungseinrichtungen und Buden auf Kirmesplätzen, Vergnügungsparks und Zirkusse .... *E* ***740*** *740.512.3*
Wärme B1 **520** 52.3.1.3
Wärmestau .... N **420** 4.4
Wasserschutz .... N **738** 5.1
Zugänglichkeit .... N **510** 513.1,
E ***510*** *513.1*
zusätzlicher Schutz .... N **510** 512.2.2,
E ***510*** *512.2.2*
Zuverlässigkeit .... N **300** 34

Betriebsmittel mit mehreren Versorgungen
Trennen .... N **460** 4.3

Betriebsmittel mit strombegrenzenden Eigenschaften
Abschaltbedingungen .... *E* ***719*** *7XX.471.2.3.1*
Isolationsüberwachungseinrichtungen .... *E* ***719*** *719.531.3*
Mindestquerschnitte .... *E* ***719*** *719.543.1*
RCDs .... *E* ***719*** *7XX.471.2.3.2*
Schutz bei indirektem Berühren .... *E* ***719*** *7XX.413*
Schutz durch automatische Abschaltung der Stromversorgung .... *E* ***719*** *7XX.471.2.3*
Schutz gegen direktes Berühren .... *E* ***719*** *7XX.412*
Schutzleiter .... *E* ***719*** *719.543.1*
Schutzverbindungen .... *E* ***719*** *7XX.471.2.3.3*
Steckdosen .... *E* ***719*** *7XX.471.2.3.2*
verstärkter Schutzleiter .... *E* ***719*** *7XX.471.2.3.3*
zusätzlicher Potentialausgleich .... *E* ***719*** *7XX.471.2.3.3*
zusätzlicher Schutz durch RCDs .... *E* ***719*** *7XX.412.5*

Betriebsmittel nach TGL
Beitrittsgebiet .... B2 **-** Seite 19

Betriebsmittel, elektrische
Begriff .... N **200** 2.7.1

Betriebsmittel, festangebrachte
Begriff .... N **200** 2.7.7

Betriebsmittel, ortsfeste
Begriff .... N **200** 2.7.6,
E ***200A2*** *826-07-06*

Betriebsmittel, ortsveränderliche
Begriff .... N **200** 2.7.4

Betriebsmittelversagen
Schutz bei Überspannungen *EB1* ***534*** *10*

Betriebssicherheit
anderer Stromkreise bei elektrischen Anlagen für Sicherheitszwecke .... N **560** 564.2

Betriebsspannung
Begriff .... N **200** A.4.4
Hilfsstromkreise .... N **725** 3.2

Betriebsstätten, abgeschlossene elektrische
Begriff .... N **200** A.6.2

Betriebsstätten, elektrische
Begriff .... N **200** A.6.1
Schutzmaßnahmen .... E ***481*** *481.2*

Betriebsstrom
Begriff .... N **200** 2.5.4,
E ***200A2*** *826-05-04*

Betriebstemperatur
Kabel- und Leitungssysteme (-anlagen) .... N **520** 522.1.1

Betriebszustände
Anzeige; Stromquellen für Sicherheitszwecke .... E ***718*** *568.1.8*
Berücksichtigung bei Kabel- und Leitungssystemen (-anlagen) .... N **520** 528.2.3

Betten
Kabel- und Leitungssysteme (-anlagen) .... E ***713*** *713.1.1*

Bettenräume
Begriff .... E ***710*** *Tabelle B.1-3.*

Bettenzimmer
Zuordnung Sicherheitsstromversorgung und Anwendungsgruppe .... E ***710*** *Tabelle B.1-3.*

bewegliche Bade- oder Duscheinrichtungen
Anschlussleitung .... N **701** 5.2.6
mit eingebauten elektrischen Betriebsmitteln; Begriff .... N **701** 2.2

bewegliche Bade- oder Duschwanne
zusätzlicher Potentialausgleich .... N **701** 4.2.6

bewegliche Leitung
Begriff .... N **200** A.2.2

bewegliche oder ortsveränderliche elektrische Anlagen
andere Betriebsmittel .... E ***717*** *717.55*

Auswahl und Errichtung elektrischer Betriebsmittel .... E **717** *717.5*
Beispiel einer Verbindung zu jeglicher Art einer System-Erdung .... E **717** *Bild 2, Bild 3*
Beispiel einer Verbindung zu jeglicher Art einer System-Erdung mit nachfolgendem IT-System .... E **717** *Bild 5*
Beispiel einer Verbindung zu jeglicher Art einer System-Erdung mit Schutztrennung .... E **717** *Bild 4*
Beispiel einer Verbindung zu Niederspannungs-Stromversorgungsanlagen .... E **717** *Bild 1, Bild 1b, Bild 6*
Beispiel mit einer nicht leitfähigen Umgebung .... E **717** *Bild 3b, Bild 4b*
Beispiel mit einer nicht leitfähigen Umgebung innerhalb der beweglichen oder transportablen elektrischen Anlage .... E **717** *Bild 2b*
flexible Kabel/Leitungen .... E **717** *717.52.01*
Hauptpotentialausgleich .... E **717** *717.413.1.2.1*
IT-Systeme .... E **717** *717.413.1.5*
Kabel .... E **717** *717.52.02*
Kabel- und Leitungssysteme (-anlagen) .... E **717** *717.52*
Kennzeichnung .... E **717** *717.514*
Kennzeichnungsschild .... E **717** *717.514*
Leitungen .... E **717** *717.52.02*
Niederspannungsversorgungssysteme .... E **717** *717.551*
Potentialausgleich .... E **717** *717.413.1.2*
Schutz bei indirektem Berühren .... E **717** *717.413*
Schutz bei Überstrom .... E **717** *717.473*
Schutz durch automatische Abschaltung der Stromversorgung .... E **717** *717.413.1*
Schutz durch automatische Abschaltung der Stromversorgung durch RCDs .... E **717** *Bild 1, Bild 1b*
Schutz gegen direktes Berühren .... E **717** *717.412*
Schutz gegen elektrischen Schlag .... E **717** *717.41*
Schutzmaßnahmen .... E **717** *717.4*
Steckdosen .... E **717** *717.412.5*
Steckdosen für Verbraucherstromkreise .... E **717** *717.55.02*
Stecker .... E **717** *717.55.01*
Stromversorgungen .... E **717** *717.313*
Systeme nach Art der Erdverbindungen .... E **717** *717.312.2*
TN-Systeme .... E **717** *717.312.2.1, 717.413.1, 717.413.1.3*
TT-Systeme .... E **717** *717.413.1*
Verbindungseinrichtungen für die Einspeisung .... E **717** *717.55.01*
zusätzlicher Schutz .... E **717** *717.412.5*

bewegliche Stromquellen
Schutz durch Schutztrennung .... N **410** 413.5.1.1

Bewegungen, die Gefahr hervorrufen können
Not-Halt ... N **460** 6.5

Bewehrungen
aus Stahl von Gebäuden und Anlagen der Informationstechnik ... E ***540A1*** *545.7.2*
Schutzleiter ... E ***540A1*** *543.2.1*

bewohnbares Freizeitfahrzeug
Anschlussleitung ... N **708** 4
Anschlussvorrichtung ... N **708** 4
Begriff ... N **708** 2.1

Biegeradius
Kabel und Leitungen ... N **520** 522.8.1.2

blank
Erdungssammelleiter ... E ***540A1*** *545.7.1.3*
Verlegung im Erdreich ... E ***540A1*** *Tabelle 54A*

blanke Leiter
Kleinspannungs-Beleuchtungsanlagen ... E ***715*** *715.411.1, 715.521.7*
nicht verwenden (Brandschutz) ... N **482** 482.1.10
nicht verwenden (feuergefährdete Betriebsstätten) ... N **482** 482.1.10

Bleimantel
Erder ... N **540** 4.2.7

Blitz
Kenngrößen ... N **300** 321.13
Kurzzeichen ... N **300** 321.13

Blitzableitströme
elektromagnetische Störungen (EMI) ... N **444** Einführung

Blitzeinschläge
Eigenschaften und Einwirkungen ... EB1 ***534*** *Tabelle 1*
Freileitungen ... EB1 ***534*** *5.2*
in einem komplexen elektrischen System ... EB1 ***534*** *Bild 2*
Kopplungsmechanismen ... EB1 ***534*** *Bild 1*
Risiko ... EB1 ***534*** *11.6.1*
Schäden ... EB1 ***534*** *11.6.3*
Schutz bei Überspannungen bei direkten Blitzeinschlägen ... EB1 ***534*** *Bild 1*
Schutz bei Überspannungen bei fernen Blitzeinschlägen ... EB1 ***534*** *Bild 1, Tabelle 1*
Schutz bei Überspannungen bei nahen Blitzeinschlägen ... EB1 ***534*** *Bild 1, Tabelle 1*

Blitzparameter
Schutz bei Überspannungen .... *EB1* ***534*** *5.1, Tabelle 2*

Blitzschutz
Photovoltaik-Anlagen .... *E* ***712*** *712.443.y*

Blitzschutzanlagen
ohmsche Kopplung .... *EB1* ***534*** *Bild 7*
Starkstromanlagen .... N **alt** § 18 a)2

Blitzschutzsysteme
Begriff *EB1* ***534*** *3.8*
Überspannungs-Schutzeinrichtungen .... *E* ***534*** *534.2.8*

Blitzströme
Aufteilung auf externe Leitungen .... *EB1* ***534*** *Bild 24*
Frequenzverteilung von Blitz-Spitzenströmen .... *EB1* ***534*** *Bild A.1*
Verteilung in TN-C-Systemen .... *EB1* ***534*** *Bild 12*
Verteilung unter parallelen Gebäuden;
Berechnungsmodell .... *EB1* ***534*** *Bild A.14, Bild A.16*
Verteilung zwischen parallelen Anlagen *EB1* ***534*** *5.7.1, A.5*
Wellenformen .... *EB1* ***534*** *Bild 3*

Blitzstromparameter
Schutz bei Überspannungen .... *EB1* ***534*** *A.1, Anhang A*

Blitzstromtragfähigkeit
Überspannungs-Schutzeinrichtungen der
Anforderungsklasse B .... V **534** Tabelle 534.3.1.1, Tabelle 534.3.2.1

Blitzüberspannungen
in Niederspannungssysteme induziert *EB1* ***534*** *5.5*
Mittelspannungssysteme *EB1* ***534*** *5.3*
Schutz bei Überspannungen *EB1* ***534*** *4a, 5*
statistische Verteilung in einer
Niederspannungsanlage *EB1* ***534*** *A.4*
Überspannungs-Schutzeinrichtungen *EB1* ***534*** *12.3.2.1*
übertragen aus Mittelspannungssystemen *EB1* ***534*** *5.3*
Ursprung *EB1* ***534*** *5.2*
zusammenfassende Erläuterung *EB1* ***534*** *5.8*

Blitzüberströme
Überspannungs-Schutzeinrichtungen *EB1* ***534*** *12.3.2.1*

Boote
Anpassung .... N **721** Deckblatt
Anschluss .... N **721** 6.1

Anschlussleitung .... N **721** 5
Beitrittsgebiet .... B2 **-** Seite 21
Installation .... N **721** 6
Leitungen .... N **721** 6.3
Leuchten .... N **721** 6.4.2
Schutz gegen gefährliche Körperströme .... N **721** 6.2
Verbrauchsmittel .... N **721** 6.4

Bootsanlegeplätze
→ siehe unter Liegeplätze

Brandabschnitte
Kabel- und Leitungssysteme (-anlagen) .... N **520** 527.1

Brandabschottungen
Besichtigen .... N **610** 4.3

Brände
Schutz bei Überspannungen EB1 ***534*** *10*

Brandmeldeanlagen
Anlagen der Informationstechnik .... E ***540A1*** *545.1*

Brandschutz
A-Abweichungen für Belgien .... N **482** Anhang A
Belüftungssysteme .... N **482** 482.1.16
Bestandteile von Leuchten .... N **482** 482.1.15
Betriebsmittel .... N **482** 482.2.1
blanke Leiter nicht verwenden .... N **482** 482.1.10
Buden auf Messegeländen .... E ***711A1*** *711A.422*
Decken-Heizungen mit Flächenheizelementen .... N **482** 482.1.7
durchqueren von Kabeln und Leitungen für die elektrische Versorgung anderer Räume .... N **482** 482.1.5
elektrische Anlagen auf Erforderliches beschränken .... N **482** 482.1.1
elektrische Anlagen in Ausstellungen, Shows, Ständen, Jahrmärkten .... E ***711*** *711.482*
elektrische Anlagen in feuergefährdeten Betriebsstätten .... N **482** 482.0
elektrische Anlagen in Räumen oder Orten mit Gefährdung von unersetzbaren Gütern .... N **482** 482.0
elektrische Anlagen in Räumen oder Orten mit vorwiegend brennbaren Baustoffen .... N **482** 482.0
elektrische Betriebsmittel .... N **482** 482.0
elektrische Betriebsmittel in Hohlwänden .... N **482** 482.2.2
Elektrowärmegeräte .... N **482** 482.1.19
feuergefährdete Betriebsstätten auf Grund der Art der verarbeiteten oder gelagerten Materialien .... N **482** 482.1
flexible Anschlussleitungen .... N **482** 482.1.11
gartenbauliches Anwesen .... N **705** 4.1, 4.2

Gips	N	**482**	482.2.2
Heizgeräte	N	**482**	482.1.17, 482.1.18
Heizungssysteme	N	**482**	482.1.16
Holz	N	**482**	482.2.2
IT-Systeme	N	**482**	482.1.7
Kabel und Leitungen mit verbessertem Verhalten im Brandfall	N	**482**	482.1.4
Kabel- und Leitungssysteme (-anlagen)	N	**482**	482.1.4,
	N	**520**	527
Kabel- und Leitungssysteme (-anlagen), die feuergefährdete Betriebsstätten versorgen	N	**482**	482.1.6
Kleinspannungs-Beleuchtungsanlagen	*E*	***715***	*715.482*
konzentrische Leiter	N	**482**	482.1.7
Lampen	N	**482**	482.1.15
landwirtschaftliches Anwesen	N	**705**	4.1, 4.2
Leuchten	N	**482**	482.1.14,
	N	**559**	5.4
medizinisch genutzte Räume	*E*	***710***	*710.482*
Metallplatten	N	**482**	482.2.2
Motoren	N	**482**	482.1.13
Nachweise vor erster Inbetriebnahme	*E*	***610A1***	*611.3 a), 611.3 c)*
Neutralleiter	N	**482**	482.1.9
Neutralleitertrennklemmen	N	**482**	482.1.9
Oberflächentemperatur von Leuchten	N	**482**	482.1.14
PEN-Leiter	N	**482**	482.1.8
Projektoren	N	**482**	482.1.14
Räume oder Orte mit unersetzbaren Gütern mit hohem Wert	N	**482**	482.3
Räume und Orte mit brennbaren Baustoffen	N	**482**	482.2
RCDs	N	**482**	482.1.7,
	E	***530A6***	*531.2.1.1, 531.2.4*
Schaltgeräte; Anordnung	N	**482**	482.1.12
Scheinwerfer	N	**482**	482.1.14
Schutz bei Kurzschluss	N	**482**	482.1.6
Schutz bei Überlast	N	**482**	482.1.6
Schutz bei Überstrom	N	**482**	482.1.6
Schutz gegen thermische Einflüsse	N	**420**	4
Schutzart	N	**482**	482.1.3
Spanplatten	N	**482**	482.2.2
Staub auf Umhüllungen von elektrischen Betriebsmitteln in feuergefährlichen Mengen	N	**482**	482.1.2
Stern-Dreieck-Anlauf	N	**482**	482.1.13
TN-Systeme	N	**482**	482.1.7
TT-Systeme	N	**482**	482.1.7
Umhüllungen	N	**482**	482.1.3
Vergnügungsparks	*E*	***711A1***	*711A.422*
Verputz	N	**482**	482.2.2
Vorschaltgeräte (für Leuchten)	N	**559**	5.3

Vorsorge für den Fall von Isolationsfehlern .... N **482** 482.2.1
vorübergehend errichtete Anlagen für Bauwerke, Vergnügungseinrichtungen und Buden auf Kirmesplätzen .... *E* ***740*** *740.482*
vorübergehend errichtete Anlagen für Bauwerke, Vergnügungseinrichtungen und Buden auf Kirmesplätzen, Vergnügungsparks und Zirkusse .... *E* ***740*** *740.422*
vorübergehend errichtete elektrische Anlagen auf Messegeländen .... *E* ***711A1*** *711A.422*
Zirkusse .... *E* ***711A1*** *711A.422*

Brandwunden, Schutz gegen
Schutz gegen thermische Einflüsse .... N **420** 5

brennbare Baustoffe
Brandschutz .... N **482** 482.0, 482.2
keine Stegleitungen .... N **520** Anhang ZB c)
vorübergehend errichtete Anlagen für Bauwerke, Vergnügungseinrichtungen und Buden auf Kirmesplätzen, Vergnügungsparks und Zirkusse .... *E* ***740*** *740.482.3*

Buchstaben
Bedeutung bei Systemen nach Art der Erdverbindungen.. N **300** 312.2

Buden
Begriff .... *E* ***711A1*** *711A.2.2,*
E ***740*** *740.2.2*

Buden auf Messegeländen
Anlagen im Freien .... *E* ***711A1*** *711A.537.2.1*
Anwendung der Schutzmaßnahmen .... *E* ***711A1*** *711A.47*
äußere Einflüsse .... *E* ***711A1*** *711A.512*
Beleuchtungsanlagen .... *E* ***711A1*** *711A.55.01*
Betriebsbedingungen .... *E* ***711A1*** *711A.512*
Brandschutz .... *E* ***711A1*** *711A.422*
elektrische Versorgung .... *E* ***711A1*** *711A.55.08*
Erdschlussüberwachung .... *E* ***711A1*** *711A.412.5.2*
Erdung .... *E* ***711A1*** *711A.54*
Erdung in TT-Systemen .... *E* ***711A1*** *711A.541*
Generatoren .... *E* ***711A1*** *711A.55.06*
Geräte zum Schalten .... *E* ***711A1*** *711A.537*
Geräte zum Trennen .... *E* ***711A1*** *711A.512.02, 711A.537*
Gleichrichter .... *E* ***711A1*** *711A.55.06*
IT-Systeme werden nicht empfohlen .... *E* ***711A1*** *711A.413.1.5*
Kabel- und Leitungssysteme (-anlagen) .... *E* ***711A1*** *711A.52*
Leiter, die nicht zur elektrischen Anlage gehören .... *E* ***711A1*** *711A.470*
Leiteranschlüsse .... *E* ***711A1*** *711A.52.02*
Leiterverbindungen .... *E* ***711A1*** *711A.52.02*

Leuchten .... *E* ***711A1*** *711A.55.02*
Mittel zur Bedienung .... *E* ***711A1*** *711A.512.02*
Neutralleiter .... *E* ***711A1*** *711A.512.02*
ortsveränderliche Jahrmärkte .... *E* ***711A1*** *711A.52.01*
Potentialausgleich .... *E* ***711A1*** *711A.413.1.2*
RCDs .... *E* ***711A1*** *711A.412.5*
RCDs zum Trennen .... *E* ***711A1*** *711A.537.2.2*
schalten des Neutralleiters .... *E* ***711A1*** *711A.537.1*
Schaltgeräte .... *E* ***711A1*** *711A.53*
Scheinwerfer .... *E* ***711A1*** *711A.55.02*
Schutz bei Überlaststrom .... *E* ***711A1*** *711A.433*
Schutz durch Abstand nicht erlaubt .... *E* ***711A1*** *711A.471.1*
Schutz durch erdfreien Potentialausgleich nicht erlaubt .... *E* ***711A1*** *711A.471.2*
Schutz durch Hindernisse nicht erlaubt .... *E* ***711A1*** *711A.471.1*
Schutz durch nichtleitende Fußböden nicht erlaubt .... *E* ***711A1*** *711A.471.2*
Schutz gegen elektrischen Schlag .... *E* ***711A1*** *711A.41*
Schutz gegen thermische Einflüsse .... *E* ***711A1*** *711A.42*
Schutzart .... *E* ***711A1*** *711A.512.03*
Schutzleiter .... *E* ***711A1*** *711A.54*
Steckdosen .... *E* ***711A1*** *711A.55.07*
Stecker .... *E* ***711A1*** *711A.55.07*
Steuergeräte .... *E* ***711A1*** *711A.53*
Stromversorgung durch Motor-Generator-Satz des Benutzers .... *E* ***711A1*** *711A.313.1.2*
Stromversorgung vom öffentlichen Netz .... *E* ***711A1*** *711A.313.1.1*
TN-Systeme .... *E* ***711A1*** *711A.413.1.3*
Transformatoren .... *E* ***711A1*** *711A.55.06*
Trennstellen .... *E* ***711A1*** *711A.537.2.1*
verdrillen von Leitern nicht gestattet .... *E* ***711A1*** *711A.52.02*
Zirkusse .... *E* ***711A1*** *711A.52.01*
zusätzlicher Schutz durch RCDs .... *E* ***711A1*** *711A.412.5*

Bühnensteckvorrichtungen
Steckvorrichtungen .... N **550** 4.2

bündeln
Stegleitungen nicht bündeln .... N **520** Anhang ZB d)

Bypassdioden
Begriff .... *E* ***712*** *Vorwort*
Photovoltaik-Anlagen .... *E* ***712*** *Vorwort*

C

CA

charakteristische Eigenschaften der Betriebsmittel für die Arten der Baustoffe der Bauwerke hinsichtlich der Brennbarkeit (CA1 und CA2)	N	**510**	Tabelle 51A, Seite 13,
	E	***510***	*Tabelle 51A (323.1)*
Kenngrößen für Baustoffe	N	**300**	323.1
Kurzfassung der Kenngrößen	N	**300**	Anhang A
Kurzzeichen für Baustoffe	N	**300**	323.1

CAM-Anlagen

Anlagen der Informationstechnik	*E*	***540A1***	*545.1*

Campingplätze

Anpassung	N	**708**	Nationales Vorwort
Begriff	N	**708**	2.3
elektrische Anlagen	N	**708**	3
frei gespannte Leitungen	N	**708**	3.2.2
Kabel	N	**708**	3.2
Kabel- und Leitungssysteme (-anlagen)	N	**708**	3.2
Leitungen	N	**708**	3.2
Schaltgeräte und Steuergeräte	N	**708**	3.3
Schutz gegen gefährliche Körperströme	N	**708**	3.1
Steckdosen	N	**708**	3.3.2

Caravan-Stellplätze

Begriff	N	**708**	2.2
Speisepunkt	N	**708**	2.4, 3.3.1
Versorgungseinheit	N	**708**	2.4

Caravans

Abteile für Bad oder Dusche	*E*	***708A1***	*5.8*
Anschluss	N	**708**	5.3.1
Anschlussleitung	N	**708**	4
Anschlussvorrichtung	N	**708**	4
Begriff	N	**708**	2.1.1
Beitrittsgebiet	B2	-	Seite 21
elektrische Anlagen	N	**708**	5
Hauptschalter	N	**708**	5.3.2
Installationsgeräte	N	**708**	5.4
Kabel	N	**708**	5.2
Kabel- und Leitungssysteme (-anlagen)	N	**708**	5.2,
	E	***708A1***	*5.2.7.3*
Kleinspannung	N	**708**	5.7

Leitungen .... N **708** 5.2
Leuchten .... N **708** 5.6,
E ***708A1*** *5.6.1, 5.6.2*
Potentialausgleich .... N **708** 5.1.4
Räume mit Badewanne oder Dusche .... N **708** 5.8
Schaltgeräte und Steuergeräte .... N **708** 5.3
Schutz bei Überlast .... N **708** 5.3.3,
E ***708A1*** *5.3.3*
Schutz durch Abschaltung .... N **708** 5.1.3
Schutz gegen gefährliche Körperströme .... N **708** 5
Schutzleiter .... N **708** 5.2.4
Steckdosen .... N **708** 5.4.2, 5.7.2,
E ***708A1*** *5.4.2*
Verbrauchsmittel .... N **708** 5.5

CB

charakteristische Eigenschaften der Betriebsmittel für die Arten der Gebäudestrukturen (CB1 bis CB4) .... N **510** Tabelle 51A, Seite 13,
E ***510*** *Tabelle 51A (322.2)*
Kurzfassung der Kenngrößen .... N **300** Anhang A
Kurzzeichen für Gebäudestruktur .... N **300** Anhang A

charakteristische Eigenschaften

der Betriebsmittel in Abhängigkeit von äußeren Einflüssen .... N **510** Tabelle 51A,
E ***510*** *Tabelle 51A*

charakteristische Eigenschaften der Betriebsmittel

für andere mechanische Beanspruchungen: AJ .... N **510** Tabelle 51A, Seite 10,
E ***510*** *Tabelle 51A (321.7.3)*
für Anwendung von Behinderten: BA3 .... N **510** Tabelle 51A, Seite 12,
E ***510*** *Tabelle 51A (322.1)*
für Anwendung von Elektrofachkräften: BA5 .... N **510** Tabelle 51A, Seite 12,
E ***510*** *Tabelle 51A (322.1)*
für Anwendung von elektrotechnisch unterwiesenen Personen: BA4 .... N **510** Tabelle 51A, Seite 12,
E ***510*** *Tabelle 51A (322.1)*

für Anwendung von Kindern: BA2	N	**510**	Tabelle 51A, Seite 12,
	E	***510***	*Tabelle 51A (322.1)*
für Anwendung von Laien: BA1	N	**510**	Tabelle 51A, Seite 12,
	E	***510***	*Tabelle 51A (322.1)*
für Auswirkungen von Blitz (keraunischer Pegel): AQ1 bis AQ3	N	**510**	Tabelle 51A, Seite 11,
	E	***510***	*Tabelle 51A (321.13)*
für Auswirkungen von Erdbeben: AP1 bis AP4	N	**510**	Tabelle 51A, Seite 11,
	E	***510***	*Tabelle 51A (321.12)*
für den elektrischen Widerstand des menschlichen Körpers: BB	N	**510**	Tabelle 51A, Seite 12,
	E	***510***	*Tabelle 51A (322.2)*
für die Anwesenheit von Tieren (Fauna): AL1 und AL2	N	**510**	Tabelle 51A, Seite 10,
	E	***510***	*Tabelle 51A (321.9)*
für die Arten der Baustoffe der Bauwerke hinsichtlich der Brennbarkeit: CA1 und CA2	N	**510**	Tabelle 51A, Seite 13,
	E	***510***	*Tabelle 51A (323.1)*
für die Arten der bearbeiteten und gelagerten Stoffe: BE1 bis BE4	N	**510**	Tabelle 51A, Seite 13,
	E	***510***	*Tabelle 51A (322.5)*
für die Arten der Gebäudestrukturen: CB1 bis CB4	N	**510**	Tabelle 51A, Seite 13,
	E	***510***	*Tabelle 51A (322.2)*
für die Räumungsmöglichkeiten bei Gefahr: BD1 bis BD4	N	**510**	Tabelle 51A, Seite 13,
	E	***510***	*Tabelle 51A (322.4)*

für die Verbindung von Personen mit Erdpotential:
BC1 bis BC4 .... N **510** Tabelle 51A, Seite 12,
E ***510*** *Tabelle 51A (322.3)*

für Eignungen von Personen: BA1 bis BA5 .... N **510** Tabelle 51A, Seite 12,
E ***510*** *Tabelle 51A (322.1)*

für elektrische Felder: AM-9 .... E ***510*** *Tabelle 51A (321.10.1.9)*

für elektromagnetische Einflüsse: AM3 .... N **510** Tabelle 51A, Seite 11

für elektromagnetische, elektrostatische und
ionisierende Einflüsse: AM1 bis AM6 .... N **510** Tabelle 51A, Seite 11

für elektrostatische Einflüsse: AM5 .... N **510** Tabelle 51A, Seite 11

für elektrostatische Entladungen: AM-31 .... E ***510*** *Tabelle 51A (321.10.3.1)*

für gestrahlte hochfrequente elektromagnetische
Störgrößen: AM-25 .... E ***510*** *Tabelle 51A (321.10.2.5)*

für gestrahlte Magnetfelder: AM-8 .... E ***510*** *Tabelle 51A (321.10.1.8)*

für Gleichstrom in Wechselstromnetzen: AM-7 .... E ***510*** *Tabelle 51A (321.10.1.7)*

für hochfrequente elektromagnetische Störgrößen,
leitungsgebunden, induziert oder gestrahlt: AM-21 .... E ***510*** *Tabelle 51A (321.10.2.1)*

für induktive Wirkung: AM6 .... N **510** Tabelle 51A, Seite 11

für induzierte niederfrequente Spannungen: AM-6 .... E ***510*** *Tabelle 51A (321.10.1.6)*

für ionisierende Einflüsse: AM4 .... N **510** Tabelle 51A, Seite 11

für Ionisierung: AM-41 .... E ***510*** *Tabelle 51A (321.10.4.1)*

für kombinierte Einflüsse von Luftfeuchte
unterschiedlicher Bereiche: AB1 bis AB8 .... N **510** Tabelle 51A, Seite 8,
E ***510*** *Tabelle 51A (321.2)*

für leitungsgebundene einseitig gerichtete
transiente Vorgänge im Bereich zwischen einer
Milli- und einer Mikrosekunde: AM-23 .... E ***510*** *Tabelle 51A (321.10.2.3)*

für leitungsgebundene einseitig gerichtete transiente Vorgänge im Nanosekunden-Bereich: AM-22 ... *E* ***510*** *Tabelle 51A (321.10.2.2)*

für leitungsgebundene schwingende transiente Vorgänge: AM-24 ... *E* ***510*** *Tabelle 51A (321.10.2.4)*

für Oberschwingungen, Zwischenharmonische: AM-1 ... *E* ***510*** *Tabelle 51A (321.10.1.1)*

für Pflanzen- oder Schimmelwachstum (Flora): AK1 und AK2 ... N **510** Tabelle 51A, Seite 10,
E ***510*** *Tabelle 51A (321.8)*

für Schwankungen der Netzfrequenz: AM-5 ... *E* ***510*** *Tabelle 51A (321.10.1.5)*

für Schwankungen der Spannungsamplitude: AM-3 ... *E* ***510*** *Tabelle 51A (321.10.1.3)*

für Signalspannungen: AM-2 ... *E* ***510*** *Tabelle 51A (321.10.1.2)*

für Sonnenstrahlung: AN1 bis AN3 ... N **510** Tabelle 51A, Seite 11,
E ***510*** *Tabelle 51A (321.11)*

für Spannungsunsymmetrie: AM-4 ... *E* ***510*** *Tabelle 51A (321.10.1.4)*

für Streuströme: AM2 ... N **510** Tabelle 51A, Seite 11

für Umgebungstemperaturen unterschiedlicher Bereiche: AA1 bis AA8 ... N **510** Tabelle 51A, Seite 7,
E ***510*** *Tabelle 51A (321.1)*

für unterschiedliche mechanische Beanspruchungen: AG1 bis AG3 ... N **510** Tabelle 51A, Seite 10,
E ***510*** *Tabelle 51A (321.7)*

für unterschiedliche Seehöhen: AC1 und AC2 ... N **510** Tabelle 51A, Seite 9,
E ***510*** *Tabelle 51A (321.3)*

für unterschiedliches Auftreten von festen Fremdkörpern: AE1 bis AE6 ... N **510** Tabelle 51A, Seite 9,
E ***510*** *Tabelle 51A (321.5)*

für unterschiedliches Auftreten von korrosivem Schadstoffen: AF1 bis AF4 .... *E* ***510*** *Tabelle 51A (321.6)*

für unterschiedliches Auftreten von korrosivem Staub: AF1 bis AF4 .... N **510** Tabelle 51A, Seite 9

für unterschiedliches Auftreten von Luftbewegungen: AR1 bis AR3 .... N **510** Tabelle 51A, Seite 12,
E ***510*** *Tabelle 51A (321.14)*

für unterschiedliches Auftreten von Schwingungen: AH1 bis AH3 .... N **510** Tabelle 51A, Seite 10,
E ***510*** *Tabelle 51A (321.7.1)*

für unterschiedliches Auftreten von Wasser: AD1 bis AD8 .... N **510** Tabelle 51A, Seite 9,
E ***510*** *Tabelle 51A (321.4)*

für unterschiedliches Auftreten von Wind: AS1 bis AS3 .... N **510** Tabelle 51A, Seite 12,
E ***510*** *Tabelle 51A (321.5)*

für vernachlässigbare elektromagnetische, elektrostatische und ionisierende Einflüsse: AM1 .... N **510** Tabelle 51A, Seite 11

charakteristische Merkmale
elektrische Anlagen .... N **300** 3.1
elektrische Betriebsmittel .... N **300** 3.1
Schutzmaßnahmen .... N **300** 3.1

charakteristische Merkmale der Betriebsmittel
→ siehe auch unter Kenngrößen der Betriebsmittel

chemische Fabriken
Kurzzeichen .... N **300** 321.6

CO-Meldeanlagen
Einrichtungen für Sicherheitszwecke .... *E* ***718*** *563.4 Anmerkung*

CO-Warnanlagen
Einrichtungen für Sicherheitszwecke .... *E* ***718*** *718.1*

Container
→ siehe bewegliche oder ortsveränderliche elektrische Anlagen ... *E* ***717*** *717.1*

CP-Systeme
zentrale Batterieversorgungssysteme ... *E* ***560A2*** *568.5.1.3*

CPS-Systeme
Begriff ... *E* ***718*** *718.3.11*

D

Dächer
Durchbrüche der Kabel- und Leitungssysteme (-anlagen) ... N **520** 527.2.1

Dachschrägen
als Bereichsgrenzen; Räume mit Badewanne oder Dusche ... *E* ***701*** *701.32*

Dachständer
Schutz gegen Überspannungen ... N **alt** § 18 b)

Dampferzeuger
Schutz gegen thermische Einflüsse ... N **420** 6.2
Wasserdruck ... N **420** 6.2

Dampfleitungen
Nähe zu Kabel- und Leitungssystemen (-anlagen) ... N **520** 528.2.2

Dauerbetrieb
Sicherheitsbeleuchtung ... *E* ***560A2*** *568.3.2*

dauerhafte Stromübertragung
Qualität der Verbindungen ... N **520** 526.1

Dauerschaltung
Begriff ... *E* ***718*** *563.3, 718.3.3*
Rettungszeichenleuchten von Gebäuden mit öffentlichem Zugang ... *E* ***718*** *718.568.3.5*
Sicherheitsbeleuchtung ... *E* ***718*** *568.3.2, 718.568.3.5, 718.569.4*

Dauerstrombelastbarkeit, zulässige
Begriff ... N **200** 2.5.5,
E ***200A2*** *826-05-05*

→ siehe Strombelastbarkeit

DC-...
Gebrauchs-Kategorie von Niederspannung-Schaltgeräten .... *EB1* ***530*** *Anhang A*

DC-Systeme
IT-System .... *E* ***300A3*** *Bild 31K*
Mittelleiter .... *E* ***300A3*** *312*
RCD .... *E* ***530A5*** *532.2.1*
SELV .... *E* ***410A4*** *411.1.1*
TN-C-S-System .... *E* ***300A3*** *Bild 31H*
TN-C-System .... *E* ***300A3*** *Bild 31G*
TN-S-System .... *E* ***300A3*** *Bild 31F*
TN-System .... *E* ***300A3*** *Bild 31F, Bild 31G*
TT-System .... *E* ***300A3*** *Bild 31J*

Deckel
Schutz durch Verwendung von Betriebsmitteln der Schutzklasse II oder durch gleichwertige Isolierung .... N **410** 413.2.6

Decken
als Bereichsgrenzen; Räume mit Badewanne oder Dusche .... *E* ***701*** *701.32*
Durchbrüche der Kabel- und Leitungssysteme (-anlagen) .... N **520** 527.2.1

Decken-Flächenheizungen
elektrische Anlagen .... *E* ***753***
Flächenheizungen .... *E* ***753*** *753.413.2*
→ siehe Flächenheizungen .... *E* ***753***

Decken-Heizungen
Brandschutz .... N **482** 482.1.7

Deckenflächenheizungen
Räume mit Badewanne oder Dusche .... *E* ***701*** *701.412.5, 701.753*

Dentalpraxen
elektrische Anlagen .... *E* ***710*** *710.11*
→ siehe medizinisch genutzte Räume .... *E* ***710***

Deutschland
besondere nationale Bedingungen für Kabel- und Leitungssysteme (-anlagen) .... N **520** Anhang ZB
besondere nationale Bedingungen für Niederspannungs-Stromerzeugungsanlagen .... N **551** Anhang ZB

Dialyseräume
Begriff ... *E* ***710*** *Tabelle B.1-22.*
Zuordnung Sicherheitsstromversorgung und Anwendungsgruppe ... *E* ***710*** *Tabelle B.1-22.*

Differenzstrom
Begriff ... N **200** 2.3.9

Differenzstrom-Schutzeinrichtungen
RCDs (als Oberbegriff) ... *E* ***530A4*** *Nationales Vorwort*
Selektivität ... *E* ***530A3*** *536.3*
→ siehe RCDs

direkte Teilblitze
Begriff ... *EB1* ***534*** *3.4*

direktes Berühren
Begriff ... N **200** 2.3.5

direktes Berühren, Schutz gegen
Begriff ... N **200** A.8.1

Direktheizungen als Fußboden- oder Decken-Flächenheizungen
Begriff ... *E* ***753*** *753.2.2*

Dokumentation
medizinisch genutzte Räume ... *E* ***710*** *710.514.5*

Doppelfehlerstrom
IT-Systeme ... *E* ***410A5*** *3.3.3*
Körper mit gleichem Erder verbunden; IT-Systeme ... *E* ***410A5*** *Bild 18*

doppelte Isolierungen
Begriff ... N **200** 2.3.19

Drahtgeflechte
Schutzleiter ... *E* ***540A1*** *543.2.1*

Drahtgewebe
keine Stegleitungen ... N **520** Anhang ZB g)

Drehfeldrichtung
Drehstrom-Steckdosen ... N **610** 5.6.5

Drehrichtungsumkehr
Motor-Gegenstrombremsung ... N **460** 7.3.2

Drehstrom-3-Leiter
Systeme ... N **300** 312.1

Drehstrom-4-Leiter
Systeme .... N **300** 312.1

Drehstrom-Steckvorrichtungen
Abfüllstellen .... N **550** 4.4
Auswahl .... N **550** 4.3
Auswechseln .... N **550** 4.5
Erweiterung bestehender Anlagen .... N **550** 4.3
Geschäftshäuser .... N **550** 4.3
Großküchen .... N **550** 4.3
Hausinstallation .... N **550** 4.3
Hotels .... N **550** 4.3
Laboratorien .... N **550** 4.3
Landwirtschaft .... N **550** 4.4
Nähsäle .... N **550** 4.3
Rechtsdrehfeld .... N **550** 4.7
Schneidereien .... N **550** 4.3
Verbrauchsmittel (nicht arealgebunden) .... N **550** 4.4
Verladeplätze .... N **550** 4.4

Drehstromkreise
Beleuchtungsanlagen .... *E* ***559A1*** *559.6.5*
für Leuchten freischalten .... N **559** 5.6.2
Leuchten .... N **559** 5.6

Drehstromverbraucher
im IT-System medizinisch genutzter Räume .... *E* ***710*** *710.512.1.6*

Drehstromverbrauchsmittel
Anschluss .... N **550** 4.4

Drehstromverlängerungsleitungen
Steckvorrichtungen .... N **550** 4.4

Drosselspulen
Einbau .... N **alt** § 26 b)4, § 26 b)6
Schutzmaßnahmen gegen thermische Einflüsse .... N **470** NB.2
Überwachungseinrichtungen .... N **alt** § 26 c)

Druck
Kabel- und Leitungssysteme (-anlagen) .... N **520** 522.6.1

Druckwasser
Betriebsmittel .... N **737** 4.2

duales Versorgungssystem
Begriff .... *E* ***718*** *718.3.10*

Durchgängigkeit
Schutzleiter ... N **610** 5.2
Verbindung des Hauptpotentialausgleichs ... N **610** 5.2
Verbindung des zusätzlichen Potentialausgleichs ... N **610** 5.2

Durchgangsöffnungen
Räume mit Badewanne oder Dusche ... N **701** 3

Durchgangsverdrahtung
Beleuchtungsanlagen ... *E* ***559A1*** *559.6.3*
Leuchten ... N **559** 5.5,
E ***559A1*** *559.6.3*

durchgehende elektrische Verbindungen
Einrichtungen der Informationstechnik ... *E* ***707*** *707.471.3.3.2*
Schutzleiter ... N **540** 5.3

Duschwannen
Potentialausgleich ... *E* ***701*** *701.413.1.6*

E

ECG-Räume
Zuordnung Sicherheitsstromversorgung und Anwendungsgruppe ... *E* ***710*** *Tabelle B.1-5.*

EEG-Räume
Zuordnung Sicherheitsstromversorgung und Anwendungsgruppe ... *E* ***710*** *Tabelle B.1-5.*

EHG-Räume
Zuordnung Sicherheitsstromversorgung und Anwendungsgruppe ... *E* ***710*** *Tabelle B.1-5.*

Eigenschutz
Schutz gegen Überspannungen ... *E* ***443A2*** *443.2.1*

Eigenstromversorgung
Wassersportfahrzeuge (Kleinspannung) ... *E* ***709*** *6*
Wassersportfahrzeuge (Niederspannung) ... *E* ***709*** *5*

Eignung von Personen
charakteristische Eigenschaften der Betriebsmittel bei BA ... N **510** Tabelle 51A,
E ***510*** *Tabelle 51A (322.1)*
Kenngrößen ... N **300** 322.1

Kurzzeichen	N	**300**	322.1
einadrige Kabel			
Schutz gegen elektromagnetische Störungen (EMI)	N	**444**	444.3.11
einadrige Leitungen			
Schutz gegen elektromagnetische Störungen (EMI)	N	**444**	444.3.11
Einbau			
Drosselspulen	N	**alt**	§ 26 b)4, § 26 b)6
Luftdrosselspulen	N	**alt**	§ 26 b)7
Maschinen	N	**alt**	§ 25 a)
Transformatoren	N	**alt**	§ 26 b)4, § 26 b)6
Einbauräume			
Betriebsmittel	N	**510**	513.1,
	E	***510***	*513.1*
Einbruchmeldeanlagen			
Anlagen der Informationstechnik	*E*	***540A1***	*545.1*
Einrichtungen für Sicherheitszwecke	*E*	***718***	*563.4 Anmerkung*
Eindringen von Feuchtigkeit			
Kabel- und Leitungssysteme (-anlagen)	N	**520**	522.3.1
Einflüsse			
Betriebsmittel	*E*	***100A1***	*133.4*
Grundsätze	*E*	***100A1***	*132.11*
zwischen elektrischen und nichtelektrischen Anlagen vermeiden	N	**520**	Nationales Vorwort, 132.11
Einführung der DIN VDE 0100			
Beitrittsgebiet	B2	-	Seite 19
neue Bundesländer (→ siehe auch Beitrittsgebiet)	B2	-	Seite 19
Einphasen-2-Leiter			
Systeme	N	**300**	312.1
Einphasen-3-Leiter			
Systeme	N	**300**	312.1
Einrichtungen			
Begriff	*EB1*	***534***	*3.6*
Einrichtungen der Informationstechnik			
Begriff	*E*	***707***	*707.201*
durchgehende elektrische Verbindung	*E*	***707***	*707.471.3.3.2*
Erdung	*E*	***707***	*707.1*
Fremdspannung	*E*	***707***	*707.545.2.2*

hoher Ableitstrom	*E*	***707***	*707.471.3*
IT-System	*E*	***707***	*707.471.5*
PEN-Leiter	*E*	***540A1***	*543.4.4*
Schutzleiterverbindung	*E*	***707***	*707.545.2*
Schutzmaßnahmen	*E*	***707***	*707.4*
Schutzverbindung	*E*	***707***	*707.471.3.3.1*
Transformator	*E*	***707***	*707.471.3.3.3*
TT-System	*E*	***707***	*707.471.4*
→ siehe auch Anlagen der Informationstechnik			
→ siehe auch DIN V VDE V 0800-2-548 (VDE V 0800 Teil 2-548)			

Einrichtungen für Not-Ausschaltung

Experimentierstände	N	**723**	4.2,
	E	***723A1***	*4.2.3*

Einrichtungen für Sicherheitszwecke

Abstand der Kabel verschiedener Stromkreise	*E*	***718***	*568.2.4*
Alarmanlagen	*E*	***718***	*563.4 Anmerkung*
Alarmierungsanlagen	*E*	***718***	*718.1*
Alarmierungssysteme	*E*	***718***	*563.4 Anmerkung*
allgemeine Bedingungen	*E*	***718***	*564*
Anlagen zur Löschwasserversorgung	*E*	***718***	*563.4 Anmerkung*
bauliche Anlagen für Menschenansammlungen	*E*	***718***	*56, 718.1*
Begriff	*E*	***718***	*563.4*
Betriebsmittel kompatibel zur Umschaltzeit	*E*	***718***	*718.569.8*
CO-Meldeanlagen	*E*	***718***	*563.4 Anmerkung*
CO-Warnanlagen	*E*	***718***	*718.1*
Einbruchsmeldeanlagen	*E*	***718***	*563.4 Anmerkung*
Einrichtungen zur Löschwasserversorgung	*E*	***718***	*718.1*
Feuermeldeanlagen	*E*	***718***	*563.4 Anmerkung*
Feuerwehraufzüge	*E*	***718***	*563.4 Anmerkung*
Feuerwehraufzüge und Aufzüge mit besonderen Bestimmungen	*E*	***718***	*718.1*
Funktionserhalt im Brandfall	*E*	***718***	*564.1*
Funktionserhalt; Kabel- und Leitungssysteme (-anlagen)	*E*	***718***	*568.2.3*
Installationspläne	*E*	***718***	*718.514.5.5*
IT-Systeme	*E*	***718***	*564.2*
Kabel- und Leitungssysteme (-anlagen)	*E*	***718***	*568.2*
Prüfungen	*E*	***718***	*718.6*
Rauchabzugsanlagen	*E*	***718***	*563.4 Anmerkung*
Rauchabzugseinrichtungen	*E*	***718***	*718.1*
Rauchmeldeanlagen	*E*	***718***	*563.4 Anmerkung*
Schaltgeräte und Steuergeräte; räumliche Trennung von allgemeiner Stromversorgung	*E*	***718***	*567.3*
Schutz bei Kurzschluss	*E*	***718***	*566.1*
Schutz bei Überlast	*E*	***718***	*566.2*

Schutz gegen elektrischen Schlag .... *E* ***718*** *564.2, 566.1*
Sicherheitsbeleuchtung für Rettungswege .... *E* ***718*** *563.4 Anmerkung, 718.1*
Sicherheitsleuchten von Rettungswegen; Aufteilung auf Stromkreise .... *E* ***718*** *568.2.7*
Sicherheitsstromversorgung .... *E* ***718*** *718.569*
Stromkreise der Sicherheitsbeleuchtung .... *E* ***718*** *568.3*
Stromkreise; unzulässige Bereiche .... *E* ***718*** *568.2.2*
Stromkreise; verbotene Bereiche .... *E* ***718*** *568.2.5*
Stromkreise; Vermeidung ungewollter Trennung .... *E* ***718*** *568.2.6*
Stromquelle für Sicherheitszwecke; Versorgungsdauer .... *E* ***718*** *564.1*
Stromquellen für Sicherheitszwecke .... *E* ***718*** *566.3, 568.1*
Stromversorgungseinrichtungen .... *E* ***718*** *568*
Trennung der Kabel von Kabeln anderer Stromkreise .... *E* ***718*** *568.2.4*
Unabhängigkeit der Stromkreise .... *E* ***718*** *568.2.1*
Verbrauchsmittel, die von 2 Quellen versorgt werden .... *E* ***718*** *565*
Versorgung von Verbraucheranlagen .... *E* ***718*** *565*
Wärmeabzugsanlagen .... *E* ***718*** *563.4 Anmerkung*
Wärmeabzugseinrichtungen .... *E* ***718*** *718.1*

Einrichtungsgegenstände
als Montageflächen für Leuchten .... N **559** Tabelle 2
Betriebsmittel .... N **724** 7
Installationsmaterial .... N **724** 7.1
Leiterquerschnitte .... N **724** 4
Leitungen .... N **724** 3
Leitungsverlegung .... N **724** 5
Leuchten .... N **724** 7.2.1
Netzanschluss .... N **724** 6
Verbrauchsmittel .... N **724** 7.2

Einsatz
Geräte zum Ausschalten für mechanische Instandhaltung .... N **537** 537.3.1

Einschalten
im Notfall; Begriff .... N **537** Anhang NA
Neutralleiter .... *E* ***530*** *531.1*
selbsttätig; Geräte zum Ausschalten für mechanische Instandhaltung .... N **537** 537.3.3
unbeabsichtigt; Trennen .... N **460** 4.2

Einschaltströme
Verträglichkeit in elektrischen Anlagen .... N **300** 330.1

Einschlagpunkte
Begriff *EB1* ***534*** *3.10*

Einspeisequellen
Parallelschaltung .... N **460** 7.1.5,
E ***460A1*** *465.1.5*

Einspeisung
aus der allgemeinen Stromversorgung bei elektrischen Anlagen für Sicherheitszwecke .... N **560** 562.4

Einteilung
der äußeren Einflüsse .... N **300** Anhang ZB
Stromquellen für Sicherheitszwecke .... N **300** 352

Eintrittspunkt in das Gebäude
Hauptpotentialausgleich .... N **410** 413.1.2.1

Einzelbatteriesysteme
Begriff .... *E* ***718*** *563.1,*
E ***560A2*** *563.1*
Sicherheitsstromversorgungen .... *E* ***560A2*** *568.5.1.1*

elektrisch unabhängige Erder
Begriff .... N **200** 2.4.4

elektrische Anlagen
Ausstellungen .... *E* ***711***
Band I .... N **520** Nationales Vorwort
Band II .... N **520** Nationales Vorwort
bauliche Anlagen für Menschenansammlungen .... *E* ***718***
Campingplatz .... N **708** 3
Caravan .... N **708** 5
Decken-Flächenheizungen .... *E* ***753***
Erdung .... *E* ***540A1***
Fußboden-Flächenheizungen .... *E* ***753***
Jahrmärkte .... *E* ***711***
medizinisch genutzte Räume .... *E* ***710***
Möbel .... *E* ***713***
Motorcaravan .... N **708** 5
Nähe zu Kabel- und Leitungssystemen (-anlagen) .... N **520** 528.1
Potentialausgleichsleiter .... *E* ***540A1***
Räume mit Badewanne oder Dusche .... *E* ***701***
Schutz gegen elektromagnetische Störungen (EMI) .... N **444**
Schutzleiter .... *E* ***540A1***
Shows .... *E* ***711***
Spannungsbereich I .... N **520** Nationales Vorwort
Spannungsbereich II .... N **520** Nationales Vorwort

Stände	*E*	***711***	
Vergnügungsparks	*E*	***740***	
vorübergehend errichtet; Begriff	*E*	***711***	*711.2.6,*
	E	***740***	*740.2.6*
vorübergehend errichtete Anlagen für Bauwerke, Vergnügungseinrichtungen und Buden auf Kirmesplätzen	*E*	***740***	
Zelt	N	**708**	
Zirkusse	*E*	***740***	

elektrische Anlagen (von Gebäuden)

Begriff	N	**200**	2.1.1

elektrische Anlagen für Sicherheitszwecke

Abtrennung der Stromkreise	N	**560**	563.1
Alarmeinrichtungen	N	**560**	563.6
andere Ersatzstromanwendungen	N	**560**	562.5
Anordnung der Betriebsmittel	N	**560**	561.3
Aufstellung der Stromquellen	N	**560**	562.1, 562.2
Aufstellungsort der Stromquelle	N	**560**	562.3
Auspuffgase	N	**560**	562.3
Beleuchtungsanlagen	N	**560**	564.1
Betriebssicherheit anderer Stromkreise	N	**560**	564.2
Einteilung der Stromquellen nach der Unterbrechungszeit	N	**560**	Tabelle 1
Fehler in der allgemeinen Stromversorgung	N	**560**	562.1
Führung der Stromkreise durch feuergefährdete Betriebsstätten	N	**560**	563.2
getrennte Leitungswege	N	**560**	563.1
IT-Systeme	N	**560**	561.2
Kennzeichnung von Alarmeinrichtungen	N	**560**	563.6
Leitungsnetz	N	**560**	563
medizinisch genutzte Räume	*E*	***710***	*710.56*
nur eine Stromquelle für Sicherheitszwecke vorhanden	N	**560**	562.5
Parallellauf von Stromquellen	N	**560**	566.1
Prüfungen leicht möglich	N	**560**	561.3
Schaltgeräte	N	**560**	563.5
Schutz bei indirektem Berühren	N	**560**	565.2, 566.1
Schutz bei Kurzschluss	N	**560**	565.2, 566.1
Schutz bei Überlast	N	**560**	563.3
Schutzmaßnahmen bei indirektem Berühren	N	**560**	561.2
Starkstromanlagen	N	**560**	
Starterbatterien für Fahrzeuge	N	**560**	562 Anmerkung
Steuergeräte	N	**560**	563.5
Strombegrenzung in der Sternpunktverbindung der parallelen Stromquellen	N	**560**	566.2

Stromerzeuger, die für Parallelbetrieb geeignet sind	N	**560**	566
Stromerzeuger, die nicht für Parallelbetrieb geeignet sind	N	**560**	565
Stromkreise	N	**560**	563
Stromquellen	N	**560**	562
Stromquellen für Sicherheitszwecke	N	**560**	561.1.1
Überstrom eines Stromkreises und Betriebssicherheit anderer Stromkreise	N	**560**	563.4
Verbrauchsmittel	N	**560**	564
Verbrauchsmittel an zwei verschiedene Stromkreise	N	**560**	564.2
Verbrauchsmittel mit eingebauter Batteriestromversorgung	N	**560**	562.6
Verlegen der Stromkreise für Sicherheitszwecke	N	**560**	563.1
Vermeidung des Parallellaufes von Stromquellen	N	**560**	565.1
Versorgungsdauer	N	**560**	561.1.1
Wartung leicht möglich	N	**560**	561.3
Weiterbetrieb im Falle eines Brandes	N	**560**	561.1.2
weitere unabhängige Einspeisung aus der allgemeinen Stromversorgung	N	**560**	562.4
Zugänglichkeit der Stromquellen	N	**560**	562.2
Zugänglichkeit von Schalt- und Steuergeräten	N	**560**	563.5
→ siehe auch Sicherheitseinrichtungen	*E*	***560A2***	
→ siehe auch Sicherheitsstromversorgungen	*E*	***560A2***	

elektrische Anlagen in Ausstellungen, Shows, Ständen, Jahrmärkten

äußere Einflüsse	*E*	***711***	*711.32*
Beleuchtungsanlage	*E*	***711***	*711.55.01*
Beleuchtungsgeräte	*E*	***711***	*711.482.3.2*
Betriebsmittel	*E*	***711***	*711.5*
Brandschutz	*E*	***711***	*711.482*
Entladungslampen	*E*	***711***	*711.55.03*
Erdung	*E*	***711***	*711.54*
Erstprüfungen	*E*	***711***	*711.6*
Hochspannungsleuchtröhren	*E*	***711***	*711.55.03.02*
Kabel- und Leitungssysteme (-anlagen)	*E*	***711***	*711.52*
Lampen	*E*	***711***	*711.482.3.2*
Lampenfassungen	*E*	***711***	*711.55.01.02*
Motor	*E*	***711***	*711.482.2.8, 711.55.04*
RCD	*E*	***711***	*711.481.3, 711.53.01.4*
Schaltgeräte und Steuergeräte	*E*	***711***	*711.53*
Schaukästen	*E*	***711***	*711.482.3.2*
Schutz bei indirektem Berühren	*E*	***711***	*711.481.3*
Schutz bei Überlast	*E*	***711***	*711.433*
Schutz bei Überstrom	*E*	***711***	*711.43, 711.473*
Schutz durch Abschaltung	*E*	***711***	*711.413.1*

Schutz gegen elektrischen Schlag .... *E* ***711*** *711.471*
Schutz gegen gefährliche Körperströme .... *E* ***711*** *711.41*
Schutz gegen thermische Einflüsse .... *E* ***711*** *711.42*
Schutzleiter .... *E* ***711*** *711.54, 711.543*
SELV .... *E* ***711*** *711.411.1.4*
Sicherheitsbeleuchtung .... *E* ***711*** *711.56.02*
Sicherheitszwecke .... *E* ***711*** *711.56*
Spannungsfall .... *E* ***711*** *711.525*
Steuerstromkreis .... *E* ***711*** *711.55.05*
Stromversorgung .... *E* ***711*** *711.313*
Tierhaltung .... *E* ***711*** *711.413.1.3, 711.413.1.3.4, 711.413.1.6.1*
Wärmeerzeugung .... *E* ***711*** *711.482.3.2*
zusätzlicher Potentialausgleich .... *E* ***711*** *711.413.1.6.1, 711.413.1.6.2*

elektrische Anlagen von Gebäuden
Bestimmungen allgemeiner Merkmale .... N **300**
Kabel- und Leitungssysteme (-anlagen) .... N **520**
Merkmale .... N **300**

elektrische Ausrüstungen von Maschinen
Ausschalten für mechanische Wartung .... *E* ***460A1*** *463.1*

elektrische Betriebsmittel
Auswahl .... N **550** 3,
N **737** 3.1
Begriff .... N **200** 2.7.1
Brandschutz .... N **482** 482.0
elektromagnetische Verträglichkeit (EMV) .... N **444** 444.3
Errichtung .... N **737** 3.1
feuergefährdete Betriebsstätten .... N **482** 482.2.2
mit Gleichfehlerströmen hinter RCDs .... *E* ***530A6*** *531.2.2.6*
Räume mit Badewanne oder Dusche .... *E* ***701*** *701.5*
Schutz bei indirektem Berühren .... N **470** 471.2.1
Springbrunnen .... *E* ***702A1*** *702.55.3*
Zugänglichkeit .... N **520** Nationales Vorwort, 132.12

→ siehe auch Betriebsmittel

elektrische Betriebsstätten
Abgrenzung .... N **731** 4.1
allgemeine Anforderungen .... N **731** 3
Begriff .... N **200** A.6.1
Fenster .... N **731** 5.5, 5.6
Kennzeichnung .... N **731** 3.4, 4.2
Leuchten .... N **731** 3.2
Rettungsweg .... N **731** 5.4

Schaltpläne	N	**731**	3.4
Schutz bei indirektem Berühren	N	**731**	6.5
Schutz durch Abstand	N	**410**	NB.2,
	N	**731**	6.2.2
Schutz durch Hindernisse	N	**410**	NB.2,
	N	**731**	6.2.1
Schutz gegen gefährliche Körperströme	N	**731**	6
Schutzmaßnahmen	*E*	***481***	*481.2*
Steckdosen	N	**731**	3.2
elektrische Maschinen			
vorübergehend errichtete Anlagen für Bauwerke, Vergnügungseinrichtungen und Buden auf Kirmesplätzen	*E*	***740***	*740.55.4*
elektrische Pumpen			
Springbrunnen	*E*	***702A1***	*702.55.3*
elektrische Verbindungen			
Kabel- und Leitungssysteme (-anlagen)	N	**520**	526
elektrische Verbrauchsmittel			
Begriff	N	**200**	2.7.2
elektrische Versorgung			
Buden auf Messegeländen	*E*	***711A1***	*711A.55.08*
Vergnügungsparks	*E*	***711A1***	*711A.55.08*
vorübergehend errichtete Anlagen für Bauwerke, Vergnügungseinrichtungen und Buden auf Kirmesplätzen, Vergnügungsparks und Zirkusse	*E*	***740***	*740.55.8*
vorübergehend errichtete elektrische Anlagen auf Messegeländen	*E*	***711A1***	*711A.55.08*
Zirkusse	*E*	***711A1***	*711A.55.08*
elektrische Versorgungseinrichtungen für Sicherheitszwecke			
→ siehe Versorgungseinrichtungen für Sicherheitszwecke			
elektrischer Schlag			
Begriff	N	**200**	2.3.4
Schutz gegen elektrischen Schlag	N	**410**	
elektrischer Speisepunkt (Versorgungseinheit) für einen Caravan-Stellplatz			
Begriff	N	**708**	2.4
elektrischer Stromkreis			
Begriff	N	**200**	2.5, 2.5.1,
	E	***200A2***	*826-05-01*

elektrischer Widerstand des menschlichen Körpers
Kenngrößen ... N **300** 322.2
Kurzzeichen ... N **300** 322.2

elektrochemische Anlagen
Abweichungen ... E ***100*** *1.4,*
E ***100A1*** *1.4*

elektrochemische Stromquellen
PELV ... N **410** 411.1.2.3
SELV ... N **410** 411.1.2.3

Elektrofachkräfte
Begriff ... N **200** 2.9.1
Kurzzeichen ... N **300** 322.1

Elektroinstallationskanäle
Begrenzung von Bränden ... N **520** 527.2.4
brennbare Hohlwände ... N **482** 482.2.2.5
durch Gebäudeelemente mit vorgegebener Feuerwiderstandsdauer ... N **520** 527.2.2
in Konstruktionsteilen ... N **520** 522.8.1.1
mehrere Stromkreise ... N **520** 521.6
zu öffnende Elektroinstallationskanäle; Begriff ... N **200** 2.6.4

Elektroinstallationsrohre
Begrenzung von Bränden ... N **520** 527.2.4
Begriff ... N **200** 2.6.3
brennbare Hohlwände ... N **482** 482.2.2.5
durch Gebäudeelemente mit vorgegebener Feuerwiderstandsdauer ... N **520** 527.2.2
in Konstruktionsteilen ... N **520** 522.8.1.1
mehrere Stromkreise ... N **520** 521.6

elektrolytische Einflüsse
Erdungsanlage ... N **540** 4.1.3

elektromagnetische Einflüsse
elektrische Anlagen ... N **510** Tabelle 51A (Seite 11),
E ***510*** *Tabelle 51A (321.10)*

elektromagnetische Einrichtungen
Funktionserdung ... E ***540A4*** *548.8.4*

elektromagnetische Störungen (EMI)
Blitzableitströme ... N **444** Einführung
Funktionserdung ... E ***540A4*** *548.8.4*

Kurzschlussströme .... N **444** Einführung
Schalthandlungen .... N **444** Einführung
Schutz bei Überspannungen .... N **444**
Schutz gegen elektromagnetische Störungen (EMI) .... N **444**
→ siehe auch Schutz gegen elektromagnetische Störungen (EMI)

elektromagnetische Verträglichkeit (EMV)
Anlagen der Informationstechnik .... E ***540A1*** *545.6*
Betriebsmittel .... N **444** 444.3
elektrische Betriebsmittel .... N **444** 444.2
horizontales und vertikales Potentialausgleichssystem .... E ***540A1*** *D.3*
Maschensystem .... E ***540A1*** *D.2*
Maßnahmen zur Sicherstellung .... E ***540A1*** *Anhang D*
örtliches horizontales Potentialausgleichssystem .... E ***540A1*** *D.2*
Probleme → siehe unter Schutz gegen elektromagnetische Störungen (EMI) .... N **444**
Schutzleiter in Sternstruktur .... E ***540A1*** *D.1*
Signalverbindungen .... E ***540A1*** *Anhang C*
Verträglichkeit .... N **444** 444.3

elektromagnetische, elektrostatische und ionisierende Einflüsse
Kenngrößen .... N **300** 321.10
Kurzzeichen .... N **300** 321.10

elektronische Einrichtungen
als Stromquellen für PELV .... N **410** 411.1.2.5
als Stromquellen für SELV .... N **410** 411.1.2.5

elektrostatische Einflüsse
Kenngrößen .... N **300** 321.10
Kurzzeichen .... N **300** 321.10

elektrotechnisch unterwiesene Personen
Begriff .... N **200** 2.9.2
Kurzzeichen .... N **300** 322.1

Elektrowärmeanlagen
Abweichungen .... E ***100*** *1.4*

Elektrowärmegeräte
Auswahl .... N **alt** § 34
Brandschutz .... N **482** 482.1.19
feuergefährdete Betriebsstätten .... N **482** 482.1.19

Elektrowerkzeuge
auf Baustellen einzeln in Betrieb .... N **704** 2.1
handgeführte Elektrowerkzeuge auf Baustellen .... N **704** 10.3

leitfähige Bereiche mit begrenzter
Bewegungsfreiheit .... N **706** 4.2.2 a)

Elektrozäune
landwirtschaftliche Anwesen .... N **705** 5.4

ELV
→ siehe kleine Spannungen, FELV, PELV, SELV

EMI
→ siehe elektromagnetische Störungen

EMV
→ siehe elektromagnetische Verträglichkeit

Ende
Hilfsstromkreise .... N **725** 3.1.4

Endoskopieräume
Begriff .... E ***710*** *Tabelle B.1-6.*
Zuordnung Sicherheitsstromversorgung und
Anwendungsgruppe .... E ***710*** *Tabelle B.1-6.*

Endstromkreise
Begriff .... N **200** 2.5.3
der Sicherheitsstromversorgung .... E ***718*** *718.569.1, 718.569.2*
gartenbauliches Anwesen .... N **705** 5.3.1
landwirtschaftliches Anwesen .... N **705** 5.3.1
mit beiden Abschaltzeiten 0,4 s und 5 s .... E ***410A5*** *1.4*
TN-Systeme .... N **410** 413.1.3.4
vorübergehend errichtete Anlagen für Bauwerke,
Vergnügungseinrichtungen und Buden auf
Kirmesplätzen, Vergnügungsparks und Zirkusse .... E ***740*** *740.481.3.1.4*

Energiequellen
Kleinspannungs-Stromerzeugungsanlagen .... N **551** 551.1.1.2
Niederspannungs-Stromerzeugungsanlagen .... N **551** 551.1.1.2

enge leitfähige Räume
→ siehe leitfähige Bereiche mit begrenzter
Bewegungsfreiheit .... N **706**

Entbindungsräume
Begriff .... E ***710*** *Tabelle B.1-4.*
Zuordnung Sicherheitsstromversorgung und
Anwendungsgruppe .... E ***710*** *Tabelle B.1-4.*

entflammbare Flüssigkeit
Schutz gegen thermische Einflüsse .... N **420** 4.5

Entladung gespeicherter Energie
Trennen .... N **460** 4.4

Entladungsenergie
Schutz durch Begrenzung des Beharrungsstroms und der Entladungsenergie; Begriff .... N **200** 2.3.16

Entladungslampen
elektrische Anlagen in Ausstellungen, Shows, Ständen, Jahrmärkten .... E ***711*** *711.55.03*
vorübergehend errichtete Anlagen für Bauwerke, Vergnügungseinrichtungen und Buden auf Kirmesplätzen .... E ***740*** *740.55.3*

Entstörfilter
Einbau zum Schutz gegen elektromagnetische Störungen (EMI) .... N **444** 444.3.3

Entwicklungsgang
Errichtungsbestimmungen .... B1 -

Erdbeben
Kabel- und Leitungssysteme (-anlagen) .... N **520** 522.12

Erdblitze
Begriff EB1 ***534*** *3.7*
Bestandteile EB1 ***534*** *5.1*

Erde
Begriff .... N **200** 2.4.1,
E ***200A2*** *826-04-01*
Beziehung der Kleinspannungen dazu .... N **410** Anhang ZB
IT-Systeme .... N **410** 413.1.5.1

Erden
Begriff .... N **200** A.5.1
Trennen .... N **460** 4.2

Erder
Abmessungen .... E ***540A1*** *542.2.1*
Anschluss .... N **540** 4.3.2
Art .... E ***540A1*** *542.2.2*
Banderder .... N **540** 4.2.1
Begriff .... N **200** 2.4.2
Beleuchtungsanlagen im Freien .... E ***737A1*** *7XX.54*
blanke Verlegung im Erdreich .... E ***540A1*** *Tabelle 54A*

Bleimantel	N	**540**	4.2.7
elektrochemische Korrosion	*E*	***540A1***	*542.2.3*
Erdungswiderstand	*E*	***410A7***	*542.2.1,*
	E	***540A1***	*542.2.1*
Erstprüfungen	*E*	***600A1***	*612.5.2*
Fundamenterder	N	**540**	4.2.1
Funktionserdung	*E*	***540A4***	*548.8*
für die Funktionserdung der Anlagen der Informationstechnik	*E*	***540A1***	*545.8*
Gasrohre	*E*	***540A1***	*542.2.4*
Korrosion	N	**540**	4.2.4
Korrosion vermeiden	*E*	***540A1***	*542.2.1*
mechanische Beschädigungen vermeiden	*E*	***540A1***	*542.2.1*
Metallbewehrung	N	**540**	4.2.1
metallene Rohrsysteme zur Fortleitung von entzündlichen Flüssigkeiten	*E*	***540A1***	*542.2.4*
metallene Rohrsysteme zur Fortleitung von Gasen	*E*	***540A1***	*542.2.4*
metallene Umhüllung (für Kabel)	N	**540**	4.2.7
Mindestmaße	*E*	***540A1***	*Tabelle 54A*
Mindesttiefe	*E*	***540A1***	*542.2.2*
Plattenerder	N	**540**	4.2.1
Rohrerder	N	**540**	4.2.1
Rohrleitungen	N	**540**	4.2.6
Seilerder	N	**540**	4.2.1
Spannbeton	N	**540**	4.2.1
Staberder	N	**540**	4.2.1
TT-Systeme	N	**410**	413.1.4.1
unterirdische Konstruktionsteile	N	**540**	4.2.1
unterschiedliche Werkstoffe	*E*	***540A1***	*542.2.3*
Verlegetiefe	N	**540**	4.2.2,
	E	***540A1***	*542.2.2*
Wasserrohrnetz	N	**540**	4.2.1, 4.2.5,
	B2	-	Seite 21
Werkstoff	N	**540**	4.2.3
Werkstoffe	*E*	***540A1***	*542.2.1, Tabelle 54A*
Wirksamkeit	*E*	***540A1***	*542.2.1*

Erder, elektrisch unabhängige

Begriff	N	**200**	2.4.4

Erder, natürlicher

Begriff	N	**200**	A.5.4

Erderwiderstand

Nachweise vor erster Inbetriebnahme	*E*	***610A1***	*612.6.2*

Erdschlüsse

Begriff	N	**200**	A.7.7

Hilfsstromkreise .... N **725** 6.1.2
Schutz von Niederspannungsanlagen bei Erdschlüssen in Netzen mit höherer Spannung .... N **442**
vollkommener Erdschluss; Begriff .... N **200** A.7.8

erdschlusssicher
Begriff .... N **200** A.7.6

erdschlusssicheres Verlegen
*Begriff .... E **710** Anhang C*

Erdschlussstrom
Kleinspannungs-Stromerzeugungsanlagen .... N **551** 551.2.2
Niederspannungs-Stromerzeugungsanlagen .... N **551** 551.2.2

Erdschlussüberwachung
*Buden auf Messegeländen .... E **711A1** 711A.412.5.2*
*Vergnügungsparks .... E **711A1** 711A.412.5.2*
*vorübergehend errichtete elektrische Anlagen auf Messegeländen .... E **711A1** 711A.412.5.2*
*Zirkusse .... E **711A1** 711A.412.5.2*

Erdungen
*Anlagen der Informationstechnik .... E **540A1** 545.7*
Begriff .... N **200** A.5.2
*Buden auf Messegeländen .... E **711A1** 711A.54*
der Stromkreise bei PELV .... N **410** 411.1.5
*Einrichtungen der Informationstechnik .... E **707** 707.1*
*elektrische Anlagen .... E **540A1***
*elektrische Anlagen in Ausstellungen, Shows, Ständen, Jahrmärkten .... E **711** 711.54*
Erdungsanlage .... N **444** Bild 5
Funktionszwecke in leitfähigen Bereichen mit begrenzter Bewegungsfreiheit .... N **706** 4.2.3
*medizinisch genutzte Räume .... E **710** 710.54*
Schutz durch automatische Abschaltung der Stromversorgung .... N **410** 413.1.1.2
Schutz gegen Überspannungen .... N **alt** § 18 a)1.1, § 18 c)
TN-Systeme .... N **410** 413.1.3.1
*Vergnügungsparks .... E **711A1** 711A.54*
*vorübergehend errichtete elektrische Anlagen auf Messegeländen .... E **711A1** 711A.54*
*Zirkusse .... E **711A1** 711A.54*

Erdungsanlagen
*Anlagen der Informationstechnik .... E **540A1** 545*
*äußere Einflüsse .... E **540A1** 542.1.1*
Auswahl .... N **540** 4.1.2
Begriff .... N **200** A.5.8

Betriebsmittel .... N **540** 4.1.2,
E ***540A1*** *541.1, 542.1.1*
elektrolytische Einflüsse .... N **540** 4.1.3
Errichten .... N **540** 4.1.2
Funktionszwecke .... N **540** 4.1.1,
E ***540A1*** *542.1.2, 542.1.3*
im Hinblick auf die Art der Erdverbindungen des Niederspannungsnetzes .... N **442** 442.3
in Transformatorstationen .... N **442** 442.2
Informationstechnik .... E ***540A4*** *548.8*
Kommunikationszwecke .... E ***540A1*** *542.5.1*
Schutzzwecke .... N **540** 4.1.1,
E ***540A1*** *542.1.2, 542.1.3*
Trennung in Hochspannungssystemen und Niederspannungssystemen .... E ***540A1*** *542.1.4*
Verbindung in Hochspannungssystemen und Niederspannungssystemen .... E ***540A1*** *542.1.4*
Verbindung zwischen Erdungsanlagen verschiedener Niederspannungsanlagen .... E ***540A1*** *542.5.1*
von Hochspannungsanlagen .... N **442** Nationaler Anhang NB
Ziel .... E ***540A1*** *542.1.5*
Zuverlässigkeit .... N **540** 4.2.5

Erdungsleiter
Abtrennen .... N **540** 4.4.2
Anschluss .... N **540** 4.3.2
Anschluss an Erder .... E ***540A1*** *542.3.2*
Begriff .... N **200** 2.4.7,
E ***200A2*** *826-04-07*
einer geerdeten Gleichstromversorgungsanlage verbunden mit Erdungssammelleiter .... E ***540A1*** *545.7.1.2*
Erdungsschelle .... E ***540A1*** *542.3.2*
Fehlerspannungs-Schutzeinrichtungen .... N **540** 6.2
Funktionserdung .... E ***540A4*** *548.8.3*
IT-System .... N **610** 5.6.1.1.1 a), b)
Kennzeichnung als Schutzleiter .... N **510** 514.3.1,
E ***510*** *514.3.1*
Mindestquerschnitt .... N **540** 4.3.1
Mindestquerschnitte .... E ***540A1*** *542.3.1*
Mindestquerschnitte für Funktionserdung .... E ***540A1*** *545.8.3*
Querschnitte bei Funktionserdung .... E ***540A4*** *548.8.3*
TN-System .... N **610** 5.6.1.1.1 a), b)
Trennvorrichtung .... N **540** 4.4.2
TT-System .... N **610** 5.6.1.1.1 a), b)
Überspannungs-Schutzeinrichtungen .... E ***534*** *534.2.11*
von Funkantennenanlagen verbunden mit Erdungssammelleiter .... E ***540A1*** *545.7.1.2*

von Überspannungs-Schutzeinrichtungen verbunden
mit Erdungssammelleiter .... *E* ***540A1*** *545.7.1.2*
Vorrichtungen zum Trennen .... *E* ***540A1*** *542.4.2*

Erdungssammelleiter
Anlagen der Informationstechnik .... *E* ***540A1*** *545.7.1*
Bewehrungen von Fernmeldekabeln .... *E* ***540A1*** *545.7.1.2*
blank .... *E* ***540A1*** *545.7.1.3*
Erdungsleiter einer geerdeten
Gleichstromversorgungsanlage .... *E* ***540A1*** *545.7.1.2*
Erdungsleiter von Funkantennenanlagen .... *E* ***540A1*** *545.7.1.2*
Erdungsleiter von Überspannungs-
Schutzeinrichtungen .... *E* ***540A1*** *545.7.1.2*
Errichtung .... *E* ***540A1*** *545.7.1.3*
Funktionserdungsleiter .... *E* ***540A1*** *545.7.1.2*
isoliert .... *E* ***540A1*** *545.7.1.3*
Korrosion vorbeugen .... *E* ***540A1*** *545.7.1.3*
Leiter für Blitzschutzanlagen .... *E* ***540A1*** *545.7.1.2*
Leiter für den zusätzlichen Potentialausgleich .... *E* ***540A1*** *545.7.1.2*
leitfähige Schirme .... *E* ***540A1*** *545.7.1.2*
Mindestquerschnitte .... *E* ***540A1*** *545.7.1.1*
Potentialausgleichsleiter von Bahnanlagen .... *E* ***540A1*** *545.7.1.2*
Verbindungen .... *E* ***540A1*** *545.7.1.2*
Verlegung .... *E* ***540A1*** *545.7.1.3*

Erdungsschellen
Auswahl .... N **540** 4.3.2
Erdungsleiter und Erder nicht beschädigen .... *E* ***540A1*** *542.3.2*

Erdungswiderstände
der Erder der Körper; Speisepunkte von Fliegenden
Bauten, Wagen und Wohnwagen nach Schaustellerart N **722** 4.1.3
Erder .... *E* ***540A1*** *542.2.1*
Erstprüfungen .... *E* ***600A1*** *612.5.2*
IT-System .... N **610** 5.6.1.1, 5.6.2
Messverfahren .... N **610** 5.6.2
Tabelle mit Werten zur Beurteilung; Fehlerstrom-
Schutzeinrichtungen .... N **610** Tabelle F.3
Tabelle mit Werten zur Beurteilung; TT-System .... N **610** Tabelle F.2
TN-System .... N **610** 5.6.1.1, 5.6.2
TT-System .... N **610** 5.6.1.1, 5.6.1.3.3.1,
5.6.1.3.3.2, 5.6.2

Erdverbindungen
Notwendigkeit zusätzlicher Erdverbindungen .... N **300** 330.1
Systeme nach Art der Erdverbindungen .... N **300** 312.2

Erdwiderstand, spezifischer
Begriff .... N **200** A.5.9

Erhaltungsladespannung			
SELV	*E*	***410A4***	*411.1.1*
Erproben			
Begriff	N	**610**	2.4
IT-System	N	**610**	5.6.1.1.2, 5.6.1.4.1.2, 5.6.1.4.2.1.2
IT-System bei Abschaltung wie im TT-System	N	**610**	5.6.1.4.2.3.2
IT-System mit Abschaltung wie im TN-System	N	**610**	5.6.1.4.2.2.2
TN-System	N	**610**	5.6.1.1.2, 5.6.1.2.2
TT-System	N	**610**	5.6.1.1.2, 5.6.1.3.2
Erproben und Messen			
Allgemeines	N	**610**	5.1
Begriff	N	**610**	2.4
Funktion	N	**610**	5.1, 5.9
Hauptpotentialausgleich	N	**610**	5.1, 5.2
Isolationswiderstand	N	**610**	5.1, 5.3
isolierende Fußböden und Wände	N	**610**	5.1, 5.5
Schutz durch automatische Abschaltung	N	**610**	5.1, 5.6
Schutzleiter	N	**610**	5.1, 5.2
Schutztrennung	N	**610**	5.1, 5.4
SELV, PELV	N	**610**	5.1, 5.4
Spannungsfall	N	**610**	5.1, 5.11
Spannungsfestigkeit	N	**610**	5.1, 5.8
Spannungspolaritätsprüfung	N	**610**	5.1, 5.7
thermische Einflüsse	N	**610**	5.1, 5.10
zusätzlicher Potentialausgleich	N	**610**	5.1, 5.2
Erregerstromkreise			
Maschinen	N	**430**	5.7
Erregung			
Kleinspannungs-Stromerzeugungsanlagen	N	**551**	551.2.1
Niederspannungs-Stromerzeugungsanlagen	N	**551**	551.2.1
Errichten			
Beleuchtungsanlagen	N	**559**	5
Betriebsmittel	N	**510**	
	E	***510***	
elektrische Betriebsmittel	N	**737**	3.1
Erdungsanlage	N	**540**	4.1.2
Erdungssammelleiter	*E*	***540A1***	*545.7.1.3*
Grundsätze	*E*	***100A1***	*134.1*
Kabel- und Leitungssysteme (-anlagen)	N	**520**	Tabelle 52 G
PEN-Leiter	N	**540**	
Potentialausgleichsleiter	N	**540**	
Schutzleiter	N	**540**	

Sicherheitseinrichtungen .... *E* ***560A2***
Springbrunnen .... N **738** 3

Errichter
Qualifikation .... *E* ***100*** *4*
Schutzmaßnahmen .... N **470** 470.3
Systeme mit Stromkreisen, die Betriebsmittel mit Begrenzung des Fehlerstroms enthalten und/oder mit der Möglichkeit von Gleichstromanteilen im Fehlerstrom .... *E* ***719***

Errichtungsbedingungen
Kabel- und Leitungssysteme (-anlagen) .... N **520** 527.4

Errichtungsnormen
Entwicklungsgang .... B1 -
frühere Ausgaben .... B1 -
Paragraphen, noch nicht ersetzt .... B2 - Tabelle 2
Struktur der Normenreihe .... B3 -
Verzeichnis der einschlägigen Normen .... B2 - Tabelle 1

Ersatzstromaggregate
Sicherheitsstromversorgungen .... *E* ***560A2*** *568.5.1.4*

Ersatzstromquellen
Begriff .... *E* ***200A1*** *826-01-08*

Ersatzstromversorgungen
betriebsmäßiges Schalten .... N **460** 7.1.5,
E ***460A1*** *465.1.5*
Schalter .... N **460** 7.1.5

Ersatzstromversorgungsanlagen
Baustelle .... N **704** 4
Begriff .... N **200** 2.1.6,
E ***200A1*** *826-01-06,*
E ***200A2*** *826-01-06*
elektrische Anlagen .... N **300** 313.2
Kleinspannungs-Stromerzeugungsanlagen .... N **551** 551.6, Anhang ZB
Niederspannungs-Stromerzeugungsanlagen .... N **551** 551.4.2, 551.6, Anhang ZB

Erstprüfungen
Anforderungen (→ siehe auch unter Prüfungen) .... N **610**
Ausbreitungswiderstand .... *E* ***600A1*** *Anhang C*
bauliche Anlagen für Menschenansammlungen .... *E* ***718*** *718.61*
elektrische Anlagen in Ausstellungen, Shows, Ständen, Jahrmärkten .... *E* ***711*** *711.6*
Erder .... *E* ***600A1*** *612.5.2*

Erdungswiderstand	*E*	***600A1***	*612.5.2*
Fehlerschleifenimpedanz	*E*	***600A1***	*612.5.3, Anhang D*
Fehlerstrom-Schutzeinrichtungen	*E*	***600A1***	*Anhang B*
Grundsätze	*E*	***100A1***	*134.2*
IT-System	*E*	***600A1***	*612.5.1 c)*
medizinisch genutzte Räume	*E*	***710***	*710.61*
Schutz durch Abschaltung	*E*	***600A1***	*612.5 (612.6)*
Stromversorgungsanlagen für Sicherheitszwecke	*E*	***718***	*718.61*
Temperaturen an den Schnittstellen zwischen Klemmen und Leitern	B1	**520**	Einführung
TN-System	*E*	***600A1***	*612.5.1 a)*
TT-System	*E*	***600A1***	*612.5.1 b)*
→ siehe auch Nachweise			

Erwärmung

Schutz gegen thermische Einflüsse	N	**420**	3

Erweiterung

allgemeine Anforderungen	N	**610**	3.4
Anwendungsbereich	*E*	***100A1***	*11.2 f)*

Erweiterung bestehender Anlagen

Drehstrom-Steckvorrichtungen	N	**550**	4.3
wiederkehrende Nachweise durch Prüfungen	*E*	***620***	*62.1*

Europäische Harmonisierung

der DIN VDE 0100	B2	-	Tabelle 3

Experimentierstände

Anschlussstellen	N	**723**	4.3.3
Begriff	N	**723**	2.2,
	E	***723A1***	*2.2*
Einrichtungen für Not-Ausschaltung	N	**723**	4.2,
	E	***723A1***	*4.2.3*
Not-Ausschaltung	N	**723**	4.2,
	E	***723A1***	*4.2.3*
Schaltgeräte	N	**723**	4.1
Schutz gegen gefährliche Körperströme	N	**723**	4.3
Speisepunkte	N	**723**	4
Trennen	N	**723**	4.1.1

explosionsgefährdete Bereiche

Stromkreise für Sicherheitseinrichtungen nicht durchführen	*E*	***560A2***	*569.2*

Explosionsgefahren

medizinisch genutzte Räume	*E*	***710***	*710.512.2.1*

explosionsgeschützte Ausführungen
Steckvorrichtungen .... N **550** 4.2

F

F-Leuchten
Beleuchtungsanlagen .... E ***559A1*** *559.5.2*
für schwer- oder normalentflammbare Gebäudeteile .... N **559** Tabelle 1
Kleinspannungs-Beleuchtungsanlagen .... E ***715*** *715.482.2.3*
Montage auf Gebäudeteilen .... N **559** Tabelle 1

fabrikfertige Duschkabinen
Aufstellung .... N **701** 5.3.2

fabrikfertige Schaltgerätekombinationen
Schutzleiter .... E ***540A1*** *543.2.2*

Fähigkeit von Personen
Begriffe .... N **200** 2.9

Fahrgastwagen
Schutz gegen direktes Berühren .... N **722** 9.2,
E ***722*** *9.2*

Fahrstuhlschächte
Anlageteile zur Versorgung von Sicherheitseinrichtungen .... E ***560A2*** *569.5*

Fahrzeuge
→ siehe bewegliche oder ortsveränderliche elektrische Anlagen .... E ***717*** *717.1*

Farbe
ungeeignet als isolierende Umhüllung; Schutz durch Verwendung von Betriebsmitteln der Schutzklasse II oder durch gleichwertige Isolierung .... N **410** 413.2.3
ungeeignet als Schutz durch Isolierung .... N **410** 412.1

Fassaußenleuchten
Schutzmaßnahmen gegen gefährliche Körperströme .... N **559** 4.3

Fauna
Kabel- und Leitungssysteme (-anlagen) .... N **520** 522.10
→ siehe auch Tiere

Fehlerschleife
Schutz durch automatische Abschaltung der Stromversorgung .... *E* ***410A5*** *0.1 a)*
TN-Systeme .... *E* ***410A5*** *1.1*
TT-Systeme .... *E* ***410A5*** *2.1*

Fehlerschleifenimpedanz
Anstieg mit steigender Temperatur (Nachweise vor erster Inbetriebnahme) .... *E* ***610A1*** *612.6.3 a)*
Erstprüfungen .... *E* ***600A1*** *612.5.3, Anhang D*
Nachweise vor erster Inbetriebnahme .... *E* ***610A1*** *612.6.3, 612.6.3 b)*

Fehlerschutz
Schutz durch automatische Abschaltung der Stromversorgung .... N **410** 413.1
Schutz gegen elektrischen Schlag .... N **410** 413

Fehlerspannung
abhängig vom Erdungssystem und der Örtlichkeit der Körper .... *E* ***410A5*** *Anhang A, 3*
Begriff .... *E* ***410A5*** *Anhang A, 2*

Fehlerspannungs-Schutzeinrichtungen
Erdungsleiter .... N **540** 6.2
Hilfserder .... N **540** 6.2
Schutzleiter .... N **540** 6.2
TT-Systeme .... N **410** 413.1.4.4,
N **610** 5.6.1.3.3.4

Fehlerstrom
Begriff .... N **200** A.7.9
Einfluss auf die Leiterwiderstände .... *E* ***410A5*** *Anhang C*
TT-Systeme .... *E* ***410A5*** *2.2*
Unterbrechung bei Schutz durch automatische Abschaltung der Stromversorgung .... *E* ***410A5*** *0.1 b)*

Fehlerstrom-Schutzeinrichtungen
Auswahl .... *E* ***530*** *532.2*
Baustelle .... N **704** 10.1
Erstprüfungen .... *E* ***600A1*** *Anhang B*
IT-System .... N **610** 5.6.4
IT-System mit Abschaltung wie im TN-System .... N **610** 5.6.1.4.2.2.3
Räume mit Badewanne oder Dusche .... N **701** 4.1.3
RCDs (als Oberbegriff) .... *E* ***530A4*** *Nationales Vorwort*
Selektivität .... *E* ***530A3*** *536.3*
Speisepunkte von Fliegenden Bauten, Wagen und Wohnwagen nach Schaustellerart .... *E* ***722*** *4.1.1.2*
Tabelle mit Werten zur Beurteilung .... N **610** Tabelle F.3

TN-System	N	**610**	5.6.1.1, 5.6.1.1.1 h), 5.6.1.2.3.3, 5.6.4
TT-System	N	**610**	5.6.1.1, 5.6.1.1.1 h), 5.6.1.3.3.3, 5.6.4
Zusammenwirken mit Überstrom-Schutzeinrichtungen	*E*	***530***	*536.2*
→ siehe RCDs			
Feinsicherungen			
Schaltüberspannungen	*EB1*	***534***	*Tabelle 5*
FELV			
Basistrennung	N	**470**	471.3.1
Isolierung	N	**470**	471.3.2
Kleinspannungs-Stromerzeugungsanlagen	N	**551**	551.3.1
Schutz bei indirektem Berühren	N	**470**	471.3.3
Schutz gegen direktes Berühren	N	**470**	471.3.2
Schutz gegen elektrischen Schlag	N	**410**	Anhang ZB
Steckdosen	N	**470**	471.3.4
Stecker	N	**470**	471.3.4
Stromkreise höherer Spannung	N	**470**	471.3.1
FELV-Stromkreise			
Schutz sowohl gegen direktes als auch bei indirektem Berühren	N	**470**	471.3
Fenster			
abgeschlossene elektrische Betriebsstätten	N	**731**	5.5, 5.6
als Bereichsgrenzen; Räume mit Badewanne oder Dusche	*E*	***701***	*701.32*
elektrische Betriebsstätten	N	**731**	5.5, 5.6
Fernmeldeanlagen			
Allgemeines	N	**300**	3.1
Fertigstellung			
Prüfen	N	**610**	3.1
fest verlegte Leiter			
Schutzleiter	*E*	***540A1***	*543.2.1*
festangebrachte Betriebsmittel			
Begriff	N	**200**	2.7.7
festangebrachte Verbrauchsgeräte			
Schwimmbäder	*E*	***702A1***	*702.55.1*

feste Abmauerungen
Schwimmbäder und andere Becken .... *E* **702A1** *Bild 702C, Bild 702D*

feste Fremdkörper
Kabel- und Leitungssysteme (-anlagen) .... N **520** 522.4

feste Installation
Sicherheitsstromversorgungen .... *E* **560A2** *568.2.1.1*

fester Anschluss
Begriff .... N **200** A.2.3

feuchte Bereiche
Betriebsmittel .... N **737** 4.1
Kurzzeichen .... N **300** 321.4

feuchte Räume
Begriff .... N **200** A.6.4
Betriebsmittel .... N **737** 4.1

feuchte und nasse Räume
Kurzzeichen .... N **300** 321.4

Feuchtigkeit
Kabel- und Leitungssysteme (-anlagen) .... N **520** 522.3.1

feuergefährdete Bereiche
Stromkreise für Sicherheitseinrichtungen .... *E* **560A2** *569.2*

feuergefährdete Betriebsstätten
Begriff .... N **482** Nationales Vorwort
Belüftungssysteme .... N **482** 482.1.16
Bestandteile von Leuchten .... N **482** 482.1.15
Betriebsmittel .... N **482** 482.2.1
blanke Leiter nicht verwenden .... N **482** 482.1.10
Brandschutz .... N **482** 482.0
Decken-Heizungen mit Flächenheizelementen .... N **482** 482.1.7
durchqueren von Kabeln und Leitungen für die elektrische Versorgung anderer Räume .... N **482** 482.1.5
elektrische Anlagen auf Erforderliches beschränken .... N **482** 482.1.1
elektrische Betriebsmittel .... N **482** 482.2.2
Elektrowärmegeräte .... N **482** 482.1.19
feuergefährdete Betriebsstätten auf Grund der Art der verarbeiteten oder gelagerten Materialien .... N **482** 482.1
flexible Anschlussleitungen .... N **482** 482.1.11
Gips .... N **482** 482.2.2
Heizgeräte .... N **482** 482.1.17, 482.1.18

Heizungssysteme	N	**482**	482.1.16
Holz	N	**482**	482.2.2
IT-Systeme	N	**482**	482.1.7
Kabel und Leitungen mit verbessertem Verhalten im Brandfall	N	**482**	482.1.4
Kabel- und Leitungssysteme (-anlagen)	N	**482**	482.1.4
Kabel- und Leitungssysteme (-anlagen), die feuergefährdete Betriebsstätten versorgen	N	**482**	482.1.6
konzentrische Leiter	N	**482**	482.1.7
Lampen	N	**482**	482.1.15
Leuchten	N	**482**	482.1.14
Metallplatten	N	**482**	482.2.2
Motoren	N	**482**	482.1.13
Neutralleiter	N	**482**	482.1.9
Neutralleitertrennklemmen	N	**482**	482.1.9
Oberflächentemperatur von Leuchten	N	**482**	482.1.14
PEN-Leiter	N	**482**	482.1.8
Projektoren	N	**482**	482.1.14
Räume und Orte mit brennbaren Baustoffen	N	**482**	482.2
RCDs	N	**482**	482.1.7
Schaltgeräte; Anordnung	N	**482**	482.1.12
Scheinwerfer	N	**482**	482.1.14
Schutz bei Kurzschluss	N	**482**	482.1.6
Schutz bei Überlast	N	**482**	482.1.6
Schutz bei Überstrom	N	**482**	482.1.6
Schutzart	N	**482**	482.1.3
Spanplatten	N	**482**	482.2.2
Staub auf Umhüllungen von elektrischen Betriebsmitteln in feuergefährlichen Mengen	N	**482**	482.1.2
Stern-Dreieck-Anlauf	N	**482**	482.1.13
Stromkreise elektrischer Anlagen für Sicherheitszwecke	N	**560**	563.2
TN-Systeme	N	**482**	482.1.7
TT-Systeme	N	**482**	482.1.7
Umhüllungen	N	**482**	482.1.3
Verputz	N	**482**	482.2.2
Vorsorge für den Fall von Isolationsfehlern	N	**482**	482.2.1
Feuerlöschpumpen			
Einspeisung	*E*	***560A2***	*569.9*
Sicherheitsstromversorgungsanlagen	*E*	***560A2***	*569.9*
Feuermeldeanlagen			
Anlagen der Informationstechnik	*E*	***540A1***	*545.1*
Einrichtungen für Sicherheitszwecke	*E*	***718***	*563.4 Anmerkung*
feuersichere Trennung			
Betriebsmittel (Auswahl und Anbringung)	N	**510**	515.1,
	E	***510***	*515.1*

Material hierfür	N	**510**	515.1,
	E	***510***	*515.1*

Feuersicherheit

Kabel- und Leitungssysteme (-anlagen)	N	**520**	527.1.2

Feuerwehraufzüge

Einrichtungen für Sicherheitszwecke	*E*	***718***	*563.4 Anmerkung, 718.1*
medizinisch genutzte Räume	*E*	***710***	*710.564.2*

FF-Leuchten

für schwer- oder normalentflammbare Gebäudeteile	N	**559**	Tabelle 1

FI-Schutzschalter

→ siehe Fehlerstrom-Schutzeinrichtungen

Filter

Kleinspannungs-Stromerzeugungsanlagen	N	**551**	551.5.2
Niederspannungs-Stromerzeugungsanlagen	N	**551**	551.5.2

Flächenheizelemente

Begriff	*E*	***753***	*753.2.7*
Brandschutz	N	**482**	482.1.7

Flächenheizungen

Auftreten von festen Fremdkörpern	*E*	***753***	*753.522.4*
Auswahl und Errichtung in Abhängigkeit von äußeren Einflüssen	*E*	***753***	*753.522*
Befestigungsteile	*E*	***753***	*753.522.4.3*
Decken-Flächenheizungen	*E*	***753***	*753.413.2*
Fußboden-Flächenheizungen	*E*	***753***	*753.413.2*
Gebrauchsanweisungen	*E*	***753***	*Anhang A*
heizungsfreie Flächen	*E*	***753***	*753.520.3*
im Fußboden von Schwimmbädern eingebettet	*E*	***702A1***	*702.55.1*
Information für den Eigentümer und den Benutzer	*E*	***753***	*Anhang A*
IT-Systeme	*E*	***753***	*753.413.1.4.5*
Kabel- und Leitungssysteme (-anlagen)	*E*	***753***	*753.52*
Leiterquerschnitte	*E*	***753***	*753.524*
RCDs	*E*	***753***	*753.413.1.3.8, 753.413.1.4.4, 753.413.1.4.5*
Schutz bei indirektem Berühren	*E*	***753***	*753.413*
Schutz durch Abstand	*E*	***753***	*753.412.4*
Schutz durch automatische Abschaltung der Stromversorgung	*E*	***753***	*753.413.1*
Schutz durch erdfreien örtlichen Potentialausgleich	*E*	***753***	*753.413.4*
Schutz durch Hindernisse	*E*	***753***	*753.412.3*

Schutz durch nichtleitende Räume	*E*	***753***	*753.413.3*
Schutz durch Verwendung von Betriebsmittel der Schutzklasse II oder durch gleichwertige Isolierung	*E*	***753***	*753.413.2*
Schutz gegen direktes Berühren	*E*	***753***	*753.412*
Schutz gegen elektrischen Schlag	*E*	***753***	*753.41*
Schutz gegen thermische Auswirkungen	*E*	***753***	*753.42*
Schutz gegen Überhitzung	*E*	***753***	*753.424*
Schutzarten	*E*	***753***	*753.512.2.5*
Schutzklasse II	*E*	***753***	*753.413.2*
Schutztrennung	*E*	***753***	*753.413.5*
Schwimmanlage	N	**702**	5.4
TN-Systeme	*E*	***753***	*753.413.1.3.8*
TT-Systeme	*E*	***753***	*753.413.1.4.4*
Türstopper	*E*	***753***	*753.522.4.3*
Umgebungstemperaturen	*E*	***753***	*753.522.1*
zusätzlicher Potentialausgleich	*E*	***753***	*753.413.1.6*
Flammwidrigkeit			
Kabel und Leitungen mit Flammwidrigkeit	N	**520**	527.1.3
Kabel und Leitungen ohne Flammwidrigkeit	N	**520**	527.1.4, 527.1.5
flexible Anschlussleitungen			
Brandschutz	N	**482**	482.1.11
feuergefährdete Betriebsstätten	N	**482**	482.1.11
Schutz durch Schutztrennung	N	**410**	413.5.3.3
flexible Kabel			
Schutz durch Schutztrennung	N	**410**	413.5.1.4, Nationales Vorwort zu 413.5.1.4
flexible Kabel und Leitungen			
bewegliche oder ortsveränderliche elektrische Anlagen	*E*	***717***	*717.52.01*
für elastische oder unstabile Bauweise (Gebäudestruktur)	N	**520**	522.14.2
Vermeidung von Zugbeanspruchung	N	**520**	522.8.1.8
flexible Leitungen			
Schutz durch Schutztrennung	N	**410**	413.5.1.4, Nationales Vorwort zu 413.5.1.4
Fliegende Bauten			
Begriff	N	**722**	2.2,
	E	***722***	*2.2*

Beleuchtungsanlagen	N	**722**	8,
	E	*722*	*8*
Kabel und Leitungen	N	**722**	7,
	E	*722*	*7*
Maschinen	N	**722**	9.1,
	E	*722*	*9.1*
Schaltgeräte	N	**722**	9.1,
	E	*722*	*9.1*
Schaltpläne	N	**722**	6,
	E	*722*	*6*
Speisepunkte	N	**722**	4,
	E	*722*	*4*
Standorte dafür	N	**722**	4.1.4
Standorte dafür im Beitrittsgebiet	B2	**-**	Seite 21
Stromkreisverteiler	N	**722**	5,
	E	*722*	*5*
Stromschienen	N	**722**	7,
	E	*722*	*7*
Transformatoren	N	**722**	9.1,
	E	*722*	*9.1*
→ *siehe auch vorübergehend errichtete Anlagen für Bauwerke, Vergnügungseinrichtungen und Buden auf Kirmesplätzen*	*E*	***740***	
→ *siehe auch vorübergehend errichtete elektrische Anlagen auf Messegeländen*	*E*	***711***	

Flora

Kabel- und Leitungssysteme (-anlagen)	N	**520**	522.9
→ siehe auch Pflanzen...			

Flughäfen

bauliche Anlagen für Menschenansammlungen	*E*	***718***	*718.1*

Flüssigkeit, entflammbar

Schutz gegen thermische Einflüsse	N	**420**	4.5

Flutlichter

vorübergehend errichtete Anlagen für Bauwerke, Vergnügungseinrichtungen und Buden auf Kirmesplätzen, Vergnügungsparks und Zirkusse	*E*	***740***	*740.55.1.4*

Folientastaturen

Hilfsstromkreise	*E*	***716***	*716.46.01*

Frankreich

A-Abweichung beim Schutz von Niederspannungsanlagen bei Erdschlüssen in Netzen mit höherer Spannung	N	**442**	Anhang B

Neutralleiter .... *E* ***460A1*** *461.2 Anmerkung 1*

frei gespannte Leitungen
Campingplatz .... N **708** 3.2.2

freihängende blanke Leiter
Kleinspannungs-Beleuchtungsanlagen .... *E* ***715*** *715.521.7*

freihängende Trägerleiter
Kleinspannungs-Beleuchtungsanlagen .... *E* ***715*** *715.521.8*

Freileitungen
Begriff .... N **200** A.1.3
Beispiel für einen Blitzeinschlag .... *EB1* ***534*** *Bild A.7*
Blitzeinschläge *EB1* ***534*** *5.2*
direkte Blitzeinschläge *EB1* ***534*** *5.2.1*
induzierte Überspannungen *EB1* ***534*** *5.2.2*
Schutz bei Überspannungen .... *E* ***443A4*** *Anhang A*
Schutz gegen Überspannungen .... *E* ***443*** *443.3.2*
TN-Systeme .... N **410** 413.1.3.7
Wahrscheinlichkeit von induzierten Blitzüberspanungen .... *EB1* ***534*** *Bild 10*

Freileitungsnetze
Spannungsbegrenzung bei Erdschluss eines Außenleiters .... N **610** 5.6.1.5

Freileitungszubehör
Schutz bei indirektem Berühren entbehrlich .... N **470** 471.2.2

Freischalten
Baustelle .... N **704** 6
Drehstromkreis für Leuchten .... N **559** 5.6.2

Freizeitfahrzeug
bewohnbares Freizeitfahrzeug; Begriff .... N **708** 2.1

fremde leitfähige Teile
als PEN-Leiter .... N **540** 5.2.6
als Schutzleiter .... N **540** 5.2.4
Begriff .... N **200** 2.3.3, *E* ***200A2*** *826-03-03*
Fehler dagegen in Hilfsstromkreisen .... *E* ***716*** *716.552.2*
gleichzeitig berührbar; zusätzlicher Potentialausgleich .... N **410** 413.1.6.1
Hauptpotentialausgleich .... N **410** 413.1.2.1
nicht als PEN-Leiter .... *E* ***540A1*** *543.2.5*
Potentialausgleichsleiter .... *E* ***540A1*** *544.2.3*

Schutz durch erdfreien örtlichen
Potentialausgleich .... N **410** 413.4.1, 413.4.2
Schutz durch nichtleitende Räume .... N **410** 413.3.6
Schutzleiter .... E ***540A1*** *543.2.1, 543.2.4, 543.3.5*
Unterrichtsräume mit Experimentierständen........ N **723** 5

Fremdkörper
→ siehe feste Fremdkörper

Fremdkörperschutz
→ siehe auch unter AE (feste Fremdkörper) und AF (Staub)

Fremdspannung
Einrichtungen der Informationstechnik........ E ***707*** *707.545.2.2*

fremdspannungsarme Erde
Begriff........ E ***707*** *707.202*

fremdspannungsarmer Potentialausgleich
informationstechnische Anlagen .... N **540** C.2

Frequenz
Betriebsbedingungen .... N **510** 512.1.3,
E ***510*** *512.1.3*
Betriebsmittel .... N **510** 512.1.3,
E ***510*** *512.1.3*

Frischwasserrohre
Räume mit Badewanne oder Dusche........ E ***701*** *701.413.1.6*

frühere Ausgaben
Errichtungsbestimmungen........ B1 -

Frühgeborenenräume
Zuordnung Sicherheitsstromversorgung und Anwendungsgruppe........ E ***710*** *Tabelle B.1-26.*

Fundamenterder
Begriff........ N **200** A.5.5
Erder .... N **540** 4.2.1

Funken
Betriebsmittel .... N **420** 4.3
Schutz gegen thermische Einflüsse .... N **420** 4.3

Funktion
Erproben und Messen........ N **610** 5.1, 5.9
im Falle eines Feuers; Sicherheitseinrichtungen........ E ***560A2*** *564.1.1*

Funktionserdung
allgemeine Anforderungen .... N **540** 7.1
Anlagen der Informationstechnik .... E ***540A1*** *545.3.1*
elektromagnetische Einrichtungen .... E ***540A4*** *548.8.4*
elektromagnetische Störungen (EMI) .... E ***540A4*** *548.8.4*
Erder .... E ***540A4*** *548.8*
Erdungsleiter .... E ***540A4*** *548.8.3*
Erläuterung .... E ***540A1*** *Anhang B*
Haupterdungsklemme .... E ***540A4*** *548.8.2*
hochfrequente elektromagnetische Störungen (EMI) .... E ***540A4*** *548.8.4*
Informationstechnik .... E ***540A4*** *548.8*
Minderung von hochfrequenten elektromagnetischen Störungen (EMI) .... E ***540A4*** *548.8.4*
Querschnitt des Erdungsleiters .... E ***540A4*** *548.8.3*
Schutzmaßnahmen .... E ***540A1*** *545.8.1,*
E ***540A4*** *548.8.1*
Verbindung mit der Haupterdungsklemme .... E ***540A4*** *548.8.2*

Funktionserdungsleiter
Anlagen der Informationstechnik .... E ***540A1*** *545.5, 545.7.3*
Anschlüsse für Überspannungs-Schutzeinrichtungen .... E ***540A1*** *545.7.3.2*
Erdungssammelleiter .... E ***540A1*** *545.7.1.2*
Mindestquerschnitte .... E ***540A1*** *545.7.3.1*

Funktionserhalt
Einrichtungen für Sicherheitszwecke .... E ***718*** *564.1*
Kabel- und Leitungssysteme (-anlagen) der Einrichtungen für Sicherheitszwecke .... E ***718*** *568.2.3*

Funktionskleinspannung
Mindestquerschnitte .... N **520** Tabelle 52 J
mit sicherer Trennung (veralteter Begriff)
→ siehe auch PELV
ohne sichere Trennung (veralteter Begriff)
→ siehe auch FELV

Funktionsprüfungen
Antrieb .... N **610** 5.9
Baugruppen .... N **610** 5.9
Nachweise vor erster Inbetriebnahme .... E ***610A1*** *612.9*
Schaltgerätekombinationen .... N **610** 5.9
Stelleinrichtungen .... N **610** 5.9
Verriegelungen .... N **610** 5.9

Funktionssicherheit
Maßnahmen zur Erhöhung in Hilfsstromkreisen .... E ***716*** *716.552*

Funktionszwecke
Erdungsanlage .... N **540** 4.1.1

Erdungsanlagen .... *E* ***540A1*** *542.1.2, 542.1.3*

Fußböden
als Bereichsgrenzen; Räume mit Badewanne oder Dusche .... *E* ***701*** *701.32*
Durchbrüche der Kabel- und Leitungssysteme (-anlagen) .... N **520** 527.2.1
Kabel und Leitungen in Fußböden .... N **520** 522.8.1.6
Messen von Fußbodenwiderständen .... *E* ***610A1*** *612.5*
Messung des Widerstandes von isolierenden Fußböden ... N **610** 5.5, Anhang A
Schutz durch erdfreien örtlichen Potentialausgleich .... N **410** 413.4.3
Unterrichtsräume mit Experimentierständen .... N **723** 7

Fußboden-Ergänzungsheizungen
Begriff .... *E* ***753*** *753.2.3*

Fußboden-Flächenheizungen
elektrische Anlagen .... *E* ***753***
Flächenheizungen .... *E* ***753*** *753.413.2*
→ siehe Flächenheizungen .... *E* ***753***

Fußboden-Speicherheizungen
Begriff .... *E* ***753*** *753.2.1*

Fußbodenheizungen
Räume mit Badewanne oder Dusche .... *E* ***701*** *701.412.5, 701.753*

G

Gänge
Schaltanlagen .... N **729** 4.2.3, 4.2.4, 4.2.5
Verteiler .... N **729** 4.2.3, 4.2.4, 4.2.5

gartenbauliche Anwesen
Berührungsspannung, dauernd zulässige .... N **705** 3.3
Betriebsmittel .... N **705** 4.2.2, 5.1
Brandschutz .... N **705** 4.1, 4.2
Endstromkreis .... N **705** 5.3.1
Kabel und Leitungen .... N **705** 4.2.2.5, 4.2.2.6, 5.2
Leuchte .... N **705** 4.2.2.8
Motor .... N **705** 4.2.2.7
Notausschaltung .... N **705** 5.3.2
PEN-Leiter .... N **705** 4.2.2.12
Schaltgeräte .... N **705** 4.2.2.4, 5.3
Schutz bei Kurzschluss .... N **705** 4.2.2.10
Schutz bei Überlast .... N **705** 4.2.2.10

Schutz gegen gefährliche Körperströme .... N **705** 3
Schutz gegen thermische Einflüsse .... N **705** 4
Schutzkleinspannung .... N **705** 3.1, 4.2.2.11
Steckdose .... N **705** 3.2
Steuergeräte .... N **705** 5.3
thermische Einflüsse .... N **705** 4
Trenngerät .... N **705** 5.3.2

Gasleitungen
Nähe zu Kabel- und Leitungssystemen (-anlagen) .... N **520** 528.2.2
Schutz gegen elektromagnetische Störungen (EMI) .... N **444** 444.3.14
Schutzleiter .... E ***540A1*** *543.2.4*

Gasrohre
als Erder verboten .... E ***540A1*** *542.2.4*
als Schutzleiter .... N **540** 5.2.4
Räume mit Badewanne oder Dusche .... E ***701*** *701.413.1.6*

Gaststätten
bauliche Anlagen für Menschenansammlungen .... E ***718*** *718.1*

Gebäudehauptverteiler
Begriff .... E ***710*** *710.13.19*

Gebäudestruktur
Kabel- und Leitungssysteme (-anlagen) bei
baulichen Bewegungen .... N **520** 522.14

Gebäudeteile als Montageflächen
Leuchten .... N **559** Tabelle 1

Gebläse-Heizsysteme
Luftdurchsatz .... N **420** 6.1.1
Schutz gegen thermische Einflüsse .... N **420** 6.1
Temperatur .... N **420** 6.1.1

Gebrauchs-Kategorie
Niederspannung-Schaltgeräte .... EB1 ***530*** *Anhang A*

Gebrauchsanweisungen
Flächenheizungen .... E ***753*** *Anhang A*
Überspannungs-Schutzeinrichtungen .... V **534** 534.4

geerdete metallene Umhüllungen
PELV .... N **410** 411.1.3.2
SELV .... N **410** 411.1.3.2

geerdete Metallschirme
PELV .... N **410** 411.1.3.2
SELV .... N **410** 411.1.3.2

geerdete Teile
Schutz durch erdfreien örtlichen Potentialausgleich .... N **410** 413.4.2, 413.4.3

geerdeter Potentialausgleichsbereich
→ siehe Einflussbereich des Hauptpotentialausgleichs

Gefahr eines elektrischen Schlages
Not-Ausschalter .... N **460** 6.2

gefährliche aktive Teile
Begriff .... N **200** 2.3.15

gefährlicher Körperstrom
Begriff .... N **200** 2.3.7

Gehäuse
als Schutzleiter .... N **540** 5.2.2
Betriebsmittel .... N **510** 513.1,
E ***510*** *513.1*
von fabrikfertigen Schaltgerätekombinationen als Schutzleiter .... E ***540A1*** *543.2.2*

gelagerte Materialien
Brandschutz .... N **482** 482.1

gemeinsame Verlegung
von Stromkreisen der Bänder I und II .... N **520A1** 528.1.1

Generatoren
als Stromquellen für PELV .... N **410** 411.1.2.4
als Stromquellen für SELV .... N **410** 411.1.2.4
Buden auf Messegeländen .... E ***711A1*** *711A.55.06*
Sicherheitsstromversorgungen .... E ***560A2*** *568.5.1.4*
Stromquellen für Sicherheitszwecke .... N **300** 351
Verbindungsleitungen .... N **430** 5.5 b), 6.4.3,
E ***470A2*** *473.1.2 b)*
Vergnügungsparks .... E ***711A1*** *711A.55.06*
vorübergehend errichtete elektrische Anlagen auf Messegeländen .... E ***711A1*** *711A.55.06*
Wassersportfahrzeuge .... E ***709*** *6.2.2*
Zirkusse .... E ***711A1*** *711A.55.06*

Geräte
für Möbel .... E ***713*** *713.52.5*
Schalten .... N **537**
Trennen .... N **537** 537.2,
E ***537A2*** *Tabelle 53A*

Trennen und Schalten .... N **537**

Geräte für Not-Ausschaltung
Baustelle .... *E* ***704A1*** *704.537*
Bestandteile .... N **537** 537.4.2
Gerätekombination .... *E* ***537A3*** *6.2*
Kennzeichnung .... N **537** 537.4.7
Schaltgeräte, handbetätigt .... N **537** 537.4.3
Schaltvermögen .... N **537** 537.4.1
Steckvorrichtungen .... N **537** 537.4.2

Geräte zum Ausschalten für mechanische Instandhaltung
Anordnung .... N **537** 537.3.4
Einsatz .... N **537** 537.3.1
Einschalten, selbsttätig .... N **537** 537.3.3
Handbetätigung .... N **537** 537.3.2
Kennzeichnung .... N **537** 537.3.4
Leistungsschalter .... N **537** 537.3.1
Schalter .... N **537** 537.3.1
selbsttätiges Einschalten .... N **537** 537.3.3
Steckvorrichtungen .... N **537** 537.3.1
Steuerschalter .... N **537** 537.3.1
Trennstrecke .... N **537** 537.3.2

Geräte zum Schalten
Buden auf Messegeländen .... *E* ***711A1*** *711A.537*
Hilfsstromkreise .... *E* ***716*** *716.46*
Vergnügungsparks .... *E* ***711A1*** *711A.537*
vorübergehend errichtete elektrische Anlagen auf Messegeländen .... *E* ***711A1*** *711A.537*
Zirkusse .... *E* ***711A1*** *711A.537*

Geräte zum Trennen
Auswahl .... *E* ***537A2*** *Tabelle 53A*
Baustelle .... *E* ***704A1*** *704.537*
Buden auf Messegeländen .... *E* ***711A1*** *711A.512.02, 711A.537*
Grundsätze .... *E* ***100A1*** *132.10*
Halbleiter .... N **537** 537.2.1.3
Hilfsstromkreise .... *E* ***716*** *716.46*
Kennzeichnung .... N **537** 537.2.5
Last-Trenner .... N **537** 537.2.4
Last-Trennschalter .... N **537** 537.2.4
Lastschaltvermögen .... N **537** 537.2.3
Maßnahmen gegen zufälliges oder unbefugtes Öffnen .... N **537** 537.2.3
Schaltstellungsanzeige .... N **537** 537.2.1.2
selbsttätige Einschaltung .... N **537** 537.2.2
Sicherungen .... N **537** 537.2.4
Steckvorrichtungen .... N **537** 537.2.4

Trenner .... N **537** 537.2.4
Trennlaschen .... N **537** 537.2.4
unbefugtes Öffnen .... N **537** 537.2.3
Vergnügungsparks .... E ***711A1*** *711A.512.02, 711A.537*
vorübergehend errichtete elektrische Anlagen auf Messegeländen .... E ***711A1*** *711A.512.02, 711A.537*
Wassersportfahrzeuge .... E ***709*** *4.3.4*
Zirkusse .... E ***711A1*** *711A.512.02, 711A.537*
zufälliges Öffnen .... N **537** 537.2.3

Gerätekombinationen
Geräte für Notausschaltung .... E ***537A3*** *6.2*

Gesamterdungswiderstand
aller Betriebserder; TN-System .... N **610** 5.6.1.2.3.1
Begriff .... N **200** 2.4.3
Spannungsbegrenzung bei Erdschluss eines Außenleiters .... N **610** 5.6.1.5

Gesamterdungswiderstand aller Betriebserder
TN-System .... N **610** 5.6.1.5

Geschäftshäuser
Drehstrom-Steckvorrichtungen .... N **550** 4.3

Geschirrschränke
Kabel- und Leitungssysteme (-anlagen) .... E ***713*** *713.1.1*

geschützte Anlagen im Freien
Begriff .... N **200** A.1.6
Betriebsmittel .... N **737** 5.1

gewerblich genutzte Anlagen
Schutz bei Überspannungen EB1 ***534*** *11.3*

Gewitter
Schutz gegen Überspannungen .... E ***443*** *443.2.3, 443.2.4, 443.2.5, Anhang 1*

Gewitterhäufigkeit
Kenngrößen .... N **300** 321.13
Kurzzeichen .... N **300** 321.13

Gips
Brandschutz .... N **482** 482.2.2
feuergefährdete Betriebsstätten .... N **482** 482.2.2

Gipskartonplatten
Stegleitungen darunter ... N **520** Anhang ZB f)

Gipspflaster
Stegleitungen ... N **520** Anhang ZB e)

Gleichrichter
Buden auf Messegeländen ... E ***711A1*** *711A.55.06*
Verbindungsleitungen ... N **430** 5.5 b), 6.4.3,
E ***470A2*** *473.1.2 b)*
Vergnügungsparks ... E ***711A1*** *711A.55.06*
vorübergehend errichtete elektrische Anlagen auf Messegeländen ... E ***711A1*** *711A.55.06*
Zirkusse ... E ***711A1*** *711A.55.06*

Gleichspannung
SELV ... N **410** 411.1.4.3

Gleichspannungs-System
SELV ... E ***410A4*** *411.1.1*

Gleichstrom
Anlagen der Informationstechnik ... E ***540A1*** *545.5*
Spannungsbereiche ... N **410** Nationales Vorwort,
N **520** Nationales Vorwort

Gleichstrom-Rückleiter
kombinierte Funktionserdungs- und Schutzleiter ... E ***540A1*** *545.7.4.1*

Gleichstromanteil im Fehlerstrom
Abschaltbedingungen ... E ***719*** *7XX.471.2.3.1*
Isolationsüberwachungseinrichtungen ... E ***719*** *719.531.3*
Mindestquerschnitte ... E ***719*** *719.543.1*
RCDs ... E ***719*** *7XX.471.2.3.2*
Schutz bei indirektem Berühren ... E ***719*** *7XX.413*
Schutz durch automatische Abschaltung der Stromversorgung ... E ***719*** *7XX.471.2.3*
Schutz gegen direktes Berühren ... E ***719*** *7XX.412*
Schutzleiter ... E ***719*** *719.543.1*
Schutzverbindungen ... E ***719*** *7XX.471.2.3.3*
Steckdosen ... E ***719*** *7XX.471.2.3.2*
verstärkte Schutzleiter ... E ***719*** *7XX.471.2.3.3*
zusätzlicher Potentialausgleich ... E ***719*** *7XX.471.2.3.3*
zusätzlicher Schutz durch RCDs ... E ***719*** *7XX.412.5*

Gleichstromanteile
in Wechselströmen, Verträglichkeit in
elektrischen Anlagen .... N **300** 330.1

Gleichstromsysteme
Systeme .... N **300** 312.1

gleichzeitig berührbare Körper
Schutz durch automatische Abschaltung der
Stromversorgung .... N **410** 413.1.1.2
TT-System (Besichtigen) .... N **610** 5.6.1.3.1

gleichzeitig berührbare Teile
Basisschutz .... N **410** 412.4.1
Begriff .... N **200** 2.3.10,
E ***200A2*** *826-03-10*
Schutz gegen direktes Berühren .... N **410** 412.4.1
Schutz gegen elektrischen Schlag unter normalen
Bedingungen .... N **410** 412.4.1

Gleichzeitigkeitsfaktor
elektrische Anlagen .... N **300** 311

Grenzen des Handbereichs
Basisschutz .... N **410** 412.4.1
Schutz gegen elektrischen Schlag unter normalen
Bedingungen .... N **410** Bild 41C

Grenzlängen
Kabel und Leitungen .... B5 -
Leitungen .... B5 -

Grenzlängen von Kabeln und Leitungen
Al-Leiter, Isolierung PVC, VPE oder EPR,
Sicherung Betriebsklasse gG .... B5 - Tabelle 21
Baustelle mit langer Zuleitung (Beispielrechnung) .... B5 - 3.5
Begrenzung des Spannungsfalls .... B5 - 1.3
bei vorgegebenem Spannungsfall, Kupferleiter, NYY-
Kabel oder NYM-Leitung .... B5 - Tabelle 23
bei vorgegebenem Spannungsfall, zur Umrechnung
auf andere Betriebsströme und Nennspannungen,
NAYY-Kabel .... B5 - Tabelle 26
bei vorgegebenem Spannungsfall, zur Umrechnung
auf andere Betriebsströme und Nennspannungen, NYY-
Kabel .... B5 - Tabelle 25
bei vorgegebenem Spannungsfall; NAYY-Kabel .... B5 - Tabelle 24
Berechnung für einfach einseitig gespeistem
Kurzschluss .... B5 - 4.1.2

Berechnung unter Berücksichtigung des
Spannungsfalls .... B5 - 4.2
Berechnung zur Einhaltung der Bedingungen des
Schutzes bei indirektem Berühren durch
Abschaltung und des Schutzes bei Kurzschluss .... B5 - 4.1
erforderlicher Mindestkurzschlussstrom .... B5 - 4.1.1.3
IT-Systeme .... B5 - 1.1
Klimaanlage (Beispielrechnung) .... B5 - 3.3
Kupferleiter 1,5 mm², Isolierung PVC oder Gummi,
Leistungsschalter .... B5 - Tabelle 7
Kupferleiter 10 mm², Isolierung PVC oder Gummi,
Leistungsschalter .... B5 - Tabelle 11
Kupferleiter 120 mm², Isolierung PVC oder Gummi,
Leistungsschalter .... B5 - Tabelle 18
Kupferleiter 150 mm², Isolierung PVC oder Gummi,
Leistungsschalter .... B5 - Tabelle 19
Kupferleiter 16 mm², Isolierung PVC oder Gummi,
Leistungsschalter .... B5 - Tabelle 12
Kupferleiter 2,5 mm², Isolierung PVC oder Gummi,
Leistungsschalter .... B5 - Tabelle 8
Kupferleiter 25 mm², Isolierung PVC oder Gummi,
Leistungsschalter .... B5 - Tabelle 13
Kupferleiter 35 mm², Isolierung PVC oder Gummi,
Leistungsschalter .... B5 - Tabelle 14
Kupferleiter 4 mm², Isolierung PVC oder Gummi,
Leistungsschalter .... B5 - Tabelle 9
Kupferleiter 50 mm², Isolierung PVC oder Gummi,
Leistungsschalter .... B5 - Tabelle 15
Kupferleiter 6 mm², Isolierung PVC oder Gummi,
Leistungsschalter .... B5 - Tabelle 10
Kupferleiter 70 mm², Isolierung PVC oder Gummi,
Leistungsschalter .... B5 - Tabelle 16
Kupferleiter 95 mm², Isolierung PVC oder Gummi,
Leistungsschalter .... B5 - Tabelle 17
Kupferleiter, Isolierung PVC oder Gummi,
Leitungsschutzschalter Charakteristik B .... B5 - Tabelle 5
Kupferleiter, Isolierung PVC oder Gummi,
Leitungsschutzschalter Charakteristik C .... B5 - Tabelle 6
Kupferleiter, Isolierung PVC oder Gummi,
Sicherung, Betriebsklasse gG Abschaltung 0,4 s .... B5 - Tabelle 4
Kupferleiter, Isolierung PVC oder Gummi,
Sicherung, Betriebsklasse gG Abschaltung 5 s .... B5 - Tabelle 3
Kupferleiter, Isolierung PVC, VPE oder EPR,
Sicherung Betriebsklasse gG .... B5 - Tabelle 20, Tabelle 22
Motorstromkreis (Beispielrechnung) .... B5 - 3.4
Rechenvorgänge, die bei den individuellen
Projektierungsaufgaben angewendet werden können.. B5 - 4

Schutz bei indirektem Berühren	B5	-	1.1
Schutz bei indirektem Berühren; Abschaltstrom	B5	-	4.1.1.1
Schutz bei Kurzschluss	B5	-	1.2
Schutz bei Kurzschluss nicht zu beachten bei vorhandenem Schutz bei Überlast	B5	-	1.2
Schutz bei Kurzschluss; höchstens zulässige Abschaltzeit	B5	-	4.1.1.2
Spannungsfall	B5	-	1.3
Steckdosenstromkreis in einer Hausinstallation (Beispielrechnung)	B5	-	3.1, 3.2
Strahlennetze	B5	-	1.4
Tabellen zur Ermittlung	B5	-	2
TN-Systeme	B5	-	1.1

Grenztemperaturen

Isolierungen	B1	**520**	52.3.2.1

Grenzwerte für den Temperaturanstieg

Anschlussklemmen	B1	**520**	52.2.1

große Gebäude

IT-Systeme	N	**410**	413.1.5.3
TN-Systeme	N	**410**	413.1.3.1

großer Prüfstrom

→ siehe Auslösestrom

großflächig berührbare Teile

Springbrunnen	N	**738**	4.4.1

Großküchen

Drehstrom-Steckvorrichtungen	N	**550**	4.3

Großtiere

Anschluss von Anlagen mit Großtieren	N	**722**	11,
	E	***722***	*11*

grün-gelb

Kennzeichnung	N	**510**	514.3, Nationales Vorwort,
	E	***510***	*514.3, Nationales Vorwort zu 514.3.1*

Grundsätze

Bedarf	*E*	***100A1***	*132.3*
Betriebsmittel	*E*	***100A1***	*133*
Einflüsse	*E*	***100A1***	*132.11*
Errichten	*E*	***100A1***	*134.1*
Erstprüfungen	*E*	***100A1***	*134.2*

Geräte zum Trennen .... *E* ***100A1*** *132.10*
Kabel- und Leitungssysteme (-anlagen) .... N **520** 520.1, Nationales Vorwort
Leistungsbedarf .... *E* ***100A1*** *132.3*
Leiterquerschnitte .... *E* ***100A1*** *132.6*
Planung .... *E* ***100A1*** *132*
Schutz .... *E* ***100A1*** *131*
Schutz bei indirektem Berühren .... *E* ***100A1*** *131.3*
Schutz bei Überstrom .... *E* ***100A1*** *131.5*
Schutz gegen direktes Berühren .... *E* ***100A1*** *131.2*
Schutz gegen Fehlerströme .... *E* ***100A1*** *131.6*
Schutz gegen thermische Einflüsse .... *E* ***100A1*** *131.4*
Schutz gegen Überspannung .... *E* ***100A1*** *131.7*
Schutzeinrichtungen .... *E* ***100A1*** *132.8*
Steuerungen für Notfälle .... *E* ***100A1*** *132.9*
Stromversorgung .... *E* ***100A1*** *132.2*
Verlegen von Kabeln und Leitungen .... *E* ***100A1*** *132.7*
Zugänglichkeit .... *E* ***100A1*** *132.12*

H

Halbleiter
Geräte zum Trennen .... N **537** 537.2.1.3

Halbleiter-Schaltgeräte
Schaltgeräte für betriebsmäßiges Schalten .... N **537** 537.5.2

Halbleiter-Stromrichter
PELV .... *E* ***410A4*** *411.1.3.1*
SELV .... *E* ***410A4*** *411.1.3.1*

Halbleitergeräte
Schaltgeräte für betriebsmäßiges Schalten .... N **537** 537.5.2

Handbereich
Basisschutz .... N **410** Bild 41C
Begriff .... N **200** 2.3.11,
E ***200A2*** *826-03-11*
bei Hindernissen; Basisschutz .... N **410** 412.4.2
beim Umgang mit sperrigen oder langen leitfähigen Gegenständen; Basisschutz .... N **410** 412.4.3
Besichtigen .... N **610** 4.3
Grenzen beim Schutz gegen direktes Berühren .... N **410** 412.4.1
Schutz gegen direktes Berühren .... N **410** Bild 41C
Schutz gegen elektrischen Schlag unter normalen Bedingungen .... N **410** Bild 41C

Handbetätigung
Geräte zum Ausschalten für mechanische
Instandhaltung ..... N **537** 537.3.2
Steuerschalter ..... N **537** 537.3.2

Handgeräte
Begriff ..... N **200** 2.7.5,
E ***200A2*** *826-07-05*

Handleuchten
auf Baustellen einzeln in Betrieb ..... N **704** 2.1
Baustelle ..... N **704** 11.2
Beleuchtungsanlagen ..... E ***559A1*** *559.9*
leitfähige Bereiche mit begrenzter
Bewegungsfreiheit ..... N **706** 4.2.2 b)

Handlungen im Notfall
Begriff ..... N **537** Anhang NA

Harmonisierungsdokumente
Zusammenhang ..... B2 - Tabelle 3

Haupterdungsklemme oder -schiene
Anlage ..... N **540** 4.4.1
Anwendung für Anlagen der Informationstechnik ..... E ***540A1*** *545.3*

Haupterdungsklemmen
Anlagen der Informationstechnik ..... E ***540A1*** *545.7.1, 545.8.2*
Begriff ..... N **200** 2.4.8
Funktionserdung ..... E ***540A4*** *548.8.2*
Hauptpotentialausgleich ..... N **410** 413.1.2.1,
E ***540A1*** *542.4.1*
Verbindung damit bei Funktionserdung ..... E ***540A4*** *548.8.2*
Vorrichtungen zum Trennen ..... E ***540A1*** *542.4.2*

Haupterdungsleiter
Hauptpotentialausgleich ..... N **410** 413.1.2.1

Haupterdungsschienen
Anlagen der Informationstechnik ..... E ***540A1*** *545.8.2*
Begriff ..... N **200** 2.4.8
Hauptpotentialausgleich ..... E ***540A1*** *542.4.1*
Vorrichtungen zum Trennen ..... E ***540A1*** *542.4.2*

Hauptleitung
Begriff ..... N **732** 2.4

Hauptpotentialausgleich
Anlage mit Verteilungsstromkreis ..... E ***410A5*** *Bild 5*

Anlage ohne Verteilungsstromkreis ..... *E* ***410A5*** *Bild 4*
bewegliche oder ortsveränderliche elektrische Anlagen ..... *E* ***717*** *717.413.1.2.1*
Durchgängigkeit ..... N **610** 5.2
Einfluss ..... *E* ***410A5*** *0.5*
Eintrittspunkt in das Gebäude ..... N **410** 413.1.2.1
Erproben und Messen ..... N **610** 5.1, 5.2
fremde leitfähige Teile ..... N **410** 413.1.2.1
Haupterdungsklemme ..... N **410** 413.1.2.1
Haupterdungsklemmen ..... *E* ***540A1*** *542.4.1*
Haupterdungsleiter ..... N **410** 413.1.2.1
Haupterdungsschienen ..... *E* ***540A1*** *542.4.1*
Hauptschutzleiter ..... N **410** 413.1.2.1
Klimaanlagen ..... N **410** 413.1.2.1
metallene Rohrleitungen ..... N **410** 413.1.2.1
metallene Verstärkungen von Gebäudekonstruktionen ..... N **410** 413.1.2.1
metallische Umhüllungen von Fernmeldekabeln und -leitungen ..... N **410** 413.1.2.1
Metallteile der Gebäudekonstruktion ..... N **410** 413.1.2.1
Mindestquerschnitte ..... N **540** 9.1.1
Nachweise vor erster Inbetriebnahme ..... *E* ***610A1*** *612.2*
Potentialausgleichsleiter ..... *E* ***540A1*** *544.1*
Prinzip ..... *E* ***410A5*** *0.5*
Schutz durch automatische Abschaltung der Stromversorgung ..... N **410** 413.1.2.1
Verbesserung des Einflusses bei zu hohem Spannungsfall auf dem Hauptschutzleiter ..... *E* ***410A5*** *Bild 5*
vorübergehend errichtete Anlagen für Bauwerke, Vergnügungseinrichtungen und Buden auf Kirmesplätzen, Vergnügungsparks und Zirkusse ..... *E* ***740*** *740.413.1.2.1*
Zentralheizungsanlagen ..... N **410** 413.1.2.1

Hauptschalter
Caravan ..... N **708** 5.3.2
Wassersportfahrzeuge ..... *E* ***709*** *4.3.4*

Hauptschutzleiter
Hauptpotentialausgleich ..... N **410** 413.1.2.1

Hauptstromkreise
Begriff ..... N **200** A.1.5.1,
E ***716*** *716.2.2*

Hauptstromschalter
Sicherheitseinrichtungen ..... *E* ***560A2*** *567.2*

Hauptverteilungen
bauliche Anlagen für Menschenansammlungen ..... *E* ***718*** *718.53.3*

Hausanschlüsse

Begriff	N	**732**	2.1
in öffentlichen Kabelnetzen	N	**732**	
öffentliche Verteilungsnetze	N	**732**	
Schutz bei Überlast	N	**732**	4.1
Schutz bei Überstrom	N	**732**	Tabelle 1
Überstrom-Schutzeinrichtungen	N	**732**	4.1, 4.2, Tabelle 1

Hausanschlusskabel

Begriff	N	**732**	2.2
Bemessung	N	**732**	4.1, Tabelle 1
Überstrom-Schutzeinrichtungen	N	**732**	Tabelle 1
verlegen	N	**732**	4.3

Hausanschlusskästen

Anbringung	N	**732**	5
Auswahl	N	**732**	5.1
Begriff	N	**732**	2.3
Schutz der eingeführten Kabel und Leitungen bei Kurzschluss	N	**732**	5.2
Schutzart	N	**732**	5.1

Hausinstallationen

Begriff	N	**200**	A.1.8
Drehstrom-Steckvorrichtungen	N	**550**	4.3

Hebezeuge

Begriff	N	**200**	A.9
→ siehe DIN EN 60204-32 (VDE 0113 Teil 32)			

Heißluft-Saunaräume

Begriff	N	**703**	2.1
Bereiche	N	**703**	4.1
Betriebsmittel	N	**703**	4
Kabel und Leitungen	N	**703**	4.2
Schaltgeräte	N	**703**	4.3
Schutz gegen gefährliche Körperströme	N	**703**	3.1, 3.2
Schutzart	N	**703**	4.1
Schutzkleinspannung	N	**703**	3.1
Steckdose	N	**703**	4.3
Verlegen von Kabeln und Leitungen	N	**703**	4.2

Heißwassererzeuger

Schutz gegen thermische Einflüsse	N	**420**	6.2
Wasserdruck	N	**420**	6.2

Heizeinheiten

Begriff	*E*	*753*	*753.2.6*

Heizelemente

Tragekonstruktion	N	**420**	6.1.2
Verkleidungen	N	**420**	6.1.2

Heizgeräte

Brandschutz	N	**482**	482.1.17, 482.1.18
feuergefährdete Betriebsstätten	N	**482**	482.1.17, 482.1.18
landwirtschaftliches Anwesen	N	**705**	4.1

Heizleitungen

Begriff	*E*	***753***	*753.2.5*
mit selbsttätiger Temperaturbegrenzung; Begriff	*E*	***753***	*753.2.9*
Räume mit Badewanne oder Dusche	*E*	***701***	*701.753*

Heizstrahler

landwirtschaftliches Anwesen	N	**705**	4.1

heizungsfreie Flächen

Begriff	*E*	***753***	*753.2.4*
Flächenheizungen	*E*	***753***	*753.520.3*

Heizungsrohre

Räume mit Badewanne oder Dusche	*E*	***701***	*701.413.1.6*
Schutz gegen elektromagnetische Störungen (EMI)	N	**444**	444.3.14

Heizungssysteme

Brandschutz	N	**482**	482.1.16
feuergefährdete Betriebsstätten	N	**482**	482.1.16

hellblau

Kennzeichnung	N	**510**	514.3, Nationales Vorwort,
	E	***510***	*514.3, Nationales Vorwort zu 514.3.1*

Herstelleranleitungen

Leuchten	*E*	***559A1***	*559.4*

Herstellung

Schaltanlagen	N	**729**	3.2
Verteiler	N	**729**	3.2

Herzkatheterräume

Begriff	*E*	***710***	*Tabelle B.1-19.*
Zuordnung Sicherheitsstromversorgung und Anwendungsgruppe	*E*	***710***	*Tabelle B.1-19.*

Hilfserder

Fehlerspannungs-Schutzeinrichtungen	N	**540**	6.2

Hilfsstromkreise

Ableitströme	N	**725**	6.1.1,
	E	***716***	*716.552.6*
Anlagenschutz	N	**725**	6
Art der Stromkreise	*E*	***716***	*716.473.3*
äußere Einflüsse	*E*	***716***	*716.512*
Auswirkungen von Kurzschlussströmen	*E*	***716***	*716.512.1.2.1*
Befehlsgeräte	N	**725**	7
Beginn	N	**725**	3.1.4,
	E	***716***	*716.314.01*
Begriff	N	**200**	A.1.5.2,
	N	**725**	2.1,
	E	***716***	*716.2.1*
Betriebsbedingungen	*E*	***716***	*716.512*
betriebsmäßiges Schalten	N	**460**	7.2
Betriebsmittel	N	**725**	3.2.1
Betriebsspannung	N	**725**	3.2
Doppelerdschluss	*E*	***716***	*716.552.2*
einfacher Erdschluss	*E*	***716***	*716.552.1*
einpolige Schutzeinrichtungen	*E*	***716***	*716.473.3.01*
Ende	N	**725**	3.1.4
Erdschluss	N	**725**	6.1.2
Fehler gegen fremde leitfähige Teile	*E*	***716***	*716.552.2*
Fehler gegen Körper	*E*	***716***	*716.552.1, 716.552.2*
Fehler gegen leitfähige Teile	*E*	***716***	*716.552.1*
Folientastaturen	*E*	***716***	*716.46.01*
geerdete Hilfsstromkreise	*E*	***716***	*716.312.02*
gemeinsamer Rückleiter für mehrere Hilfsstromkreise	*E*	***716***	*716.524.1.02*
Geräte zum Trennen und Schalten	*E*	***716***	*716.46*
Hilfsstromkreise mit direkter Verbindung mit dem Hauptstromkreis	*E*	***716***	*716.552.4*
Hilfsstromkreise ohne direkte Verbindung zum Hauptstromkreis	*E*	***716***	*716.552.3*
IT-Systeme	*E*	***716***	*716.312.2.02*
Kabel	N	**725**	5
Kabel- und Leitungssysteme (-anlagen)	*E*	***716***	*716.52*
Kleinspannung (ELV)	*E*	***716***	*716.525*
Körperschluss	N	**725**	6.1.2
Kurzschluss	N	**725**	6.1.2
Leitung	N	**725**	5
Maßnahmen zur Erhöhung der Funktionssicherheit	*E*	***716***	*716.552*
Mindestquerschnitte	N	**725**	5.1
Nennfrequenzen	*E*	***716***	*716.1*
Öffnerfunktion	*E*	***716***	*716.46.03*
Personenschutz	N	**725**	6
Querschnitte von Leitern	*E*	***716***	*716.524*

Rückleiter	N	**725**	4.2.2.6
Schaltelemente	*E*	***716***	*716.46.03*
Schaltglieder	N	**725**	4.2.1
Schaltungen	N	**725**	6.1.3
Schutz bei Kurzschluss	N	**725**	4.2,
	E	***716***	*716.473.2*
Schutz bei Überlast	N	**725**	4.1
Schutz bei Überstrom	N	**725**	4,
	E	***716***	*716.473*
Schutz gegen Funktionsstörungen	*E*	***716***	*716.552*
Schutzmaßnahmen	*E*	***716***	*716.4*
Sicherstellung der sicheren Abschaltung im Falle von Personengefährdung	*E*	***716***	*716.552.7*
Signalausgänge mit Strombegrenzung	*E*	***716***	*716.552.5*
Signalgeber	*E*	***716***	*716.46.01, 716.46.02*
Spannungen	*E*	***716***	*716.512.1.1*
Spannungsfall	*E*	***716***	*716.525*
steckbare Verbindungen	*E*	***716***	*716.46.02*
Steuereinrichtungen	*E*	***716***	*716.46.01, 716.46.02*
strombegrenzende Signalausgänge	N	**725**	6.1.4
Stromversorgung	N	**725**	3.1
TN-Systeme	*E*	***716***	*716.312.2.01*
Transformatoren	N	**725**	3.1,
	E	***716***	*716.312.01*
Trenntransformatoren	*E*	***716***	*716.473.3.01*
TT-Systeme	*E*	***716***	*716.312.2.01*
ungeerdete Hilfsstromkreise	*E*	***716***	*716.552.2*
Verbindung von geerdeten Hilfsstromkreisen zum Schutzleiter	*E*	***716***	*716.312.02*
Versorgung	*E*	***716***	*716.312.01*
Verzicht auf Schutzeinrichtungen bei Überlast	N	**430**	5.5 c),
	E	***470A2***	*473.1.2 c)*

Hilfsstromquelle

RCDs	*E*	***530A6***	*531.2.2.1 Anmerkung*

Hindernisse

Begriff	N	**200**	2.3.14
Schutz durch nichtleitende Räume	N	**410**	413.3.3
unbeabsichtigtes Entfernen verhindern; Basisschutz	N	**410**	412.3.2

hochfrequente elektromagnetische Störungen (EMI)

Funktionserdung	*E*	***540A4***	*548.8.4*
Minderung bei Funktionserdung	*E*	***540A4***	*548.8.4*

hochfrequente Schwingungen
Verträglichkeit in elektrischen Anlagen .... N **300** 330.1

Hochhäuser
bauliche Anlagen für Menschenansammlungen .... E ***718*** *718.1*
IT-Systeme .... N **410** 413.1.5.3
Kurzzeichen .... N **300** 322.4
TN-Systeme .... N **410** 413.1.3.1

Hochspannungsanlagen
Schutz von Niederspannungsanlagen bei
Erdschlüssen in Netzen mit höherer Spannung .... N **442**

Hochspannungsleuchtröhren
elektrische Anlagen in Ausstellungen, Shows,
Ständen, Jahrmärkten .... E ***711*** *711.55.03.02*

Hochspannungsschaltfelder
Niederspannungsstromkreise .... N **736**

Höfe
Kurzzeichen .... N **300** 321.4

hoher Ableitstrom
Begriff .... E ***707*** *707.203*
Einrichtungen der Informationstechnik .... E ***707*** *707.471.3*

Hohlräume
bauliche Hohlräume; Begriff .... N **200** 2.6.2
Stegleitungen .... N **520** Anhang ZB b)

Hohlwände
Durchbrüche der Kabel- und Leitungssysteme
(-anlagen) .... N **520** 527.2.1
elektrische Betriebsmittel darin .... N **482** 482.2.2

Hohlwände (brennbar)
außenliegende Kabel .... N **482** 482.2.2.6
Elektroinstallationskanäle .... N **482** 482.2.2.5
Elektroinstallationsrohre .... N **482** 482.2.2.5
Installationskästen .... N **482** 482.2.2.1
Kabel .... N **482** 482.2.2.4
Leitungen .... N **482** 482.2.2.4
Schalter nicht mit Krallen befestigen .... N **482** 482.2.2.3
Steckdosen nicht mit Krallen befestigen .... N **482** 482.2.2.3
Verteilertafeln .... N **482** 482.2.2.1
Verwendung nicht entflammbaren Materials .... N **482** 482.2.2.2

Holz
Brandschutz .... N **482** 482.2.2
feuergefährdete Betriebsstätten .... N **482** 482.2.2
keine Stegleitungen .... N **520** Anhang ZB c)

Holzhäuser
Kurzzeichen .... N **300** 323.1

horizontale obere Flächen
Basisschutz .... N **410** 412.2.2
Schutz gegen direktes Berühren .... N **410** 412.2.2
Schutz gegen elektrischen Schlag unter normalen Bedingungen .... N **410** 412.2.2

Hotels
bauliche Anlagen für Menschenansammlungen .... E ***718*** *718.1*
Drehstrom-Steckvorrichtungen .... N **550** 4.3
Kurzzeichen .... N **300** 322.4

HPA
→ siehe Hauptpotentialausgleich

Hubmagneten
Speisestromkreise .... N **430** 5.7

Hydrotherapieräume
Begriff .... E ***710*** *Tabelle B.1-12.*
Zuordnung Sicherheitsstromversorgung und Anwendungsgruppe .... E ***710*** *Tabelle B.1-12.*

I

I_B (Betriebsstrom eines Stromkreises)
Begriff .... N **200** 2.5.4,
E ***200A2*** *826-05-04*

IEC-Publikationen
Zusammenhang .... B2 **-** Tabelle 3

im Freien
Beleuchtungsanlagen .... E ***737A1***
Kurzzeichen .... N **300** 321.2

im Freien betriebene Betriebsmittel
Steckdosen .... N **737** 5.3

Impedanz
IT-Systeme .... N **410** 413.1.5.1

Impedanz der Fehlerschleife
IT-Systeme .... N **410** 413.1.5.6
→ siehe auch Schleifenimpedanz .... N **610** 5.6.3

in und unter Putz
Stegleitungen .... N **520** Anhang ZB a)

indirektem Berühren, Schutz bei
Begriff .... N **200** A.8.4

indirektes Berühren
Begriff .... N **200** 2.3.6

Induktionsschleifen vermeiden
Schutz gegen elektromagnetische Störungen (EMI) .... N **444** 444.3.8

induktive Wirkung
Kenngrößen .... N **300** 321.10
Kurzzeichen .... N **300** 321.10

industriell genutzte Anlagen
Schutz bei Überspannungen EB1 ***534*** *11.3*

Informationstechnik
Erdungsanlage .... E ***540A4*** *548.8*
Funktionserdung .... E ***540A4*** *548.8*
Schutz gegen elektromagnetische Störungen (EMI) .... N **444**

informationstechnische Anlagen
→ siehe Anlagen der Informationstechnik

informationstechnische Einrichtungen
→ siehe Einrichtungen der Informationstechnik

Ingangsetzen im Notfall
Begriff .... N **537** Anhang NA

Innenräume
Kurzzeichen .... N **300** 321.2

Innenwiderstand
Spannungsmesser .... N **610** Tabelle 2

Inspektion
Begriff .... E ***610A1*** *Tabelle im Nationalen Vorwort*

Installation
Boote, Jachten .... N **721** 6

Installationsdosen
Verbindungen von Stegleitungen ..... N **520** Anhang ZB h)

Installationsgeräte
Auswahl ..... N **550** 6
Bauarten A und B ..... EB1 ***530*** *Anhang B*
Caravan ..... N **708** 5.4
Räume mit Badewanne oder Dusche ..... E ***701*** *701.53*
Schwimmanlage ..... N **702** 5.3

Installationskästen
Hohlwände (brennbar) ..... N **482** 482.2.2.1

Installationsmaterial
Baustelle ..... N **704** 9
Einrichtungsgegenstände ..... N **724** 7.1
Möbel ..... N **724** 7.1

Instandhaltung
Ausschalten für mechanische Instandhaltung;
Begriff ..... N **200** 2.8.2
Geräte zum Ausschalten ..... N **537** 537.3
Kabel- und Leitungssysteme (-anlagen) ..... N **520** 529
Möglichkeit dazu ..... N **300** 34

Intensivpflegeräume
Begriff ..... E ***710*** *Tabelle B.1-20.*
Zuordnung Sicherheitsstromversorgung und
Anwendungsgruppe ..... E ***710*** *Tabelle B.1-20.*

Intensivtierhaltung
landwirtschaftliches Anwesen ..... N **705** 5.4

ionisierende Einflüsse
Kenngrößen ..... N **300** 321.10
Kurzzeichen ..... N **300** 321.10

IP-Schutzarten
Betriebsmittel in feuchten und nassen Bereichen
und Räumen ..... N **737** 4.1, 4.2
Betriebsmittel in Räumen mit Badewanne oder Dusche ... N **701** 5.1
Betriebsmittel in Räumen mit elektrischen Sauna-
Heizgeräten ..... N **703** 4.1
Betriebsmittel in Schwimmanlagen ..... N **702** 5.1
Betriebsmittel von Anlagen im Freien ..... N **737** 5.1, 5.2
Betriebsmittel von Springbrunnen ..... N **738** 5.1
Kabel- und Leitungssysteme (-anlagen) ..... N **520** 522.3.1, 522.4.1

Isolationsfehler
Begriff .... N **200** A.7.1
Vorsorge für den Brandschutz .... N **482** 482.2.1

Isolationsüberwachungseinrichtungen
Auswahl .... E ***530A1*** *532.3*
Betriebsmittel mit strombegrenzenden Eigenschaften .... E ***719*** *719.531.3*
Gleichstromanteil im Fehlerstrom .... E ***719*** *719.531.3*
IT-Systeme .... N **410** 413.1.5.4, 413.1.5.8,
N **610** 5.6.1.1.1 h), 5.6.1.4.2.1
Stromquellen mit strombegrenzenden Eigenschaften .... E ***719*** *719.531.3*
Stromversorgungssysteme für Sicherheitseinrichtungen .... E ***560A2*** *564.2*

Isolationswiderstände
Anlage .... N **610** 5.3
Erproben und Messen .... N **610** 5.1, 5.3
IT-Systeme .... N **610** 5.3, 5.6.1.1
Messgleichspannungen .... N **610** 5.3
Messspannung .... N **610** Tabelle 1
Mindestwerte .... N **610** 5.3
Nachweise vor erster Inbetriebnahme .... E ***610A1*** *612.3, 612.4*
PELV .... N **610** 5.3
SELV .... N **610** 5.3

isolierende Fußböden
Anzahl der Messungen .... N **610** 5.5
Messmethode .... N **610** Anhang A
Messung des Widerstandes .... N **610** 5.5
Schutz durch nichtleitende Räume .... N **410** 413.3.3, 413.3.4

isolierende Umhüllungen
Schutz durch Verwendung von Betriebsmitteln der Schutzklasse II oder durch gleichwertige Isolierung .... N **410** 413.2.2, 413.2.3, 413.2.4

isolierende Wände
Anzahl der Messungen .... N **610** 5.5
IT-System .... N **610** 5.5, 5.6.1.1
Messmethode .... N **610** Anhang A
Messung des Widerstandes .... N **610** 5.5
Schutz durch nichtleitende Räume .... N **410** 413.3.3, 413.3.4
TN-System .... N **610** 5.5, 5.6.1.1

isolierte Leiter (Aderleitungen)
in abgehängten zu öffnenden Elektroinstallationskanälen .... N **520** Tabelle 52 H Referenz 34
in eingebetteten Elektroinstallationskanälen .... N **520** Tabelle 52 H Referenz 75
in Elektroinstallationsrohren auf Wänden .... N **520** Tabelle 52 H Referenz 3
in Elektroinstallationsrohren in baulichen Hohlräumen .... N **520** Tabelle 52 H Referenz 22
in Elektroinstallationsrohren in belüfteten Kabelkanälen im Fußboden .... N **520** Tabelle 52 H Referenz 42
in Elektroinstallationsrohren in Fensterrahmen .... N **520** Tabelle 52 H Referenz 74
in Elektroinstallationsrohren in Mauerwerk .... N **520** Tabelle 52 H Referenz 5
in Elektroinstallationsrohren in Türrahmen .... N **520** Tabelle 52 H Referenz 73
in Elektroinstallationsrohren in waagerecht oder senkrecht verlegten geschlossenen Kabelkanälen .... N **520** Tabelle 52 H Referenz 41
in Elektroinstallationsrohren in wärmegedämmten Wänden .... N **520** Tabelle 52 H Referenz 1
in geschlossenen Elektroinstallationskanälen auf Wänden .... N **520** Tabelle 52 H Referenz 4
in geschlossenen Elektroinstallationskanälen in baulichen Hohlräumen .... N **520** Tabelle 52 H Referenz 23
in geschlossenen Elektroinstallationskanälen in Mauerwerk .... N **520** Tabelle 52 H Referenz 24
in geteilten zu öffnenden Elektroinstallationskanälen (Sockelleistenkanäle) .... N **520** Tabelle 52 H Referenz 72
in Kunststoff-Formteilen (Leitungsträger) .... N **520** Tabelle 52 H Referenz 71
in zu öffnenden Elektroinstallationskanälen auf Wänden, senkrecht .... N **520** Tabelle 52 H Referenz 32, 32 A
in zu öffnenden Elektroinstallationskanälen auf Wänden, waagerecht .... N **520** Tabelle 52 H Referenz 31, 31 A
in zu öffnenden Fußbodenkanälen .... N **520** Tabelle 52 H Referenz 33

Isolierungen

doppelte Isolierungen; Begriff	N	**200**	2.3.19
Grenztemperaturen	B1	**520**	52.3.2.1
PEN-Leiter	N	**540**	8.2.2,
	E	***540A1***	*543.4.2*
Schutz durch Schutztrennung	N	**410**	413.5.1.3
Schutz durch Verwendung von Betriebsmitteln der Schutzklasse II oder durch gleichwertige Isolierung	N	**410**	413.2.1.1, 413.2.1.2
Temperaturen (Koordinierung)	B1	**520**	52.2.3
zusätzliche Isolierungen; Begriff	N	**200**	2.3.18

IT-Netz

→ siehe IT-Systeme

IT-Systeme

Abschaltbedingung durch Überstrom-Schutzeinrichtungen nicht zu erfüllen	N	**410**	413.1.5.7
Abschaltbedingungen beim 2. Fehler	N	**410**	413.1.5.5
Abschaltung nicht gefordert	N	**410**	413.1.5.1
Abschaltzeiten	N	**410**	Tabelle 41B
aktive Teile	N	**410**	413.1.5.1
aktiver Leiter	N	**610**	5.6.1.4.1.1 a)
Anordnung der Schutzeinrichtungen	N	**430**	5.6,
	E	***470A2***	*473.1.3*
Auftreten eines ersten Fehlers	N	**410**	413.1.5.5
Außenleiter	N	**610**	5.6.1.1.1 c)
Außenleiter erden	N	**410**	413.1.5.1
Baustelle	*E*	***704A1***	*704.413.1.5*
Bedingungen	N	**410**	413.1.5.3
Bedingungen zum Schutz bei einem 2. Fehler	*E*	***410A5***	*3.3.4*
Besichtigen	N	**610**	5.6.1.1.1, 5.6.1.4.1.1, 5.6.1.4.2.1.1
Besichtigen bei Abschaltung wie im TN-System	N	**610**	5.6.1.4.2.2.1
Besichtigen bei Abschaltung wie im TT-System	N	**610**	5.6.1.4.2.3.1
bewegliche oder ortsveränderliche elektrische Anlagen	*E*	***717***	*717.413.1.5*
Brandschutz	N	**482**	482.1.7
Buden auf Messegeländen (dort nicht empfohlen)	*E*	***711A1***	*711A.413.1.5*
DC-System	*E*	***300A3***	*Bild 31K*
Doppelfehlerstrom	*E*	***410A5***	*3.3.3*
Doppelfehlerstrom, wenn Körper mit dem gleichen Erder verbunden sind	*E*	***410A5***	*Bild 18*
Einrichtungen der Informationstechnik	*E*	***707***	*707.471.5*
Einrichtungen für Sicherheitszwecke	*E*	***718***	*564.2*
elektrische Anlagen für Sicherheitszwecke	N	**560**	561.2

Erde	N	**410**	413.1.5.1
Erdungsleiter	N	**610**	5.6.1.1.1 a), b)
Erdungswiderstand	N	**610**	5.6.1.1, 5.6.2
Erklärung	N	**300**	312.2.3
Erproben	N	**610**	5.6.1.1.2, 5.6.1.4.1.2, 5.6.1.4.2.1.2
Erproben bei Abschaltung wie im TN-System	N	**610**	5.6.1.4.2.2.2
Erproben bei Abschaltung wie im TT-System	N	**610**	5.6.1.4.2.3.2
Erstprüfungen	*E*	***600A1***	*612.5.1 c)*
Fehlerstrom-Schutzeinrichtungen	N	**610**	5.6.4
Fehlerstrom-Schutzeinrichtungen bei Abschaltung wie im TN-System	N	**610**	5.6.1.4.2.2.3
feuergefährdete Betriebsstätten	N	**482**	482.1.7
Flächenheizungen	*E*	***753***	*753.413.1.4.5*
Grenzlängen von Kabeln und Leitungen	B5	**-**	1.1
große Gebäude	N	**410**	413.1.5.3
Hilfsstromkreise	*E*	***716***	*716.312.2.02*
Hochhäuser	N	**410**	413.1.5.3
Impedanz	N	**410**	413.1.5.1
Impedanz der Fehlerschleife	N	**410**	413.1.5.6
Isolationsüberwachungseinrichtungen	N	**410**	413.1.5.4, 413.1.5.8,
	N	**610**	5.6.1.1.1 h), 5.6.1.4.2.1
Isolationswiderstand	N	**610**	5.3, 5.6.1.1
isoliert von Erde	*E*	***410A5***	*Bild 15*
kein Abschalten beim ersten Fehler	*E*	***410A5***	*3.1*
Kennzeichnung	N	**610**	5.6.1.1.1 e)
Körper	N	**410**	413.1.5.3,
	N	**610**	5.6.1.4.1.1 b)
Körper bei Abschaltung wie im TT-System	N	**610**	5.6.1.4.2.3.1
medizinisch genutzte Räume	*E*	***710***	*710.413.1.5*
medizinisch genutzte Räume der Anwendungsgruppe 2	*E*	***710***	*710.512.1.6*
Messen	N	**610**	5.6.1.1.3, 5.6.1.4.1.3, 5.6.1.4.2.1.3
Messen bei Abschaltung wie im TT-System	N	**610**	5.6.1.4.2.3.3
mit und ohne Neutralleiter	*E*	***410A5***	*3.3.5*
Nennspannungen und maximale Abschaltzeiten	N	**410**	Tabelle 41B
Neutralleiter	N	**430**	9.2.2,
	N	**610**	5.6.1.1.1 d), e)
Neutralleiter mit verteilt	N	**410**	413.1.5.6
Neutralleiter nicht mit verteilt	N	**410**	413.1.5.6
Neutralleiter über eine Impedanz mit Erde verbunden, Erde des Versorgungssystems und Erde von Körpern die gleiche	*E*	***410A5***	*Bild 17*

Neutralleiter über eine Impedanz mit Erde verbunden, Erder des Versorgungssystems und Erder von Körpern getrennt	*E*	***410A5***	*Bild 16*
Niederspannungs-Stromerzeugungsanlagen	N	**551**	551.4.4.2, Anhang ZB
Potentialausgleich, zusätzlicher	N	**610**	5.2, 5.6.1.1, 5.6.1.4.2.1
Potentialausgleichsleiter	N	**610**	5.6.1.1.1 a), b)
RCDs	N	**410**	413.1.5.7, 413.1.5.8
Schleifenimpedanz	N	**610**	5.6.3
Schleifenimpedanz bei Abschaltung wie im TN-System	N	**610**	5.6.1.4.2.2.3
Schutz bei einem zweiten Fehler	*E*	***410A5***	*3.3*
Schutz durch automatische Abschaltung der Stromversorgung	N	**410**	413.1.5
Schutz gegen elektrischen Schlag	N	**410**	413.1.5
Schutz gegen elektromagnetische Störungen (EMI)	N	**444**	444.4.3
Schutz von Niederspannungsanlagen bei Erdschlüssen in Netzen mit höherer Spannung	N	**442**	442.3.3, 442.4.2, 442.6, Bilder 44C bis 44H
Schutzeinrichtungen	N	**610**	5.6.1.1.1 h)
Schutzkontakte	N	**610**	5.6.1.1.1 f)
Schutzleiter	N	**610**	5.6.1.1.1 a), b), 5.6.1.1.1 c), d), 5.6.1.1.1 e), g)
Schutzmaßnahmen beim 1. Fehler	N	**610**	5.6.1.4.1
Schutzmaßnahmen beim Doppelfehler	N	**610**	5.6.1.4.2
Selbstlockern	N	**610**	5.6.1.1.1 b)
Steckdose	N	**610**	5.6.1.1.1 f)
Steckvorrichtung	N	**610**	5.6.1.1.1 f)
Sternpunkt	N	**410**	413.1.5.1
Stromversorgungssysteme für Sicherheitseinrichtungen	*E*	***560A2***	*564.2*
Systeme nach Art der Erdverbindungen	N	**300**	312.2.3
Überspannungen	N	**410**	413.1.5.2
Überspannungs-Schutzeinrichtungen	V	**534**	534.2.3, 534.2.4.3, 534.2.6, 534.3.1, Bild A5,
	E	***534***	*534.2.3, Anhang B*
Überspannungs-Schutzeinrichtungen der Anforderungsklasse B	V	**534**	534.3.1.1
Überspannungs-Schutzeinrichtungen der Anforderungsklasse C	V	**534**	534.3.1.2
Überspannungs-Schutzeinrichtungen der Anforderungsklasse D	V	**534**	534.3.1.3
Überspannungsableiter	N	**610**	5.6.1.1.1 h)
Überstrom-Schutzeinrichtungen	N	**410**	413.1.5.8,

N **610** 5.6.1.1.1 h)
Überstrom-Schutzeinrichtungen bei Abschaltung wie
im TN-System .... N **610** 5.6.1.4.2.2.3
Überwachungseinrichtungen .... N **410** 413.1.5.8
Vergnügungsparks (dort nicht empfohlen) .... E ***711A1*** *711A.413.1.5*
vorübergehend errichtete Anlagen für Bauwerke,
Vergnügungseinrichtungen und Buden auf
Kirmesplätzen, Vergnügungsparks und Zirkusse .... E ***740*** *740.413.1.5*
vorübergehend errichtete elektrische Anlagen auf
Messegeländen (dort nicht empfohlen) .... E ***711A1*** *711A.413.1.5*
Wahl der Schutzeinrichtungen .... E ***410A5*** *3.3.6*
Zirkusse (dort nicht empfohlen) .... E ***711A1*** *711A.413.1.5*
zu erwartende Berührungsspannung (beim 2. Fehler) .... E ***410A5*** *3.3.2*
zusätzlicher Potentialausgleich .... N **410** 413.1.5.7,
N **610** 5.2, 5.6.1.1,
5.6.1.4.2.1

J

Jachten
Anpassung .... N **721** Deckblatt
Beitrittsgebiet .... B2 - Seite 21
→ siehe auch Boote .... N **721**

Jahrmärkte
Begriff .... E ***711*** *711.2.4*
elektrische Anlagen .... E ***711***

K

k-Faktoren
Schutz bei Kurzschluss .... N **430** 6.3.2.1,
E ***430A1*** *434.3.2*

Kabel
außenliegend bei brennbaren Hohlwänden .... N **482** 482.2.2.6
Baustelle .... N **704** 8,
E ***704A1*** *704.52*
Besichtigen .... N **610** 4.3
bewegliche oder ortsveränderliche elektrische
Anlagen .... E ***717*** *717.52.02*
brennbare Hohlwände .... N **482** 482.2.2.4
Campingplatz .... N **708** 3.2
Caravan .... N **708** 5.2
Eignung in Wasser (Springbrunnen) .... N **738** 5.2.3

Fliegende Bauten	N	**722**	7,
	E	***722***	*7*
gartenbauliches Anwesen	N	**705**	4.2.2.5, 4.2.2.6, 5.2
Heißluft-Saunaraum	N	**703**	4.2
Hilfsstromkreise	N	**725**	5
in Erde verlegt mit zusätzlichem mechanischem Schutz	N	**520**	Tabelle 52 H Referenz 63
in Erde verlegt ohne zusätzlichen mechanischen Schutz	N	**520**	Tabelle 52 H Referenz 62
in Wasser	N	**520**	Tabelle 52 H Referenz 81
landwirtschaftliches Anwesen	N	**705**	4.2.2.5, 4.2.2.6, 5.2
Marinas	*E*	***709***	*4.1.2*
Niederspannungsstromkreise in Hochspannungsschaltfeldern	N	**736**	5.1, 5.4
Räume mit Badewanne oder Dusche	N	**701**	5.2
Schutz bei Kurzschluss	N	**430**	6
Schutz bei Überlast	N	**430**	5
Schutz durch Schutztrennung	N	**410**	413.5.1.5
Schutz gegen elektrischen Schlag	*E*	***410A2***	*413.2.1.1*
Schutz gegen zu hohe Erwärmung	N	**430**	
Schutzklasse II	*E*	***410A2***	*413.2.1.1*
Schwimmanlage	N	**702**	5.2
Sicherheitseinrichtungen	*E*	***560A2***	*569.3*
Sicherheitsstromversorgungen	*E*	***560A2***	*569.3*
Stall	N	**705**	5.2.2
Wagen nach Schaustellerart	N	**722**	7,
	E	***722***	*7*
Wassersportfahrzeuge	*E*	***709***	*4.3.2, 6.3*
Wohnwagen nach Schaustellerart	N	**722**	7,
	E	***722***	*7*

Kabel oder Mantelleitungen

an Decken befestigt	N	**520**	Tabelle 52 H Referenz 11 A
an Wänden befestigt	N	**520**	Tabelle 52 H Referenz 11
auf Auslegern, horizontal oder vertikal	N	**520**	Tabelle 52 H Referenz 14
auf durchbrochenen Kabelwannen, horizontal oder vertikal	N	**520**	Tabelle 52 H Referenz 13
auf geschlossenen Kabelwannen	N	**520**	Tabelle 52 H Referenz 12
auf Kabelpritschen	N	**520**	Tabelle 52 H Referenz 16

auf Schellen mit Abstand zur Wand oder zur Decke .... N **520** Tabelle 52 H Referenz 15

befestigt an einem Tragseil oder mit integriertem Tragseil .... N **520** Tabelle 52 H Referenz 17

in abgehängten zu öffnenden Elektroinstallationskanälen .... N **520** Tabelle 52 H Referenz 34 A

in baulichen Hohlräumen .... N **520** Tabelle 52 H Referenz 21

in eingebetteten Elektroinstallationskanälen .... N **520** Tabelle 52 H Referenz 75

in Elektroinstallationsrohren auf Wänden .... N **520** Tabelle 52 H Referenz 3 A

in Elektroinstallationsrohren in baulichen Hohlräumen .... N **520** Tabelle 52 H Referenz 22 A

in Elektroinstallationsrohren in Mauerwerk .... N **520** Tabelle 52 H Referenz 5 A

in Elektroinstallationsrohren in waagerecht oder senkrecht verlegten geschlossenen Kabelkanälen .... N **520** Tabelle 52 H Referenz 41

in Elektroinstallationsrohren oder geschlossenen Elektroinstallationskanälen in Erde .... N **520** Tabelle 52 H Referenz 61

in Fensterrahmen .... N **520** Tabelle 52 H Referenz 74

in geschlossenen Elektroinstallationskanälen auf Wänden .... N **520** Tabelle 52 H Referenz 4 A

in geschlossenen Elektroinstallationskanälen in baulichen Hohlräumen .... N **520** Tabelle 52 H Referenz 23 A

in geschlossenen Elektroinstallationskanälen in Mauerwerk .... N **520** Tabelle 52 H Referenz 24 A

in geteilten zu öffnenden Elektroinstallationskanälen (Sockelleistenkanälen) .... N **520** Tabelle 52 H Referenz 72

in Hohldecken, in Hohlraumböden .... N **520** Tabelle 52 H Referenz 25

in Mauerwerk mit zusätzlichem mechanischem Schutz .... N **520** Tabelle 52 H Referenz 53

in Mauerwerk ohne zusätzlichen mechanischen Schutz .... N **520** Tabelle 52 H Referenz 52

in Türrahmen .... N **520** Tabelle 52 H Referenz 73

in waagerecht oder senkrecht verlegten offenen oder belüfteten Kabelkanälen .... N **520** Tabelle 52 H Referenz 43

in zu öffnenden Elektroinstallationskanälen auf Wänden, senkrecht .... N **520** Tabelle 52 H Referenz 32, 32 A

in zu öffnenden Elektroinstallationskanälen auf Wänden, waagerecht .... N **520** Tabelle 52 H Referenz 31, 31 A

in zu öffnenden Fußbodenkanälen .... N **520** Tabelle 52 H Referenz 33 A

mehradrig in wärmegedämmten Wänden .... N **520** Tabelle 52 H Referenz 51

mehradrig, in Elektroinstallationsrohren in wärmegedämmten Wänden .... N **520** Tabelle 52 H Referenz 2

Kabel und Leitungen
- Anordnung beim Schutz durch Schutztrennung .... N **410** 413.5.1.5
- aus Aluminium im Beitrittsgebiet .... B2 **-** Seite 19
- Bemessungsspannung beim Schutz durch Schutztrennung .... N **410** 413.5.1.5
- Durchquerung für die elektrische Versorgung anderer Räume (Brandschutz) .... N **482** 482.1.5
- Grenzlängen .... B5 **-**
- Längen .... B5 **-**
- maximal zulässige Längen .... B5 **-**
- mit verbessertem Verhalten im Brandfall .... N **482** 482.1.4
- *Möbel .... E **713** 713.52.02*
- Schutz gegen zu hohe Erwärmung .... N **430**
- *Springbrunnen .... E **702A1** 702.522.23*

Kabel- oder Leitungswege (-trassen)
- Schutz gegen elektromagnetische Störungen (EMI) .... N **444** 444.4.4

Kabel- und Leitungsanlagen
- → siehe Kabel- und Leitungssysteme (-anlagen)

Kabel- und Leitungssysteme (-anlagen)
- Abdichtungen .... N **520** 527.2.6
- abstützen der Kabel und Leitungen .... N **520** 522.8.1.3
- *Adern von flexiblen Leitungen .... E **520A2***
- Allgemeines .... N **520** 520
- Anschlussklemmen B1 **520**
- Arten .... N **520** 521
- Auftreten von korrosiven oder verschmutzenden Stoffen .... N **520** 522.5
- Auftreten von Wasser .... N **520** 522.3, 522.5.1
- äußere Wärmequellen .... N **520** 522.2

Auswahl	N	**520**	Tabelle 52 F
Auswahl und Errichtung im Hinblick auf Möglichkeit der Instandhaltung einschließlich Reinigung	N	**520**	529
Auswahl und Errichtung nach den Umgebungseinflüssen	N	**520**	522
Auswahl und Errichtung zur Begrenzung von Bränden	N	**520**	527
Auswahl von Verbindungsmitteln	N	**520**	526.2
Auswirkungen von Erdbeben	N	**520**	522.12
Band I	N	**520A1**	528.1.1
Band II	N	**520A1**	528.1.1
bauliche Bewegungen	N	**520**	522.14.1
Begrenzung des Temperaturanstiegs bei Schnittstellenanschlüssen	B1	**520**	
Begrenzung von Bränden	N	**520**	527
Begriff	N	**200**	2.6.1
Beleuchtungsanlagen	*E*	***559A1***	*559.6*
Berücksichtigung der Fähigkeiten des Instandhaltungspersonals	N	**520**	529.1
Berücksichtigung voraussehbarer Betriebszustände	N	**520**	528.2.3
Besonderheiten für das Vereinigte Königreich	N	**520**	Anhang ZB
Besonderheiten für Deutschland	N	**520**	Anhang ZB
Betriebstemperatur	N	**520**	522.1.1
Betten	*E*	***713***	*713.1.1*
bewegliche oder ortsveränderliche elektrische Anlagen	*E*	***717***	*717.52*
Biegeradius	N	**520**	522.8.1.2
Brandabschnitte	N	**520**	527.1
Brandschutz	N	**482**	482.1.4,
	N	**520**	527
Buden auf Messegeländen	*E*	***711A1***	*711A.52*
Campingplatz	N	**708**	3.2
Caravan	N	**708**	5.2,
	E	***708A1***	*5.2.7.3*
Dächer	N	**520**	527.2.1
dauerhafte Stromübertragung	N	**520**	526.1
Decken	N	**520**	527.2.1
Druck	N	**520**	522.6.1
Eindringen von Feuchtigkeit	N	**520**	522.3.1
Einrichtungen für Sicherheitszwecke	*E*	***718***	*568.2*
elektrische Anlagen in Ausstellungen, Shows, Ständen, Jahrmärkten	*E*	***711***	*711.52*
elektrische Anlagen von Gebäuden	N	**520**	
elektrische Verbindungen	N	**520**	526
Elektroinstallationskanäle	N	**520**	521.6, 522.8.1.1, 527.2.2, 527.2.4
Elektroinstallationsrohre	N	**520**	521.6, 522.8.1.1, 527.2.2, 527.2.4

Erdbeben	N	**520**	522.12
errichten	N	**520**	Tabelle 52 G
Errichtungsbedingungen	N	**520**	527.4
Fauna	N	**520**	522.10
feste Fremdkörper	N	**520**	522.4
feuergefährdete Betriebsstätten	N	**482**	482.1.4
Feuersicherheit	N	**520**	527.1.2
Flächenheizungen	*E*	***753***	*753.52*
flexible Kabel und Leitungen	N	**520**	522.14.2, 522.8.1.8
Flora	N	**520**	522.9
für feuergefährdete Betriebsstätten	N	**482**	482.1.6
Fußböden	N	**520**	527.2.1
Gebäudestruktur	N	**520**	522.14
gemeinsames Verlegen von Stromkreisen unterschiedlicher Spannung	N	**520**	528.1.1
Geschirrschränke	*E*	***713***	*713.1.1*
Grundsätze	N	**520**	520.1, Nationales Vorwort
Hilfsstromkreise	*E*	***716***	*716.52*
Hohlwände	N	**520**	527.2.1
im Querschnitt reduzierter Schutzleiter im Vereinigten Königreich	N	**520**	Anhang ZB a)
in Fußböden	N	**520**	522.8.1.6
in Konstruktionselementen	N	**520**	522.8.1.7
in Wänden	N	**520**	522.8.1.7
Instandhaltung	N	**520**	529
IP-Schutzart	N	**520**	522.3.1, 522.4.1
Kabel und Leitungen mit Flammwidrigkeit	N	**520**	527.1.3
Kabel und Leitungen ohne Flammwidrigkeit	N	**520**	527.1.4, 527.1.5
Kabeldurchbrüche	N	**520**	527.2
Kabelschottungen	N	**520**	527.2.3
Kabelwannen	N	**520A1**	528.1.1
keine scharfen Kanten	N	**520**	522.8.1.9
Kennzeichnung	*E*	***510***	*514.2*
Kennzeichnung und Verwendung der Adern von flexiblen Leitungen	*E*	***520A2***	
Kleinspannungs-Beleuchtungsanlagen	*E*	***715***	*715.52*
Klemmenerwärmung	B1	**520**	
Kondensation	N	**520**	522.3.2, 528.2.2
Kontakt unterschiedlicher Metalle	N	**520**	522.5.2
Ladenschaukästen	*E*	***713***	*713.1.1*
Leitungsdurchbrüche	N	**520**	527.2
Leuchte mit flexibler Leitung	*E*	***520A1***	*Tabelle 52H*
Lötverbindungen	N	**520**	526.2
mechanische Beanspruchungen	N	**520**	522.14.1, 522.3.3, 522.6, 522.8
medizinisch genutzte Räume	*E*	***710***	*710.52*
mehrere Stromkreise	N	**520**	521.6

Mindestquerschnitte von Leitern	N	**520**	524, Tabelle 52 J
Mittel zur Abdichtung	N	**520**	527.2.6, 527.3.1
mittlere bis hohe mechanische Beanspruchungen	N	**520**	522.6.2
Möbel	*E*	***713***	*713.1.1*
Möglichkeit der Instandhaltung	N	**520**	529
Motorcaravan	N	**708**	5.2
Muffen	N	**520**	526.3
Muffen von erdverlegten Kabeln	N	**520**	526.3
Nachweise und Prüfungen	N	**520**	527.5
Nähe zu anderen technischen Anlagen	N	**520**	528
Nähe zu Dampfleitungen	N	**520**	528.2.2
Nähe zu elektrischen Anlagen	N	**520**	528.1
Nähe zu Gasleitungen	N	**520**	528.2.2
Nähe zu nichtelektrischen technischen Anlagen	N	**520**	528.2
Nähe zu wärme- oder rauchabgebenden Anlagen	N	**520**	528.2.1
Nähe zu Wasserleitungen	N	**520**	528.2.2
Pflanzenbewuchs	N	**520**	522.9
Photovoltaik-Anlagen	*E*	***712***	*712.52*
physikalische Trennung	N	**520A1**	528.1.1
Planschbecken	*E*	***702A1***	*702.52*
Prüfungen	N	**520**	527.5
Räume mit Badewanne oder Dusche	*E*	***701***	*701.52*
Reinigung	N	**520**	529
Schienenverteiler	N	**520**	521.4
Schimmelbewuchs	N	**520**	522.9
Schlag	N	**520**	522.6.1
Schnittstellenanschlüsse	B1	**520**	
Schutz gegen elektromagnetische Störungen (EMI)	N	**444**	444.3.11
Schutz gegen thermische Einwirkungen	N	**520**	522.2.1
Schwimmbäder und andere Becken	*E*	***702A1***	*702.52*
Schwingungen	N	**520**	522.7
senkrechtes Verlegen	N	**520**	522.8.1.7
Sonneneinstrahlung	N	**520**	522.11
Spannungsfall in Verbraucheranlagen	N	**520**	525
Springbrunnen	*E*	***702A1***	*702.52*
Starkstromanlagen	N	**520**	
Staub	N	**520**	522.4.2
Stegleitungen	N	**520**	Anhang ZB
Stegleitungen in Hohlräumen	N	**520**	Anhang ZB b)
Stegleitungen nicht auf Holz	N	**520**	Anhang ZB c)
Stegleitungen nicht auf Metall	N	**520**	Anhang ZB g)
Stegleitungen nicht bündeln	N	**520**	Anhang ZB d)
Stegleitungen nur in trockenen Räumen	N	**520**	Anhang ZB a)
Stegleitungen nur in und unter Putz	N	**520**	Anhang ZB a)
Stegleitungen unter Gipskartonplatten	N	**520**	Anhang ZB f)
Stegleitungen; Befestigungen	N	**520**	Anhang ZB e)
Strombelastbarkeit	N	**520**	523
Stromkreise mit Spannungen der Bänder I und II	N	**520A1**	528.1.1

Stromschienen	N	**520**	527.2.2
Stromschienenkanalsysteme	N	**520**	527.2.2
Stromversorgungseinrichtungen für Sicherheitszwecke	*E*	***718***	*568.2*
Temperaturen	N	**520**	526.4
Temperaturgrenzwerte	N	**520**	522.1.2
Tiere	N	**520**	522.10
Tischschaukästen	*E*	***713***	*713.1.1*
tragende Gebäudeelemente	N	**520**	527.2.5
Umgebungseinflüsse	N	**520**	527.3
Umgebungstemperatur	N	**520**	522.1
Umhüllungen aus ferromagnetischen Werkstoffen	N	**520**	521.5
unstabile Bauweise	N	**520**	522.14.2
unterschiedliche Bemessungstemperaturen	N	**520**	522.1.3
Verbindungen von Stegleitungen	N	**520**	Anhang ZB h)
Verbindungen zwischen den fest verlegten Kabeln und Leitungen	N	**520**	522.12.2
Verbindungen zwischen der Anschlussleitung und dem Heizelement für Decken-, Fußboden- und Rohrheizsysteme	N	**520**	526.3
Verbindungsmittel	N	**520**	526.2
Verbrauchsmittel mit flexibler Leitung	*E*	***520A1***	*Tabelle 52H*
Verbrauchsmittel, abgehängt	*E*	***520A1***	*Tabelle 52H*
Verfahren zum Verlegen von Kabeln und Leitungen	N	**520**	Nationales Vorwort, 132.7
Vergnügungsparks	*E*	***711A1***	*711A.52*
Verlegearten	N	**520**	521.1, 521.2
Verlegearten und Verlegeorte	N	**520**	Tabelle 52 G
Verlegearten, die nicht genormt sind	N	**520**	521.3
Verlegearten, die zulässig sind	N	**520**	Tabelle 52 F
Verlegearten; Beispiele	N	**520**	Tabelle 52 H
Verlegen von Stegleitungen	N	**520**	Anhang ZB
Verlegeorte	N	**520**	Tabelle 52 G
Vermeiden von wechselseitigen Einflüssen zwischen elektrischen und nichtelektrischen Anlagen	N	**520**	Nationales Vorwort, 132.11
Verschluss von Kabel- und Leitungsdurchbrüchen	N	**520**	527.2
Verschlüsse	N	**520**	527.3.1, 527.4.1, 527.4.2, 527.5.1
Versorgung feuergefährdeter Betriebsstätten	N	**482**	482.1.6
Vorhandensein von Pflanzen und/oder Schimmelbewuchs	N	**520**	522.9
Vorhandensein von Tieren	N	**520**	522.10
vorübergehend errichtete Anlagen für Bauwerke, Vergnügungseinrichtungen und Buden auf Kirmesplätzen	*E*	***740***	*740.52*
vorübergehend errichtete elektrische Anlagen auf Messegeländen	*E*	***711A1***	*711A.52*

vorübergehende Aufhebung von Schutzmaßnahmen .... N **520** 529.2
waagerechtes Verlegen .... N **520** 522.8.1.7
während der Errichtung .... N **520** 522.8.1
Wände .... N **520** 527.2.1
Wasserabführung .... N **520** 522.3.2
Wasserbeständigkeit .... N **520** 527.3.1
Wechselstromkreise .... N **520** 521.5
Welleneinwirkungen .... N **520** 522.3.3
Werkstoffe, die bei Kontakt ihre Eigenschaften verschlechtern .... N **520** 522.5.3
Wind .... N **520** 522.13
Zirkusse .... E ***711A1*** *711A.52*
Zugang zum Ein- oder Ausziehen von Kabeln und Leitungen .... N **520** 522.8.1.5
Zugänglichkeit .... N **520** 529.3
Zugänglichkeit der Verbindungen .... N **520** 526.3
Zugbeanspruchung .... N **520** 522.8.1.4
zulässige Strombelastbarkeit von Leitern .... N **520** 523
zulässige Verlegearten .... N **520** Tabelle 52 F
zusätzlicher Potentialausgleich nichtelektrischer Anlagen in der Nähe .... N **520** 528.2.4
Zwischenwände .... N **520** 527.2.1

Kabelanlagen
Kennzeichnung .... N **510** 514.2,
E ***510*** *514.2*

Kabelbahnen
Schutzleiter .... E ***540A1*** *543.2.1*

Kabeldurchbrüche
Verschluss .... N **520** 527.2

Kabelkanäle
begehbare Kabelkanäle; Begriff .... N **200** 2.6.6
Begriff .... N **200** 2.6.5
Schutzleiter .... E ***540A1*** *543.2.1*

Kabelnetze
Hausanschlüsse in öffentlichen Verteilungsnetzen .... N **732**

Kabelpritschen
Begriff .... N **200** 2.6.8

Kabelschellen
Begriff .... N **200** 2.6.10

Kabelschottungen
für Kabel- und Leitungssysteme (-anlagen) bei
vorgegebener Feuerwiderstandsdauer .... N **520** 527.2.3

Kabelwannen
Begriff .... N **200** 2.6.7
Kabel- und Leitungssysteme (-anlagen) .... N **520A1** 528.1.1

Kabinen
→ siehe bewegliche oder ortsveränderliche
elektrische Anlagen .... E ***717*** *717.1*

Kaianlagen
Kurzzeichen .... N **300** 321.4

Kaltleitungen
Begriff .... E ***753*** *753.2.8*

Kapazität
Stromquellen für Sicherheitszwecke .... E ***718*** *568.1.10*
Stromversorgungssysteme für
Sicherheitseinrichtungen .... E ***560A2*** *564.1.2*

Kaufhäuser
Kurzzeichen .... N **300** 322.4

Kenngrößen
der Schutzeinrichtung beim Schutz bei Kurzschluss .... N **430** 6.3
Unterspannungs-Schutzeinrichtung .... N **450** 3.4

Kenngrößen der Betriebsmittel
allgemein .... E ***100A1*** *133.2*
→ siehe auch unter charakteristische Merkmale der
Betriebsmittel

Kennwerte
Überspannungs-Schutzeinrichtungen .... V **534** 534.3, 534.3.2

Kennzeichnung
abgeschlossene elektrische Betriebsstätten .... N **731** 3.4, 4.2
Adern von flexiblen Leitungen .... E ***520A2*** *2*
Alarmeinrichtungen der elektrischen Anlagen für
Sicherheitszwecke .... N **560** 563.6
bedingt oder unbedingt kurzschlussfester
Sicherheitstransformator .... E ***715*** *Anhang A*
Besichtigen .... N **610** 4.3
Betätigungseinrichtungen für Not-Ausschaltgeräte .... N **537** 537.4.4,
E ***537A3*** *6.4*

bewegliche oder ortsveränderliche elektrische Anlagen	*E*	***717***	*717.514*
elektrische Betriebsstätten	N	**731**	3.4, 4.2
Geräte für Not-Ausschaltung	N	**537**	537.4.7
Geräte zum Ausschalten für mechanische Instandhaltung	N	**537**	537.3.4
Geräte zum Trennen	N	**537**	537.2.5
grün-gelb	N	**510**	514.3, Nationales Vorwort,
	E	***510***	*514.3, Nationales Vorwort zu 514.3.1*
grün-gelb bei Adern von flexiblen Leitungen	*E*	***520A2***	*2.4*
hellblau	N	**510**	514.3, Nationales Vorwort,
	E	***510***	*514.3, Nationales Vorwort zu 514.3.1*
IT-System	N	**610**	5.6.1.1.1 e)
Kabel- und Leitungssysteme (-anlagen)	*E*	***510***	*514.2*
Kabelanlagen	N	**510**	514.2,
	E	***510***	*514.2*
Leiter	N	**510**	514.2,
	E	***510***	*514.2*
Leitungsanlagen	N	**510**	514.2,
	E	***510***	*514.2*
Leuchte geeignet für direkte Montage auf normal entflammbaren Oberflächen	*E*	***559A1***	*Anhang A,*
	E	***715***	*Anhang A*
Leuchte mit begrenzter Oberflächentemperatur	*E*	***559A1***	*Anhang A,*
	E	***715***	*Anhang A*
Neutralleiter	N	**510**	514.3.1,
	E	***510***	*514.3.1*
PEN-Leiter	N	**510**	514.3.2,
	E	***510***	*514.3.2*
Potentialausgleichsleiter (Variante der Schutzleiter)	N	**510**	514.3.1,
	E	***510***	*514.3.1*
Schaltanlagen	N	**729**	4.4
Schaltgeräte	N	**510**	514.1,
	E	***510***	*514.1*
Schaltpläne	N	**510**	514.5,
	E	***510***	*514.5*
Schutzeinrichtungen	N	**510**	514.4,
	E	***510***	*514.4*
Schutzleiter	N	**510**	514.3.1,
	E	***510***	*514.3.1*
Steuergeräte	N	**510**	514.1,
	E	***510***	*514.1*
TN-System	N	**610**	5.6.1.1.1 e)

TT-System .... N **610** 5.6.1.1.1 e)
unabhängiges Vorschaltgerät........ E ***559A1*** *Anhang A,*
E ***715*** *Anhang A*
Verteiler........ N **729** 4.4

Kennzeichnungsschilder
bewegliche oder ortsveränderliche elektrische Anlagen........ E ***717*** *717.514*

keraunischer Pegel
Kenngrößen........ N **300** 321.13
Kurzzeichen........ N **300** 321.13

Kinder
Betriebsmittel mit höherer Schutzart als IP2X........ N **510** Tabelle 51A, Seite 12,
E ***510*** *Tabelle 51A (322.1)*
Betriebsmittel mit niedrigeren Oberflächentemperaturen........ N **510** Tabelle 51A, Seite 12,
E ***510*** *Tabelle 51A (322.1)*
Kurzzeichen........ N **300** 322.1

Kirmes
Begriff........ E ***711*** *711.2.4*

Kirmesplätze
Begriff........ E ***740*** *740.2.1*

Klappbetten
Abschaltung der Leuchte beim Zusammenklappen........ E ***713*** *713.55.1.3*

Klassen der klimatischen Umgebungsbedingungen
Klimatogramme........ N **300** Anhang B

Klassifizierung von Makro-Umgebungsbedingungen
Kategorien........ N **300** Anhang D

Klassifizierung von mechanischen Umweltbedingungen
Umwelteinflussgrößen........ N **300** Anhang C

kleben
Stegleitungen........ N **520** Anhang ZB e)

kleine Spannungen (ELV)
Grenzen des Beharrungszustandes........ E ***410A4*** *Nationales Vorwort*

Kleinspannungen (ELV)
Beziehungen zur Erde .... N **410** Anhang ZB
Caravan .... N **708** 5.7
Hilfsstromkreise .... E ***716*** *716.525*
sichere Trennung .... N **410** Anhang ZB
Überblick .... N **410** Anhang ZB

Kleinspannungs-Beleuchtungsanlagen
andere Betriebsmittel .... E ***715*** *715.55*
Anschlussseile mit Gegengewichten .... E ***715*** *715.521.8*
Bemessungsspannung .... E ***715*** *715.1*
besondere Schutzeinrichtung zum Brandschutz .... E ***715*** *715.482.5.2*
blanke Leiter .... E ***715*** *715.411.1, 715.521.7*
Brandgefahr durch Kurzschluss .... E ***715*** *715.482.5*
Brandschutz .... E ***715*** *715.482*
F-Leuchten .... E ***715*** *715.482.2.3*
freihängende blanke Leiter .... E ***715*** *715.521.7*
freihängende Trägerleiter .... E ***715*** *715.521.8*
Kabel- und Leitungssysteme (-anlagen) .... E ***715*** *715.52*
Leuchten .... E ***715*** *715.482.2.3*
metallene Gebäudeeinrichtungen als aktive Leiter unzulässig .... E ***715*** *715.521.1.1*
Mindestquerschnitte von Leitern .... E ***715*** *715.524.1*
nur SELV zulässig .... E ***715*** *715.411.1*
Parallelbetrieb von Transformatoren .... E ***715*** *715.411.1.2*
Rohrleitungen als aktive Leiter unzulässig .... E ***715*** *715.521.1.1*
Schneidklemmen .... E ***715*** *715.521.8*
Schutz bei Überstrom .... E ***715*** *715.43*
Schutz gegen direktes und bei indirektem Berühren .... E ***715*** *715.411*
Sicherheitstransformatoren .... E ***715*** *715.411.1.2*
Spannungsfall .... E ***715*** *715.525*
Strombelastbarkeit .... E ***715*** *715.523*
Stromschienensysteme .... E ***715*** *715.521.9*
Teile von Möbeln als aktive Leiter unzulässig .... E ***715*** *715.521.1.1*
Trägerleiter .... E ***715*** *715.521.7, 715.521.8*
Überstrom-Schutzeinrichtungen .... E ***715*** *715.43*
Verlegearten .... E ***715*** *715.521.1.1*
Vorschaltgeräte .... E ***715*** *715.411.1.2*

Kleinspannungs-Stromerzeugungsanlagen
Anlagen, bei denen die Stromerzeugungsanlage eine umschaltbare Versorgungsalternative zum Netz darstellt .... N **551** 551.6, Anhang ZB
Anlagen, bei denen ein Parallelbetrieb der Stromerzeugungsanlage mit einem Netz zulässig ist... N **551** 551.7, Anhang ZB

Anordnung von Mitteln zur Erkennung von Überströmen ..... B **551** 551.5.1
Art der Schutzeinrichtungen ..... N **551** 551.7.2
Arten ..... N **551** 551.1.1.1
Auslegung ..... N **551** 551.3.2
Auswirkungen auf das Netz ..... N **551** 551.7.1
Betriebseigenschaften ..... N **551** 551.2.3
Eigenschaften ..... N **551** 551.1.1.3
Energiequellen ..... N **551** 551.1.1.2
Erdschlussstrom ..... N **551** 551.2.2
Erregung ..... N **551** 551.2.1
Ersatzstromversorgungsanlagen ..... N **551** 551.6, Anhang ZB
FELV ..... N **551** 551.3.1
Filter ..... N **551** 551.5.2
Funktion anderer Stromquellen ..... N **551** 551.2.1
Kommutierung ..... N **551** 551.2.1
Kurzschlussstrom ..... N **551** 551.2.2
Leistungsvermögen ..... N **551** 551.2.3
mit mehr als einer Stromquelle ..... N **551** 551.3.1
Mittel zum Trennen vom Netz ..... N **551** 551.7.4
Neutralleiter ..... N **551** 551.6.2
Oberschwingungsströme ..... N **551** 551.5.2
Parallelbetrieb zu einem Netz ..... N **551** 551.5.2
PELV ..... N **551** 551.3.1
RCDs ..... N **551** 551.6.2
Schutz bei Überstrom ..... N **551** 551.5
Schutz sowohl gegen direktes als auch bei indirektem Berühren ..... N **551** 551.3
Schutzeinrichtungen, die die Stromerzeugungsanlage vom Netz abschalten ..... N **551** 551.7.2
SELV ..... N **551** 551.3.1
Stromquellen ..... N **551** 551.1.1.2
Stromversorgung für dauerhaft errichtete Anlagen ..... N **551** 551.1.1.4
Stromversorgung für ortsveränderliche Betriebsmittel ..... N **551** 551.1.1.4
Stromversorgung für zeitweilig errichtete Anlagen ..... N **551** 551.1.1.4
TN-S-Systeme ..... N **551** 551.6.2
umschaltbare Versorgungsalternative ..... N **551** 551.7.5
vagabundierende Ströme ..... N **551** 551.5.2
Verbindung einer Stromerzeugungsanlage mit dem Netz verhindern, wenn die Spannung und Frequenz des Netzes außerhalb der Betriebswerte liegen ..... N **551** 551.7.3
Versorgungsunternehmen befragen ..... N **551** 551.7.1
Zwecke ..... N **551** 551.1.1.4

Klemmen
Besichtigen ..... N **610** 4.3
Temperatur B1 **520**

Klemmenerwärmung
Auffächern der Leiter B1 **520** 52.3.2.4
Begrenzung der Folgen........ B1 **520** 52.3.2
Erhöhung des Leiterquerschnittes B1 **520** 52.3.2.2
isolierte Leiter mit Eignung für höhere Temperatur........ B1 **520** 52.3.2.3

Klemmenkästen
Beleuchtungsanlagen........ E ***559A1*** *559.6.1*
Leuchten .... E ***559A1*** *559.6.1*

Klemmstellen
Schutzleiter........ N **540** 5.3.3

Klimaanlagen
Grenzlängen von Kabeln und Leitungen........ B5 **-** 3.3
Hauptpotentialausgleich .... N **410** 413.1.2.1

klimatische Umgebungsbedingungen
Kenngrößen und Merkmale........ N **300** 321.2
Kurzzeichen........ N **300** 321.2

Klimatogramme
Klassen der klimatischen Umgebungsbedingungen........ N **300** Anhang B

Kliniken
elektrische Anlagen .... E ***710*** *710.11*
→ siehe medizinisch genutzte Räume........ E ***710***

kombinierte Funktionserdungs- und Schutzleiter
Allgemeines........ E ***540A1*** *545.7.4.1*
Anlagen der Informationstechnik .... E ***540A1*** *545.7.4*
Arten .... E ***540A1*** *545.7.4.2*
dauerhafte elektrische Verbindung........ E ***540A1*** *545.7.4.3*
Gleichstrom-Rückleiter........ E ***540A1*** *545.7.4.1*
leitfähige Konstruktionsteile........ E ***540A1*** *545.7.4.3*
Schrankreihen........ E ***540A1*** *545.7.4.3*
Spannungsfall .... E ***540A1*** *545.7.4.1*

kombinierte Multi-Port Überspannungs-Schutzeinrichtungen
Begriff........ EB1 ***534*** *3.2*

kombinierter Stoß
Begriff........ EB1 ***534*** *3.1*

Kommunikationsnetzwerke
Anlagen der Informationstechnik .... E ***540A1*** *545.1*

Kommutierung
Kleinspannungs-Stromerzeugungsanlagen........ N **551** 551.2.1
Niederspannungs-Stromerzeugungsanlagen........ N **551** 551.2.1

Kompensationskondensatoren
Beleuchtungsanlagen .... *E* ***559A1*** *559.8*
Leuchten .... *E* ***559A1*** *559.8*

Kondensation
Kabel- und Leitungssysteme (-anlagen) .... N **520** 522.3.2, 528.2.2

Kondensatoren
Leuchten .... N **559** 4.2
Schaltüberspannungen *EB1* ***534*** *B.2*

Konformität
Begriff .... *E* ***610A1*** *Tabelle im Nationalen Vorwort*

Konformitätsnachweis
Begriff .... *E* ***610A1*** *Tabelle im Nationalen Vorwort*

Konstruktionselemente
Verlegen von Kabeln und Leitungen in Konstruktionselementen .... N **520** 522.8.1.7

Konstruktionsteile
als Schutzleiter .... N **540** 5.2.2
metallene Konstruktionsteile bei Springbrunnen .... N **738** 4.4.1
von fabrikfertigen Schaltgerätekombinationen als Schutzleiter .... *E* ***540A1*** *543.2.2*

Kontakt unterschiedlicher Metalle
Kabel- und Leitungssysteme (-anlagen) .... N **520** 522.5.2

Konverter
vorübergehend errichtete Anlagen für Bauwerke, Vergnügungseinrichtungen und Buden auf Kirmesplätzen, Vergnügungsparks und Zirkusse .... *E* ***740*** *740.55.6*

konzentrische Leiter
Brandschutz .... N **482** 482.1.7
feuergefährdete Betriebsstätten .... N **482** 482.1.7
PEN-Leiter .... N **540** 8.2.1,
E ***540A1*** *543.4.1*
Schutzleiter .... *E* ***540A1*** *543.2.1*

Koordination von Überspannungs-Schutzeinrichtumgen (Kaskade)
Begriff *EB1* ***534*** *3.3*

Koordinierung

Schutz bei Überlast mit Schutz bei Kurzschluss .... N **430** 7

Schutz bei Überlast und Kurzschluss in Photovoltaik-Anlagen .... E ***712*** *712.435*

Körper

Anordnung beim Schutz durch nichtleitende Räume .... N **410** 413.3.1, 413.3.3

außerhalb des Hauptpotentialausgleichs; TT-Systeme ..... E ***410A5*** *Bild A2*

Begriff Körper (eines elektrischen Betriebsmittels) .... N **200** 2.3.2

Fehler dagegen in Hilfsstromkreisen .... E ***716*** *716.552.2*

gleichzeitig berührbar beim Schutz durch erdfreien örtlichen Potentialausgleich .... N **410** 413.4.1

gleichzeitig berührbar; zusätzlicher Potentialausgleich .... N **410** 413.1.6.1

gleichzeitig berührbare Körper im TT-System .... N **610** 5.6.1.3.1

innerhalb des Hauptpotentialausgleichs; TN-Systeme...... E ***410A5*** *Bild A3*

innerhalb des Hauptpotentialausgleichs; TT-Systeme ...... E ***410A5*** *Bild A1*

IT-System bei Abschaltung wie im TT-System .... N **610** 5.6.1.4.2.3.1

IT-Systeme .... N **410** 413.1.5.3, N **610** 5.6.1.4.1.1 b)

möglichst nicht mit fremden leitfähigen Teilen verbinden bei SELV .... N **410** 411.1.4.2

nicht mit Erde verbinden bei SELV .... N **410** 411.1.4.2

nicht mit Körpern anderer Stromkreise verbinden bei SELV .... N **410** 411.1.4.2

nicht mit Schutzleitern verbinden bei SELV .... N **410** 411.1.4.2

Schutz bei indirektem Berühren entbehrlich bei kleinen Abmessungen .... N **470** 471.2.2

Schutz durch automatische Abschaltung der Stromversorgung .... N **410** 413.1.1.2

Schutz durch erdfreien örtlichen Potentialausgleich .... N **410** 413.4.2

Schutz durch Schutztrennung .... N **410** 413.5.3.1

Schutzleiter .... N **540** 5.3.5

TN-Systeme .... N **410** 413.1.3.1

TT-Systeme .... N **410** 413.1.4.1

zwei Fehler von zwei Körpern beim Schutz durch Schutztrennung .... N **410** 413.5.3.4

Körperschluss

Begriff... N **200** A.7.2

Hilfsstromkreise .... N **725** 6.1.2

vollkommener Körperschluss; Begriff .... N **200** A.7.8

Körperstrom

gefährlicher Körperstrom; Begriff.................................... N **200** 2.3.7

Korrosion
elektrochemische Korrosion bei Verbindungen von Erdern .... *E* ***540A1*** *542.2.3*
Erder .... N **540** 4.2.4
Erdungssammelleiter .... *E* ***540A1*** *545.7.1.3*
Kenngrößen .... N **300** 321.6
Kurzzeichen .... N **300** 321.6
vermeiden bei Erdern .... *E* ***540A1*** *542.2.1*

Korrosionsschutz
Metallteile .... N **737** 4.3

korrosive oder verschmutzende Stoffen
Kabel- und Leitungssysteme (-anlagen) .... N **520** 522.5

Krankenhäuser
elektrische Anlagen .... *E* ***710*** *710.11*
Kurzzeichen .... N **300** 322.4
Schutz bei Überspannungen *EB1* ***534*** *11.3*
→ siehe medizinisch genutzte Räume .... *E* ***710***

Kreuzungen
Schutz gegen elektromagnetische Störungen (EMI) .... N **444** 444.3.6

Küchen
Kurzzeichen .... N **300** 322.5

Kunststoffablaufrohre
Räume mit Badewanne oder Dusche .... N **701** 4.2.4

Kunststoffwannen
zusätzlicher Potentialausgleich .... N **701** 4.2.4

Kurzschließen
Trennen .... N **460** 4.2

Kurzschluss
Begriff .... N **200** A.7.4
Grenzlängen von Kabeln und Leitungen .... B5 **-** 4.1.2
Hilfsstromkreise .... N **725** 6.1.2

Kurzschluss, vollkommener
Begriff .... N **200** A.7.8

Kurzschluss-Schutzeinrichtungen
Auswahl .... *E* ***530*** *533.3,*
E ***530A2*** *533.3*

Kurzschlussausschaltvermögen
→ siehe Ausschaltvermögen

kurzschlussfest
Begriff ..... N **200** A.7.5

kurzschlusssicher
Begriff ..... N **200** A.7.6

kurzschlusssicheres Verlegen
Begriff ..... *E* ***710*** *Anhang C*

Kurzschlussströme
(unbeeinflusster, vollkommener) Kurzschlussstrom;
Begriff ..... N **430** 2.2
Begriff ..... N **200** 2.5.8
Berechnung *EB1* ***530*** *A.2*
elektromagnetische Störungen (EMI) ..... N **444** Einführung
Kleinspannungs-Stromerzeugungsanlagen ..... N **551** 551.2.2
Niederspannungs-Stromerzeugungsanlagen ..... N **551** 551.2.2

Kurzzeichen
AA Umgebungstemperaturen ..... N **300** 321.1, Anhang A
AB Umgebungstemperaturen und Luftfeuchte ..... N **300** 321.2, Anhang A
AC Seehöhe ..... N **300** 321.3, Anhang A
AD Auftreten von Wasser ..... N **300** 321.4, Anhang A
AE Auftreten von festen Fremdkörpern ..... N **300** 321.5, Anhang A
AF Korrosion ..... N **300** 321.6, Anhang A
AG Schlag ..... N **300** 321.7.1, Anhang A
AH Schwingungen (Vibrationen) ..... N **300** 321.7.2, Anhang A
AJ andere mechanische Beanspruchungen ..... N **300** 321.7.3, Anhang A
AK Pflanzen- oder Schimmelwachstum (Flora) ..... N **300** 321.8, Anhang A
AL Tiere (Fauna) ..... N **300** 321.9, Anhang A
AM elektromagnetische, elektrostatische und
ionisierende Einflüsse ..... N **300** 321.10, Anhang A
AN Sonnenstrahlung ..... N **300** 321.11, Anhang A
andere mechanische Beanspruchungen ..... N **300** 321.7.3
Anwesenheit von Tieren (Fauna) ..... N **300** 321.9
AP Auswirkungen von Erdbeben ..... N **300** 321.12, Anhang A
AQ Blitz ..... N **300** 321.13, Anhang A
AR Luftbewegung ..... N **300** 321.14, Anhang A
Art der Bauwerke ..... N **300** 323
Art der bearbeiteten oder gelagerten Stoffe ..... N **300** 322.5
AS Wind ..... N **300** 321.15, Anhang A
Auftreten von festen Fremdkörpern ..... N **300** 321.5
Auftreten von Wasser ..... N **300** 321.4
äußere Einflüsse ..... N **300** 320.2
Auswirkungen von Erdbeben ..... N **300** 321.12
Autowaschanlagen ..... N **300** 321.4
BA Eignung von Person ..... N **300** Anhang A
BA Eignung von Personen ..... N **300** 322.1
Baustoffe ..... N **300** 323.1

BB elektrischer Widerstand des menschlichen Körpers	N	**300**	322.2, Anhang A
BC Verbindung von Personen mit Erdpotential	N	**300**	322.3, Anhang A
BD Räumungsmöglichkeit bei Gefahr	N	**300**	322.4, Anhang A
BE Art der bearbeiteten oder gelagerten Stoffe	N	**300**	322.5, Anhang A
Behinderte	N	**300**	322.1
Benutzung	N	**300**	322
Blitz	N	**300**	321.13
CA Baustoffe	N	**300**	323.1, Anhang A
CB Gebäudestruktur	N	**300**	Anhang A
chemische Fabriken	N	**300**	321.6
Eignung von Personen	N	**300**	322.1
elektrische Felder: AM-9-1 bis AM-9-4	*E*	***300A4***	*321.10.1.9*
elektrischer Widerstand des menschlichen Körpers	N	**300**	322.2
Elektrofachkräfte	N	**300**	322.1
elektromagnetische, elektrostatische und ionisierende Einflüsse	N	**300**	321.10
elektromagnetische, elektrostatische, ionisierende Einflüsse: AM	*E*	***300A4***	*321.10*
elektrostatische Einflüsse	N	**300**	321.10
elektrotechnisch unterwiesene Personen	N	**300**	322.1
Entladung statischer Elektrizität: AM-31-1 bis AM-31-4	*E*	***300A4***	*321.10.3*
feuchte Bereiche	N	**300**	321.4
feuchte und nasse Räume	N	**300**	321.4
Gewitterhäufigkeit	N	**300**	321.13
Gleichstrom in Wechselspannungsnetzen: AM-7	*E*	***300A4***	*321.10.1.7*
hochfrequente elektromagnetische Störgrößen: AM-2X	*E*	***300A4***	*321.10.2*
hochfrequente Felder: AM-25-1 bis AM-25-3	*E*	***300A4***	*321.10.2.5*
Hochhäuser	N	**300**	322.4
Höfe	N	**300**	321.4
Holzhäuser	N	**300**	323.1
Hotels	N	**300**	322.4
im Freien	N	**300**	321.2
induktive Wirkung	N	**300**	321.10
induzierte niederfrequente Spannungen: AM-6	*E*	***300A4***	*321.10.1.6*
induzierte schwingende Spannungen oder Ströme: AM-21	*E*	***300A4***	*321.10.2.1*
Innenräume	N	**300**	321.2
Ionisation: AM-41	*E*	***300A4***	*321.10.4*
ionisierende Einflüsse	N	**300**	321.10
Kaianlagen	N	**300**	321.4
Kaufhäuser	N	**300**	322.4
keraunischer Pegel	N	**300**	321.13
Kinder	N	**300**	322.1
klimatische Umgebungsbedingungen	N	**300**	321.2
Korrosion	N	**300**	321.6
Krankenhäuser	N	**300**	322.4

Küchen	N	**300**	322.5
Laien	N	**300**	322.1
leitungsgeführte schwingende Transiente (Gedämpfte Schwingungen, 'Ringwave'): AM-24-1 bis AM-24-2	*E*	***300A4***	*321.10.2.4*
leitungsgeführte unidirektionale Transiente im Nanosekunden Bereich (Bursts): AM-22-1 bis AM-22-4	*E*	***300A4***	*321.10.2.2*
leitungsgeführte unidirektionale Transiente von Mikrosekunden- bis Millisekunden-Dauer: AM-23-1 bis AM-23-3	*E*	***300A4***	*321.10.2.3*
Lichtspieltheater	N	**300**	322.4
Luftbewegung	N	**300**	321.14
Luftfeuchte	N	**300**	321.2
Magnetfelder: AM-8-1 bis AM 8-2	*E*	***300A4***	*321.10.1.8*
mechanische Beanspruchungen	N	**300**	321.7
mechanische Umweltbedingungen	N	**300**	321.7
Oberschwingungen, Zwischenharmonische: AM-1-1 bis AM-1-3	*E*	***300A4***	*321.10.1.1*
Pflanzen- oder Schimmelwachstum (Flora)	N	**300**	321.8
Raffinerien	N	**300**	322.5
Räumungsmöglichkeit bei Gefahr	N	**300**	322.4
Schlag	N	**300**	321.7.1
Schock	N	**300**	321.7.1
Schwankungen der Netzfrequenz: AM-5	*E*	***300A4***	*321.10.1.5*
Schwankungen der Spannungsamplitude: AM-3	*E*	***300A4***	*321.10.1.3*
Schwingungen	N	**300**	321.7.2
Seehöhe	N	**300**	321.3
Signalspannungen (überlagerte Spannungen für Steuerzwecke, z. B. Rundsteueranlagen: AM-2-1 bis AM-2-3	*E*	***300A4***	*321.10.1.2*
Sonnenstrahlung	N	**300**	321.11
Spannungsunsymmetrie: AM-4	*E*	***300A4***	*321.10.1.4*
Staub in nennenswerter Menge	N	**300**	321.6
Streuströme	N	**300**	321.10
Theater	N	**300**	322.4
Treibstofflager	N	**300**	322.5
Umgebungstemperaturen	N	**300**	321.2
Verbindung von Personen mit Erdpotential	N	**300**	322.3
Versammlungsstätten	N	**300**	322.4
wettergeschützte Räume	N	**300**	321.2
Wind	N	**300**	321.15
Wohnhäuser	N	**300**	322.4

L

Laboratorien
Drehstrom-Steckvorrichtungen .... N **550** 4.3
für Unterrichtszwecke; Not-Schaltung .... E ***460A1*** *464.1*

Lacke
ungeeignet als Schutz durch Isolierung .... N **410** 412.1

Ladegeräte
Wassersportfahrzeuge .... E ***709*** *6.2.3*

Ladenschaukästen
Kabel- und Leitungssysteme (-anlagen) .... E ***713*** *713.1.1*

Laien
Begriff .... N **200** 2.9.3
Kurzzeichen .... N **300** 322.1

Lampen
Brandschutz .... N **482** 482.1.15
elektrische Anlagen in Ausstellungen, Shows, Ständen, Jahrmärkten .... E ***711*** *711.482.3.2*
feuergefährdete Betriebsstätten .... N **482** 482.1.15
in Schießbuden .... E ***740*** *740.55.1.2*
Temperaturen von Lampenfassungen bei Möbeln .... E ***713*** *713.55.1.1*

Lampenfassungen
Basisschutz .... N **410** 412.2.1
elektrische Anlagen in Ausstellungen, Shows, Ständen, Jahrmärkten .... E ***711*** *711.55.01.02*
Schaltgerätekombinationen der Schutzklasse II .... N **410** Nationales Vorwort zu 413.2
Schutz gegen direktes Berühren .... N **410** 412.2.1
Schutz gegen elektrischen Schlag unter normalen Bedingungen .... N **410** 412.2.1
Steckdosen .... N **550** 4.11
vorübergehend errichtete Anlagen für Bauwerke, Vergnügungseinrichtungen und Buden auf Kirmesplätzen, Vergnügungsparks und Zirkusse .... E ***740*** *740.55.1.3*

Lampensockel
Steckdosen .... N **550** 4.11

Landwirtschaft
Drehstrom-Steckvorrichtungen .... N **550** 4.4

landwirtschaftliche Anwesen
Berührungsspannung, dauernd zulässige ... N **705** 3.3
Betriebsmittel ... N **705** 4.2.2.1, 5.1
Brandschutz ... N **705** 4.1, 4.2
Elektrozaun ... N **705** 5.4
Endstromkreis ... N **705** 5.3.1
Heizgerät ... N **705** 4.1
Heizstrahler ... N **705** 4.1
Intensivtierhaltung ... N **705** 5.4
Kabel ... N **705** 4.2.2.5, 4.2.2.6, 5.2
Leitung ... N **705** 4.2.2.5, 4.2.2.6, 5.2
Leuchte ... N **705** 4.2.2.8
Motor ... N **705** 4.2.2.7
Notausschaltung ... N **705** 5.3.2
PEN-Leiter ... N **705** 4.2.2.12
Schaltgeräte ... N **705** 4.2.2.4, 5.3
Schutz bei Kurzschluss ... N **705** 4.2.2.10
Schutz bei Überlast ... N **705** 4.2.2.10
Schutz gegen gefährliche Körperströme ... N **705** 3
Schutz gegen thermische Einflüsse ... N **705** 4
Schutzkleinspannung ... N **705** 3.1, 4.2.2.11
Standbereich (der Tiere) ... N **705** 3.4
Steckdose ... N **705** 3.2
Steuergeräte ... N **705** 5.3
thermische Einflüsse ... N **705** 4
Trenngerät ... N **705** 5.3.2

Längen
Kabel und Leitungen ... B5 -
Leitungen ... B5 -

Längen von Kabeln und Leitungen
→ siehe Grenzlängen von Kabeln und Leitungen ... B5 -

Last-Trenner
Geräte zum Trennen ... N **537** 537.2.4

Last-Trennschalter
Geräte zum Trennen ... N **537** 537.2.4

Lastschaltvermögen
Geräte zum Trennen ... N **537** 537.2.3

Leerlaufspannung
PELV ... N **410** 411.1.2.5

leichtentzündlich (brennbare feste Stoffe)
bei brennbaren festen Stoffen; Begriff ... N **482** Nationales Vorwort

Leistung
Betriebsbedingungen .... N **510** 512.1.4,
E ***510*** *512.1.4*
Betriebsmittel .... N **510** 512.1.4,
E ***510*** *512.1.4*

Leistungsbedarf
elektrische Anlagen .... N **300** 311
Grundsätze........ E ***100A1*** *132.3*

Leistungsschalter
allgemeine Anforderungen .... E ***530*** *533.1.4*
Auslösen bei Überspannungen EB1 ***534*** *6.2*
Auswahl........ N **alt** § 31 a)3.3
Geräte zum Ausschalten für mechanische
Instandhaltung........ N **537** 537.3.1
Schaltgeräte für betriebsmäßiges Schalten........ N **537** 537.5.2
Schaltüberspannungen beim Auslösen EB1 ***534*** *B.6*

Leistungsschild
Maschinen........ N **alt** § 25 a)4
Transformatoren .... N **alt** § 26 a)1

Leistungsstromkreise
Mindestquerschnitte .... N **520** Tabelle 52 J

Leistungsvermögen
Kleinspannungs-Stromerzeugungsanlagen........ N **551** 551.2.3
Niederspannungs-Stromerzeugungsanlagen........ N **551** 551.2.3

Leiter
Auffächern wegen Klemmenerwärmung B1 **520** 52.3.2.4
blank oder isoliert auf Isolatoren........ N **520** Tabelle 52 H
Referenz 18
für Blitzschutzanlagen verbunden mit
Erdungssammelleiter .... E ***540A1*** *545.7.1.2*
für den zusätzlichen Potentialausgleich verbunden
mit Erdungssammelleiter .... E ***540A1*** *545.7.1.2*
in gemeinsamer Unhüllung mit aktiven Leitern als
Schutzleiter .... E ***540A1*** *543.2.1*
in mehradrigen Kabeln und Leitungen als
Schutzleiter .... E ***540A1*** *543.2.1*
Isolierung mit Eignung für höhere Temperatur bei
Klemmenerwärmung B1 **520** 52.3.2.3
Kennzeichnung........ N **510** 514.2,
E ***510*** *514.2*
Mindestquerschnitte .... N **520** Tabelle 52 J
thermische Belastung (je nach Schutzeinrichtung)........ EB1 ***530*** *A.4*

Leiteranschlüsse
Buden auf Messegeländen ... *E* ***711A1*** *711A.52.02*
Vergnügungsparks ... *E* ***711A1*** *711A.52.02*
vorübergehend errichtete elektrische Anlagen auf Messegeländen ... *E* ***711A1*** *711A.52.02*
Zirkusse ... *E* ***711A1*** *711A.52.02*

Leiterisolierungen
Grenztemperaturen ... B1 **520** 52.3.2.1

Leiterquerschnitte
Einrichtungsgegenstände ... N **724** 4
Erhöhung wegen Klemmenerwärmung ... B1 **520** 52.3.2.2
Flächenheizungen ... *E* ***753*** *753.524*
Grundsätze ... *E* ***100A1*** *132.6*
Möbel ... N **724** 4
→ siehe auch Mindestquerschnitte

Leiterschluss
Begriff ... N **200** A.7.3

Leitertemperatur
Werte ... B1 **520** 52.3.2.1

Leiterverbindungen
Besichtigen ... N **610** 4.3
Buden auf Messegeländen ... *E* ***711A1*** *711A.52.02*
Nachweise vor erster Inbetriebnahme ... *E* ***610A1*** *611.3*
Vergnügungsparks ... *E* ***711A1*** *711A.52.02*
vorübergehend errichtete elektrische Anlagen auf Messegeländen ... *E* ***711A1*** *711A.52.02*
Zirkusse ... *E* ***711A1*** *711A.52.02*

Leiterwiderstände
Einfluss der Fehlerströme ... *E* ***410A5*** *Anhang C*
für Kupferleitungen; Tabelle mit Werten zur Beurteilung ... N **610** Tabelle F.4

leitfähige Bereiche mit begrenzter Bewegungsfreiheit
Begriff ... N **706** 2.1
Betriebserdung ... N **706** 4.2.3
Betriebsmittel ... N **706** 3
Elektrowerkzeug ... N **706** 4.2.2 a)
Erdung für Funktionszwecke ... N **706** 4.2.3
Handleuchte ... N **706** 4.2.2 b)
Messgerät ... N **706** 4.2.2 a), 4.2.4
Schutz bei indirektem Berühren ... N **706** 4.2.2
Schutz gegen direktes Berühren ... N **706** 4.2.1
Schutz gegen gefährliche Körperströme ... N **706** 4.1

Schutzkleinspannung .... N **706** 4.1
Sicherheitsstromquelle .... N **706** 4.2.3
Steuereinrichtung .... N **706** 4.2.3
Stromquelle .... N **706** 4.2.3
Stromversorgung .... N **706** 4.2.2

leitfähige Konstruktionsteile
kombinierte Funktionserdungs- und Schutzleiter .... E ***540A1*** *545.7.4.3*

leitfähige Schirme
Erdungssammelleiter .... E ***540A1*** *545.7.1.2*

leitfähige Teile
fremdes leitfähiges Teil; Begriff .... N **200** 2.3.3,
E ***200A2*** *826-03-03*
innerhalb der isolierenden Umhüllung bei Schutz durch Verwendung von Betriebsmitteln der Schutzklasse II oder durch gleichwertige Isolierung .... N **410** 413.2.7

Leitung, bewegliche
Begriff .... N **200** A.2.2

Leitung, ortsfeste
Begriff .... N **200** A.2.1

Leitungen
Baustelle .... N **704** 8,
E ***704A1*** *704.52*
Beleuchtungsanlagen .... E ***559A1*** *559.6.3*
Besichtigen .... N **610** 4.3
bewegliche oder ortsveränderliche elektrische Anlagen .... E ***717*** *717.52.02*
Boote, Jachten .... N **721** 6.3
brennbare Hohlwände .... N **482** 482.2.2.4
Campingplatz .... N **708** 3.2
Caravan .... N **708** 5.2
Durchquerung für die elektrische Versorgung anderer Räume (Brandschutz) .... N **482** 482.1.5
Eignung in Wasser (Springbrunnen) .... N **738** 5.2.3
Einrichtungsgegenstände .... N **724** 3
Fliegende Bauten .... N **722** 7,
E ***722*** *7*
gartenbauliches Anwesen .... N **705** 4.2.2.5, 4.2.2.6, 5.2
Grenzlängen .... B5 -
Heißluft-Saunaraum .... N **703** 4.2
Hilfsstromkreise .... N **725** 5
landwirtschaftliches Anwesen .... N **705** 4.2.2.5, 4.2.2.6, 5.2
Längen .... B5 -

Leuchten .... *E* ***559A1*** *559.6.3*
Marinas .... *E* ***709*** *4.1.2*
maximal zulässige Längen .... B5 -
mit verbessertem Verhalten im Brandfall........ N **482** 482.1.4
Möbel........ N **724** 3
Niederspannungsstromkreise in
Hochspannungsschaltfeldern .... N **736** 5.1, 5.4
Räume mit Badewanne oder Dusche........ N **701** 5.2
Schutz bei Kurzschluss........ N **430** 6
Schutz bei Überlast........ N **430** 5
Schutz durch Schutztrennung........ N **410** 413.5.1.5
Schutz gegen elektrischen Schlag .... *E* ***410A2*** *413.2.1.1*
Schutz gegen zu hohe Erwärmung .... N **430**
Schutzklasse II .... *E* ***410A2*** *413.2.1.1*
Schwimmanlage .... N **702** 5.2
Sicherheitseinrichtungen .... *E* ***560A2*** *569.3*
Sicherheitsstromversorgungen .... *E* ***560A2*** *569.3*
Stall........ N **705** 5.2.2
Wagen nach Schaustellerart .... N **722** 7,
E ***722*** *7*
Wassersportfahrzeuge .... *E* ***709*** *4.3.2, 6.3*
Wohnwagen nach Schaustellerart........ N **722** 7,
E ***722*** *7*
zu Ladegeräten; Stromquellen für Sicherheitszwecke .... *E* ***718*** *568.1.7*

Leitungen und Kabel aus Aluminium
Beitrittsgebiet .... B2 - Seite 19

Leitungsanlagen
Kennzeichnung........ N **510** 514.2,
E ***510*** *514.2*

Leitungsanschlüsse
Stecker .... N **550** 4.10

Leitungsdurchbrüche
Verschluss........ N **520** 527.2

Leitungslängen
Anschlussleitungen von Überspannungs-
Schutzeinrichtungen........ V **534** 534.2.7
Schutz bei Kurzschluss *EB1* ***530*** *A.3*

Leitungsnetze
elektrische Anlagen für Sicherheitszwecke........ N **560** 563

Leitungsroller
Baustelle .... N **704** 8.4

Leitungsschutzschalter
→ siehe unter Überstrom-Schutzeinrichtungen

Leitungsverlegung

Einrichtungsgegenstände	N	**724**	5
Möbel	N	**724**	5

Leitungswege

elektrische Anlagen für Sicherheitszwecke	N	**560**	563.1

Leuchten

abgeschlossene elektrische Betriebsstätten	N	**731**	3.2
Abschaltung beim Zusammenklappen eines Klappbetts	*E*	***713***	*713.55.1.3*
allgemeine Anforderung	N	**559**	3
Anschlussstellen	*E*	***559A1***	*559.6.1*
Aufhängevorrichtungen	*E*	***559A1***	*559.6.2*
Auswahl	N	**559**	4
Baustelle	N	**704**	11
Begriff	*E*	***737A1***	*7XX.22*
Beleuchtung von Maschinen	*E*	***559A1***	*559.11*
Bestandteile (Brandschutz)	N	**482**	482.1.15
Boote, Jachten	N	**721**	6.4.2
Brandschutz	N	**482**	482.1.14,
	N	**559**	5.4
Brandverhalten des Materials von Montageflächen	*E*	***559A1***	*559.5.2*
Buden auf Messegeländen	*E*	***711A1***	*711A.55.02*
Caravan	N	**708**	5.6,
	E	***708A1***	*5.6.1, 5.6.2*
Drehstromkreis	N	**559**	5.6
Drehstromkreise	*E*	***559A1***	*559.6.5*
Durchgangsverdrahtung	N	**559**	5.5,
	E	***559A1***	*559.6.3*
Einrichtungsgegenstände	N	**724**	7.2.1
Einrichtungsgegenstände als Montageflächen	N	**559**	Tabelle 2
elektrische Betriebsstätten	N	**731**	3.2
F-Leuchten	N	**559**	Tabelle 1,
	E	***559A1***	*559.5.2*
feuergefährdete Betriebsstätten	N	**482**	482.1.14
FF-Leuchten	N	**559**	Tabelle 1
gartenbauliches Anwesen	N	**705**	4.2.2.8
Gebäudeteile als Montageflächen	N	**559**	Tabelle 1
Handleuchten	*E*	***559A1***	*559.9*
Herstelleranleitungen	*E*	***559A1***	*559.4*
im Bereich 1 von Schwimmbädern	*E*	***702A1***	*702.55.4*
Kabel- und Leitungssysteme (-anlagen)	*E*	***559A1***	*559.6*
Kennzeichnung bei begrenzter Oberflächentemperatur	*E*	***559A1***	*Anhang A,*
	E	***715***	*Anhang A*
Kennzeichnung bei Eignung für direkte Montage auf normal entflammbaren Oberflächen	*E*	***559A1***	*Anhang A*

Kennzeichnung der Eignung für direkte Montage auf normal entflammbaren Oberflächen	*E*	***715***	*Anhang A*
Kleinspannungs-Beleuchtungsanlagen	*E*	***715***	*715.482.2.3*
Klemmenkästen	*E*	***559A1***	*559.6.1*
Kompensationskondensatoren	*E*	***559A1***	*559.8*
Kondensatoren	N	**559**	4.2
Lampenleistung bei Möbeln	*E*	***713***	*713.55.1.2*
landwirtschaftliches Anwesen	N	**705**	4.2.2.8
Leitungen	*E*	***559A1***	*559.6.3*
Leuchtengruppen mit nur einem Neutralleiter und 3 Außenleitern	*E*	***559A1***	*559.6.4*
Lichterketten	*E*	***559A1***	*559.1*
M-Leuchten	N	**559**	Tabelle 1, Tabelle 2
maximal zulässige Leistung der Leuchten	*E*	***559A1***	*559.5.1*
maximale Anzahl in einem Endstromkreis der Sicherheitsbeleuchtung	*E*	***718***	*718.569.1*
mit flexibler Leitung	*E*	***520A1***	*Tabelle 52H*
MM-Leuchten	N	**559**	Tabelle 1, Tabelle 2
Möbel	N	**724**	7.2.1,
	E	***713***	*713.55.1*
Möbel als Montageflächen	N	**559**	Tabelle 2
Montage	*E*	***559A1***	*559.6.2*
Oberflächentemperaturen	N	**482**	482.1.14
ortsveränderliche Schmuckbeleuchtung	*E*	***559A1***	*559.1*
Prüfleuchten	*E*	***559A1***	*559.9*
Reparaturleuchten	*E*	***559A1***	*559.9*
Schutz gegen thermische Einflüsse	N	**559**	4,
	E	***559A1***	*559.5*
Sicherheitsbeleuchtung	*E*	***718***	*568.3.4*
Springbrunnen	N	**738**	4.2.2 c)
Strahlerleuchten	*E*	***559A1***	*559.5.1*
stroboskopischer Effekt	*E*	***559A1***	*559.11*
Verbindung zwischen Vorschaltgeräten und Lampenfassungen	*E*	***559A1***	*559.7*
Vergnügungsparks	*E*	***711A1***	*711A.55.02*
Vorführstände von Leuchten	*E*	***559A1***	*559.10*
Vorschaltgeräte	*E*	***559A1***	*559.7*
vorübergehend errichtete Anlagen für Bauwerke, Vergnügungseinrichtungen und Buden auf Kirmesplätzen	*E*	***740***	*740.482.3.2*
vorübergehend errichtete Anlagen für Bauwerke, Vergnügungseinrichtungen und Buden auf Kirmesplätzen, Vergnügungsparks und Zirkusse	*E*	***740***	*740.55.1.1*
vorübergehend errichtete elektrische Anlagen auf Messegeländen	*E*	***711A1***	*711A.55.02*
Wandauslassdose	N	**559**	5.2

Widerstände .... *E* ***559A1*** *559.7*
Zirkusse .... *E* ***711A1*** *711A.55.02*

Leuchtengruppen
mit nur einem Neutralleiter und 3 Außenleitern .... *E* ***559A1*** *559.6.4*

Leuchtröhren
vorübergehend errichtete Anlagen für Bauwerke, Vergnügungseinrichtungen und Buden auf Kirmesplätzen .... *E* ***740*** *740.482.3.2*

Lichtbogen
Betriebsmittel .... N **420** 4.3
Schutz gegen thermische Einflüsse .... N **420** 4.3

lichtbogenfest
Schutz gegen thermische Einflüsse .... N **420** 4.3

Lichterketten
Beleuchtungsanlagen .... *E* ***559A1*** *559.1*

Lichtketten
Schaustellerart .... N **722** 8.5,
E ***722*** *8.4*

Lichtspieltheater
Kurzzeichen .... N **300** 322.4

Lichtstromkreise
Mindestquerschnitte .... N **520** Tabelle 52 J

Lichtwellenleitersysteme
Schutz gegen elektromagnetische Störungen (EMI) .... N **444** 444.4.1

Liegeplätze
Anpassung .... N **721** Deckblatt
Schutz bei Überstrom .... N **721** 4.4
Schutz gegen gefährliche Körperströme .... N **721** 4.3
Steckdosen .... N **721** 4
Stromversorgung .... N **721** 4
Überstromschutz .... N **721** 4.4
→ siehe Marinas .... *E* ***709***

Löschwasserversorgung
Einrichtungen für Sicherheitszwecke .... *E* ***718*** *563.4 Anmerkung, 718.1*

Lötkolben
auf Baustellen einzeln in Betrieb .... N **704** 2.1

Lötverbindungen
Kabel- und Leitungssysteme (-anlagen) .... N **520** 526.2

LP-Systeme
zentrale Batterieversorgungssysteme mit begrenzter Leistung .... *E* ***560A2*** *568.5.1.2*

LPS
→ siehe Blitzschutzsystem

LPS-Systeme
Begriff .... *E* ***718*** *718.3.12*

LS-Schalter
Auswahl .... N **alt** § 31 a)3.2
→ siehe unter Überstrom-Schutzeinrichtungen

Luftbewegung
Kenngrößen .... N **300** 321.14
Kurzzeichen .... N **300** 321.14

Luftdrosselspulen
Einbau .... N **alt** § 26 b)7

Luftdurchsatz
Gebläse-Heizsysteme .... N **420** 6.1.1

Luftfeuchte
Kenngrößen und Merkmale .... N **300** 321.2
Klimatogramme .... N **300** Anhang B
Kurzzeichen .... N **300** 321.2

Lufttemperatur
Klimatogramme .... N **300** Anhang B

Lüftungsanlagen
medizinisch genutzte Räume .... *E* ***710*** *710.564.2*

M

M-Leuchten
für schwer- oder normalentflammbare Gebäudeteile oder Einrichtungsgegenstände .... N **559** Tabelle 1, Tabelle 2
Montage auf Gebäudeteilen .... N **559** Tabelle 1
Montage in und an Einrichtungsgegenständen .... N **559** Tabelle 2

Magnetfeld-Behandlungsräume
Zuordnung Sicherheitsstromversorgung und Anwendungsgruppe .... *E* ***710*** *Tabelle B.1-24.*

Makro-Umgebungsbedingungen
Klassifizierung .... N **300** Anhang D

Mäntel
Schutzleiter .... *E* ***540A1*** *543.2.3*

Mantelleitungen
an Decken befestigt .... N **520** Tabelle 52 H Referenz 11 A
an Wänden befestigt .... N **520** Tabelle 52 H Referenz 11
auf Auslegern, horizontal oder vertikal .... N **520** Tabelle 52 H Referenz 14
auf durchbrochenen Kabelwannen, horizontal oder vertikal .... N **520** Tabelle 52 H Referenz 13
auf geschlossenen Kabelwannen .... N **520** Tabelle 52 H Referenz 12
auf Kabelpritschen .... N **520** Tabelle 52 H Referenz 16
auf Schellen mit Abstand zur Wand oder zur Decke .... N **520** Tabelle 52 H Referenz 15
befestigt an einem Tragseil oder mit integriertem Tragseil .... N **520** Tabelle 52 H Referenz 17
in abgehängten zu öffnenden Elektroinstallationskanälen .... N **520** Tabelle 52 H Referenz 34 A
in baulichen Hohlräumen .... N **520** Tabelle 52 H Referenz 21
in eingebetteten Elektroinstallationskanälen .... N **520** Tabelle 52 H Referenz 75
in Elektroinstallationsrohren auf Wänden .... N **520** Tabelle 52 H Referenz 3 A
in Elektroinstallationsrohren in baulichen Hohlräumen .... N **520** Tabelle 52 H Referenz 22 A
in Elektroinstallationsrohren in Mauerwerk .... N **520** Tabelle 52 H Referenz 5 A
in Elektroinstallationsrohren in waagerecht oder senkrecht verlegten geschlossenen Kabelkanälen .... N **520** Tabelle 52 H Referenz 41
in Elektroinstallationsrohren oder geschlossenen Elektroinstallationskanälen in Erde .... N **520** Tabelle 52 H Referenz 61

in Fensterrahmen .... N **520** Tabelle 52 H Referenz 74
in geschlossenen Elektroinstallationskanälen auf Wänden .... N **520** Tabelle 52 H Referenz 4 A
in geschlossenen Elektroinstallationskanälen in baulichen Hohlräumen .... N **520** Tabelle 52 H Referenz 23 A
in geschlossenen Elektroinstallationskanälen in Mauerwerk .... N **520** Tabelle 52 H Referenz 24 A
in geteilten zu öffnenden Elektroinstallationskanälen (Sockelleistenkanälen) .... N **520** Tabelle 52 H Referenz 72
in Hohldecken, in Hohlraumböden .... N **520** Tabelle 52 H Referenz 25
in Mauerwerk mit zusätzlichem mechanischem Schutz.... N **520** Tabelle 52 H Referenz 53
in Mauerwerk ohne zusätzlichen mechanischen Schutz ... N **520** Tabelle 52 H Referenz 52
in Türrahmen .... N **520** Tabelle 52 H Referenz 73
in waagerecht oder senkrecht verlegten offenen oder belüfteten Kabelkanälen .... N **520** Tabelle 52 H Referenz 43
in zu öffnenden Elektroinstallationskanälen auf Wänden, senkrecht .... N **520** Tabelle 52 H Referenz 32, 32 A
in zu öffnenden Elektroinstallationskanälen auf Wänden, waagerecht .... N **520** Tabelle 52 H Referenz 31, 31 A
in zu öffnenden Fußbodenkanälen .... N **520** Tabelle 52 H Referenz 33 A
mehradrig in wärmegedämmten Wänden .... N **520** Tabelle 52 H Referenz 51
mehradrig, in Elektroinstallationsrohren in wärmegedämmten Wänden .... N **520** Tabelle 52 H Referenz 2

Marinas
Begriff .... E ***709*** *2.2*
Kabel .... E ***709*** *4.1.2*
Leitungen .... E ***709*** *4.1.2*
Schaltanlagen .... E ***709*** *4.1.3*
Schutz bei Überstrom .... E ***709*** *4.1.3.6*
Schutz gegen gefährliche Körperströme .... E ***709*** *4.1.1*
Steckdosen .... E ***709*** *4.1.3.3*
Stromversorgung .... E ***709*** *4*

Trenntransformator .... *E* ***709*** *4.1.4*

Maschensystem
elektromagnetische Verträglichkeit (EMV) .... *E* ***540A1*** *D.2*

Maschinen
Beleuchtungsanlagen .... *E* ***559A1*** *559.11*
Einbau .... N **alt** § 25 a)
Erregerstromkreise .... N **430** 5.7
Fliegende Bauten .... N **722** 9.1,
E ***722*** *9.1*
Leistungsschild .... N **alt** § 25 a)4
Leuchten .... *E* ***559A1*** *559.11*
Schutzeinrichtungen .... N **alt** § 25 c)
Überwachungseinrichtungen .... N **alt** § 25 c)
Wagen nach Schaustellerart .... N **722** 9.1,
E ***722*** *9.1*
Wohnwagen nach Schaustellerart .... N **722** 9.1,
E ***722*** *9.1*
Zugänglichkeit .... N **alt** § 25 a)2, § 25 a)3

Maßnahmen
gegen unbeabsichtigtes Einschalten; Trennen .... N **460** 4.2
gegen zufälliges oder unbefugtes Öffnen; Geräte zum Trennen .... N **537** 537.2.3
zur Begrenzung der Temperatur; Anschlussklemmen B1 **520** 52.3.1

Massageräume
Zuordnung Sicherheitsstromversorgung und Anwendungsgruppe .... *E* ***710*** *Tabelle B.1-1.*

Material
für die feuersichere Trennung .... N **510** 515.1,
E ***510*** *515.1*

Materialbeiwerte *k*
blanke Schutzleiter bei Berührung mit Umhüllungen von Kabeln und Leitungen, jedoch nicht mit Kabeln und Leitungen gemeinsam verlegt .... *E* ***540A1*** *Tabelle 54C*
blanke Schutzleiter in Fällen, in denen keine Gefährdung benachbarter Teile infolge der angegebenen Temperaturen entstehen .... *E* ***540A1*** *Tabelle 54G*
Ermittlung .... N **540** Anhang A
isolierte Schutzleiter außerhalb von Kabeln und Leitungen und nicht mit Kabeln und Leitungen gemeinsam verlegt .... *E* ***540A1*** *Tabelle 54B*
Schutzleiter als metallene Umhüllung von Kabeln und Leitungen, z. B. als Bewehrung, konzentrischer Leiter .... *E* ***540A1*** *Tabelle 54E*

Schutzleiter, die als Ader innerhalb von Kabeln und Leitungen enthalten sind .... *E* **540A1** *Tabelle 54D*
Schutzleiter, die gemeinsam mit Kabeln und Leitungen oder isolierten Bewehrungen verlegt sind .. *E* **540A1** *Tabelle 54D*
Schutzleiter, die Kanäle oder Rohre beinhalten .... *E* **540A1** *Tabelle 54F*
Verfahren zur Herleitung .... *E* **540A1** *Anhang A*
Werte .... N **540** C.1, Tabelle 3, Tabelle 4, Tabelle 5

maximal zulässige Längen
Kabel und Leitungen .... B5 -
Leitungen .... B5 -
von Kabeln und Leitungen → siehe Grenzlängen von Kabeln und Leitungen .... B5 -

maximale Dauer
zu erwartende Berührungsspannung .... *E* **410A5** *Bild B2*

mechanische Beanspruchungen
Beschädigungen der Erder vermeiden .... *E* **540A1** *542.2.1*
Kabel- und Leitungssysteme (-anlagen) .... N **520** 522.14.1, 522.3.3, 522.6, 522.6.2, 522.8
Kenngrößen .... N **300** 321.7, 321.7.3
Kurzzeichen .... N **300** 321.7, 321.7.3
vorübergehend errichtete Anlagen für Bauwerke, Vergnügungseinrichtungen und Buden auf Kirmesplätzen, Vergnügungsparks und Zirkusse .... *E* **740** *740.520.1*

mechanische Instandhaltung
Ausschalten für mechanische Instandhaltung; Begriff .... N **200** 2.8.2
Ausschalten, Geräte zum .... N **537** 537.3

mechanische Umweltbedingungen
Kenngrößen .... N **300** 321.7
Kurzzeichen .... N **300** 321.7
Umwelteinflussgrößen .... N **300** Anhang C

mechanische Wartung
Ausschalten .... N **460** 5
Verletzungsrisiko .... N **460** 5.1

medizinisch genutzte Räume
Anästhesieräume .... *E* **710** *Tabelle B.1-14.*
Angiographieräume .... *E* **710** *Tabelle B.1-21.*
Anwendungsgruppe 1 .... *E* **710** *710.562.1*

Anwendungsgruppe 2	*E*	***710***	*710.53.1, 710.562.1*
äußere Einflüsse	*E*	***710***	*710.512.2*
automatische Umschaltung von Allgemeiner Stromversorgung auf Sicherheitsstromversorgung	*E*	***710***	*710.313.1*
Bedienungshinweise	*E*	***710***	*710.514.5*
Begriff	*E*	***710***	*710.13.1*
Behandlungsräume	*E*	***710***	*Tabelle B.1-7.*
Beleuchtungsstromkreise	*E*	***710***	*710.55.1*
Bestimmungen allgemeiner Merkmale	*E*	***710***	*710.3*
Bettenzimmer	*E*	***710***	*Tabelle B.1-3.*
Brandschutz	*E*	***710***	*710.482*
Dialyseräume	*E*	***710***	*Tabelle B.1-22.*
Dokumentation	*E*	***710***	*710.514.5*
Drehstromverbraucher im IT-System	*E*	***710***	*710.512.1.6*
ECG-Räume	*E*	***710***	*Tabelle B.1-5.*
EEG-Räume	*E*	***710***	*Tabelle B.1-5.*
EHG-Räume	*E*	***710***	*Tabelle B.1-5.*
Einteilung der Sicherheitsstromversorgung	*E*	***710***	*Anhang A*
elektrische Anlagen	*E*	***710***	
elektrische Anlagen für Sicherheitszwecke	*E*	***710***	*710.56*
elektrische Ausrüstung zur medizinischen Gasversorgung	*E*	***710***	*710.564.2*
Endoskopieräume	*E*	***710***	*Tabelle B.1-6.*
Entbindungsräume	*E*	***710***	*Tabelle B.1-4.*
Erdung	*E*	***710***	*710.54*
Erstprüfungen	*E*	***710***	*710.61*
Explosionsgefahr	*E*	***710***	*710.512.2.1*
Feuerwehraufzüge	*E*	***710***	*710.564.2*
Frühgeborenenräume	*E*	***710***	*Tabelle B.1-26.*
Herzkatheterräume	*E*	***710***	*Tabelle B.1-19.*
Hydrotherapieräume	*E*	***710***	*Tabelle B.1-12.*
Intensivpflegeräume	*E*	***710***	*Tabelle B.1-20.*
IT-Systeme	*E*	***710***	*710.413.1.5*
IT-Systeme für medizinisch genutzte Räume der Anwendungsgruppe 2	*E*	***710***	*710.512.1.6*
Kabel- und Leitungssysteme (-anlagen)	*E*	***710***	*710.52*
Lüftungsanlagen	*E*	***710***	*710.564.2*
Magnetfeld-Behandlungsräume	*E*	***710***	*Tabelle B.1-24.*
Massageräume	*E*	***710***	*Tabelle B.1-1.*
Notwendigkeit der Umschaltung von Netzeinspeisung auf Sicherheitsstromquelle	*E*	***710***	*710.562.1.2*
nuklearmedizinische Räume	*E*	***710***	*Tabelle B.1-25.*
OP-Tische	*E*	***710***	*710.413.1.6.1*
Operations-Aufwachräume	*E*	***710***	*Tabelle B.1-18.*
Operations-Gipsräume	*E*	***710***	*Tabelle B.1-17.*
Operations-Vorbereitungsräume	*E*	***710***	*Tabelle B.1-16*
Operationsräume	*E*	***710***	*Tabelle B.1-15.*

Operationswaschräume	*E*	***710***	*Tabelle B.1-2.*
Patientenbehandlungsplätze	*E*	***710***	*710.55.3*
Patientenumgebung	*E*	***710***	*Bild 2*
Patientenumgebung für Stromkreise, die lebenserhaltende und chirurgische medizinische elektrische Geräte versorgen	*E*	***710***	*710.413.1.5*
PELV	*E*	***710***	*710.411.1*
PEN-Leiter	*E*	***710***	*710.546.2*
Personenrufsysteme	*E*	***710***	*710.564.2*
Physiotherapieräume	*E*	***710***	*Tabelle B.1-13.*
Pläne der elektrischen Anlage	*E*	***710***	*710.514.5*
Potentialausgleichsleiter	*E*	***710***	*710.54*
Potentialausgleichssammelschienen	*E*	***710***	*710.413.1.6.3*
Prüfbücher	*E*	***710***	*710.514.5*
Prüfungen	*E*	***710***	*710.6*
radiologische Diagnose- und Behandlungsräume	*E*	***710***	*Tabelle B.1-11.*
Räume der Anwendungsgruppe 1	*E*	***710***	*710.413.1.1.1, 710.413.1.3, 710.413.1.4, 710.413.1.6.1*
Räume der Anwendungsgruppe 2	*E*	***710***	*710.413.1.1.1, 710.413.1.3, 710.413.1.4, 710.413.1.5, 710.413.1.6.1, 710.413.1.6.2*
RCDs	*E*	***710***	*710.413.1.3, 710.61*
Rettungswege	*E*	***710***	*710.55.1, 710.564.1*
Schalter	*E*	***710***	*710.512.2.2*
Schaltgeräte	*E*	***710***	*710.53*
Schaltungsunterlagen	*E*	***710***	*710.514.5*
Schutz bei Überstrom	*E*	***710***	*710.53.1*
Schutz durch automatische Abschaltung der Stromversorgung	*E*	***710***	*710.413.1*
Schutz gegen direktes Berühren	*E*	***710***	*710.412*
Schutz gegen elektrischen Schlag	*E*	***710***	*710.41*
Schutzleiter	*E*	***710***	*710.54*
Selektivität von Überstrom-Schutzeinrichtungen	*E*	***710***	*710.53.1*
SELV	*E*	***710***	*710.411.1*
Sicherheitsbeleuchtung	*E*	***710***	*710.564.1*
Sicherheitsstromquellen	*E*	***710***	*710.562, 710.562.1, 710.562.2*
Sicherheitsstromversorgung	*E*	***710***	*710.52.1, 710.55.1, 710.562.1.1*

Sicherheitsstromversorgung mit einer Umschaltzeit von mehr als 15 s .... *E* ***710*** *710.562.2.3*
Sicherheitsstromversorgungen mit einer Umschaltzeit bis zu 15 s .... *E* ***710*** *710.562.2.2*
Stationsräume .... *E* ***710*** *Tabelle B.1-3.*
Steckdosen .... *E* ***710*** *710.512.2.2*
Steckdosenstromkreise im IT-System für medizinisch genutzte Räume der Anwendungsgruppe 2 .... *E* ***710*** *710.55.3*
Sterilisationsräume .... *E* ***710*** *Tabelle B.1-9.*
Steuergeräte .... *E* ***710*** *710.53*
Stromquellen für Sicherheitsstromversorgungen .... *E* ***710*** *710.562.1.3*
Stromversorgung .... *E* ***710*** *710.313*
Systeme nach Art der Erdverbindungen .... *E* ***710*** *710.312.2*
TN-C-Systeme nicht erlaubt .... *E* ***710*** *710.546.2*
TN-Systeme .... *E* ***710*** *710.413.1.3*
Transformatoren für IT-Systeme .... *E* ***710*** *710.55.2*
TT-Systeme .... *E* ***710*** *710.413.1.4*
Überwachungsräume .... *E* ***710*** *Tabelle B.1-23.*
Untersuchungsräume .... *E* ***710*** *Tabelle B.1-7.*
Urologieräume .... *E* ***710*** *Tabelle B.1-10.*
Verbindungen zwischen Sicherheitsstromquellen und Komponenten .... *E* ***710*** *710.562.1.4*
Verbrauchsmittel .... *E* ***710*** *710.564*
vereinbarte Grenze der Berührungsspannung .... *E* ***710*** *710.413.1.1.1*
Vermeidung von Neutralleiterströmen im TN-S-System .... *E* ***710*** *Bild 1*
Wehenräume .... *E* ***710*** *Tabelle B.1-8.*
Wiederholungsprüfungen .... *E* ***710*** *710.62*
zugehörige Anwendungsgruppen .... *E* ***710*** *Anhang B*
zusätzliche Sicherheitsstromversorgungen mit einer Umschaltzeit bis zu 0,5 s .... *E* ***710*** *710.562.2.1*
zusätzlicher Potentialausgleich .... *E* ***710*** *710.413.1.6*
→ siehe Fundstellen zu DIN VDE 0107 in Band 108 der VDE-Schriftenreihe

medizinische elektrische Geräte
Begriff .... *E* ***710*** *710.13.3*

medizinische Gasversorgung
elektrische Ausrüstung .... *E* ***710*** *710.564.2*

Meldestromkreise
Mindestquerschnitte .... N **520** Tabelle 52 J

Merkmale
elektrische Anlagen .... N **300** 3.1
elektrische Anlagen von Gebäuden .... N **300**
Starkstromanlagen .... N **300**

Messaufgaben
Messen .... N **610** Tabelle 2
Normen für Messgeräte oder Messanordnungen .... N **610** Tabelle 2

Messen
Begriff .... N **610** 2.4
Fußbodenwiderstände .... E ***610A1*** *612.5*
IT-System .... N **610** 5.6.1.1.3, 5.6.1.4.2.1.3
IT-System bei Abschaltung wie im TT-System .... N **610** 5.6.1.4.2.3.3
Messaufgaben .... N **610** Tabelle 2
TN-System .... N **610** 5.6.1.1.3, 5.6.1.2.3
TT-System .... N **610** 5.6.1.1.3, 5.6.1.3.3
Wandwiderstände .... E ***610A1*** *612.5*
→ siehe auch unter Erproben und Messen .... N **610** 5

Messgeräte
Auswahl .... N **610** Tabelle 2
leitfähige Bereiche mit begrenzter Bewegungsfreiheit .... N **706** 4.2.2 a), 4.2.4

Messmethode
Erproben und Messen .... N **610** 5.1
isolierende Wand .... N **610** Anhang A
isolierender Fußboden .... N **610** Anhang A

Messspannung
Isolationswiderstand .... N **610** Tabelle 1

Messstromkreise
Stromrückführung .... N **725** 5.2
Verzicht auf Schutzeinrichtungen bei Kurzschluss .... N **430** 6.4.3

Messung des Isolationswiderstandes
Überspannungs-Schutzeinrichtungen .... V **534** 534.2.9

Messverfahren
Erdungswiderstand .... N **610** 5.6.2

Metallablaufventil
Räume mit Badewanne oder Dusche .... N **701** 4.2.4, 4.2.5

Metallbewehrung
Erder .... N **540** 4.2.1

Metalle
Stegleitungen nicht darauf oder darunter .... N **520** Anhang ZB g)

metallene Gebäudeeinrichtungen
als aktive Leiter von Kleinspannungs-Beleuchtungsanlagen unzulässig .... *E* **715** *715.521.1.1*

metallene Mäntel
Schutzleiter .... *E* ***540A1*** *543.2.1*

metallene Rohrleitungen
Hauptpotentialausgleich .... N **410** 413.1.2.1

metallene Rohrsysteme
zur Fortleitung von Gasen als Erder verboten .... *E* ***540A1*** *542.2.4*
zur Fortleitung von entzündlichen Flüssigkeiten als Erder verboten .... *E* ***540A1*** *542.2.4*

metallene Umhüllungen
für Kabel; Erder .... N **540** 4.2.7
von Kabeln und Leitungen als Schutzleiter .... *E* ***540A1*** *543.2.3*

metallene Verstärkungen von Gebäudekonstruktionen
Hauptpotentialausgleich .... N **410** 413.1.2.1
zusätzlicher Potentialausgleich .... N **410** 413.1.6.1

metallene Wasserleitungen
Schutzleiter .... *E* ***540A1*** *543.2.4*

Metallgehäuse
Schutzleiter .... *E* ***540A1*** *543.2.2*

metallische Umhüllungen von Fernmeldekabeln und -leitungen
Hauptpotentialausgleich .... N **410** 413.1.2.1

Metallkonstruktionen
Potentialausgleichsleiter .... *E* ***540A1*** *544.2.3*

Metallplatten
Brandschutz .... N **482** 482.2.2
feuergefährdete Betriebsstätten .... N **482** 482.2.2

Metallrohre
als Schutzleiter .... N **540** 5.2.3
Schutz bei indirektem Berühren entbehrlich .... N **470** 471.2.2

Metallteile
ätzende Dämpfe und Dünste .... N **737** 4.3
der Gebäudekonstruktion; Hauptpotentialausgleich .... N **410** 413.1.2.1
Korrosionsschutz .... N **737** 4.3
Schutzanstrich .... N **737** 4.3
von Gebäuden; Anlagen der Informationstechnik .... *E* ***540A1*** *545.7.2*

Metallumhüllungen
Schutz bei indirektem Berühren entbehrlich .... N **470** 471.2.2

Mindestbeleuchtungsstärke
Sicherheitsbeleuchtung .... E ***718*** *568.3.3*

Mindestquerschnitte
Außenleiter .... N **520** 524.1
Betriebsmittel mit strombegrenzenden Eigenschaften....... E ***719*** *719.543.1*
bewegliche Verbindungen mit isolierten Leitern
und Kabeln .... N **520** Tabelle 52 J
Erdungsleiter... N **540** 4.3.1,
E ***540A1*** *542.3.1*
Erdungssammelleiter .... E ***540A1*** *545.7.1.1*
Funktionserdungsleiter.. E ***540A1*** *545.7.3.1*
Funktionskleinspannung .... N **520** Tabelle 52 J
für Erdungsleiter der Funktionserdung............................. E ***540A1*** *545.8.3*
für Leiter für den Hauptpotentialausgleich........................ E ***540A1*** *544.1.1*
für Leiter für den zusätzlichen Potentialausgleich............ E ***540A1*** *544.2*
Gleichstromanteil im Fehlerstrom .... E ***719*** *719.543.1*
Hauptpotentialausgleich .... N **540** 9.1.1
Hilfsstromkreise .... N **725** 5.1
Leistungsstromkreise... N **520** Tabelle 52 J
Lichtstromkreise .... N **520** Tabelle 52 J
Meldestromkreise .... N **520** Tabelle 52 J
Neutralleiter .... N **520** 524.2, 524.3
PEN-Leiter... N **540** 8.2.1,
E ***540A1*** *543.4.1*
Potentialausgleichsleiter .... N **540** 9.1
Schutzkleinspannung... N **520** Tabelle 52 J
Schutzleiter... N **540** 5.1,
E ***540A1*** *543.1, 543.1.1,*
Tabelle 54H
Schutzleiter bei separater Verlegung .... E ***540A1*** *543.1.3*
Steuerstromkreise .... N **520** Tabelle 52 J
Stromquellen mit strombegrenzenden Eigenschaften........ E ***719*** *719.543.1*
von Leitern; Kabel- und Leitungssysteme (-anlagen) .... N **520** 524
zusätzlicher Potentialausgleich... N **540** 9.1.2

Mindestwerte
Isolationswiderstand .... N **610** 5.3

mineralisolierte Kabel
Schutzleiter .... E ***540A1*** *543.1.1*

Mittel
zum Trennen; Schaltvorrichtung .... N **537** 537.2.4
zur Abdichtung; Kabel- und Leitungssysteme
(-anlagen) .... N **520** 527.2.6, 527.3.1

zur Bedienung; Buden auf Messegeländen .... *E* ***711A1*** *711A.512.02*
zur Bedienung; Vergnügungsparks .... *E* ***711A1*** *711A.512.02*
zur Bedienung; vorübergehend errichtete elektrische Anlagen auf Messegeländen .... *E* ***711A1*** *711A.512.02*
zur Bedienung; Zirkusse .... *E* ***711A1*** *711A.512.02*
zur Begrenzung der Temperatur; Anschlussklemmen B1 **520** 52.3

Mittelleiter
DC-System .... *E* ***300A3*** *312*

Mittelspannungssysteme
Blitzüberspannungen *EB1* ***534*** *5.3*

MM-Leuchten
für schwer- oder normalentflammbare Gebäudeteile oder Einrichtungsgegenstände .... N **559** Tabelle 1, Tabelle 2
Montage auf Gebäudeteilen .... N **559** Tabelle 1
Montage in und an Einrichtungsgegenständen .... N **559** Tabelle 2

Möbel
als Montagefläche für Leuchten .... N **559** Tabelle 2
Auswahl von Geräten .... *E* ***713*** *713.52.5*
Begriff .... N **724** 1,
E ***713*** *713.1.3.1*
Betriebsmittel .... N **724** 7,
E ***713*** *713.55*
elektrische Anlagen .... *E* ***713***
Installationsmaterial .... N **724** 7.1
Kabel und Leitungen .... *E* ***713*** *713.52.02*
Kabel- und Leitungssysteme (-anlagen) .... *E* ***713*** *713.1.1*
Lampenleistung .... *E* ***713*** *713.55.1.2*
Leiterquerschnitte .... N **724** 4
Leitungen .... N **724** 3
Leitungsverlegung .... N **724** 5
Leuchten .... N **724** 7.2.1,
E ***713*** *713.55.1*
Netzanschluss .... N **724** 6
Querschnitt von Leitern .... *E* ***713*** *713.52.3*
Starkstromanlagen .... *E* ***713***
Temperaturen von Lampenfassungen .... *E* ***713*** *713.55.1.1*
Verbindungen .... *E* ***713*** *713.52.01*
Verbrauchsmittel .... N **724** 7.2
Wärme von elektrischen Betriebsmitteln .... *E* ***713*** *713.55.1.3*
Zugentlastung .... *E* ***713*** *713.52.4, 713.52.5*

Mobilheime
Begriff .... N **708** 2.1.3

Möglichkeit zur Instandhaltung
Berücksichtigung der Fähigkeiten des
Instandhaltungspersonals .... N **520** 529.1
elektrische Anlagen .... N **300** 3.1
Kabel- und Leitungssysteme (-anlagen) .... N **520** 529

Montage
Beleuchtungsanlagen .... E ***559A1*** *559.6.2*
Leuchten .... E ***559A1*** *559.6.2*
Sicherheitsstromversorgungen .... E ***560A2*** *561*
Versorgungseinrichtungen für Sicherheitszwecke .... E ***560A2*** *561*

Montageflächen
Brandverhalten des Materials bei
Beleuchtungsanlagen .... E ***559A1*** *559.5.2*

Motor-Gegenstrombremsung
Drehrichtungsumkehr .... N **460** 7.3.2

Motor-Generator-Gruppen
vorübergehend errichtete Anlagen für Bauwerke,
Vergnügungseinrichtungen und Buden auf
Kirmesplätzen, Vergnügungsparks und Zirkusse .... E ***740*** *740.313.3*

Motor-Generatorsätze mit Verbrennungsmotor
Stromquellen für Sicherheitszwecke .... E ***718*** *568.1.9*

Motorcaravans
Anschlussleitung .... N **708** 4
Anschlussvorrichtung .... N **708** 4
Begriff .... N **708** 2.1.2
elektrische Anlagen .... N **708** 5
Kabel- und Leitungssysteme (-anlagen) .... N **708** 5.2
Schaltgeräte und Steuergeräte .... N **708** 5.3
→ siehe auch Caravans .... N **708**

Motoren
betriebsmäßiges Schalten .... E ***460A1*** *465.3.3*
Brandschutz .... N **482** 482.1.13
elektrische Anlagen in Ausstellungen, Shows,
Ständen, Jahrmärkten .... E ***711*** *711.482.2.8, 711.55.04*
feuergefährdete Betriebsstätten .... N **482** 482.1.13
gartenbauliches Anwesen .... N **705** 4.2.2.7
landwirtschaftliches Anwesen .... N **705** 4.2.2.7
Phasenausfall .... N **460** 7.3.3
Phasenvertauschung .... N **460** 7.3.3,
E ***460A1*** *465.3.3*

vorübergehend errichtete Anlagen für Bauwerke, Vergnügungseinrichtungen und Buden auf Kirmesplätzen .... *E* ***740*** *740.482.2.8*

Motorgeneratoren
als Stromquellen für PELV .... N **410** 411.1.2.2
als Stromquellen für SELV .... N **410** 411.1.2.2

Motorsteuerstromkreise
Wiederanlauf .... N **460** 7.3.1

Motorsteuerung
betriebsmäßiges Schalten .... N **460** 7.3

Motorstromkreise
Grenzlängen von Kabeln und Leitungen .... B5 - 3.4

Muffen
Zugänglichkeit nicht gefordert .... N **520** 526.3

N

N (Neutralleiter)
Begriff .... N **200** 2.1.3,
E ***200A2*** *826-01-03*

Nachweise
Nachweise vor erster Inbetriebnahme .... *E* ***610A1***
wiederkehrende Nachweise durch Prüfungen .... *E* ***620***
→ siehe auch Prüfungen

Nachweise und Prüfungen
Kabel- und Leitungssysteme (-anlagen) .... N **520** 527.5

Nachweise vor erster Inbetriebnahme
Berücksichtigung des Anstiegs der Leiterwiderstände mit steigender Temperatur bei der Fehlerschleifenimpedanz .... *E* ***610A1*** *612.6.3 a)*
Besichtigen .... *E* ***610A1*** *611*
Brandschutz .... *E* ***610A1*** *611.3 a), 611.3 c)*
Durchgängigkeit der Schutzleiter .... *E* ***610A1*** *612.2*
Fehlerschleifenimpedanz .... *E* ***610A1*** *612.6.3, 612.6.3 b)*
Funktionsprüfungen .... *E* ***610A1*** *612.9*
Hauptpotentialausgleich .... *E* ***610A1*** *612.2*
Isolationswiderstand .... *E* ***610A1*** *612.3, 612.4*
Leiterverbindungen .... *E* ***610A1*** *611.3*
Messen von Fußbodenwiderständen .... *E* ***610A1*** *612.5*

Messen von Wandwiderständen .... *E* ***610A1*** *612.5*
Messung des Erderwiderstandes .... *E* ***610A1*** *612.6.2*
Prüfbericht .... *E* ***610A1*** *610.6*
Schaltpläne .... *E* ***610A1*** *611.3*
Schutz bei Überstrom .... *E* ***610A1*** *611.3 b)*
Schutz gegen thermische Einflüsse .... *E* ***610A1*** *611.3 b), 612.10*
Schutzleiterwiderstand .... *E* ***610A1*** *612.6.3 b), 612.6.4*
Spannungsfall .... *E* ***610A1*** *611.3*
Strombelastbarkeit .... *E* ***610A1*** *611.3*
TN-System .... *E* ***610A1*** *612.6.1 a)*
Trennen .... *E* ***610A1*** *612.4*
Verbindungsmittel .... *E* ***610A1*** *611.3*
Warnhinweise .... *E* ***610A1*** *611.3*
wer prüfen darf .... *E* ***610A1*** *610.5*
Zugänglichkeit .... *E* ***610A1*** *611.3*
zusätzlicher Potentialausgleich .... *E* ***610A1*** *612.2*
Zweifel an der Wirksamkeit des zusätzlichen Potentialausgleichs .... *E* ***610A1*** *612.6.3*

nageln
Stegleitungen .... N **520** Anhang ZB e)

nahe Blitzeinschläge
Begriff *EB1* ***534*** *3.9*

Nähsäle
Drehstrom-Steckvorrichtungen .... N **550** 4.3

nasse Bereiche
Betriebsmittel .... N **737** 4.1

nasse Räume
Begriff .... N **200** A.6.4
Betriebsmittel .... N **737** 4.1

natürlicher Erder
Begriff .... N **200** A.5.4

Nebenstellenanlagen
Anlagen der Informationstechnik .... *E* ***540A1*** *545.1*

Nennableitstoßströme
Überspannungs-Schutzeinrichtungen der Anforderungsklasse C .... V **534** Tabelle 534.3.2.2

Nennbetriebsdauer
der Stromquelle für Sicherheitseinrichtungen; Begriff .... *E* ***718*** *718.3.8*

Nennspannung
einer Anlage; Begriff .... N **200** 2.2.1,
E ***200A2*** *826-02-01*
eines Netzes; Begriff .... N **200** A.4.2

Nennwerte von Größen
Begriff........ N **200** A.4.1

Neon-Schriftzüge
Not-Schaltung .... *E* ***460A1*** *464.1*

Netzanschluss
Einrichtungsgegenstände........ N **724** 6
Möbel........ N **724** 6
Steckvorrichtungen........ N **550** 4.1

Netze
Schutz gegen Überspannungen........ N **alt** § 18 a)1.2
zwei unabhängige Netze bei
Sicherheitsstromversorgungen........ *E* ***560A2*** *568.5.1.6*

Netzformen
Baustelle .... N **704** 5.1
DC-System .... *E* ***300A3*** *312*
veraltet für 'Systeme nach Art der
Erdverbindungen' → siehe dort

Netzspannung
RCDs, die davon abhängig sind........ *E* ***530A6*** *531.2.2.1,*
531.2.2.3,
531.2.2.4,
531.2.3.1,
531.2.5.1
RCDs, die davon unabhängig sind........ *E* ***530A6*** *531.2.2.2*

neue Bundesländer
Einführung der DIN VDE 0100 .... B2 **-** Seite 19
→ siehe auch Beitrittsgebiet

Neutralleiter
abschalten .... N **470** NB.4
Begriff........ N **200** 2.1.3,
E ***200A2*** *826-01-03*
Besichtigen .... N **610** 4.3
Brandschutz .... N **482** 482.1.9
Buden auf Messegeländen .... *E* ***711A1*** *711A.512.02*
Einschalten .... *E* ***530*** *531.1*
feuergefährdete Betriebsstätten .... N **482** 482.1.9

in Frankreich ... *E* ***460A1*** *461.2 Anmerkung 1*
in Norwegen ... *E* ***460A1*** *461.2 Anmerkung 1*
IT-System ... N **430** 9.2.2,
N **610** 5.6.1.1.1 d), e)
Kennzeichnung ... N **510** 514.3.1,
E ***510*** *514.3.1*
Kleinspannungs-Stromerzeugungsanlagen ... N **551** 551.6.2
Mindestquerschnitte ... N **520** 524.2, 524.3
mit verteilt; IT-Systeme ... N **410** 413.1.5.6
nicht erden ... N **540** 8.2.3
nicht mit verteilt; IT-Systeme ... N **410** 413.1.5.6
Niederspannungs-Stromerzeugungsanlagen ... N **551** 551.6.2
RCDs ... *E* ***530A6*** *531.2.1.1*
Schalten ... N **460** 3.2,
E ***460A1*** *461.2*
schalten bei Buden auf Messegeländen ... *E* ***711A1*** *711A.537.1*
schalten bei Vergnügungsparks ... *E* ***711A1*** *711A.537.1*
schalten bei vorübergehend errichteten elektrischen Anlagen auf Messegeländen ... *E* ***711A1*** *711A.537.1*
schalten bei Zirkussen ... *E* ***711A1*** *711A.537.1*
Schaltgerät, einpolig ... N **460** 7.1.2
Schaltgeräte ... *E* ***530*** *531.2*
Schutz ... N **430** 9.2
Schutz bei Überstrom ... N **430** 9.2
Schutzeinrichtungen ... N **470** NB.4
TN-S-System ... N **460** 3.2
TN-System ... N **610** 5.6.1.1.1 d), e)
Trennen ... N **460** 3.2,
E ***460A1*** *461.2,*
E ***530*** *531.1*
TT-System ... N **610** 5.6.1.1.1 d), e)
Vergnügungsparks ... *E* ***711A1*** *711A.512.02*
vorübergehend errichtete elektrische Anlagen auf Messegeländen ... *E* ***711A1*** *711A.512.02*
Zirkusse ... *E* ***711A1*** *711A.512.02*

Neutralleiterströme
vermeiden; Schutz gegen elektromagnetische Störungen (EMI) ... N **444** Bild 1, Bild 2
Vermeidung bei Anlagen der Informationstechnik ... *E* ***540A1*** *Bild 1*

Neutralleitertrennklemmen
Brandschutz ... N **482** 482.1.9
feuergefährdete Betriebsstätten ... N **482** 482.1.9
für die Messung des Isolationswiderstands bei baulichen Anlagen für Menschenansammlungen ... *E* ***718*** *718.53.3*

nichtbegehbare Springbrunnen			
Begriff	N	**738**	2.1
nichtelektrische technische Anlagen			
Nähe zu Kabel- und Leitungssystemen (-anlagen)	N	**520**	528.2
Niederspannung-Schaltgeräte			
Gebrauchs-Kategorie	*EB1*	***530***	*Anhang A*
Niederspannungs-Stromerzeugungsanlagen			
Anlagen mit statischen Wechselrichtern	N	**551**	551.4.3
Anlagen, bei denen die Stromerzeugungsanlage eine umschaltbare Versorgungsalternative zum Netz darstellt	N	**551**	551.4.2, 551.6, Anhang ZB
Anlagen, bei denen ein Parallelbetrieb der Stromerzeugungsanlage mit einem Netz zulässig ist	N	**551**	551.7, Anhang ZB
Anordnung von Mitteln zur Erkennung von Überströmen	B	**551**	551.5.1
Art der Schutzeinrichtungen	N	**551**	551.7.2
Arten	N	**551**	551.1.1.1
Auswirkungen auf das Netz	N	**551**	551.7.1
Betriebseigenschaften	N	**551**	551.2.3
Eigenschaften	N	**551**	551.1.1.3
Energiequellen	N	**551**	551.1.1.2
Erdschlussstrom	N	**551**	551.2.2
Erregung	N	**551**	551.2.1
Ersatzstromversorgungsanlagen	N	**551**	551.4.2, 551.6, Anhang ZB
Filter	N	**551**	551.5.2
Funktion anderer Stromquellen	N	**551**	551.2.1
IT-Systeme	N	**551**	551.4.4.2, Anhang ZB
Kommutierung	N	**551**	551.2.1
Kurzschlussstrom	N	**551**	551.2.2
Leistungsvermögen	N	**551**	551.2.3
Mittel zum Trennen vom Netz	N	**551**	551.7.4
Neutralleiter	N	**551**	551.6.2
Oberschwingungsströme	N	**551**	551.5.2
Parallelbetrieb zu einem Netz	N	**551**	551.5.2
Photovoltaik-Anlagen	*E*	***712***	*712.551*
RCDs	N	**551**	551.4.4.2, Anhang ZB, 551.6.2
Schutz bei indirektem Berühren	N	**551**	551.4
Schutz bei Überstrom	N	**551**	551.5
Schutz durch automatische Abschaltung bei nicht dauerhaft errichteter Stromerzeugungsanlage	N	**551**	551.4.4

Schutz durch automatische Abschaltung bei nicht dauerhaft installierter Anlage	N	**551**	551.4.4
Schutz durch automatische Abschaltung der Stromversorgung	N	**551**	551.4.1
Schutzeinrichtungen, die die Stromerzeugungsanlage vom Netz abschalten	N	**551**	551.7.2
Schutzleiter	N	**551**	551.4.4.1
Stromquellen	N	**551**	551.1.1.2
Stromversorgung für dauerhaft errichtete Anlagen	N	**551**	551.1.1.4
Stromversorgung für ortsveränderliche Betriebsmittel	N	**551**	551.1.1.4
Stromversorgung für zeitweilig errichtete Anlagen	N	**551**	551.1.1.4
TN-S-Systeme	N	**551**	551.6.2
TN-Systeme	N	**551**	551.4.2, 551.4.4.2, Anhang ZB
TT-Systeme	N	**551**	551.4.4.2, Anhang ZB
umschaltbare Versorgungsalternative	N	**551**	551.7.5
vagabundierende Ströme	N	**551**	551.5.2
Verbindung einer Stromerzeugungsanlage mit dem Netz verhindern, wenn die Spannung und Frequenz des Netzes außerhalb der Betriebswerte liegen	N	**551**	551.7.3
Versorgungsunternehmen befragen	N	**551**	551.7.1
vorübergehend errichtete Anlagen für Bauwerke, Vergnügungseinrichtungen und Buden auf Kirmesplätzen, Vergnügungsparks und Zirkusse	*E*	***740***	*740.551*
zusätzlicher Potentialausgleich	N	**551**	551.4.3.1
Zwecke	N	**551**	551.1.1.4

Niederspannungsstromkreise in Hochspannungsschaltfeldern

Betriebsmittel	N	**736**	5
Kabel	N	**736**	5.1, 5.4
Leitungen	N	**736**	5.1, 5.4
Schutz gegen gefährliche Körperströme	N	**736**	4

Niederspannungsversorgungssysteme

bewegliche oder ortsveränderliche elektrische Anlagen	*E*	***717***	*717.551*

noch gültige Paragraphen von VDE 0100:1973-05

Anwendungsbereich	N	**alt**	§ 2
Auflistung dieser Paragraphen	B2	**-**	Tabelle 2

normal

Begriff (bei Betriebsmitteln)	N	**510**	512.2.4 Anmerkung 2,
	E	***510***	*512.2.4 Anmerkung 2*

Normen für Messgeräte oder Messanordnungen
Messaufgabe .... N **610** Tabelle 2

normgerecht
Betriebsmittel .... N **510** 511.1,
E ***510*** *511.1*

Norwegen
Neutralleiter .... *E* ***460A1*** *461.2 Anmerkung 1*

Not-Aus-Einrichtungen
vorübergehend errichtete Anlagen für Bauwerke, Vergnügungseinrichtungen und Buden auf Kirmesplätzen, Vergnügungsparks und Zirkusse .... *E* ***740*** *740.55.3.3*

Not-Ausschalter
Gefahr eines elektrischen Schlages .... N **460** 6.2

Not-Ausschaltgeräte
Betätigungseinrichtungen .... N **537** 537.4.4, 537.4.5, 537.4.6

Not-Ausschaltung
Begriff .... N **200** 2.8.3
Experimentierstände .... N **723** 4.2,
E ***723A1*** *4.2.3*
gartenbauliches Anwesen .... N **705** 5.3.2
landwirtschaftliches Anwesen .... N **705** 5.3.2
Stromkreis .... N **460** 6.3
unvorhersehbare Gefährdung .... N **460** 6.1

Not-Halt
Begriff .... N **200** 2.8.4
Beibehaltung der Versorgung .... N **537** 537.4.2
Bewegungen, die Gefahr hervorrufen können .... N **460** 6.5
Not-Schaltung .... *E* ***460A1*** *464 Anmerkung, 464.4*
Stromkreis .... N **460** 6.3
Wirksamkeit .... N **460** 6.3

Not-Schalteinrichtungen
Anordnung .... N **460** 6.3, 6.4
Wirksamkeit .... N **460** 6.3, 6.4

Not-Schaltung
Beleuchtung mit Hochspannungs-Entladungslampen .... *E* ***460A1*** *464.1*
Laboratorien für Unterrichtszwecke .... *E* ***460A1*** *464.1*
Neon-Schriftzüge .... *E* ***460A1*** *464.1*

Not-Halt ... *E* **460A1** *464 Anmerkung, 464.4*
Not-Start ... *E* **460A1** *464 Anmerkung*

Not-Start
Not-Schaltung ... *E* **460A1** *464 Anmerkung*

Notbeleuchtung
Begriff ... *E* **718** *718.3.5*

Notleuchten
Begriff ... *E* **718** *718.3.7*
für den Bereitschaftsbetrieb ... *E* **560A2** *568.3.1*

Notrufeinrichtungen
Räume mit Badewanne oder Dusche ... *E* **701** *701.53*

nuklearmedizinische Räume
Zuordnung Sicherheitsstromversorgung und Anwendungsgruppe ... *E* **710** *Tabelle B.1-25.*

Nullleiter
veralteter Begriff, nun: PEN-Leiter (→ siehe dort)

Nullung
frühere Schutzmaßnahme, vergleichbar mit TN-System (→ siehe dort)

Nutzungsänderung
wiederkehrende Nachweise durch Prüfungen ... *E* **620** *62.1*

O

Oberflächentemperaturen
Betriebsmittel ... N **420** 4.2, 5
Schutz gegen thermische Einflüsse ... N **420** 4.2, 5

Oberschwingungsströme
Kleinspannungs-Stromerzeugungsanlagen ... N **551** 551.5.2
Niederspannungs-Stromerzeugungsanlagen ... N **551** 551.5.2
Verträglichkeit in elektrischen Anlagen ... N **300** 330.1

öffentliche Verteilungsnetze
Anwendungsbereich ... *E* **100A1** *11.4*
Erlaubnis des Wegfalls des Schutzes bei indirektem Berühren ... N **470** NB.1
Hausanschlüsse in öffentlichen Kabelnetzen ... N **732**

TN-Systeme ... N **410** NB.1
Verzicht auf Schutzeinrichtungen bei Kurzschluss ... N **430** 6.4.3
Verzicht auf Schutzeinrichtungen bei Überlast ... N **430** 5.5 d)

Öffnungen
Basisschutz ... N **410** 412.2.1
Schutz gegen direktes Berühren ... N **410** 412.2.1
Schutz gegen elektrischen Schlag unter normalen Bedingungen ... N **410** 412.2.1

OP-Aufwachräume
Begriff ... E ***710*** *Tabelle B.1-18.*

OP-Gipsräume
Begriff ... E ***710*** *Tabelle B.1-17.*

OP-Tische
medizinisch genutzte Räume ... E ***710*** *710.413.1.6.1*

OP-Vorbereitungsräume
Begriff ... E ***710*** *Tabelle B.1-16.*

OP-Waschräume
Begriff ... E ***710*** *Tabelle B.1-2.*

Operations-Aufwachräume
Zuordnung Sicherheitsstromversorgung und Anwendungsgruppe ... E ***710*** *Tabelle B.1-18.*

Operations-Gipsräume
Zuordnung Sicherheitsstromversorgung und Anwendungsgruppe ... E ***710*** *Tabelle B.1-17.*

Operations-Vorbereitungsräume
Zuordnung Sicherheitsstromversorgung und Anwendungsgruppe ... E ***710*** *Tabelle B.1-16*

Operationsräume
Begriff ... E ***710*** *Tabelle B.1-15.*
Zuordnung Sicherheitsstromversorgung und Anwendungsgruppe ... E ***710*** *Tabelle B.1-15.*

Operationswaschräume
Zuordnung Sicherheitsstromversorgung und Anwendungsgruppe ... E ***710*** *Tabelle B.1-2.*

örtlicher Potentialausgleich
→ siehe zusätzlicher Potentialausgleich

ortsfeste Betriebsmittel
Begriff .... N **200** 2.7.6,
E ***200A2*** *826-07-06*

ortsfeste Leitungen
Begriff .... N **200** A.2.1

ortsfeste Stromquellen
Schutz durch Schutztrennung .... N **410** 413.5.1.1

ortsveränderliche Betriebsmittel
Begriff .... N **200** 2.7.4
Schutz durch nichtleitende Räume .... N **410** 413.3.5

ortsveränderliche elektrische Anlagen
→ siehe bewegliche elektrische Anlagen .... E ***717***

ortsveränderliche Jahrmärkte
Buden auf Messegeländen .... E ***711A1*** *711A.52.01*
Vergnügungsparks .... E ***711A1*** *711A.52.01*
vorübergehend errichtete elektrische Anlagen auf Messegeländen .... E ***711A1*** *711A.52.01*
Zirkusse .... E ***711A1*** *711A.52.01*

ortsveränderliche Schmuckbeleuchtung
Beleuchtungsanlagen .... E ***559A1*** *559.1*

P

Paragraphen, noch nicht ersetzt
aus VDE 0100:1973-05 und Änderung VDE 0100g:1976-07 .... B2 - Tabelle 2

parallel geschaltete Leiter
gleichmäßige Verteilung des Stromes .... E ***470A2*** *473.1.5.1*
Schutz bei Kurzschluss .... E ***470A2*** *473.2.4*
Schutz bei Überlast .... N **430** 5.3,
E ***430A1*** *433.3,*
E ***470A2*** *473.1.5*
ungleichmäßige Verteilung des Stromes .... E ***470A2*** *473.1.5.2*

Parallelbetrieb
von Stromerzeugungsanlagen mit einem Netz .... N **551** 551.7, Anhang ZB
von Stromerzeugungsanlagen zu einem Netz .... N **551** 551.5.2
von Transformatoren bei Kleinspannungs-Beleuchtungsanlagen .... E ***715*** *715.411.1.2*

Parallelschaltung
Einspeisequellen .... N **460** 7.1.5,
E ***460A1*** *465.1.5*

Parkhäuser
bauliche Anlagen für Menschenansammlungen .... *E* ***718*** *718.1*

Patienten
Begriff .... *E* ***710*** *710.13.2*

Patientenbehandlungsplätze
medizinisch genutzte Räume .... *E* ***710*** *710.55.3*

Patientenumgebung
Begriff .... *E* ***710*** *710.13.11*
medizinisch genutzte Räume .... *E* ***710*** *Bild 2*

PE (Schutzleiter)
Begriff .... N **200** 2.4.5

PELV
Anordnungen von Stromkreisen .... N **410** 411.1.3
Auswahl .... *E* ***481A1*** *481.3.6*
Batterien .... N **410** 411.1.2.3
elektrochemische Stromquellen .... N **410** 411.1.2.3
elektronische Einrichtungen als Stromquellen .... N **410** 411.1.2.5
Erdung der Stromkreise .... N **410** 411.1.5
Erproben und Messen .... N **610** 5.1
geerdete metallene Umhüllungen .... N **410** 411.1.3.2
geerdete Metallschirme .... N **410** 411.1.3.2
Generator, der von einer Verbrennungsmaschine angetrieben wird als Stromquelle .... N **410** 411.1.2.4
Halbleiter-Stromrichter .... *E* ***410A4*** *411.1.3.1*
höhere Leerlaufspannung .... N **410** 411.1.2.5
Isolationswiderstand .... N **610** 5.3
Kleinspannungs-Stromerzeugungsanlagen .... N **551** 551.3.1
medizinisch genutzte Räume .... *E* ***710*** *710.411.1*
mehradrige Kabel, Leitungen oder Leiterbündel mit verschiedenen Spannungen .... N **410** 411.1.3.2
Motorgeneratoren als Stromquelle .... N **410** 411.1.2.2
Photovoltaik-Anlagen .... *E* ***712*** *712.411.1*
Planschbecken .... *E* ***702A1*** *702.411.1*
Räume mit Badewanne oder Dusche .... *E* ***701*** *701.411*
Schutz gegen direktes Berühren .... N **410** 411.1.5.1
Schutz gegen direktes Berühren bei Nennspannungen nicht größer als AC 25 V oder DC 60 V .... N **410** 411.1.5.2,
E ***410A6*** *411.1.5.2*
Schutz gegen direktes Berühren bei Nennspannungen nicht größer als AC 6 V oder DC 15 V .... N **410** 411.1.5.2,

	E	***410A6***	*411.1.5.2*
Schutz gegen elektrischen Schlag	N	**410**	411.1, Anhang ZB
Schwimmbäder und andere Becken	*E*	***702A1***	*702.411.1*
sichere Trennung	N	**410**	411.1.3.1, 411.1.3.2,
	N	**610**	5.4.2
Spannungsgrenzen	N	**410**	411.1.1
Springbrunnen	*E*	***702A1***	*702.411.1*
Steckdose	N	**410**	411.1.3.3
Stecker	N	**410**	411.1.3.3
Steckvorrichtungen ohne Schutzkontakt	N	**410**	411.1.3.3
Stromkreise	N	**410**	411.1.5
Stromquellen	N	**410**	411.1.2
Transformatoren mit sicherer Trennung	N	**410**	411.1.2.1
Unverwechselbarkeit des Steckvorrichtungssystems	N	**410**	411.1.3.3
vorübergehend errichtete Anlagen für Bauwerke, Vergnügungseinrichtungen und Buden auf Kirmesplätzen, Vergnügungsparks und Zirkusse	*E*	***740***	*740.42.1*
zu PELV; sichere Trennung nicht gefordert	N	**410**	Nationales Vorwort
zu SELV, sichere Trennung gefordert	N	**410**	411.1.3.2

PELV-Stromkreise

Anlagen der Informationstechnik	*E*	***540A1***	*545.3.1*

PEN-Leiter

Anlagen der Informationstechnik	*E*	***540A1***	*545.4*
Aufteilung	N	**540**	8.2.3
Aufteilungsstelle von Neutralleiter und Schutzleiter	*E*	***540A1***	*543.4.3*
Auswahl	N	**540**	
Begriff	N	**200**	2.4.6
Brandschutz	N	**482**	482.1.8
Bruch mit Erdschluss (Freileitungsnetz)	*E*	***410A5***	*Bild 11*
durchschleifen bei Schaltgerätekombinationen der Schutzklasse II	N	**410**	Nationales Vorwort zu 413.2
Errichten	N	**540**	
feuergefährdete Betriebsstätten	N	**482**	482.1.8
fremde leitfähige Teile als PEN-Leiter verboten	*E*	***540A1***	*543.2.5*
gartenbauliches Anwesen	N	**705**	4.2.2.12
informationstechnische Einrichtungen	*E*	***540A1***	*543.4.4*
Isolierung	N	**540**	8.2.2,
	E	***540A1***	*543.4.2*
Kabel mit konzentrischem Leiter	*E*	***540A1***	*543.4.1*
Kennzeichnung	N	**510**	514.3.2,
	E	***510***	*514.3.2*
konzentrische Leiter	N	**540**	8.2.1

landwirtschaftliches Anwesen .... N **705** 4.2.2.12
medizinisch genutzte Räume .... E ***710*** *710.546.2*
Mindestquerschnitte .... N **540** 8.2.1,
E ***540A1*** *543.4.1*
Profilschienen .... N **540** 8.2.5, C.3
Schalten .... N **460** 3.2,
E ***460A1*** *461.2*
Schutz gegen elektromagnetische Störungen (EMI) .... N **444** 444.3.12, 444.4
TN-Systeme .... N **410** 413.1.3.2,
N **610** 5.6.1.1.1 g)
Trennen .... N **460** 3.2, 7.1.5,
E ***460A1*** *461.2*
Verbot der Verbindung von Neutralleiter und Schutzleiter .... E ***540A1*** *543.4.3*
Verträglichkeit mit Anlagen der Informationstechnik .... E ***540A1*** *545.4*

Personenrufsysteme
medizinisch genutzte Räume .... E ***710*** *710.564.2*

Personenschutz
Hilfsstromkreise .... N **725** 6

petrochemische Anlagen
Schutz bei Überspannungen EB1 ***534*** *11.3*

Pflanzen- oder Schimmelwachstum (Flora)
Kenngrößen .... N **300** 321.8
Kurzzeichen .... N **300** 321.8

Pflanzenbewuchs
Kabel- und Leitungssysteme (-anlagen) .... N **520** 522.9

Phasenausfall
Motor .... N **460** 7.3.3

Phasenvertauschung
Motor .... N **460** 7.3.3,
E ***460A1*** *465.3.3*

Photovoltaik
Wassersportfahrzeuge .... E ***709*** *6.2.4*

Photovoltaik-Anlagen
Blitzschutz .... E ***712*** *712.443.y*
Bypassdioden .... E ***712*** *Vorwort*
Gleichspannungsseite der PV-Anlage .... E ***712*** *712.413.2*
Kabel- und Leitungssysteme (-anlagen) .... E ***712*** *712.52*

Koordinieren des Schutzes bei Überlast und Kurzschluss ... *E* **712** *712.435*
Niederspannungs-Stromerzeugungsanlagen ... *E* **712** *712.551*
PELV ... *E* **712** *712.411.1*
PV-Module ... *E* **712** *712.511.1, 712.512.2.1.z*
RCDs ... *E* **712** *712.512.1.5.y*
Rückstromdioden ... *E* **712** *Vorwort*
Schalten ... *E* **712** *712.46, 712.537*
Schutz bei indirektem Berühren ... *E* **712** *712.413*
Schutz bei Kurzschluss ... *E* **712** *712.431.1, 712.434*
Schutz bei Überlast ... *E* **712** *712.431.1, 712.433*
Schutz bei Überspannungen ... *E* **712** *712.44*
Schutz durch automatische Abschaltung der Stromversorgung ... *E* **712** *712.413.1*
Schutz durch erdfreien örtlichen Potentialausgleich ... *E* **712** *712.413.4*
Schutz durch nichtleitende Räume ... *E* **712** *712.413.3*
Schutz durch Schutztrennung ... *E* **712** *712.413.5*
Schutz gegen elektrischen Schlag ... *E* **712** *712.41*
SELV ... *E* **712** *712.411.1*
Systeme nach Art der Erdverbindungen ... *E* **712** *712.312.2*
TN-Systeme ... *E* **712** *712.312.2.1*
Trenneinrichtungen ... *E* **712** *712.462.1*
Trennen ... *E* **712** *712.46, 712.537*
TT-Systeme ... *E* **712** *712.312.2.2*
Überspannungs-Schutzeinrichtungen ... *E* **712** *712.443.z*
Umgebungstemperaturen ... *E* **712** *712.512.2.1*
Wechselspannungsseite des PV-Wechselrichters ... *E* **712** *712.413.1.1.x*
zusätzlicher Potentialausgleich ... *E* **712** *712.413.1.6*

physikalische Trennung
Kabel- und Leitungssysteme (-anlagen) ... N **520A1** 528.1.1

Physiotherapieräume
Begriff ... *E* **710** *Tabelle B.1-13.*
Zuordnung Sicherheitsstromversorgung und Anwendungsgruppe ... *E* **710** *Tabelle B.1-13.*

Pläne der elektrischen Anlage
medizinisch genutzte Räume ... *E* **710** *710.514.5*

Planschbecken
Abmessungen der Bereiche ... *E* **702A1** *Bild 702A*
Anwenden von Schutzmaßnahmen ... *E* **702A1** *702.47*
äußere Einflüsse ... *E* **702A1** *702.32, 702.512*
Ausnahmen für kleine Schwimmbäder ... *E* **702A1** *702.53*
Auswahl und Errichten elektrischer Betriebsmittel abhängig von den Bereichen ... *E* **702A1** *Tabelle A.2*

Begrenzung von Kabel und Leitungen in den Bereichen .... *E* ***702A1*** *702.522.22*
Bereich 0 .... *E* ***702A1*** *702.32, 702.471.3.1*
Bereich 1 .... *E* ***702A1*** *702.32, 702.471.3.1*
Bereich 2 .... *E* ***702A1*** *702.32, 702.471.3.3*
Betriebsbedingungen .... *E* ***702A1*** *702.512*
Kabel und Leitungen unter Berücksichtigung der Bereiche .... *E* ***702A1*** *702.522.21*
Kabel- und Leitungssysteme (-anlagen) .... *E* ***702A1*** *702.52*
PELV .... *E* ***702A1*** *702.411.1*
RCDs .... *E* ***702A1*** *702.471.3.1, 702.471.3.3*
Schalter .... *E* ***702A1*** *702.53*
Schaltgeräte .... *E* ***702A1*** *702.53*
Schutz bei indirektem Berühren .... *E* ***702A1*** *702.413*
Schutz durch Abstand .... *E* ***702A1*** *702.412.4*
Schutz durch erdfreien örtlichen Potentialausgleich .... *E* ***702A1*** *702.413.4*
Schutz durch Hindernisse .... *E* ***702A1*** *702.412.3*
Schutz durch nichtleitende Räume .... *E* ***702A1*** *702.413.3*
Schutz gegen direktes Berühren .... *E* ***702A1*** *702.412*
Schutz gegen elektrischen Schlag .... *E* ***702A1*** *702.41, 702.471*
Schutz sowohl gegen direktes als auch bei indirektem Berühren .... *E* ***702A1*** *702.411*
Schutzarten .... *E* ***702A1*** *702.512.2*
Schutzkleinspannungsstromquelle außerhalb der Bereiche .... *E* ***702A1*** *702.471.3.1, 702.471.3.3*
Schutzmaßnahmen .... *E* ***702A1*** *702.4*
Schutzmaßnahmen in den Bereichen .... *E* ***702A1*** *Tabelle A.1*
Schutztrennung .... *E* ***702A1*** *702.471.3.1, 702.471.3.3*
SELV .... *E* ***702A1*** *702.411.1, 702.471.3.1, 702.471.3.3*
SELV-Stromkreise .... *E* ***702A1*** *702.411.1.4*
Steckdosen .... *E* ***702A1*** *702.53*
Steuergeräte .... *E* ***702A1*** *702.53*
Verbindungsdosen .... *E* ***702A1*** *702.522.24*
Zusammenstellung grundsätzlicher Schutzanforderungen .... *E* ***702A1*** *Anhang A*
zusätzlicher Potentialausgleich .... *E* ***702A1*** *702.413.1.6*

Planung
elektrische Anlagen .... N **300** 311.1

Grundsätze .... *E* ***100A1*** *132*
Schutz gegen elektromagnetische Störungen (EMI) .... N **444**
Temperaturen an den Schnittstellen zwischen
Klemmen und Leitern .... B1 **520** Einführung

Plattenerder
Erder .... N **540** 4.2.1

Potentialausgleich
Anlagen der Informationstechnik .... *E* ***540A1*** *545, 545.7*
Begriff .... N **200** 2.4.9,
E ***200A2*** *826-04-09*
bewegliche oder ortsveränderliche elektrische
Anlagen .... *E* ***717*** *717.413.1.2*
Buden auf Messegeländen .... *E* ***711A1*** *711A.413.1.2*
Caravan .... N **708** 5.1.4
für Funktionszwecke bei Anlagen der
Informationstechnik .... *E* ***540A1*** *545.7.2*
horizontales und vertikales
Potentialausgleichssystem .... *E* ***540A1*** *D.3*
örtliches horizontales Potentialausgleichssystem
(Maschensystem) .... *E* ***540A1*** *D.2*
Räume mit Badewanne oder Dusche .... *E* ***701*** *701.413.1.6*
Räume mit Badewanne oder Dusche ohne elektrische
Betriebsmittel .... *E* ***701*** *701.413.1.6*
Schutz durch automatische Abschaltung der
Stromversorgung .... N **410** 413.1.2
Schutz gegen elektromagnetische Störungen (EMI) .... N **444** 444.3.5
Vergnügungsparks .... *E* ***711A1*** *711A.413.1.2*
vermaschtes Potentialausgleichssystem aus
Funktionsgründen bei Anlagen der
Informationstechnik .... *E* ***540A1*** *545.7.2*
vorübergehend errichtete elektrische Anlagen auf
Messegeländen .... *E* ***711A1*** *711A.413.1.2*
Wassersportfahrzeuge .... *E* ***709*** *6.1.3*
Zirkusse .... *E* ***711A1*** *711A.413.1.2*

Potentialausgleich, zusätzlicher
IT-System .... N **610** 5.2, 5.6.1.1,
5.6.1.4.2.1
Springbrunnen .... N **738** 4.4
TT-System .... N **610** 5.2, 5.6.1.1
TT-System (Besichtigen) .... N **610** 5.6.1.3.1

Potentialausgleichsleiter
Auswahl .... N **540**
Begriff .... N **200** 2.4.10
elektrische Anlagen .... *E* ***540A1***
Errichten .... N **540**

fremde leitfähige Teile .... *E* ***540A1*** *544.2.3*
Hauptpotentialausgleich .... *E* ***540A1*** *544.1*
IT-System .... N **610** 5.6.1.1.1 a), b)
Kennzeichnung als Schutzleiter .... N **510** 514.3.1,
E ***510*** *514.3.1*
medizinisch genutzte Räume .... *E* ***710*** *710.54*
Metallkonstruktionen .... *E* ***540A1*** *544.2.3*
Mindestquerschnitte .... N **540** 9.1
Mindestquerschnitte für Hauptpotentialausgleich .... *E* ***540A1*** *544.1.1*
Mindestquerschnitte für zusätzlichen Potentialausgleich .... *E* ***540A1*** *544.2*
Räume mit Badewanne oder Dusche .... N **701** 4.2.1, 4.2.2, 4.2.3,
E ***701*** *701.413.1.6*
Schutz durch erdfreien örtlichen Potentialausgleich .... N **410** 413.4.1
Schutz gegen elektromagnetische Störungen (EMI) .... N **444** 444.3.10
Springbrunnen .... N **738** 4.4.1
TN-System .... N **610** 5.6.1.1.1 a), b)
TT-System .... N **610** 5.6.1.1.1 a), b)
Überbrückung von Wasseruhren .... *E* ***540A1*** *544.3*
Überbrückungsleiter .... *E* ***540A1*** *544.3*
ungeerdete isolierte Potentialausgleichsleiter beim Schutz durch Schutztrennung .... N **410** 413.5.3.1
Unterrichtsräume mit Experimentierständen .... N **723** 5.2
Verbindung; Springbrunnen .... N **738** 4.6
von Bahnanlagen verbunden mit Erdungssammelleiter .... *E* ***540A1*** *545.7.1.2*
zusätzlicher Potentialausgleich .... *E* ***540A1*** *544.2*

Potentialausgleichsleiterquerschnitt
Springbrunnen .... N **738** 4.4.2

Potentialausgleichssammelschienen
medizinisch genutzte Räume .... *E* ***710*** *710.413.1.6.3*

Potentialsteuerung
Baustahlmatten .... N **738** 4.5.3
Begriff .... N **200** A.5.11
Springbrunnen .... N **738** 4.5

Primärelemente
Stromquellen für Sicherheitszwecke .... N **300** 351

Profilschienen
PEN-Leiter .... N **540** 8.2.5, C.3

Projektoren
Brandschutz .... N **482** 482.1.14
feuergefährdete Betriebsstätten .... N **482** 482.1.14

Prüfberichte
Begriff .... *E* **610A1** *Tabelle im Nationalen Vorwort*
Nachweise vor erster Inbetriebnahme .... *E* **610A1** *610.6*
Stromversorgungsanlagen für Sicherheitszwecke .... *E* **718** *718.62.2*
wiederkehrende Nachweise durch Prüfungen .... *E* **620** *62.4*

Prüfbücher
medizinisch genutzte Räume .... *E* **710** *710.514.5*

Prüfeinrichtungen
RCDs .... *E* **530A6** *531.2.1.5*

Prüfen
Begriff .... N **610** 2.2,
E **610A1** *Tabelle im Nationalen Vorwort*

Prüfer
Qualifikation für Nachweise vor erster Inbetriebnahme .... *E* **610A1** *610.5*

Prüffristen
wiederkehrende Nachweise durch Prüfungen .... *E* **620** *62.2*

Prüfleuchten
Beleuchtungsanlagen .... *E* **559A1** *559.9*

Prüfprotokolle
→ siehe Prüfberichte

Prüfungen
Anforderungen der DIN VDE 0100 erfüllt .... N **610** 3.1
bauliche Anlagen für Menschenansammlungen .... *E* **718** *718.6*
Begriff .... *E* **610A1** *Tabelle im Nationalen Vorwort*
Besichtigen (allgemein) .... N **610** 4
bestehender Anlagen im Beitrittsgebiet .... B2 **-** Seite 19
Einrichtungen für Sicherheitszwecke .... *E* **718** *718.6*
elektrische Anlagen für Sicherheitszwecke .... N **560** 561.3
Kabel- und Leitungssysteme (-anlagen) .... N **520** 527.5
medizinisch genutzte Räume .... *E* **710** *710.6*
Schaltanlagen .... N **729** 5
Schaltungsunterlagen .... N **610** 3.2
Spannungsfall .... N **610** 5.11
Stromquellen für Sicherheitszwecke .... *E* **718** *718.6*

Stromversorgungsanlagen für Sicherheitszwecke .... *E* ***718*** *718.6*
Stromversorgungseinrichtungen für
Sicherheitszwecke .... *E* ***718*** *718.6*
thermische Einflüsse .... N **610** 5.10
Verteiler .... N **729** 5
Vorsichtsmaßnahmen dabei .... N **610** 3.3
→ siehe auch Nachweise

Prüfverfahren
Begriff .... *E* ***610A1*** *Tabelle im Nationalen Vorwort*

PV-Anlagen
Begriff .... *E* ***712*** *712.2.10*

PV-Generatoranschlusskästen
Begriff .... *E* ***712*** *712.2.5*

PV-Generatoren
Begriff .... *E* ***712*** *712.2.4*

PV-Gleichstromhauptleitungen
Begriff .... *E* ***712*** *712.2.7*

PV-Module
Begriff .... *E* ***712*** *712.2.2*
Photovoltaik-Anlagen .... *E* ***712*** *712.511.1, 712.512.2.1.z*

PV-Modulkabel/-leitungen
Begriff .... *E* ***712*** *712.2.6*

PV-Stränge
Begriff .... *E* ***712*** *712.2.3*

PV-Versorgungskabel/PV-Versorgungsleitungen
Begriff .... *E* ***712*** *712.2.9*

PV-Wechselrichter
Begriff .... *E* ***712*** *712.2.8*
Wechselspannungsseite .... *E* ***712*** *712.413.1.1.x*

Q

Qualifikation
Errichter .... *E* ***100*** *4*

Querschnitte
Schutzleiter .... N **540** 5.1
von Leitern; Möbel .... *E* ***713*** *713.52.3*
→ siehe auch Mindestquerschnitte

R

radiologische Anwendungsräume
Begriff .... *E* ***710*** *Tabelle B.1-11.*

radiologische Diagnose- und Behandlungsräume
Zuordnung Sicherheitsstromversorgung und Anwendungsgruppe .... *E* ***710*** *Tabelle B.1-11.*

radiologische Diagnoseräume
Begriff .... *E* ***710*** *Tabelle B.1-11.*

Raffinerien
Kurzzeichen .... N **300** 322.5

Rauchabzugsanlagen
Einrichtungen für Sicherheitszwecke .... *E* ***718*** *563.4 Anmerkung*

Rauchabzugseinrichtungen
Einrichtungen für Sicherheitszwecke .... *E* ***718*** *718.1*

Rauchmeldeanlagen
Einrichtungen für Sicherheitszwecke .... *E* ***718*** *563.4 Anmerkung*

Räume der Anwendungsgruppe 1
medizinisch genutzte Räume .... *E* ***710*** *710.413.1.1.1, 710.413.1.3, 710.413.1.4, 710.413.1.6.1*

Räume der Anwendungsgruppe 2
medizinisch genutzte Räume .... *E* ***710*** *710.413.1.1.1, 710.413.1.3, 710.413.1.4, 710.413.1.5, 710.413.1.6.1, 710.413.1.6.2*

Räume mit Badewanne oder Dusche
Abwasserpumpen .... *E* ***701*** *701.55*
Abwasserrohre .... *E* ***701*** *701.413.1.6*
Abzweigdosen .... *E* ***701*** *701.53*

Anschlussdosen	*E*	***701***	*701.53*
Antennensteckdosen	*E*	***701***	*701.53*
begrenzende Wände der Bereiche; Kabel- und Leitungssysteme (-anlagen)	*E*	***701***	*701.52*
Bereiche	N	**701**	3,
	E	***701***	*701.32*
Bereiche; Abbildung mit Bade- oder Duschwanne	*E*	***701***	*Bild 1*
Bereiche; Abbildung ohne Bade- oder Duschwanne	*E*	***701***	*Bild 3*
Bereiche; fabrikfertige Duschkabine	*E*	***701***	*Bild 2*
Bereich 0	*E*	***701***	*701.32.1, 701.51*
Bereich 1	*E*	***701***	*701.32.2, 701.512.2, 701.55*
Bereich 2	*E*	***701***	*701.32.3, 701.512.2*
Betriebsmittel	N	**701**	5
Caravan	N	**708**	5.8,
	E	***708A1***	*5.8*
Dachschrägen als Bereichsgrenzen	*E*	***701***	*701.32*
Decken als Bereichsgrenzen	*E*	***701***	*701.32*
Deckenflächenheizungen	*E*	***701***	*701.412.5, 701.753*
Durchgangsöffnungen	N	**701**	3
elektrische Anlagen	*E*	***701***	
elektrische Betriebsmittel	*E*	***701***	*701.5*
Fehlerstrom-Schutzeinrichtungen mit $I_{\Delta N} \leq 30$ mA	N	**701**	4.1.3
Fenster als Bereichsgrenzen	*E*	***701***	*701.32*
feste Abtrennungen als Bereichsgrenzen	*E*	***701***	*701.32*
Frischwasserrohre	*E*	***701***	*701.413.1.6*
Fußböden als Bereichsgrenzen	*E*	***701***	*701.32*
Fußbodenheizungen	*E*	***701***	*701.412.5, 701.753*
Gasrohre	*E*	***701***	*701.413.1.6*
Heizleitungen	*E*	***701***	*701.753*
Heizungsrohre	*E*	***701***	*701.413.1.6*
Installationsgeräte	*E*	***701***	*701.53*
Kabel	N	**701**	5.2
Kabel- und Leitungssysteme (-anlagen)	*E*	***701***	*701.52*
Kunststoffablaufrohre	N	**701**	4.2.4
Leitungen	N	**701**	5.2
Metallablaufventil	N	**701**	4.2.4, 4.2.5
metallene Bade- oder Duschwannen	*E*	***701***	*701.413.1.6*
Notrufeinrichtungen	*E*	***701***	*701.53*
ohne elektrische Betriebsmittel; Potentialausgleich	*E*	***701***	*701.413.1.6*
PELV immer mit Basisisolierung	*E*	***701***	*701.411*
Potentialausgleich	*E*	***701***	*701.413.1.6*
Potentialausgleichsleiter	N	**701**	4.2.1, 4.2.2, 4.2.3,
	E	***701***	*701.413.1.6*
Raum unter Bade- oder Duschwannen; Bereichszuordnung	*E*	***701***	*701.32.2*

Raumtüren Bereichsgrenzen	*E*	***701***	*701.32*
RCDs mit $I_{\Delta N} \leq 30$ mA	*E*	***701***	*701.412.5*
Restwanddicke	*E*	***701***	*701.52*
Rufanlagen	N	**701**	5.4.3
Schalter	N	**701**	5.3,
	E	***701***	*701.53*
Schutz gegen elektrischen Schlag	*E*	***701***	*701.41*
Schutz gegen gefährliche Körperströme	N	**701**	4
Schutzarten	*E*	***701***	*701.512.2*
Schutzkleinspannung	N	**701**	4.1
Schutzmaßnahmen	*E*	***701***	*701.4*
SELV immer mit Basisisolierung	*E*	***701***	*701.411*
Signalanlagen	N	**701**	5.4.3
Steckdosen	N	**701**	4.1.3, 5.3,
	E	***701***	*701.53*
Stegleitungen unzulässig	*E*	***701***	*701.52*
Telefondosen	*E*	***701***	*701.53*
Trennwände	N	**701**	3
Verbindungsdosen	*E*	***701***	*701.53*
Verbrauchsmittel	*E*	***701***	*701.55*
Verlegen von Kabeln und Leitungen	N	**701**	5.2
Wände als Bereichsgrenzen	*E*	***701***	*701.32*
Wassererwärmer	*E*	***701***	*701.55*
Wasserrohre	*E*	***701***	*701.413.1.6*
Whirlpooleinrichtungen	*E*	***701***	*701.55*

Räume, feuchte

Begriff	N	**200**	A.6.4
Betriebsmittel	N	**737**	4.1

Räume, nasse

Begriff	N	**200**	A.6.4
Betriebsmittel	N	**737**	4.1

Räume, trockene

Begriff	N	**200**	A.6.3

räumliche Trennung

Schutz gegen elektromagnetische Störungen (EMI)	N	**444**	444.3.6

Raumtüren

als Bereichsgrenzen; Räume mit Badewanne oder Dusche	*E*	***701***	*701.32*

Räumungsmöglichkeit bei Gefahr

Kenngrößen	N	**300**	322.4
Kurzzeichen	N	**300**	322.4

RCDs
Abhängigkeit von Netzspannung .... *E* **530A6** *531.2.2.1, 531.2.2.3, 531.2.2.4, 531.2.3.1, 531.2.5.1*
Ableitströme .... *E* **530A6** *531.2.1.2*
Auslöseströme .... *E* **530A6** *531.2.1.2 Anmerkung 1*
Bauarten .... *E* **530A6** *531.2.1.3, 531.2.2.5, 531.2.3.2, 531.2.5.2*
Begriff .... *E* **530A6** *531.2*
bei Gleichfehlerströmen .... *E* **530A6** *531.2.2.6*
Bemessungs-Differenzstrom beim Brandschutz .... *E* **530A6** *531.2.4.1*
Betriebsmittel mit strombegrenzenden Eigenschaften .... *E* **719** *7XX.471.2.3.2*
bewegliche oder ortsveränderliche elektrische Anlagen .... *E* **717** *Bild 1, Bild 1b*
Brandschutz .... N **482** 482.1.7,
E **530A6** *531.2.1.1, 531.2.4*
Buden auf Messegeländen .... *E* **711A1** *711A.412.5*
DC-System .... *E* **530A5** *532.2.1*
die bei Spannungsausfall selbsttätig öffnen .... *E* **530A6** *531.2.1.1 Anmerkung 2*
elektrische Anlagen in Ausstellungen, Shows, Ständen, Jahrmärkten .... *E* **711** *711.481.3, 711.53.01.4*
elektrische Betriebsmittel, die möglicherweise Gleichfehlerströme erzeugen können, hinter RCDs .... *E* **530A6** *531.2.2.6*
feuergefährdete Betriebsstätten .... N **482** 482.1.7
Flächenheizungen .... *E* **753** *753.413.1.3.8, 753.413.1.4.4, 753.413.1.4.5*
Gleichstromanteil im Fehlerstrom .... *E* **719** *7XX.471.2.3.2*
Hilfsstromquelle .... *E* **530A6** *531.2.2.1 Anmerkung*
IT-Systeme .... N **410** 413.1.5.7, 413.1.5.8
keinen Schutzleiter durch Messeinrichtung führen .... *E* **530A6** *531.2.1.6*
Kleinspannungs-Stromerzeugungsanlagen .... N **551** 551.6.2
medizinisch genutzte Räume .... *E* **710** *710.413.1.3, 710.61*
Neutralleiter .... *E* **530A6** *531.2.1.1*
nicht anzuwenden in TN-C-Systemen .... N **410** 413.1.3.8
Niederspannungs-Stromerzeugungsanlagen .... N **551** 551.4.4.2, Anhang ZB, 551.6.2

Oberbegriff für Differenzstrom-Schutzeinrichtung
und Fehlerstrom-Schutzeinrichtung .... N **410** Nationales Vorwort,
N **482** Nationales Vorwort
Oberbegriff für Differenzstrom-Schutzeinrichtung
und Fehlerstrom-Schutzeinrichtung .... *E* ***530A4*** *Nationales Vorwort*
ohne integrierten Überstromschutz .... *E* ***530A6*** *531.2.1.4*
Photovoltaik-Anlagen .... *E* ***712*** *712.512.1.5.y*
Planschbecken .... *E* ***702A1*** *702.471.3.1, 702.471.3.3*
Prüfeinrichtung .... *E* ***530A6*** *531.2.1.5*
Räume mit Badewanne oder Dusche .... *E* ***701*** *701.412.5*
S-Bauarten .... *E* ***530A6*** *531.2.1.3*
Schutz bei direktem Berühren .... *E* ***530A6*** *531.2.3*
Schutz bei indirektem Berühren .... *E* ***530A6*** *531.2.2*
Schwimmbäder und andere Becken .... *E* ***702A1*** *702.471.3.3*
Schwimmbäder und andere Bereiche .... *E* ***702A1*** *702.471.3.1*
Selektivität .... *E* ***530A6*** *531.2.1.3*
Selektivität von RCDs .... *EB1* ***530*** *B*
Springbrunnen .... *E* ***702A1*** *702.471.3.2, 702.471.3.3*
Starkstromanlagen .... *E* ***530A6***
Stromkreise .... *E* ***530A6*** *531.2.1.2*
Stromquellen mit strombegrenzenden Eigenschaften .... *E* ***719*** *7XX.471.2.3.2*
TN-C-S-Systeme .... N **410** 413.1.3.8,
E ***530A6*** *531.2.1.1*
TN-S-Systeme .... *E* ***530A6*** *531.2.1.1*
TN-Systeme .... N **410** 413.1.3.6, 413.1.3.8
TT-Systeme .... N **410** 413.1.4.4
Überspannungs-Schutzeinrichtungen .... *E* ***534*** *534.2.7*
unabhängig von der Netzspannung .... *E* ***530A6*** *531.2.2.2*
Vergnügungsparks .... *E* ***711A1*** *711A.412.5*
vorübergehend errichtete Anlagen für Bauwerke,
Vergnügungseinrichtungen und Buden auf
Kirmesplätzen .... *E* ***740*** *740.481.3*
vorübergehend errichtete Anlagen für Bauwerke,
Vergnügungseinrichtungen und Buden auf
Kirmesplätzen, Vergnügungsparks und Zirkusse .... *E* ***740*** *740.412.5*
vorübergehend errichtete elektrische Anlagen auf
Messegeländen .... *E* ***711A1*** *711A.412.5*
zeitverzögert in TN-Systemen .... N **410** 413.1.3.8
zeitverzögert in TT-Systemen .... N **410** 413.1.4.2
zeitverzögerte Bauarten .... *E* ***530A6*** *531.2.1.3*
Zirkusse .... *E* ***711A1*** *711A.412.5*
Zugänglichkeit der Prüfeinrichtung .... *E* ***530A6*** *531.2.1.5*

zum Schutz außerhalb des Einflussbereiches des
Hauptpotentialausgleichs in TN-Systemen.................. N **410** 413.1.3.9
zum Schutz außerhalb eines Gebäudes mit TN-System..... E ***410A6*** *413.1.3.9*
zum Trennen bei Buden auf Messegeländen .... E ***711A1*** *711A.537.2.2*
zum Trennen bei Vergnügungsparks .... E ***711A1*** *711A.537.2.2*
zum Trennen bei vorübergehend errichteten
elektrischen Anlagen auf Messegeländen.................... E ***711A1*** *711A.537.2.2*
zum Trennen bei Zirkussen... E ***711A1*** *711A.537.2.2*

Rechtsdrehfeld
Drehstrom-Steckvorrichtungen .... N **550** 4.7

reduzierte Niederspannung
Baustellen .... E ***704A2*** *704.471*

Reinigung
Kabel- und Leitungssysteme (-anlagen)............................ N **520** 529

Relais
Schaltgeräte für betriebsmäßiges Schalten........................ N **537** 537.5.2

Reparatur
bestehender Anlagen im Beitrittsgebiet............................. B2 **-** Seite 19

Reparaturleuchten
Beleuchtungsanlagen... E ***559A1*** *559.9*

Restaurants
bauliche Anlagen für Menschenansammlungen................ E ***718*** *718.1*

Restwanddicke
Räume mit Badewanne oder Dusche................................ E ***701*** *701.52*

Rettungswege
abgeschlossene elektrische Betriebsstätten .... N **731** 5.4
elektrische Betriebsstätten... N **731** 5.4
medizinisch genutzte Räume.. E ***710*** *710.55.1, 710.564.1*
Sicherheitsbeleuchtung... E ***718*** *718.1*

Rettungszeichenleuchten
Begriff.. E ***718*** *718.3.2*
Dauerschaltung bei Gebäuden mit öffentlichem
Zugang .... E ***718*** *718.568.3.5*

Risikoabschätzungen
Schutz bei Überspannungen EB1 ***534*** *11.6*

RLV
reduzierte Niederspannung .... E ***704A2*** *704.471*

RLV-Systeme
Baustellen ... *E* ***704A2*** *704.471*

Rohre
für elektrische Anwendungen als Schutzleiter ... *E* ***540A1*** *543.2.3*
Schutzleiter ... *E* ***540A1*** *542.2.4, 543.2.1*

Rohrerder
Erder ... N **540** 4.2.1

Rohrleitungen
als aktive Leiter von Kleinspannungs-Beleuchtungsanlagen unzulässig ... *E* ***715*** *715.521.1.1*
aus Metall; Schutz gegen elektromagnetische Störungen (EMI) ... N **444** 444.3.14
Erder ... N **540** 4.2.6

Rohrleitungssysteme
Springbrunnen ... N **738** 4.4.1

Rohrschellen
Begriff ... N **200** 2.6.10

Rückleiter
Hilfsstromkreise ... N **725** 4.2.2.6

Rückstromdioden
Begriff ... *E* ***712*** *Vorwort*
Photovoltaik-Anlagen ... *E* ***712*** *Vorwort*

Rufanlagen
Räume mit Badewanne oder Dusche ... N **701** 5.4.3

Rundfunkübertragungswagen
→ siehe bewegliche oder ortsveränderliche elektrische Anlagen ... *E* ***717*** *717.1*

S

S-Bauarten
RCDs ... *E* ***530A6*** *531.2.1.3*

Sammelschienen
Schutzleiter ... *E* ***540A1*** *543.2.2*

Saunaanlagen
Beitrittsgebiet ... B2 **-** Seite 20
→ siehe Heißluft-Saunaraum ... N **703**

Schalt- und Steuergeräte
Baustelle .... N **704** 10.1,
E ***704A1*** *704.53*

Schaltanlagen
anschließen .... N **729**
Anschluss .... N **729** 4.3
aufstellen .... N **729**
Aufstellung .... N **729** 4.2
Auswahl .... N **729** 3.1
Baustelle .... N **704** 7
Gänge .... N **729** 4.2.3, 4.2.4, 4.2.5
Herstellung .... N **729** 3.2
Kennzeichnung .... N **729** 4.4
Marinas .... *E* ***709*** *4.1.3*
Prüfungen .... N **729** 5
Transport .... N **729** 4.1
Verbindungsleitungen .... N **430** 5.5 b), 6.4.3,
E ***470A2*** *473.1.2 b)*
Wassersportfahrzeuge .... *E* ***709*** *4.3.3, 6.4*

Schaltbilder
bauliche Anlagen für Menschenansammlungen .... *E* ***718*** *718.514.5*

Schalteinrichtungen
Schutzleiter .... N **540** 5.3.3

Schaltelemente
Hilfsstromkreise .... *E* ***716*** *716.46.03*

Schalten
Begriff .... N **200** 2.8
betriebsmäßig .... N **460** 7
betriebsmäßig; Begriff .... N **200** 2.8.5
Geräte .... N **537**
Leuchten im Drehstromkreis .... N **559** 5.6.2
Neutralleiter .... N **460** 3.2,
E ***460A1*** *461.2*
PEN-Leiter .... N **460** 3.2,
E ***460A1*** *461.2*
Photovoltaik-Anlagen .... *E* ***712*** *712.46, 712.537*
Schutzleiter .... N **460** 3.2 Anmerkung 2,
E ***460A1*** *461.2 Anmerkung 2*
und Trennen als Schutzmaßnahme .... N **460**
E ***460A1***
vorübergehend errichtete Anlagen für Bauwerke, Vergnügungseinrichtungen und Buden auf Kirmesplätzen, Vergnügungsparks und Zirkusse .... *E* ***740*** *740.537*

Schalter
Auslösen bei Überspannungen *EB1* ***534*** *6.2*
Besichtigen .... N **610** 4.3
betriebsmäßiges Schalten .... N **460** 7.1.1, 7.1.2, 7.1.3
Ersatzstromversorgungen .... N **460** 7.1.5
Geräte zum Ausschalten für mechanische Instandhaltung .... N **537** 537.3.1
medizinisch genutzte Räume .... *E* ***710*** *710.512.2.2*
nicht mit Krallen befestigen bei brennbaren Hohlwänden .... N **482** 482.2.2.3
Planschbecken .... *E* ***702A1*** *702.53*
Räume mit Badewanne oder Dusche .... N **701** 5.3,
E ***701*** *701.53*
Schaltgeräte für betriebsmäßiges Schalten .... N **537** 537.5.2
Schwimmanlage .... N **702** 5.3
Schwimmbäder und andere Becken .... *E* ***702A1*** *702.53*
Spannungspolarität bei Verwendung einpoliger Schalter .... N **610** 5.7
Springbrunnen .... *E* ***702A1*** *702.53*
Unterputzinstallation .... N **550** 4.8

Schaltgeräte
allgemeine Anforderungen .... *E* ***530*** *531*
Anordnung (Brandschutz) .... N **482** 482.1.12
Anordnung in feuergefährdeten Betriebsstätten .... N **482** 482.1.12
Auswahl zum Schutz bei Kurzschluss .... *EB1* ***530*** *A*
bauliche Anlagen für Menschenansammlungen .... *E* ***718*** *718.53*
Begriff .... N **200** 2.7.3
Besichtigen .... N **610** 4.3
Buden auf Messegeländen .... *E* ***711A1*** *711A.53*
einpolige Schaltgeräte und Neutralleiter .... N **460** 7.1.2
elektrische Anlagen für Sicherheitszwecke .... N **560** 563.5
Experimentierstände .... N **723** 4.1
Fliegende Bauten .... N **722** 9.1,
E ***722*** *9.1*
Funktionserhalt .... *E* ***718*** *567.1*
für die Sicherheitsbeleuchtung; Kennzeichnung .... *E* ***718*** *567.4*
für die Sicherheitsbeleuchtung; Zugänglichkeit .... *E* ***718*** *567.4*
gartenbauliches Anwesen .... N **705** 4.2.2.4, 5.3
handbetätigte Schaltgeräte für Not-Ausschaltung .... N **537** 537.4.3
Heißluft-Saunaraum .... N **703** 4.3
Kennzeichnung .... N **510** 514.1,
E ***510*** *514.1*
landwirtschaftliches Anwesen .... N **705** 4.2.2.4, 5.3
medizinisch genutzte Räume .... *E* ***710*** *710.53*
Neutralleiter .... *E* ***530*** *531.2*
nicht in den Schutzleiter einfügen .... *E* ***540A1*** *543.3.3*
Planschbecken .... *E* ***702A1*** *702.53*

Schwimmanlage .... N **702** 5.3
Schwimmbäder und andere Becken .... E ***702A1*** *702.53*
Sicherheitseinrichtungen .... E ***560A2*** *567*
Sicherheitsstromversorgungsanlagen .... E ***560A2*** *569.8*
Springbrunnen .... E ***702A1*** *702.53*
Springbrunnen, nichtbegehbare .... N **738** 4.1.3
Starkstromanlagen .... E ***530A6***
Überspannungs-Schutzeinrichtungen .... V **534**
E ***534***
Vergnügungsparks .... E ***711A1*** *711A.53*
vorübergehend errichtete Anlagen für Bauwerke, Vergnügungseinrichtungen und Buden auf Kirmesplätzen, Vergnügungsparks und Zirkusse .... E ***740*** *740.53*
vorübergehend errichtete elektrische Anlagen auf Messegeländen .... E ***711A1*** *711A.53*
Wagen nach Schaustellerart .... N **722** 9.1,
E ***722*** *9.1*
Wohnwagen nach Schaustellerart .... N **722** 9.1,
E ***722*** *9.1*
Zirkusse .... E ***711A1*** *711A.53*

Schaltgeräte für betriebsmäßiges Schalten
Auslegung .... N **537** 537.5.1
Halbleiter-Schaltgeräte .... N **537** 537.5.2
Halbleitergeräte .... N **537** 537.5.2
Leistungsschalter .... N **537** 537.5.2
Relais .... N **537** 537.5.2
Schalter .... N **537** 537.5.2
Schütze .... N **537** 537.5.2
Sicherungen .... N **537** 537.5.3
Steckvorrichtungen .... N **537** 537.5.2
Stromunterbrechung .... N **537** 537.5.2
Trenner .... N **537** 537.5.3
Trennlaschen .... N **537** 537.5.3

Schaltgeräte und Steuergeräte
Campingplatz .... N **708** 3.3
Caravan .... N **708** 5.3
elektrische Anlagen in Ausstellungen, Shows, Ständen, Jahrmärkten .... E ***711*** *711.53*
Motorcaravan .... N **708** 5.3
vorübergehend errichtete Anlagen für Bauwerke, Vergnügungseinrichtungen und Buden auf Kirmesplätzen .... E ***740*** *740.53*

Schaltgerätekombinationen
Einbau von Lampenfassungen bei Schutzklasse II .... N **410** Nationales Vorwort zu 413.2

Einbau von Schraubsicherungen bei Schutzklasse II .... N **410** Nationales Vorwort zu 413.2
Einbau von Steckdosen bei Schutzklasse II .... N **410** Nationales Vorwort zu 413.2
Funktionsprüfungen .... N **610** 5.9
PEN-Leiter durchschleifen bei Schutzklasse II .... N **410** Nationales Vorwort zu 413.2
Schutz durch Verwendung von Betriebsmitteln der Schutzklasse II oder durch gleichwertige Isolierung .... N **410** Nationales Vorwort zu 413.2
Schutzleiter durchschleifen bei Schutzklasse II .... N **410** Nationales Vorwort zu 413.2

Schaltglieder
Hilfsstromkreise .... N **725** 4.2.1

Schalthandlungen
elektromagnetische Störungen (EMI) .... N **444** Einführung

Schaltpläne
abgeschlossene elektrische Betriebsstätten .... N **731** 3.4
Besichtigen .... N **610** 4.3
elektrische Betriebsstätten .... N **731** 3.4
Fliegende Bauten .... N **722** 6,
E ***722*** *6*
Kennzeichnung .... N **510** 514.5,
E ***510*** *514.5*
Nachweise vor erster Inbetriebnahme .... E ***610A1*** *611.3*
Schaltzeichen .... N **510** 514.5.2,
E ***510*** *514.5.2*
Wagen nach Schaustellerart .... N **722** 6,
E ***722*** *6*
Wohnwagen nach Schaustellerart .... N **722** 6,
E ***722*** *6*

Schaltstellungsanzeige
Geräte zum Trennen .... N **537** 537.2.1.2

Schaltüberspannungen
Amplitudenverteilung .... EB1 ***534*** *Bild 20*
Anstiegssteilheiten .... EB1 ***534*** *Bild 16, Bild 17, Bild 18*
Aufzeichnungen von Schaltüberspannungen EB1 ***534*** *B.4*
Ausbreitung EB1 ***534*** *B.5*
Auslösen von Leistungsschaltern EB1 ***534*** *B.6*
Auslösen von Schmelzsicherungen EB1 ***534*** *B.7*
bei Feinsicherungen .... EB1 ***534*** *Bild 21*
Beispiel zur Darstellung transienter Resonanzen .... EB1 ***534*** *Bild B.1*

Entstehungsprinzip von Überspannungen, erzeugt durch Kurzschlussstromabschaltung .... *EB1* ***534*** *Bild B.5*
hochfrequente .... *EB1* ***534*** *Bild 15*
Risiko *EB1* ***534*** *11.6.2*
Rückenhalbwertszeiten .... *EB1* ***534*** *Bild 19*
Schaltüberspannungen, erzeugt durch das Auslösen von Schmelzsicherungen *EB1* ***534*** *B.3*
Schutz bei Überspannungen .... *EB1* ***534*** *4b, 6, Anhang B,*
E ***443A3***
Schutz gegen Überspannungen .... *E* ***443A1***
E ***443A2***
transiente Resonanzerscheinungen *EB1* ***534*** *B.1*
typische Verläufe .... *EB1* ***534*** *Bild 14*
Überspannungen aufgrund des Schaltens von Kondensatoren *EB1* ***534*** *B.2*
Überspannungs-Schutzeinrichtungen *EB1* ***534*** *12.3.2.2*
Wahrscheinlichkeit von Ereignissen .... *EB1* ***534*** *Bild 22*
Wechselwirkungen mit Überspannungs-Schutzeinrichtungen *EB1* ***534*** *6.5*

Schaltungen
Hilfsstromkreise .... N **725** 6.1.3

Schaltungsunterlagen
medizinisch genutzte Räume .... *E* ***710*** *710.514.5*
mitzuliefern .... N **510** 514.5,
E ***510*** *514.5.1*
Prüfungen .... N **610** 3.2

Schaltvermögen
Geräte für Not-Ausschaltung .... N **537** 537.4.1

Schaltvorgänge
Schutz bei Überspannungen .... *E* ***443A5***

Schaltvorrichtungen
Mittel zum Trennen .... N **537** 537.2.4
Trennen .... N **537** 537.2.4

Schaltzeichen
Schaltpläne .... N **510** 514.5.2,
E ***510*** *514.5.2*

scharfe Kanten
keine scharfen Kanten in Kabel- und Leitungssystemen (-anlagen) .... N **520** 522.8.1.9

Schaukästen
elektrische Anlagen in Ausstellungen, Shows, Ständen, Jahrmärkten ... *E* ***711*** *711.482.3.2*

Schaustellerart
Fahrzeuge und Wohnwagen ... N **722** 10,
E ***722*** *10*
Lichtketten ... N **722** 8.5,
E ***722*** *8.4*

Scheinwerfer
Brandschutz ... N **482** 482.1.14
Buden auf Messegeländen ... *E* ***711A1*** *711A.55.02*
feuergefährdete Betriebsstätten ... N **482** 482.1.14
Vergnügungsparks ... *E* ***711A1*** *711A.55.02*
vorübergehend errichtete elektrische Anlagen auf Messegeländen ... *E* ***711A1*** *711A.55.02*
Zirkusse ... *E* ***711A1*** *711A.55.02*

Schellen
Stegleitungen ... N **520** Anhang ZB e)

Schienenverteiler
Auswahl und Errichtung ... N **520** 521.4

Schießbuden
Lampen ... *E* ***740*** *740.55.1.2*

Schimmel
→ siehe Pflanzen...

Schimmelbewuchs
Kabel- und Leitungssysteme (-anlagen) ... N **520** 522.9

Schirme
Schutzleiter ... *E* ***540A1*** *543.2.1*

Schirmung
Schutz gegen elektromagnetische Störungen (EMI) ... N **444** 444.3.6

Schlag
Kabel- und Leitungssysteme (-anlagen) ... N **520** 522.6.1
Kenngrößen ... N **300** 321.7.1
Kurzzeichen ... N **300** 321.7.1
Schutz gegen elektrischen Schlag ... N **410**

Schlag, elektrischer
Begriff ... N **200** 2.3.4

Schleifenimpedanzen
Begriff .... N **200** A.4.6
IT-System .... N **610** 5.6.3
IT-System wie bei Abschaltung im TN-System .... N **610** 5.6.1.4.2.2.3
Schutz bei indirektem Berühren .... N **610** 5.6.3.1
Schutz bei Kurzschluss .... N **610** 5.6.3.2
Tabelle mit Werten zur Beurteilung .... N **610** Tabelle 3, Tabelle F.1
TN-Systeme .... N **410** 413.1.3.3,
N **610** 5.6.1.1, 5.6.1.2.3.2, 5.6.3

Schleifleitungen
vorübergehend errichtete Anlagen für Bauwerke, Vergnügungseinrichtungen und Buden auf Kirmesplätzen, Vergnügungsparks und Zirkusse .... E ***740*** *740.520.1*

Schmelzsicherungen
Auswahl .... N **alt** § 31 a)3.1

Schneidereien
Drehstrom-Steckvorrichtungen .... N **550** 4.3

Schneidklemmen
Kleinspannungs-Beleuchtungsanlagen .... E ***715*** *715.521.8*

schnell wechselnde Lasten
Verträglichkeit in elektrischen Anlagen .... N **300** 330.1

Schnellbereitschaftsaggregate
Sicherheitsstromversorgungen .... E ***560A2*** *568.5.1.5*

Schnittstellen
Temperatur B1 **520**

Schnittstellenanschlüsse
Temperaturanstieg B1 **520**

Schock
Kenngrößen .... N **300** 321.7.1
Kurzzeichen .... N **300** 321.7.1

Schrankreihen
kombinierte Funktionserdungs- und Schutzleiter .... E ***540A1*** *545.7.4.3*

Schrauben
Schutz durch Verwendung von Betriebsmitteln der Schutzklasse II oder durch gleichwertige Isolierung .... N **410** 413.2.5

Schraubsicherungen
Schaltgerätekombinationen der Schutzklasse II .... N **410** Nationales Vorwort zu 413.2

Schulen
bauliche Anlagen für Menschenansammlungen .... E ***718*** *718.1*

Schutz
bei einem zweiten Fehler; IT-Systeme .... E ***410A5*** *3.3*
bei Kurzschluss von Kabeln und Leitungen .... N **430** 6
bei Stromkreisen mit unterschiedlichen Abschaltzeiten; TN-Systeme .... E ***410A5*** *1.6, Bild 9*
bei Überlast von Kabeln und Leitungen .... N **430** 5
bei Überstrom → siehe auch Schutz bei Überlast oder bei Kurzschluss .... N **430**
durch RCDs; TN-Systeme .... E ***410A5*** *1.7, Bild 12, Bild 13*
durch Schutzschalter bei Schutz durch automatische Abschaltung der Stromversorgung .... E ***410A5*** *1.5, Bild 8*
durch Sicherungen bei Schutz durch automatische Abschaltung der Stromversorgung .... E ***410A5*** *1.5, Bild 6, Bild 7*
gegen Brandwunden .... N **420** 5
gegen Unterspannung .... N **450**
Grundsätze .... E ***100A1*** *131*
Kabel und Leitungen gegen zu hohe Erwärmung .... N **430**
Neutralleiter .... N **430** 9.2
Unterspannung .... N **450**

Schütze
Unterspannungs-Schutzeinrichtung .... N **450** 3.3

Schutz bei direktem Berühren
RCDs .... E ***530A6*** *531.2.3*
Steckdosen .... N **470** 471.2.3 Anmerkung 3

Schutz bei indirektem Berühren
abgeschlossene elektrische Betriebsstätten .... N **731** 6.5
Anwendung von Betriebsmitteln der Schutzklasse II .... N **470** 471.2.1.3
Begriff .... N **200** A.8.4
Beleuchtungsanlagen im Freien .... E ***737A1*** *7XX.413*
Betriebsmittel mit strombegrenzenden Eigenschaften .... E ***719*** *7XX.413*
bewegliche oder ortsveränderliche elektrische Anlagen .... E ***717*** *717.413*
elektrische Anlagen für Sicherheitszwecke .... N **560** 565.2, 566.1
elektrische Anlagen in Ausstellungen, Shows, Ständen, Jahrmärkten .... E ***711*** *711.481.3*
elektrische Betriebsmittel .... N **470** 471.2, 471.2.1
elektrische Betriebsstätten .... N **731** 6.5

Erlaubnis des Wegfalls .... N **470** 471.2.2, NB.1
Erläuterung des Schutzes durch automatische Abschaltung der Stromversorgung .... *E* ***410A5***
FELV .... N **470** 471.3.3
Flächenheizungen .... *E* ***753*** *753.413*
Freileitungszubehör .... N **470** 471.2.2
Gleichstromanteil im Fehlerstrom .... *E* ***719*** *7XX.413*
Grenzlängen von Kabeln und Leitungen .... B5 **-** 1.1
Grundsätze .... *E* ***100A1*** *131.3*
Körper von Betriebsmitteln mit kleinen Abmessungen .... N **470** 471.2.2
leitfähige Bereiche mit begrenzter Bewegungsfreiheit .... N **706** 4.2.2
Metallrohre .... N **470** 471.2.2
Metallumhüllungen .... N **470** 471.2.2
Niederspannungs-Stromerzeugungsanlagen .... N **551** 551.4
Photovoltaik-Anlagen .... *E* ***712*** *712.413*
Planschbecken .... *E* ***702A1*** *702.413*
RCDs .... *E* ***530A6*** *531.2.2*
Schleifenimpedanz .... N **610** 5.6.3.1
Schutz durch automatische Abschaltung der Stromversorgung .... N **410** 413.1,
N **470** 471.2.1.1
Schutz durch erdfreien örtlichen Potentialausgleich .... N **470** 471.2.1.2
Schutz durch nichtleitende Räume .... N **470** 471.2.1.2
Schutz durch Schutzkleinspannung .... N **470** 471.2.1.3
Schutz gegen elektrischen Schlag .... N **410** 413
Schutzisolierung .... N **470** 471.2.1.3
Schutztrennung .... N **470** 471.2.1.3
Schwimmbäder und andere Becken .... *E* ***702A1*** *702.413*
Sicherheitsstromversorgungen .... *E* ***560A2*** *566.1*
Springbrunnen .... *E* ***702A1*** *702.413*
Stahlbetonmaste .... N **470** 471.2.2
Steckdosen im Freien .... N **470** 471.2.3
Steckdosen zur gelegentlichen Versorgung von tragbaren Betriebsmitteln für den Gebrauch im Freien .... N **470** 471.2.3
Stromquellen mit strombegrenzenden Eigenschaften .... *E* ***719*** *7XX.413*
Systeme nach Art der Erdverbindungen .... N **410** Tabelle N.1
Überspannungs-Schutzeinrichtungen .... V **534** 534.2.6,
E ***534*** *534.2.6*
Unterteile von Freileitungsisolatoren .... N **470** 471.2.2
vorübergehend errichtete Anlagen für Bauwerke, Vergnügungseinrichtungen und Buden auf Kirmesplätzen .... *E* ***740*** *740.481.3*

Schutz bei Kurzschluss
Anordnung der Schutzeinrichtungen .... N **430** 6.4

Ausschaltvermögen	N	**430**	6.3.1
Ausschaltzeit	N	**430**	6.3.2
Auswahl von Schaltgeräten	*EB1*	***530***	*A*
Bestimmung des Stromes	N	**430**	6.2
Brandschutz	N	**482**	482.1.6
Einrichtungen für Sicherheitszwecke	*E*	***718***	*566.1*
elektrische Anlagen für Sicherheitszwecke	N	**560**	565.2, 566.1
feuergefährdete Betriebsstätten	N	**482**	482.1.6
gartenbauliches Anwesen	N	**705**	4.2.2.10
Grenzlängen von Kabeln und Leitungen	B5	**-**	1.2
Hilfsstromkreise	N	**725**	4.2,
	E	***716***	*716.473.2*
k-Faktoren	N	**430**	6.3.2.1,
	E	***430A1***	*434.3.2*
Kabel	N	**430**	6
Kenngrößen der Schutzeinrichtungen	N	**430**	6.3
Koordinierung mit Schutz bei Überlast	N	**430**	7
landwirtschaftliches Anwesen	N	**705**	4.2.2.10
Leitungen	N	**430**	6
Leitungslänge	*EB1*	***530***	*A.3*
parallel geschaltete Leiter	*E*	***470A2***	*473.2.4*
Photovoltaik-Anlagen	*E*	***712***	*712.431.1, 712.434*
Schleifenimpedanz	N	**610**	5.6.3.2
Schutzeinrichtungen versetzen	N	**430**	6.4.2
Sicherheitsstromversorgungen	*E*	***560A2***	*566.1*
Überspannungs-Schutzeinrichtungen	V	**534**	534.2.5
Verzicht auf Schutzeinrichtungen	N	**430**	6.4.3

Schutz bei Überlast

Anordnung der Schutzeinrichtungen	N	**430**	5.4
Außenleiter	*E*	***470A2***	*473.3.1.3*
Brandschutz	N	**482**	482.1.6
Buden auf Messegeländen	*E*	***711A1***	*711A.433*
Caravan	N	**708**	5.3.3,
	E	***708A1***	*5.3.3*
Einrichtungen für Sicherheitszwecke	*E*	***718***	*566.2*
elektrische Anlagen für Sicherheitszwecke	N	**560**	563.3
elektrische Anlagen in Ausstellungen, Shows, Ständen, Jahrmärkten	*E*	***711***	*711.433*
feuergefährdete Betriebsstätten	N	**482**	482.1.6
gartenbauliches Anwesen	N	**705**	4.2.2.10
Hausanschlüsse in öffentlichen Kabelnetzen	N	**732**	4.1
Hilfsstromkreise	N	**725**	4.1
Kabel	N	**430**	5
Koordinierung mit Schutz bei Kurzschluss	N	**430**	7
landwirtschaftliches Anwesen	N	**705**	4.2.2.10
Leitungen	N	**430**	5
parallel geschaltete Leiter	N	**430**	5.3,

	E	***430A1***	*433.3,*
	E	***470A2***	*473.1.5*
Photovoltaik-Anlagen	*E*	***712***	*712.431.1, 712.433*
Schutz durch Abschaltung	N	**430**	5.1
Schutzeinrichtungen versetzen	N	**430**	5.4.2
Sicherheitsstromversorgungsanlagen	*E*	***560A2***	*569.7*
Überspannungs-Schutzeinrichtungen	V	**534**	534.2.5
Vergnügungsparks	*E*	***711A1***	*711A.433*
Verzicht auf Schutzeinrichtungen	N	**430**	5.5,
	E	***470A2***	*473.1.2*
vorübergehend errichtete elektrische Anlagen auf Messegeländen	*E*	***711A1***	*711A.433*
Wegfall der Schutzeinrichtung im Außenleiter bei Anlagen ohne Neutralleiter	*E*	***470A2***	*473.3.1.3*
Zirkusse	*E*	***711A1***	*711A.433*
Zuordnung von Schutzeinrichtungen	N	**430**	5.2,
	E	***430A1***	*433.2*

Schutz bei Überspannungen

Abtrennvorrichtungen	*EB1*	***534***	*11.5*
Amplitudenverteilung von Schaltüberspannungen	*EB1*	***534***	*Bild 20*
Angaben, die für eine Risikoabschätzung notwendig sind	*EB1*	***534***	*11.6.4*
Anlagen in Wohngebäuden	*EB1*	***534***	*11.3*
Anstiegssteilheiten von Schaltüberspannungen	*EB1*	***534***	*Bild 16, Bild 17, Bild 18*
Anwendung	*EB1*	***534***	*12*
atmosphärische Einflüsse	*E*	***443A3***	
	E	***443A5***	
Atomanlagen	*EB1*	***534***	*11.3*
Auftreten von Überspannungen	*EB1*	***534***	*11.4*
Ausbreitung von Stoßbelastungen in Mittelspannungssystemen	*EB1*	***534***	*A.3*
Ausfallraten	*EB1*	***534***	*9*
Auslösen von Leistungsschaltern und Schaltern	*EB1*	***534***	*6.2*
Auslösen von Sicherungen	*EB1*	***534***	*6.3*
Auswertung von Ausfalldaten in der Praxis	*EB1*	***534***	*9.2*
Auswirkungsumfang von Schäden durch Überspannung und akzeptiertes Risiko	*E*	***443A5***	*Tabelle 1*
Begrenzungen von Überspannungen	*EB1*	***534***	*5.4.2*
Beispiel für einen Blitzeinschlag in eine Niederspannungs-Freileitung	*EB1*	***534***	*Bild A.7*
Beispiele von unbeeinflussten Überspannungen	*EB1*	***534***	*A.2*
Bestandteile des Erdblitzes	*EB1*	***534***	*5.1*
Betriebsmittelversagen	*EB1*	***534***	*10*
Blitzeinschläge in einem komplexen elektrischen System	*EB1*	***534***	*Bild 2*
Blitzparameter	*EB1*	***534***	*5.1, Tabelle 2*

Blitzstromaufteilung auf externe Leitungen .... *EB1* ***534*** *Bild 24*
Blitzstromparameter .... *EB1* ***534*** *A.1, Anhang A*
Blitzstromverteilung zwischen parallelen Anlagen *EB1* ***534*** *5.7.1, A.5*
Blitzüberspannungen .... *EB1* ***534*** *4 a, 5*
Blitzüberspannungen, übertragen aus
Mittelspannungssystemen *EB1* ***534*** *5.3*
Blitzüberspannungen; Ursprung *EB1* ***534*** *5.2*
Brände *EB1* ***534*** *10*
direkte Blitzeinschläge in Freileitungen *EB1* ***534*** *5.2.1*
direkter Blitzeinschlag .... *EB1* ***534*** *Bild 1, Tabelle 1*
Eigenschaften und Einwirkungen von
Blitzeinschlägen .... *EB1* ***534*** *Tabelle 1*
elektromagnetische Störungen (EMI) .... N **444**
EMV-gerechtes Gehäuse *EB1* ***534*** *F.2*
Erdkopplungs-Mechanismen .... *EB1* ***534*** *Bild 8*
ferner Blitzeinschlag .... *EB1* ***534*** *Bild 1, Tabelle 1*
Freileitungen .... *E* ***443A4*** *Anhang A*
Frequenzverteilung der Gesamt-Blitzladung .... *EB1* ***534*** *Bild A.2*
Frequenzverteilung der spezifischen Blitzenergie .... *EB1* ***534*** *Bild A.4*
Frequenzverteilung der Spitzenströme .... *EB1* ***534*** *Bild 4*
Frequenzverteilung der transienten Blitzladung .... *EB1* ***534*** *Bild A.3*
Frequenzverteilung des maximalen Anstiegs des
transienten Stromes .... *EB1* ***534*** *Bild A.5*
Frequenzverteilung des Stromes von negativen
Folgestoßströmen .... *EB1* ***534*** *Bild A.6*
Frequenzverteilung von Blitz-Spitzenströmen .... *EB1* ***534*** *Bild A.1*
Funktion einer Überspannungs-Schutzeinrichtung *EB1* ***534*** *12.2.1*
geschätzte Wahrscheinlichkeit von unbeeinflussten
(prospektiven), induzierten Blitzüberspannungen
auf Niederspannungs-Freileitungen .... *EB1* ***534*** *Bild 10*
gewerblich genutzte Anlagen *EB1* ***534*** *11.3*
Gewitterlage .... *EB1* ***534*** *Bild 5*
Grundinformationen *EB1* ***534***
hochfrequente Schaltüberspannungen .... *EB1* ***534*** *Bild 15*
in Freileitungen induzierte Überspannungen *EB1* ***534*** *5.2.2*
in Niederspannungssysteme induzierte
Blitzüberspannungen *EB1* ***534*** *5.5*
industriell genutzte Anlagen *EB1* ***534*** *11.3*
induzierte Überspannungen *EB1* ***534*** *5.6*
Intensität von Überspannungen und deren
Ausbreitung in Mittelspannungssystemen *EB1* ***534*** *5.3.1*
Konfiguration der Energieversorgung *EB1* ***534*** *11.2*
Koordinationsbeispiele für Überspannungs-
Schutzsysteme *EB1* ***534*** *E.8*
Koordinationsvarianten für Überspannungs-
Schutzsysteme *EB1* ***534*** *E.6*
Kopplungsmechanismen bei Blitzeinschlägen .... *EB1* ***534*** *Bild 1*

Kosten von überspannungsbedingten Störungen und Ausfällen EB1 **534** *10.4*
Krankenhäuser EB1 **534** *11.3*
Kriterium zur Bestimmung der Notwendigkeit eines Schutzes .... E **443A5** *443.3.2*
Messungen von Überspannungen EB1 **534** *5.6.2*
Modell zur Berechnung der Blitzstromverteilung unter parallelen Gebäuden .... EB1 **534** *Bild A.14, Bild A.16*
Modell zur Berechnung der Blitzstromverteilung unter parallelen Gebäuden im TN-C-System .... EB1 **534** *Bild 12*
naher Blitzeinschlag .... EB1 **534** *Bild 1, Tabelle 1*
ohmsche Kopplung einer Blitzschutzanlage .... EB1 **534** *Bild 7*
petrochemische Anlagen EB1 **534** *11.3*
Photovoltaik-Anlagen .... E **712** *712.44*
Prüfprozeduren zum Nachweis der Koordination für Überspannungs-Schutzsysteme EB1 **534** *E.7*
Risiko infolge von Blitzeinschlägen EB1 **534** *11.6.1*
Risiko infolge von Schaltüberspannungen EB1 **534** *11.6.2*
Risikoabschätzung EB1 **534** *11.6*
Rückenhalbwertzeiten von Schaltüberspannungen .... EB1 **534** *Bild 19*
Schäden durch Blitzeinschlag EB1 **534** *11.6.3*
Schaltüberspannungen .... EB1 **534** *4 b, 6, Anhang B,*
E **443A3**
Schaltüberspannungen bei Feinsicherungen .... EB1 **534** *Bild 21, Tabelle 5*
Schaltvorgänge .... E **443A5**
Schutz aufgrund einer richtigen Verkabelung EB1 **534** *F.3*
Schutz von Niederspannungsanlagen bei Erdschlüssen in Netzen mit höherer Spannung .... N **442**
Simulationen von Überspannungen EB1 **534** *5.6.1*
statistische Verteilung von Blitzüberspannungen in einer Niederspannungsanlage EB1 **534** *A.4*
Systemausfall EB1 **534** *10*
typische Verläufe von Schaltüberspannungen .... EB1 **534** *Bild 14*
Überlegungen zum Einsatz EB1 **534** *11*
Überspannungen EB1 **534** *9*
Überspannungen auf einer Niederspannungsleitung .... EB1 **534** *Bild 9*
Überspannungen aufgrund von Wechselwirkungen zwischen Systemen .... EB1 **534** *4 d, 8*
Überspannungen in Niederspannungssystemen EB1 **534** *4*
Überspannungen, resultierend aus der Blitzstromverteilung EB1 **534** *5.7.2*
Überspannungen, verursacht durch Blitzeinschläge in Gebäude oder in deren unmittelbaren Nähe EB1 **534** *5.7*
Überspannungen, verursacht durch die Einkopplung aus anderen Systemen EB1 **534** *5.2.3*
Überspannungen, verursacht durch einen Direkteinschlag in Niederspannungsleitungen EB1 **534** *5.4*

Überspannungs-Referenz-Ausgleichs-Ableiter	*EB1*	***534***	*Bild D.4, D.3*
Überspannungs-Schutzeinrichtungen	V	**534**	534.2,
	E	***534***	
Überspannungs-Schutzeinrichtungen für den Einsatz in Verteilungssystemen	*EB1*	***534***	*12.2*
Überspannungskategorien	*E*	***443A3***	*3*
Übertragung von Überspannungen in ein Niederspannungssystem	*EB1*	***534***	*5.3.2*
unbeeinflusste Überspannungen	*EB1*	***534***	*5.5.1*
Verfahren zur Bestimmung der Notwendigkeit des Schutzes	*E*	***443A5***	*443.3.2*
Vermeiden von Störbeeinflussungen	*EB1*	***534***	*10.2*
Vermeiden von Überspannungen durch gute EMV-Praktiken bei Erdung und Verkabelung	*EB1*	***534***	*Anhang F*
Verteilungsnetze als Freileitungsnetze	*E*	***443A4***	*Anhang A*
Vorbeugen gegen dauerhafte Schäden	*EB1*	***534***	*10.3*
Wahrscheinlichkeit von Ereignissen	*EB1*	***534***	*5.7.3*
Wahrscheinlichkeit von Ereignissen und Schadenstärke bei zeitweiligen Überspannungen	*EB1*	***534***	*7.4*
Wahrscheinlichkeit von Schaltüberspannungs-Ereignissen	*EB1*	***534***	*Bild 22*
Wahrscheinlichkeit von Schaltüberspannungsereignissen	*EB1*	***534***	*6.4*
Wahrscheinlichkeitsabschätzung von Ereignissen	*EB1*	***534***	*5.5.2*
Wechselwirkungen von Schaltüberspannungen mit Überspannungs-Schutzeinrichtungen	*EB1*	***534***	*6.5*
Wechselwirkungen zwischen Stromversorgungssystem und Nachrichtensystem	*EB1*	***534***	*8.2, Anhang D*
Wechselwirkungen zwischen verschiedenen Systemen	*EB1*	***534***	*Anhang D*
Wellenformen von Blitzströmen	*EB1*	***534***	*Bild 3*
zeitweilige Überspannungen	*EB1*	***534***	*4 c, 7, Anhang C*
zeitweilige Überspannungen aufgrund des Verlustes eines spannungsführenden Leiters	*EB1*	***534***	*7.3.3*
zeitweilige Überspannungen aufgrund eines Kurzschlusses zwischen einem Phasenleiter und dem Neutralleiter	*EB1*	***534***	*7.3.1*
zeitweilige Überspannungen aufgrund von Fehlern in Niederspannungsanlagen	*EB1*	***534***	*7.3*
zeitweilige Überspannungen aufgrund von Fehlern zwischen dem Mittelspannungssystem und Erde	*EB1*	***534***	*7.2.1*
zeitweilige Überspannungen aufgrund von Mittelspannungs- und Niederspannungsstörungen	*EB1*	***534***	*7.2*
zeitweilige Überspannungen aufgrund von Niederspannungs-Isolationsfehlern gegen Erde	*EB1*	***534***	*7.3.2*
Zusammenfassung zu Blitzüberspannungen	*EB1*	***534***	*5.8*

→ siehe auch Schutz gegen Überspannungen

→ siehe auch unter Überspannungs-Schutzeinrichtungen

Schutz bei Überstrom

Anordnung von Mitteln zur Erkennung von Überströmen bei Stromerzeugungsanlagen	B	**551**	551.5.1
Außenleiter	N	**430**	9.1
Beleuchtungsanlagen im Freien	*E*	***737A1***	*7XX.43*
bewegliche oder ortsveränderliche elektrische Anlagen	*E*	***717***	*717.473*
Brandschutz	N	**482**	482.1.6
elektrische Anlagen in Ausstellungen, Shows, Ständen, Jahrmärkten	*E*	***711***	*711.43, 711.473*
feuergefährdete Betriebsstätten	N	**482**	482.1.6
Grundsätze	*E*	***100A1***	*131.5*
Hausanschlüsse in öffentlichen Kabelnetzen	N	**732**	4.1, Tabelle 1
Hilfsstromkreise	N	**725**	4,
	E	***716***	*716.473*
Kleinspannungs-Beleuchtungsanlagen	*E*	***715***	*715.43*
Kleinspannungs-Stromerzeugungsanlagen	N	**551**	551.5
Liegeplätze	N	**721**	4.4
Marinas	*E*	***709***	*4.1.3.6*
medizinisch genutzte Räume	*E*	***710***	*710.53.1*
Nachweise vor erster Inbetriebnahme	*E*	***610A1***	*611.3 b)*
Neutralleiter	N	**430**	9.2
Niederspannungs-Stromerzeugungsanlagen	N	**551**	551.5
Stromkreise mit Steckdosen	N	**550**	4.1
Überspannungs-Schutzeinrichtungen	V	**534**	534.2.5,
	E	***534***	*534.2.5*

Schutz durch Abdeckungen oder Umhüllungen

Anwendung	N	**410**	NB.2
Basisschutz	N	**410**	412.2, NB.2
Schutz gegen direktes Berühren	N	**410**	412.2, NB.2
Schutz gegen elektrischen Schlag unter normalen Bedingungen	N	**410**	412.2, NB.2

Schutz durch Abschaltung

bei U_L = 25 V AC oder 60 V DC	*E*	***481A1***	*481.3.1.2*
Caravan	N	**708**	5.1.3
elektrische Anlagen in Ausstellungen, Shows, Ständen, Jahrmärkten	*E*	***711***	*711.413.1*
Erstprüfungen	*E*	***600A1***	*612.5 (612.6)*
Schutz bei Überlast	N	**430**	5.1
Springbrunnen, begehbare	N	**738**	4.2.1 b), 4.3.1, 4.3.3
Springbrunnen, nichtbegehbare	N	**738**	4.1.1, 4.1.3, 4.3.1, 4.3.3

→ siehe auch Schutz durch automatische Abschaltung der Stromversorgung

Schutz durch Abstand

abgeschlossene elektrische Betriebsstätten .... N **410** NB.2,
N **731** 6.2.2
Anwendung........ N **410** NB.2
Basisschutz .... N **410** 412.4, NB.2
elektrische Betriebsstätten........ N **410** NB.2,
N **731** 6.2.2
Flächenheizungen........ E ***753*** *753.412.4*
Planschbecken .... E ***702A1*** *702.412.4*
Schutz gegen direktes Berühren .... N **410** 412.4, NB.2
Schutz gegen elektrischen Schlag .... N **410** 412.4
Schutz gegen elektrischen Schlag unter normalen Bedingungen .... N **410** 412.4, NB.2
Schwimmbäder und andere Becken........ E ***702A1*** *702.412.4*
Springbrunnen .... E ***702A1*** *702.412.4*

Schutz durch automatische Abschaltung der Stromversorgung

Abschaltung der Stromversorgung........ N **410** 413.1.1.1
Abschaltzeit 5 s in TN-Systemen........ E ***410A5*** *1.6*
Anwendung in Anlagen .... N **470** 471.2.1.1
bei nicht dauerhaft errichteter Stromerzeugungsanlage .... N **551** 551.4.4
Berücksichtigung der Erhöhung des Leiterwiderstandes infolge des Fehlerstromes .... E ***410A5*** *Anhang C*
Berührungsspannung U_L........ N **410** 413.1.1.1
Betriebsmittel mit strombegrenzenden Eigenschaften........ E ***719*** *7XX.471.2.3*
bewegliche oder ortsveränderliche elektrische Anlagen .... E ***717*** *717.413.1*
Erdung .... N **410** 413.1.1.2
Fehlerschleife .... E ***410A5*** *0.1 a)*
Fehlerschutz........ N **410** 413.1
Flächenheizungen........ E ***753*** *753.413.1*
Gleichstromanteil im Fehlerstrom .... E ***719*** *7XX.471.2.3*
gleichzeitig berührbare Körper........ N **410** 413.1.1.2
Größere Werte für Abschaltzeit und Spannung........ N **410** Anmerkung 6
Hauptpotentialausgleich .... N **410** 413.1.2.1
IT-Systeme .... N **410** 413.1.5
Körper........ N **410** 413.1.1.2
medizinisch genutzte Räume........ E ***710*** *710.413.1*
Niederspannungs-Stromerzeugungsanlagen........ N **551** 551.4.1
Photovoltaik-Anlagen........ E ***712*** *712.413.1*
Potentialausgleich........ N **410** 413.1.2
Prinzip der Maßnahme........ E ***410A5***
Schutz bei indirektem Berühren .... N **410** 413.1
Schutz durch Schutzschalter........ E ***410A5*** *1.5, Bild 8*

Schutz durch Sicherungen .... *E* ***410A5*** *1.5, Bild 6, Bild 7*
Schutz gegen elektrischen Schlag unter Fehlerbedingungen .... N **410** 413.1
Schutzleiter .... N **410** 413.1.1.2
Stromquellen mit strombegrenzenden Eigenschaften .... *E* ***719*** *7XX.471.2.3*
TN-Systeme .... N **410** 413.1.3
TT-Systeme .... N **410** 413.1.4
Umgebungsverhältnisse .... *E* ***410A5*** *0.4*
Unterbrechung des Fehlerstromes .... *E* ***410A5*** *0.1 b)*
vorübergehend errichtete Anlagen für Bauwerke, Vergnügungseinrichtungen und Buden auf Kirmesplätzen .... *E* ***740*** *740.413.1*
zusätzlicher Potentialausgleich .... N **410** 413.1.2.2, 413.1.6
→ siehe auch Schutz durch Abschaltung

Schutz durch Begrenzung des Beharrungsstroms und der Entladungsenergie
Begriff .... N **200** 2.3.16

Schutz durch Begrenzung von Beharrungsberührungsstrom und der Entladungsenergie
Schutz gegen elektrischen Schlag .... N **410** 411.2

Schutz durch Begrenzung von Beharrungsberührungsstrom und Ladung
Schutz gegen elektrischen Schlag .... N **410** 411.2

Schutz durch erdfreien örtlichen Potentialausgleich
Anwendung .... N **470** 471.2.1.2
Auswahl .... *E* ***481A1*** *481.3.4*
Flächenheizungen .... *E* ***753*** *753.413.4*
fremde leitfähige Teile .... N **410** 413.4.1, 413.4.2
Fußböden .... N **410** 413.4.3
geerdete Teile .... N **410** 413.4.2, 413.4.3
gleichzeitig berührbare Körper .... N **410** 413.4.1
Körper .... N **410** 413.4.2
Photovoltaik-Anlagen .... *E* ***712*** *712.413.4*
Planschbecken .... *E* ***702A1*** *702.413.4*
Potentialausgleichsleiter .... N **410** 413.4.1
Schutz gegen elektrischen Schlag .... N **410** 413.4
Schwimmbäder und andere Becken .... *E* ***702A1*** *702.413.4*
Springbrunnen .... *E* ***702A1*** *702.413.4*

Schutz durch Fehlerstrom-Schutzeinrichtungen
Steckdosen auf Campingplatz .... N **708** 3.3.2.6

Schutz durch Funktionskleinspannung
→ siehe auch Funktionskleinspannung

Schutz durch Hindernisse
abgeschlossene elektrische Betriebsstätten .... N **410** NB.2,
N **731** 6.2.1

Anwendung	N	**410**	NB.2
Basisschutz	N	**410**	412.3, NB.2
elektrische Betriebsstätten	N	**410**	NB.2,
	N	**731**	6.2.1
Flächenheizungen	*E*	***753***	*753.412.3*
Planschbecken	*E*	***702A1***	*702.412.3*
Schutz gegen direktes Berühren	N	**410**	412.3, NB.2
Schutz gegen elektrischen Schlag unter normalen Bedingungen	N	**410**	412.3, NB.2
Schwimmbäder und andere Becken	*E*	***702A1***	*702.412.3*
Springbrunnen	*E*	***702A1***	*702.412.3*

Schutz durch Isolierung von aktiven Teilen

Anwendung	N	**410**	NB.2
Basisschutz	N	**410**	412.1, NB.2
Schutz gegen direktes Berühren	N	**410**	412.1, NB.2
Schutz gegen elektrischen Schlag unter normalen Bedingungen	N	**410**	412.1, NB.2

Schutz durch nichtleitende Räume

Anwendung	N	**470**	471.2.1.2
Auswahl	*E*	***481A1***	*481.3.3*
Besichtigen	N	**610**	4.3
Dauerhaftigkeit der Vorkehrungen	N	**410**	413.3.5
Flächenheizungen	*E*	***753***	*753.413.3*
fremde leitfähige Teile	N	**410**	413.3.6
Hindernisse	N	**410**	413.3.3
isolierende Fußböden	N	**410**	413.3.3
isolierende Wände	N	**410**	413.3.3
kein Schutzleiter	N	**410**	413.3.2
Körper; Anordnung	N	**410**	413.3.1, 413.3.3
ortsveränderliche Betriebsmittel	N	**410**	413.3.5
Photovoltaik-Anlagen	*E*	***712***	*712.413.3*
Planschbecken	*E*	***702A1***	*702.413.3*
Schutz gegen elektrischen Schlag	N	**410**	413.3
Schutzklasse 0	N	**410**	413.3 Anmerkung
Schwimmbäder und andere Becken	*E*	***702A1***	*702.413.3*
Springbrunnen	*E*	***702A1***	*702.413.3*
Wasserrohre aus Metall	N	**410**	413.3.5
Widerstand von isolierenden Fußböden	N	**410**	413.3.4
Widerstand von isolierenden Wänden	N	**410**	413.3.4

Schutz durch Schutzkleinspannung

Anwendung	N	**470**	471.2.1.3

→ siehe auch Schutzkleinspannung

Schutz durch Schutztrennung

Abschaltung der Stromversorgung	N	**410**	413.5.3.4
aktive Teile	N	**410**	413.5.1.3

Anordnung von Kabeln und Leitungen .... N **410** 413.5.1.5
Bemessungsspannung von Kabeln und Leitungen .... N **410** 413.5.1.5
bewegliche Stromquellen .... N **410** 413.5.1.1
flexible Anschlussleitungen .... N **410** 413.5.3.3
flexible Kabel .... N **410** 413.5.1.4, Nationales Vorwort zu 413.5.1.4
flexible Leitungen .... N **410** 413.5.1.4, Nationales Vorwort zu 413.5.1.4
Isolierung .... N **410** 413.5.1.3
Kabel .... N **410** 413.5.1.5
Körper .... N **410** 413.5.3.1
Leitungen .... N **410** 413.5.1.5
maximale Spannung .... N **410** 413.5.1.2
mit einem Verbrauchsmittel .... N **410** 413.5.2
mit mehreren Verbrauchsmitteln .... N **410** 413.5.3
ortsfeste Stromquellen .... N **410** 413.5.1.1
Photovoltaik-Anlagen .... E ***712*** *712.413.5*
Schutz gegen elektrischen Schlag .... N **410** 413.5
sichere Trennung .... N **410** 413.5.1.3
Steckdosen .... N **410** 413.5.3.2
Stromkreise .... N **410** 413.5.1.1, 413.5.1.5
Stromquellen .... N **410** 413.5.1.1
ungeerdete isolierte Potentialausgleichsleiter .... N **410** 413.5.3.1
zwei Fehler von zwei Körpern .... N **410** 413.5.3.4

Schutz durch Verwendung von Betriebsmitteln der Schutzklasse II oder durch gleichwertige Isolierung
Anbringen von zusätzlicher Isolierung .... N **410** 413.2.1.3
Anschlussmöglichkeiten für Schutzleiter .... N **410** 413.2.7
Anstriche ungeeignet als isolierende Umhüllung .... N **410** 413.2.3
Bedienungsgriffe .... N **410** 413.2.5
Deckel .... N **410** 413.2.6
Durchführung leitfähiger Teile .... N **410** 413.2.5
Errichten von Betriebsmitteln .... N **410** 413.2.9
Farbe ungeeignet als isolierende Umhüllung .... N **410** 413.2.3
Flächenheizungen .... E ***753*** *753.413.2*
isolierende Umhüllung .... N **410** 413.2.2, 413.2.3, 413.2.4
Isolierung .... N **410** 413.2.1.1, 413.2.1.2
leitfähige Teile innerhalb der isolierenden Umhüllung .... N **410** 413.2.7

Schaltgerätekombinationen .... N **410** Nationales Vorwort zu 413.2
Schrauben .... N **410** 413.2.5
Schutz gegen elektrischen Schlag .... N **410** 413.2
Schutzart .... N **410** 413.2.2
Symbol .... N **410** 413.2.1.1
Totalisolierung .... N **410** 413.2.1.1
Türen .... N **410** 413.2.6
Umhüllung .... N **410** 413.2.8

Schutz gegen chemische Einflüsse
Schutzleiter .... E ***540A1*** *543.3.1*

Schutz gegen direktes Berühren
Abdeckungen, die entfernt werden müssen .... N **410** 412.2.4
Abstand von Abdeckungen oder Umhüllungen von aktiven Teilen .... N **410** 412.2.3
Anstriche ungeeignet als Schutz durch Isolierung .... N **410** 412.1
Begriff .... N **200** A.8.1
Beleuchtungsanlagen im Freien .... E ***737A1*** *7XX.412*
Bemessungsdifferenzstrom beim zusätzlichen Schutz .... N **410** 412.5.1
Betriebsmittel mit strombegrenzenden Eigenschaften .... E ***719*** *7XX.412*
bewegliche oder ortsveränderliche elektrische Anlagen .... E ***717*** *717.412*
elektrische Betriebsmittel .... N **470** 471.1
Fahrgastwagen .... N **722** 9.2,
E ***722*** *9.2*
Farbe ungeeignet als Schutz durch Isolierung .... N **410** 412.1
FELV .... N **470** 471.3.2
Festigkeit von Abdeckungen oder Umhüllungen .... N **410** 412.2.3
Flächenheizungen .... E ***753*** *753.412*
Gleichstromanteil im Fehlerstrom .... E ***719*** *7XX.412*
gleichzeitig berührbare Teile .... N **410** 412.4.1
Grenzen des Handbereichs .... N **410** 412.4.1
Grundsätze .... E ***100A1*** *131.2*
Haltbarkeit von Abdeckungen oder Umhüllungen .... N **410** 412.2.3
Handbereich .... N **410** Bild 41C
Handbereich bei Hindernis .... N **410** 412.4.2
Handbereich beim üblichen Umgang mit sperrigen oder langen leitfähigen Gegenständen .... N **410** 412.4.3
horizontale obere Flächen .... N **410** 412.2.2
Lacke ungeeignet als Schutz durch Isolierung .... N **410** 412.1
Lampenfassungen .... N **410** 412.2.1
leitfähige Bereiche mit begrenzter Bewegungsfreiheit .... N **706** 4.2.1
medizinisch genutzte Räume .... E ***710*** *710.412*
Öffnungen .... N **410** 412.2.1
PELV .... N **410** 411.1.5.1

Planschbecken	*E*	***702A1***	*702.412*
Schutz durch Abdeckungen oder Umhüllungen	N	**410**	412.2, NB.2
Schutz durch Abstand	N	**410**	412.4, NB.2
Schutz durch Hindernisse	N	**410**	412.3, NB.2
Schutz durch Isolierung von aktiven Teilen	N	**410**	412.1, NB.2
Schutz gegen elektrischen Schlag	N	**410**	412
Schutzart	N	**410**	412.2.1
Schwimmbäder und andere Becken	*E*	***702A1***	*702.412*
Sicherungen	N	**410**	412.2.1
Springbrunnen	*E*	***702A1***	*702.412*
Stromquellen mit strombegrenzenden Eigenschaften	*E*	***719***	*7XX.412*
Umhüllungen, die ganz oder teilweise abgenommen werden müssen	N	**410**	412.2.4
Umhüllungen, die geöffnet werden müssen	N	**410**	412.2.4
unbeabsichtigtes Entfernen von Hindernissen verhindern	N	**410**	412.3.2
zusätzlicher Schutz durch RCDs	N	**410**	412.5
Zwischenabdeckungen	N	**410**	412.2.4

Schutz gegen elektrischen Schlag

Anwendung	N	**410**	410.1
Basisschutz	N	**410**	412
Begründung für schärfere Anforderungen bei besonderen Umgebungsbedingungen	*E*	***410A5***	*Anhang B*
bewegliche oder ortsveränderliche elektrische Anlagen	*E*	***717***	*717.41*
Beziehung zur Erde bei Kleinspannung	N	**410**	Anhang ZB
Buden auf Messegeländen	*E*	***711A1***	*711A.41*
Einrichtungen für Sicherheitszwecke	*E*	***718***	*564.2, 566.1*
elektrische Anlagen in Ausstellungen, Shows, Ständen, Jahrmärkten	*E*	***711***	*711.471*
Erläuterung des Schutzes durch automatische Abschaltung der Stromversorgung	*E*	***410A5***	
Fehlerschutz	N	**410**	413
FELV	N	**410**	Anhang ZB
Flächenheizungen	*E*	***753***	*753.41*
IT-Systeme	N	**410**	413.1.5
Kabel	*E*	***410A2***	*413.2.1.1*
Leitungen	*E*	***410A2***	*413.2.1.1*
medizinisch genutzte Räume	*E*	***710***	*710.41*
PELV	N	**410**	411.1, Anhang ZB
Photovoltaik-Anlagen	*E*	***712***	*712.41*
Planschbecken	*E*	***702A1***	*702.41, 702.471*
Potentialausgleich	N	**410**	413.1.2
Räume mit Badewanne oder Dusche	*E*	***701***	*701.41*
Schutz bei indirektem Berühren	N	**410**	413,
	N	**470**	471.2
Schutz durch Abdeckungen oder Umhüllungen	N	**410**	412.2

Schutz durch Abstand .... N **410** 412.4
Schutz durch automatische Abschaltung der Stromversorgung .... N **410** 413.1
Schutz durch Begrenzung von Beharrungsberührungsstrom und Ladung .... N **410** 411.2
Schutz durch erdfreien örtlichen Potentialausgleich .... N **410** 413.4
Schutz durch Hindernisse .... N **410** 412.3
Schutz durch Isolierung von aktiven Teilen .... N **410** 412.1
Schutz durch nichtleitende Räume .... N **410** 413.3
Schutz durch Schutztrennung .... N **410** 413.5
Schutz durch Verwendung von Betriebsmitteln der Schutzklasse II oder durch gleichwertige Isolierung .... N **410** 413.2
Schutz gegen direktes Berühren .... N **410** 412,
N **470** 471.1
Schutz gegen elektrischen Schlag unter Fehlerbedingungen .... N **410** 413
Schutz gegen elektrischen Schlag unter normalen Bedingungen .... N **410** 412
Schutz sowohl gegen direktes als auch bei indirektem Berühren .... N **410** 411
Schutzklasse II .... E ***410A2*** *413.2.1.1*
Schutzmaßnahmen .... E ***410A4***
Schwimmbäder und andere Becken .... E ***702A1*** *702.41, 702.471*
SELV .... N **410** 411.1, Anhang ZB
sichere Trennung .... N **410** Anhang ZB
Springbrunnen .... E ***702A1*** *702.41, 702.471*
Stromversorgungssysteme für Sicherheitseinrichtungen .... E ***560A2*** *564.2*
TN-Systeme .... N **410** 413.1.3
TT-Systeme .... N **410** 413.1.4,
E ***410A7*** *413.1.4.2*
Vergnügungsparks .... E ***711A1*** *711A.41*
vorübergehend errichtete Anlagen für Bauwerke, Vergnügungseinrichtungen und Buden auf Kirmesplätzen .... E ***740*** *740.41, 740.471*
vorübergehend errichtete elektrische Anlagen auf Messegeländen .... E ***711A1*** *711A.41*
Zirkusse .... E ***711A1*** *711A.41*
zusätzlicher Potentialausgleich .... N **410** 413.1.6
zusätzlicher Schutz durch RCDs .... N **410** 412.5
→ siehe auch Schutz gegen gefährliche Körperströme

Schutz gegen elektrischen Schlag unter Fehlerbedingungen
Schutz durch automatische Abschaltung der Stromversorgung .... N **410** 413.1
Schutz gegen elektrischen Schlag .... N **410** 413

vorübergehend errichtete Anlagen für Bauwerke, Vergnügungseinrichtungen und Buden auf Kirmesplätzen, Vergnügungsparks und Zirkusse .... *E* ***740*** *740.471.2*

Schutz gegen elektrischen Schlag unter normalen Bedingungen

Abdeckungen, die entfernt werden müssen .... N **410** 412.2.4
Abstand von Abdeckungen oder Umhüllungen von aktiven Teilen .... N **410** 412.2.3
Anstriche ungeeignet als Schutz durch Isolierung .... N **410** 412.1
Bemessungsdifferenzstrom beim zusätzlichen Schutz .... N **410** 412.5.1
Farbe ungeeignet als Schutz durch Isolierung .... N **410** 412.1
Festigkeit von Abdeckungen oder Umhüllungen .... N **410** 412.2.3
gleichzeitig berührbare Teile .... N **410** 412.4.1
Grenzen des Handbereichs .... N **410** Bild 41C
Haltbarkeit von Abdeckungen oder Umhüllungen .... N **410** 412.2.3
Handbereich .... N **410** Bild 41C
Handbereich bei Hindernis .... N **410** 412.4.2
Handbereich beim üblichen Umgang mit sperrigen oder langen leitfähigen Gegenständen .... N **410** 412.4.3
horizontale obere Flächen .... N **410** 412.2.2
Lacke ungeeignet als Schutz durch Isolierung .... N **410** 412.1
Lampenfassungen .... N **410** 412.2.1
Öffnungen .... N **410** 412.2.1
Schutz durch Abdeckungen oder Umhüllungen .... N **410** 412.2, NB.2
Schutz durch Abstand .... N **410** 412.4, NB.2
Schutz durch Hindernisse .... N **410** 412.3, NB.2
Schutz durch Isolierung von aktiven Teilen .... N **410** 412.1, NB.2
Schutz gegen elektrischen Schlag .... N **410** 412
Schutzart .... N **410** 412.2.1
Sicherungen .... N **410** 412.2.1
Umhüllungen, die ganz oder teilweise abgenommen werden müssen .... N **410** 412.2.4
Umhüllungen, die geöffnet werden müssen .... N **410** 412.2.4
unbeabsichtigtes Entfernen von Hindernissen verhindern .... N **410** 412.3.2
vorübergehend errichtete Anlagen für Bauwerke, Vergnügungseinrichtungen und Buden auf Kirmesplätzen, Vergnügungsparks und Zirkusse .... *E* ***740*** *740.412, 740.471.1*
zusätzlicher Schutz durch RCDs .... N **410** 412.5
Zwischenabdeckungen .... N **410** 412.2.4

Schutz gegen elektrodynamische Kräfte

Schutzleiter .... *E* ***540A1*** *543.3.1*

Schutz gegen elektrolytische Korrosion

Anlagen der Informationstechnik .... *E* ***540A1*** *545.5*

Schutz gegen elektromagnetische Störungen (EMI)

Abstand .... N **444** 444.3.6

Anordnung von EMI-sensiblen Betriebsmitteln	N	**444**	444.3.2
Anordnung von Störquellen außerhalb des Empfindlichkeitsbereiches	N	**444**	444.3.1
Auswahl von Schutzeinrichtungen	N	**444**	444.3.4
Betriebsmittel der Informationstechnik	N	**444**	444.3.12
Darstellungen der Maßnahmen in einem bestehenden Gebäude	N	**444**	Bild 4
einadrige Kabel	N	**444**	444.3.11
einadrige Leitungen	N	**444**	444.3.11
Einbau von Entstörfiltern	N	**444**	444.3.3
Einbau von Überspannungsableitern	N	**444**	444.3.3
Einführung bewehrter Kabel und Leitungen sowie Rohrleitungen aus Metall in ein Gebäude	N	**444**	Bild 3
elektrische Anlagen	N	**444**	
elektromagnetische Störungen (EMI)	N	**444**	
Erdungsanlage	N	**444**	Bild 5
Gasleitungen	N	**444**	444.3.14
Heizungsrohre	N	**444**	444.3.14
Induktionsschleifen vermeiden	N	**444**	444.3.8
Informationstechnik	N	**444**	
IT-Systeme	N	**444**	444.4.3
Kabel- oder Leitungswege (-trassen)	N	**444**	444.4.4
Kabel- und Leitungssysteme (-anlagen)	N	**444**	444.3.11
Lichtwellenleitersysteme	N	**444**	444.4.1
Neutralleiterströme vermeiden	N	**444**	Bild 1
PEN-Leiter	N	**444**	444.4
PEN-Leiter vermeiden	N	**444**	444.3.12
Planung elektrischer Anlagen	N	**444**	
Potentialausgleich	N	**444**	444.3.5
Potentialausgleichsleiter	N	**444**	44432.10
räumliche Trennung	N	**444**	444.3.6
räumliche Trennung der Energie- und Signalkabel / -leitungen	N	**444**	444.3.7
rechtwinkelige Kreuzungen	N	**444**	444.3.6
Rohrleitungen aus Metall	N	**444**	444.3.14
Schirmung	N	**444**	444.3.6
Schutzklasse II	N	**444**	444.4.2
Schutzmaßnahmen	N	**444**	
Schutztrennung	N	**444**	444.4.3
Signalleitungen	N	**444**	444.3.9
Signalverbindungen	N	**444**	444.3.15, 444.4
TN-C-S-Systeme	N	**444**	444.3.13
TN-C-Systeme	N	**444**	444.3.12
TN-S-Systeme	N	**444**	Bild 2
Transformatoren mit getrennten Wicklungen	N	**444**	444.4.3
transiente Überspannungen	N	**444**	444.3.4
Wasserleitungen	N	**444**	444.3.14

Schutz gegen Erdfehlerströme
Überspannungs-Schutzeinrichtungen ... *E* ***534*** *534.2.5*

Schutz gegen Fehlerströme
Grundsätze ... *E* ***100A1*** *131.6*

Schutz gegen Funktionsstörungen
Hilfsstromkreise ... *E* ***716*** *716.552*

Schutz gegen gefährliche Körperströme
abgeschlossene elektrische Betriebsstätten ... N **731** 6
äußere Einflüsse ... *E* ***481*** *481.1, 481.2,*
E ***481A1*** *481.3*
Ausnahmen für elektrotechnische Fachausbildung ... N **723** 8,
E ***723A1*** *8*
Baustelle ... *E* ***704A1*** *704.41, 704.471*
Besichtigen der Maßnahmen ... N **610** 4.3
Boote, Jachten ... N **721** 6.2
Campingplatz ... N **708** 3.1
Caravan ... N **708** 5
elektrische Anlagen in Ausstellungen, Shows, Ständen, Jahrmärkten ... *E* ***711*** *711.41*
elektrische Betriebsstätten ... N **731** 6
Experimentierstände ... N **723** 4.3
gartenbauliches Anwesen ... N **705** 3
Heißluft-Saunaraum ... N **703** 3.1, 3.2
landwirtschaftliches Anwesen ... N **705** 3
leitfähige Bereiche mit begrenzter Bewegungsfreiheit ... N **706** 4.1
Liegeplätze ... N **721** 4.3
Marinas ... *E* ***709*** *4.1.1*
Niederspannungsstromkreise in Hochspannungsschaltfeldern ... N **736** 4
Räume mit Badewanne oder Dusche ... N **701** 4
Schwimmanlage ... N **702** 4
Springbrunnen ... N **738** 4
Wassersportfahrzeuge ... *E* ***709*** *4.3*
→ siehe auch Schutz gegen elektrischen Schlag

Schutz gegen mechanische Einflüsse
Schutzleiter ... *E* ***540A1*** *543.3.1*

Schutz gegen thermische Auswirkungen
Flächenheizungen ... *E* ***753*** *753.42*
vorübergehend errichtete Anlagen für Bauwerke, Vergnügungseinrichtungen und Buden auf Kirmesplätzen ... *E* ***740*** *740.42*

Schutz gegen thermische Einflüsse
Beleuchtungsanlagen .... *E* ***559A1*** *559.5*
Besichtigen der Maßnahmen .... N **610** 4.3
Betriebsmittel .... N **420** 4.2, 4.3, 4.4, 5
Brandschutz .... N **420** 4
Brandwunden, Schutz gegen .... N **420** 5
Buden auf Messegeländen .... *E* ***711A1*** *711A.42*
Dampferzeuger .... N **420** 6.2
elektrische Anlagen in Ausstellungen, Shows,
Ständen, Jahrmärkten .... *E* ***711*** *711.42*
entflammbare Flüssigkeit .... N **420** 4.5
Erwärmung .... N **420** 3
Flüssigkeit, entflammbar .... N **420** 4.5
Funken .... N **420** 4.3
gartenbauliches Anwesen .... N **705** 4
Gebläse-Heizsysteme .... N **420** 6.1
Grundsätze .... *E* ***100A1*** *131.4*
Heißwassererzeuger .... N **420** 6.2
landwirtschaftliches Anwesen .... N **705** 4
Leuchten .... N **559** 4,
E ***559A1*** *559.5*
Lichtbogen .... N **420** 4.3
lichtbogenfest .... N **420** 4.3
Nachweise vor erster Inbetriebnahme .... *E* ***610A1*** *611.3 b), 612.10*
Oberflächentemperatur .... N **420** 4.2, 5
Schutz gegen Brandwunden .... N **420** 5
Schutz gegen Überhitzung .... N **420** 6
Schutz gegen Verbrennungen .... N **420** 5
Schutzmaßnahmen .... N **420**
Sicherheitstemperaturbegrenzer .... N **420** 6.1.1
Temperaturbegrenzer .... N **420** 6.2
Temperaturregler .... N **420** 6.1.1
Überhitzung, Schutz gegen .... N **420** 6
Verbrennungen, Schutz gegen .... N **420** 5
Vergnügungsparks .... *E* ***711A1*** *711A.42*
Verkleidungen .... N **420** 4.6
vorübergehend errichtete elektrische Anlagen auf
Messegeländen .... *E* ***711A1*** *711A.42*
Wärmeeinwirkung .... N **420** 4.4
Wärmestau .... N **420** 4.4
Zirkusse .... *E* ***711A1*** *711A.42*

Schutz gegen thermische Einwirkungen
Kabel- und Leitungssysteme (-anlagen) .... N **520** 522.2.1

Schutz gegen Überhitzung
Flächenheizungen .... *E* ***753*** *753.424*
Schutz gegen thermische Einflüsse .... N **420** 6

Schutz gegen Überspannungen			
atmosphärische Einflüsse	*E*	***443***	
	E	***443A1***	
	E	***443A2***	
atmosphärische Entladungen	N	**alt**	§ 18
Auswahl der Betriebsmittel	*E*	***443A2***	*443.3*
Beherrschung durch Schutzeinrichtungen	*E*	***443A2***	*443.2.2*
Bemessungsstoßspannung für Betriebsmittel	*E*	***443A2***	*Tabelle 44B*
Betriebsmittel	*E*	***443***	*443.3, Anhang 2*
Dachständer	N	**alt**	§ 18 b)
Eigenschutz	*E*	***443A2***	*443.2.1*
Erdung	N	**alt**	§ 18 a)1.1, § 18 c)
Freileitung	*E*	***443***	*443.3.2*
Gewitter	*E*	***443***	*443.2.3, 443.2.4, 443.2.5, Anhang 1*
Grundsätze	*E*	***100A1***	*131.7*
Netze	N	**alt**	§ 18 a)1.2
Schaltüberspannungen	*E*	***443A1***	
	E	***443A2***	
systemeigene Beherrschung	*E*	***443A2***	*443.2.1*
Überspannungskategorien	*E*	***443A2***	*Seite 10*
Verbraucheranlagen	N	**alt**	§ 18 a)1.3
→ siehe auch Schutz bei Überspannungen			
Schutz gegen Unterspannung			
Spannungseinbruch	N	**450**	3.1
Spannungswiederkehr	N	**450**	3.1
Unterspannungs-Schutzeinrichtung	N	**450**	3.2
Schutz gegen Verbrennungen			
Schutz gegen thermische Einflüsse	N	**420**	5
Schutz gegen zu hohe Erwärmung			
Kabel	N	**430**	
Leitungen	N	**430**	
Schutz sowohl gegen direktes als auch bei indirektem Berühren			
FELV-Stromkreise	N	**470**	471.3
Kleinspannungs-Beleuchtungsanlagen	*E*	***715***	*715.411*
Kleinspannungs-Stromerzeugungsanlagen	N	**551**	551.3
Planschbecken	*E*	***702A1***	*702.411*
Schutz gegen elektrischen Schlag	N	**410**	411
Schwimmbäder und andere Becken	*E*	***702A1***	*702.411*
Springbrunnen	*E*	***702A1***	*702.411*
Schutz von Niederspannungsanlagen bei Erdschlüssen in Netzen mit höherer Spannung			
A-Abweichungen für Frankreich	N	**442**	Anhang B
Abschaltzeiten	N	**442**	442.1.2

Beanspruchungsspannung im Falle eines Erdschlusses in einem IT-System	N	**442**	442.6
Beanspruchungsspannung im Falle eines Kurzschlusses zwischen einem Außenleiter und dem PEN-Leiter oder dem Neutralleiter	N	**442**	442.7
Beanspruchungsspannung im Falle eines Neutralleiterbruchs in einem TT-System	N	**442**	442.5
Beanspruchungsspannung im Falle eines PEN-Leiter- oder Neutralleiterbruchs in einem TN-System	N	**442**	442.5
betriebsfrequente Beanspruchungsspannung für Niederspannungsbetriebsmittel der Transformatorstationen	N	**442**	442.4
betriebsfrequente Beanspruchungsspannungen	N	**442**	442.1.2
Erdschlüsse	N	**442**	
Erdungsanlagen im Hinblick auf die Art der Erdverbindungen des Niederspannungsnetzes	N	**442**	442.3
Erdungsanlagen in Transformatorstationen	N	**442**	442.2
Erdungsanlagen von Hochspannungsanlagen	N	**442**	Nationaler Anhang NB
Hochspannungsanlage	N	**442**	
höchste zulässige Stromflussdauer bei einem Erdschluss im Hochspannungsnetz	N	**442**	Bild 44A
IT-Systeme	N	**442**	442.3.3, 442.4.2, 442.6, Bilder 44C bis 44H
Schutz bei Überspannungen	N	**442**	
Schutzmaßnahmen	N	**442**	
TN-Systeme	N	**442**	442.3.1, 442.4.1, 442.5, Bild 44B
Transformatorstationen	N	**442**	442.4
TT-Systeme	N	**442**	442.3.2, 442.4.1, 442.5, Bild 44C
Überspannungen	N	**442**	

Schutzanstrich

Metallteile	N	**737**	4.3

Schutzarten

Basisschutz	N	**410**	412.2.1
Betriebsmittel	N	**510**	512.2.3,
	E	***510***	*512.2.3*
Brandschutz	N	**482**	482.1.3
Buden auf Messegeländen	*E*	***711A1***	*711A.512.03*
feuergefährdete Betriebsstätten	N	**482**	482.1.3
Flächenheizungen	*E*	***753***	*753.512.2.5*
Heißluft-Saunaraum	N	**703**	4.1
Planschbecken	*E*	***702A1***	*702.512.2*
Räume mit Badewanne oder Dusche	*E*	***701***	*701.512.2*

Schutz durch Verwendung von Betriebsmitteln der Schutzklasse II oder durch gleichwertige Isolierung	N	**410**	413.2.2
Schutz gegen direktes Berühren	N	**410**	412.2.1
Schutz gegen elektrischen Schlag unter normalen Bedingungen	N	**410**	412.2.1
Schwimmbäder und andere Becken	*E*	***702A1***	*702.512.2*
Springbrunnen	*E*	***702A1***	*702.512.2*
Vergnügungsparks	*E*	***711A1***	*711A.512.03*
vorübergehend errichtete elektrische Anlagen auf Messegeländen	*E*	***711A1***	*711A.512.03*
Wirksamkeit	N	**737**	3.1
Zirkusse	*E*	***711A1***	*711A.512.03*

Schütze

Schaltgeräte für betriebsmäßiges Schalten	N	**537**	537.5.2

Schutzeinrichtungen

Auswahl zum Schutz gegen elektromagnetische Störungen (EMI)	N	**444**	444.3.4
Auswahl; IT-Systeme	*E*	***410A5***	*3.3.6*
Besichtigen	N	**610**	4.3
die die Stromerzeugungsanlage vom Netz abschalten	N	**551**	551.7.2
einpolige in Hilfsstromkreisen	*E*	***716***	*716.473.3.01*
Grundsätze	*E*	***100A1***	*132.8*
IT-System	N	**610**	5.6.1.1.1 h)
Kennwerte; TN-Systeme	N	**410**	413.1.3.3
Kennzeichnung	N	**510**	514.4,
	E	***510***	*514.4*
Kleinspannungs-Stromerzeugungsanlagen	N	**551**	551.7.2
Maschinen	N	**alt**	§ 25 c)
Neutralleiter	N	**470**	NB.4
Niederspannungs-Stromerzeugungsanlagen	N	**551**	551.7.2
Schutz gegen Überspannungen	*E*	***443A2***	*443.2.2*
Systeme nach Art der Erdverbindungen	N	**410**	Tabelle N.1
TN-Systeme	N	**410**	413.1.3.8,
	N	**610**	5.6.1.1.1 h)
TT-Systeme	N	**410**	413.1.4.4,
	N	**610**	5.6.1.1.1 h),
	E	***410A5***	*2.3*
versetzen bei Schutz bei Kurzschluss	N	**430**	6.4.2
versetzen bei Schutz bei Überlast	N	**430**	5.4.2
vorübergehend errichtete Anlagen für Bauwerke, Vergnügungseinrichtungen und Buden auf Kirmesplätzen, Vergnügungsparks und Zirkusse	*E*	***740***	*740.51, 740.512.2*

Schutzerdung

Begrenzung des Widerstandes	*E*	***410A7***	*413.1.4.2*
Erläuterung	*E*	***540A1***	*Anhang B*

frühere Schutzmaßnahme, vergleichbar mit TT-System (→ siehe dort)

schutzisolierte Hauptstromversorgungssysteme
TN-Systeme .... N **410** NB.1

Schutzisolierung
Anwendung .... N **470** 471.2.1.3
Auswahl .... *E* ***481A1*** *481.3.2*
→ siehe Schutz durch Verwendung von Betriebsmitteln der Schutzklasse II oder durch gleichwertige Isolierung

Schutzklasse 0
Schutz durch nichtleitende Räume .... N **410** 413.3 Anmerkung

Schutzklasse II
Flächenheizungen .... *E* ***753*** *753.413.2*
Kabel .... *E* ***410A2*** *413.2.1.1*
Leitungen .... *E* ***410A2*** *413.2.1.1*
Schutz gegen elektromagnetische Störungen (EMI) .... N **444** 444.4.2

Schutzkleinspannung
Erproben und Messen von SELV .... N **610** 5.1
gartenbauliches Anwesen .... N **705** 3.1, 4.2.2.11
Heißluft-Saunaraum .... N **703** 3.1
landwirtschaftliches Anwesen .... N **705** 3.1, 4.2.2.11
leitfähige Bereiche mit begrenzter Bewegungsfreiheit .... N **706** 4.1
Mindestquerschnitte .... N **520** Tabelle 52 J
Räume mit Badewanne oder Dusche .... N **701** 4.1
Schwimmanlage .... N **702** 4.1.1, 4.2.1
Springbrunnen, begehbare .... N **738** 4.2.1, 4.3
Springbrunnen, nichtbegehbare .... N **738** 4.1, 4.3
→ siehe auch SELV

Schutzkleinspannungsstromquellen
Planschbecken .... *E* ***702A1*** *702.471.3.1, 702.471.3.3*
Schwimmbäder und andere Becken .... *E* ***702A1*** *702.471.3.3*
Schwimmbäder und andere Bereiche .... *E* ***702A1*** *702.471.3.1*
Springbrunnen .... *E* ***702A1*** *702.471.3.3*

Schutzkontakte
IT-Systeme .... N **610** 5.6.1.1.1 f)
TN-Systeme .... N **610** 5.6.1.1.1 f)
TT-Systeme .... N **610** 5.6.1.1.1 f)

Schutzleiter
allgemeine Anforderungen ... N **540** 5
als metallene Umhüllung von Kabeln und Leitungen, z. B. als Bewehrung, konzentrischer Leiter; Materialbeiwerte k ... E ***540A1*** *Tabelle 54E*
an der Eintrittstelle in Gebäude erden; TN-Systeme ... N **410** 413.1.3.1
Anordnung im Stromkreis beim Schutz gegen elektrischen Schlag mit Überstrom-Schutzeinrichtungen ... E ***540A1*** *543.6*
Anschlussklemmen ... E ***540A1*** *543.1*
Anschlussmöglichkeiten beim Schutz durch Verwendung von Betriebsmitteln der Schutzklasse II oder durch gleichwertige Isolierung ... N **410** 413.2.7
Arten ... N **540** 5.2,
E ***540A1*** *543.2*
Auswahl ... N **540**
Auswahl nach Tabelle ... E ***540A1*** *543.1.2*
Begriff ... N **200** 2.4.5
Berechnung ... N **540** 5.1.1
Berechnung der Mindestquerschnitte ... E ***540A1*** *543.1.1*
Besichtigen ... N **610** 4.3
Betriebsmittel mit strombegrenzenden Eigenschaften ... E ***719*** *719.543.1*
Bewehrungen ... E ***540A1*** *543.2.1*
Buden auf Messegeländen ... E ***711A1*** *711A.54*
Caravan ... N **708** 5.2.4
die als Ader innerhalb von Kabeln und Leitungen enthalten sind; Materialbeiwerte k ... E ***540A1*** *Tabelle 54D*
die gemeinsam mit Kabeln und Leitungen oder isolierten Bewehrungen verlegt sind; Materialbeiwerte k ... E ***540A1*** *Tabelle 54D*
die Kanäle oder Rohre beinhalten; Materialbeiwerte k ... E ***540A1*** *Tabelle 54F*
Drahtgeflechte ... E ***540A1*** *543.2.1*
Durchgängigkeit ... N **610** 5.2
Durchgängigkeit (Nachweise vor erster Inbetriebnahme) ... E ***610A1*** *612.2*
durchgehende elektrische Verbindung ... N **540** 5.3
elektrische Anlagen ... E ***540A1***
elektrische Anlagen in Ausstellungen, Shows, Ständen, Jahrmärkten ... E ***711*** *711.54, 711.543*
Erhaltung der elektrischen Eigenschaften ... E ***540A1*** *543.3*
Erproben und Messen ... N **610** 5.1
Errichten ... N **540**
fabrikfertige Schaltgerätekombinationen ... E ***540A1*** *543.2.2*
Fehlerspannungs-Schutzeinrichtungen ... N **540** 6.2
fest verlegte Leiter ... E ***540A1*** *543.2.1*

fremde leitfähige Teile .... *E* **540A1** *543.2.1, 543.2.4, 543.3.5*
für Ableitströme, die 10 mA überschreiten .... *E* **540A1** *543.5*
Gasleitungen .... *E* **540A1** *543.2.4*
Gehäuse von fabrikfertigen Schaltgerätekombinationen .... *E* **540A1** *543.2.2*
Gleichstromanteil im Fehlerstrom .... *E* **719** *719.543.1*
im Querschnitt reduziert im Vereinigten Königreich .... N **520** Anhang ZB a)
in Sternstruktur für elektromagnetische Verträglichkeit (EMV) .... *E* **540A1** *D.1*
in Verbindung mit Überstrom-Schutzeinrichtungen .... *E* **540A1** *543.6*
IT-System .... N **610** 5.6.1.1.1 a), b), 5.6.1.1.1 c), d), 5.6.1.1.1 e), g)
Kabelbahnen .... *E* **540A1** *543.2.1*
Kabelkanäle .... *E* **540A1** *543.2.1*
Kennzeichnung .... N **510** 514.3.1,
E **510** *514.3.1*
Klemmstellen .... N **540** 5.3.3
Konstruktionsteile von fabrikfertigen Schaltgerätekombinationen .... *E* **540A1** *543.2.2*
konzentrische Leiter .... *E* **540A1** *543.2.1*
Körper .... N **540** 5.3.5
Leiter in gemeinsamer Umhüllung mit aktiven Leitern .... *E* **540A1** *543.2.1*
Leiter in mehradrigen Kabeln und Leitungen .... *E* **540A1** *543.2.1*
Mäntel .... *E* **540A1** *543.2.3*
medizinisch genutzte Räume .... *E* **710** *710.54*
metallene Mäntel .... *E* **540A1** *543.2.1*
metallene Umhüllungen von Kabeln und Leitungen .... *E* **540A1** *543.2.3*
metallene Wasserleitungen .... *E* **540A1** *543.2.4*
Metallgehäuse .... *E* **540A1** *543.2.2*
metallgekapselte Stromschienensysteme .... *E* **540A1** *543.2.2*
Mindestquerschnitte .... N **540** 5.1,
E **540A1** *543.1, Tabelle 54H*
Mindestquerschnitte bei separater Verlegung .... *E* **540A1** *543.1.3*
mineralisolierte Kabel .... *E* **540A1** *543.1.1*
nicht durch Messeinrichtungen der RCDs führen .... *E* **530A6** *531.2.1.6*
Niederspannungs-Stromerzeugungsanlagen .... N **551** 551.4.4.1
Querschnitte .... N **540** 5.1
Rohre .... *E* **540A1** *543.2.1*
Rohre für elektrische Anwendungen .... *E* **540A1** *543.2.3*
Sammelschienen .... *E* **540A1** *543.2.2*
Schalteinrichtung .... N **540** 5.3.3
Schalten .... N **460** 3.2 Anmerkung 2,
E **460A1** *461.2 Anmerkung 2*
Schaltgeräte nicht in den Schutzleiter einfügen .... *E* **540A1** *543.3.3*

Schirme	*E*	***540A1***	*543.2.1*
Schutz durch automatische Abschaltung der Stromversorgung	N	**410**	413.1.1.2
Schutz gegen chemische Einflüsse	*E*	***540A1***	*543.3.1*
Schutz gegen elektrodynamische Kräfte	*E*	***540A1***	*543.3.1*
Schutz gegen mechanische Einflüsse	*E*	***540A1***	*543.3.1*
Spulen	N	**540**	5.3.4
Stromquellen mit strombegrenzenden Eigenschaften	*E*	***719***	*719.543.1*
TN-Systeme	N	**410**	413.1.3.1,
	N	**610**	5.6.1.1.1 a), b), 5.6.1.1.1 c), d), 5.6.1.1.1 e), g)
Trennen	N	**460**	3.2 Anmerkung 2, 7.1.5,
	E	***460A1***	*461.2 Anmerkung 2*
TT-Systeme	N	**410**	413.1.4.1,
	N	**610**	5.6.1.1.1 a), b), 5.6.1.1.1 c), d), 5.6.1.1.1 e), g)
Überstrom-Schutzeinrichtungen	N	**540**	6.1
Überwachungsspulen	*E*	***540A1***	*543.3.4*
Umhüllungen von Kabeln	N	**540**	5.2.3
unzulässig beim Schutz durch nichtleitende Räume	N	**410**	413.3.2
Verbindung zu geerdeten Hilfsstromkreisen	*E*	***716***	*716.312.02*
Verbindung, durchgehend elektrisch	N	**540**	5.3
Verbindungen	*E*	***540A1***	*543.3.2*
Verbindungen, die für Prüfzwecke gelöst werden	*E*	***540A1***	*543.3.3*
Vergnügungsparks	*E*	***711A1***	*711A.54*
verstärkte Schutzleiter	*E*	***540A1***	*543.5*
Verstärkung bei Betriebsmitteln mit strombegrenzenden Eigenschaften	*E*	***719***	*7XX.471.2.3.3*
Verstärkung bei Stromquellen mit strombegrenzenden Eigenschaften	*E*	***719***	*7XX.471.2.3.3*
vorübergehend errichtete elektrische Anlagen auf Messegeländen	*E*	***711A1***	*711A.54*
Widerstand (Erstprüfungen)	*E*	***600A1***	*612.5.4*
Zirkusse	*E*	***711A1***	*711A.54*
Zugänglichkeit der Verbindungen	*E*	***540A1***	*543.3.2*
zusätzlicher Potentialausgleich	N	**410**	413.1.6.1

Schutzleiter durchschleifen bei Schutzklasse II

Schaltgerätekombinationen	N	**410**	Nationales Vorwort zu 413.2

Schutzleiterverbindungen

Einrichtungen der Informationstechnik	*E*	***707***	*707.545.2*
Zugänglichkeit	N	**540**	5.3.2

Schutzleiterwiderstand
Nachweise vor erster Inbetriebnahme .... *E* ***610A1*** *612.6.3 b), 612.6.4*

Schutzleitungssystem
frühere Schutzmaßnahme, vergleichbar mit IT-System (→ siehe dort)

Schutzmaßnahmen
als Teil der Errichtung .... N **470** 470.3
Anwendungen .... N **470**
äußere Einflüsse .... *E* ***481***
E ***481A1***
Baustelle .... N **704** 5
beim 1. Fehler; IT-System .... N **610** 5.6.1.4.1
beim Doppelfehler; IT-System .... N **610** 5.6.1.4.2
bewegliche oder ortsveränderliche elektrische Anlagen .... *E* ***717*** *717.4*
charakteristische Merkmale .... N **300** 3.1
durch das Betriebsmittel selbst .... N **470** 470.3
Einrichtungen der Informationstechnik .... *E* ***707*** *707.4*
elektrische Betriebsstätten .... *E* ***481*** *481.2*
Erläuterung des Schutzes durch automatische Abschaltung der Stromversorgung .... *E* ***410A5***
Funktionserdung .... *E* ***540A4*** *548.8.1*
Hilfsstromkreise .... *E* ***716*** *716.4*
in den Bereichen von Planschbecken .... *E* ***702A1*** *Tabelle A.1*
in den Bereichen von Schwimmbädern und anderen Becken .... *E* ***702A1*** *Tabelle A.1*
in den Bereichen von Springbrunnen .... *E* ***702A1*** *Tabelle A.1*
nach den Umgebungsbedingungen in Verantwortung der nationalen Komitees .... N **470** 470.2
Planschbecken .... *E* ***702A1*** *702.4*
Räume mit Badewanne oder Dusche .... *E* ***701*** *701.4*
Schalten und Trennen .... N **460**
Schutz gegen elektrischen Schlag .... *E* ***410A4***
Schutz gegen elektromagnetische Störungen (EMI) .... N **444**
Schutz gegen thermische Einflüsse .... N **420**
Schutz von Niederspannungsanlagen bei Erdschlüssen in Netzen mit höherer Spannung .... N **442**
Schwimmbäder und andere Becken .... *E* ***702A1*** *702.4*
Speisepunkte von Fliegenden Bauten, Wagen und Wohnwagen nach Schaustellerart .... N **722** 4.1.3
Springbrunnen .... *E* ***702A1*** *702.4*
thermische Einflüsse .... N **420**
Trennen und Schalten .... N **460**
E ***460A1***
vorübergehende Aufhebung bei Instandhaltung .... N **520** 529.2
Wirksamkeit .... N **300** 34

Wirksamkeit bei äußeren Einflüssen	N	**510**	510.1,
	E	***510***	*510.1*
Wirksamkeit bei zu erwartenden äußeren Einflüssen	N	**510**	510.1,
	E	***510***	*510.1*
Zuverlässigkeit sicherstellen	N	**510**	512.2.4,
	E	***510***	*512.2.4*

Schutzmaßnahmen gegen gefährliche Körperströme

Backofenleuchten	N	**559**	4.3
Fassaußenleuchten	N	**559**	4.3

→ siehe auch Schutz gegen gefährliche Körperströme

Schutzmaßnahmen gegen thermische Einflüsse

Anwendung	N	**470**	NB.2
Drosselspulen	N	**470**	NB.2
Transformatoren	N	**470**	NB.2

Schutztrennung

Anwendung	N	**470**	471.2.1.3
Auswahl	*E*	***481A1***	*481.3.5*
Erproben und Messen	N	**610**	5.1
Flächenheizungen	*E*	***753***	*753.413.5*
Planschbecken	*E*	***702A1***	*702.471.3.1, 702.471.3.3*
Schutz gegen elektromagnetische Störungen (EMI)	N	**444**	444.4.3
Schwimmbäder und andere Becken	*E*	***702A1***	*702.471.3.3*
Schwimmbäder und andere Bereiche	*E*	***702A1***	*702.471.3.1*
sichere Trennung	N	**610**	5.4.3
Springbrunnen	N	**738**	4.3.1,
	E	***702A1***	*702.471.3.2, 702.471.3.3*

→ siehe auch Schutz durch Schutztrennung

Schutzverbindungen

Betriebsmittel mit strombegrenzenden Eigenschaften	*E*	***719***	*7XX.471.2.3.3*
Einrichtungen der Informationstechnik	*E*	***707***	*707.471.3.3.1*
Gleichstromanteil im Fehlerstrom	*E*	***719***	*7XX.471.2.3.3*
Stromquellen mit strombegrenzenden Eigenschaften	*E*	***719***	*7XX.471.2.3.3*

Schutzzonen

Überspannungs-Schutzeinrichtungen	V	**534**	534.2, Bild B1

Schutzzwecke

Erdungsanlage	N	**540**	4.1.1
Erdungsanlagen	*E*	***540A1***	*542.1.2, 542.1.3*

Schweißgeräte

auf Baustellen einzeln in Betrieb	N	**704**	2.1

Schweißstromquellen
Baustelle ... N **704** 10.2

Schwimmanlagen
Anpassung ... N **702** Erläuterung
Beitrittsgebiet ... B2 - Seite 20
Bereiche ... N **702** 3.1
Betriebsmittel ... N **702** 5
Flächenheizung ... N **702** 5.4
Installationsgeräte ... N **702** 5.3
Kabel und Leitungen ... N **702** 5.2
Leuchten ... N **702** 5.4
Schalter ... N **702** 5.3
Schaltgeräte ... N **702** 5.3
Schutz gegen gefährliche Körperströme ... N **702** 4
Schutzkleinspannung ... N **702** 4.1.1, 4.2.1
Steckdose ... N **702** 5.3
Steuergeräte ... N **702** 5.3
Verbindungsdose ... N **702** 5.2.4
Verlegen von Kabeln und Leitungen ... N **702** 5.2
Wasserschutz ... N **702** 5.1
zusätzlicher Potentialausgleich ... N **702** 4.1.2
→ siehe auch Schwimmbad und Schwimmbecken

Schwimmbäder
Abmessungen der Bereiche ... E ***702A1*** *Bild 702A*
Ausnahmen für kleine Schwimmbäder ... E ***702A1*** *702.53*
Bereich 1 ... E ***702A1*** *702.55.4*
festangebrachte Verbrauchsgeräte ... E ***702A1*** *702.55.1*
im Fußboden eingebettete Flächenheizung ... E ***702A1*** *702.55.1*
kleine Schwimmbäder ... E ***702A1*** *702.55.4*
Leuchten im Bereich 1 ... E ***702A1*** *702.55.4*
Schutz gegen mechanische Beanspruchung ... E ***702A1*** *702.55.4*
Unterwasserleuchten ... E ***702A1*** *702.55.2*
Verbrauchsmittel ... E ***702A1*** *702.55.1*

Schwimmbäder und andere Becken
Anwenden von Schutzmaßnahmen ... E ***702A1*** *702.47*
äußere Einflüsse ... E ***702A1*** *702.32, 702.512*
Ausnahmen für kleine Schwimmbäder ... E ***702A1*** *702.53*
Auswahl und Errichten elektrischer Betriebsmittel abhängig von den Bereichen ... E ***702A1*** *Tabelle A.2*
Begrenzung von Kabel und Leitungen in den Bereichen ... E ***702A1*** *702.522.22*
Bereichsabmessungen mit festen Abmauerungen ... E ***702A1*** *Bild 702C, Bild 702D*
Bereich 0 ... E ***702A1*** *702.32*
Bereich 1 ... E ***702A1*** *702.32*

Bereich 2 .... E **702A1** *702.32, 702.471.3.3*
Betriebsbedingungen .... E **702A1** *702.512*
Kabel und Leitungen unter Berücksichtigung der Bereiche .... E **702A1** *702.522.21*
Kabel- und Leitungssysteme (-anlagen) .... E **702A1** *702.52*
PELV .... E **702A1** *702.411.1*
RCDs .... E **702A1** *702.471.3.3*
Schalter .... E **702A1** *702.53*
Schaltgeräte .... E **702A1** *702.53*
Schutz bei indirektem Berühren .... E **702A1** *702.413*
Schutz durch Abstand .... E **702A1** *702.412.4*
Schutz durch erdfreien örtlichen Potentialausgleich .... E **702A1** *702.413.4*
Schutz durch Hindernisse .... E **702A1** *702.412.3*
Schutz durch nichtleitende Räume .... E **702A1** *702.413.3*
Schutz gegen direktes Berühren .... E **702A1** *702.412*
Schutz gegen elektrischen Schlag .... E **702A1** *702.41, 702.471*
Schutz sowohl gegen direktes als auch bei indirektem Berühren .... E **702A1** *702.411*
Schutzarten .... E **702A1** *702.512.2*
Schutzkleinspannungsstromquelle außerhalb der Bereiche .... E **702A1** *702.471.3.3*
Schutzmaßnahmen .... E **702A1** *702.4*
Schutzmaßnahmen in den Bereichen .... E **702A1** *Tabelle A.1*
Schutztrennung .... E **702A1** *702.471.3.3*
SELV .... E **702A1** *702.411.1, 702.471.3.3*
SELV-Stromkreise .... E **702A1** *702.411.1.4*
Steckdosen .... E **702A1** *702.53*
Steuergeräte .... E **702A1** *702.53*
Verbindungsdosen .... E **702A1** *702.522.24*
Zusammenstellung grundsätzlicher Schutzanforderungen .... E **702A1** *Anhang A*
zusätzlicher Potentialausgleich .... E **702A1** *702.413.1.6*

Schwimmbäder und andere Bereiche
Bereich 0 .... E **702A1** *702.471.3.1*
Bereich 1 .... E **702A1** *702.471.3.1*
RCDs .... E **702A1** *702.471.3.1*
Schutzkleinspannungsstromquelle außerhalb der Bereiche .... E **702A1** *702.471.3.1*
Schutztrennung .... E **702A1** *702.471.3.1*
SELV .... E **702A1** *702.471.3.1*

Schwimmbecken
Abmessungen der Bereiche bei Aufstellung auf dem Boden .... E **702A1** *Bild 702B*

Beitrittsgebiet .... B2 **-** Seite 20
Bereiche .... N **702** 3.1

Schwingungen
Kabel- und Leitungssysteme (-anlagen) .... N **520** 522.7
Kenngrößen .... N **300** 321.7.2
Kurzzeichen .... N **300** 321.7.2

Seehöhe
Kenngrößen .... N **300** 321.3
Kurzzeichen .... N **300** 321.3

Seilerder
Erder .... N **540** 4.2.1

Sekundärstromkreise
Stromwandler .... N **430** 5.7

Selbstlockern
Anschlussklemmen B1 **520** 52.3.1.7
IT-System .... N **610** 5.6.1.1.1 b)
TN-System .... N **610** 5.6.1.1.1 b)
TT-System .... N **610** 5.6.1.1.1 b)

selbsttätiges Einschalten
Geräte zum Ausschalten für mechanische Instandhaltung .... N **537** 537.3.3
Geräte zum Trennen .... N **537** 537.2.2

Selektivität
Differenzstrom-Schutzeinrichtungen .... E ***530A3*** *536.3*
Fehlerstrom-Schutzeinrichtungen .... E ***530A3*** *536.3*
RCDs .... EB1 ***530*** *B,*
E ***530A6*** *531.2.1.3*
TN-Systeme .... N **410** 413.1.3.8
TT-Systeme .... N **410** 413.1.4.2
von Überstrom-Schutzeinrichtungen für medizinisch genutzte Räume .... E ***710*** *710.53.1*

SELV
aktive Teile nicht mit aktiven Teilen anderer Stromkreise verbinden .... N **410** 411.1.4.1
aktive Teile nicht mit Erde verbinden .... N **410** 411.1.4.1
aktive Teile nicht mit Schutzleitern verbinden .... N **410** 411.1.4.1
Anordnungen von Stromkreisen .... N **410** 411.1.3
Auswahl .... E ***481A1*** *481.3.6*
Batterieladespannung .... E ***410A4*** *411.1.1*
Batterien .... N **410** 411.1.2.3
DC-System .... E ***410A4*** *411.1.1*

elektrische Anlagen in Ausstellungen, Shows, Ständen, Jahrmärkten	*E*	***711***	*711.411.1.4*
elektrochemische Stromquellen	N	**410**	411.1.2.3
elektronische Einrichtungen als Stromquellen	N	**410**	411.1.2.5
Erhaltungsladespannung	*E*	***410A4***	*411.1.1*
Erproben und Messen	N	**610**	5.1
geerdete metallene Umhüllungen	N	**410**	411.1.3.2
geerdete Metallschirme	N	**410**	411.1.3.2
Generator, der von einer Verbrennungsmaschine angetrieben wird als Stromquelle	N	**410**	411.1.2.4
Gleichspannungs-System	*E*	***410A4***	*411.1.1*
Halbleiter-Stromrichter	*E*	***410A4***	*411.1.3.1*
Isolationswiderstand	N	**610**	5.3
Kleinspannungs-Stromerzeugungsanlagen	N	**551**	551.3.1
Körper möglichst nicht mit fremdem leitfähigen Teilen verbinden	N	**410**	411.1.4.2
Körper nicht mit Erde verbinden	N	**410**	411.1.4.2
Körper nicht mit Körpern anderer Stromkreise verbinden	N	**410**	411.1.4.2
Körper nicht mit Schutzleitern verbinden	N	**410**	411.1.4.2
medizinisch genutzte Räume	*E*	***710***	*710.411.1*
mehradrige Kabel, Leitungen oder Leiterbündel mit verschiedenen Spannungen	N	**410**	411.1.3.2
Motorgeneratoren als Stromquelle	N	**410**	411.1.2.2
oberschwingungsfreie Gleichspannung	N	**410**	411.1.4.3
Photovoltaik-Anlagen	*E*	***712***	*712.411.1*
Planschbecken	*E*	***702A1***	*702.411.1, 702.471.3.1, 702.471.3.3*
Räume mit Badewanne oder Dusche	*E*	***701***	*701.411*
Scheitelwert bei Gleichspannung	N	**410**	411.1.4.3
Schutz gegen direktes Berühren bei Nennspannungen nicht größer als AC 25 V oder DC 60 V	N	**410**	411.1.4.3
Schutz gegen direktes Berühren bei Nennspannungen über AC 25 V oder DC 60 V	N	**410**	411.1.4.3
Schutz gegen elektrischen Schlag	N	**410**	411.1, Anhang ZB
Schwimmbäder und andere Becken	*E*	***702A1***	*702.411.1, 702.471.3.3*
Schwimmbäder und andere Bereiche	*E*	***702A1***	*702.471.3.1*
sichere Trennung	N	**410**	411.1.3.1, 411.1.3.2,
	N	**610**	5.4.1
Spannungsgrenzen	N	**410**	411.1.1
Springbrunnen	*E*	***702A1***	*702.411.1, 702.471.3.2, 702.471.3.3*
Steckdose	N	**410**	411.1.3.3
Stecker	N	**410**	411.1.3.3

Steckvorrichtungen ohne Schutzkontakt .... N **410** 411.1.3.3
Stromkreise .... N **410** 411.1.4
Stromquellen .... N **410** 411.1.2
Transformator bei elektrischen Anlagen in Ausstellungen, Shows, Ständen, Jahrmärkten .... *E* ***711*** *711.55.06*
Transformatoren mit sicherer Trennung .... N **410** 411.1.2.1
Unverwechselbarkeit des Steckvorrichtungssystems .... N **410** 411.1.3.3
vorübergehend errichtete Anlagen für Bauwerke, Vergnügungseinrichtungen und Buden auf Kirmesplätzen, Vergnügungsparks und Zirkusse .... *E* ***740*** *740.42.1, 740.512.1*
zu PELV, sichere Trennung gefordert .... N **410** 411.1.3.2
zu SELV, sichere Trennung nicht gefordert .... N **410** 411.1.3.1

SELV-Stromkreise
Planschbecken .... *E* ***702A1*** *702.411.1.4*
Schwimmbäder und andere Becken .... *E* ***702A1*** *702.411.1.4*
Springbrunnen .... *E* ***702A1*** *702.411.1.4*

senkrechtes Verlegen
Kabel- und Leitungssysteme (-anlagen) .... N **520** 522.8.1.7

Shows
Begriff .... *E* ***711*** *711.2.2*
elektrische Anlagen .... *E* ***711***

sichere Trennung
Kleinspannungen .... N **410** Anhang ZB
PELV .... N **410** 411.1.3.1, 411.1.3.2, N **610** 5.4.2
PELV- zu PELV-Stromkreise nicht gefordert .... N **410** Nationales Vorwort
PELV- zu SELV-Stromkreise gefordert .... N **410** 411.1.3.2
Schutz durch Schutztrennung .... N **410** 413.5.1.3
Schutztrennung .... N **610** 5.4.3
SELV .... N **410** 411.1.3.1, 411.1.3.2, N **610** 5.4.1
SELV- zu PELV-Stromkreise gefordert .... N **410** 411.1.3.2
SELV- zu SELV-Stromkreise nicht gefordert .... N **410** 411.1.3.1

Sicherheitsbeleuchtung
Begriff .... *E* ***718*** *718.3.6*
Beleuchtungsstärke .... *E* ***560A2*** *568.4, 568.5*
Bereitschaftsbetrieb .... *E* ***560A2*** *568.3.1, 569.11*
Bereitschaftsschaltung .... *E* ***718*** *568.3.1, 718.568.3.5, 718.568.3.6*

Dauer- und Bereitschaftsschaltung zusammen verwendet .... E **718** *718.568.3.8*
Dauerbetrieb .... E **560A2** *568.3.2*
Dauerschaltung .... E **718** *568.3.2, 718.568.3.5, 718.569.4*
elektrische Anlagen in Ausstellungen, Shows, Ständen, Jahrmärkten .... E **711** *711.56.02*
für Rettungswege .... E **718** *563.4 Anmerkung*
für Rettungswege; Begriff .... E **718** *718.3.1*
Leuchten .... E **718** *568.3.4*
medizinisch genutzte Räume .... E **710** *710.564.1*
Mindestbeleuchtungsstärke .... E **718** *568.3.3*
Notleuchten für den Bereitschaftsbetrieb .... E **560A2** *568.3.1*
Schaltbild .... E **718** *718.514.5.4*
Sicherheitsleuchten abwechselnd an unabhängigen Überstrom-Schutzeinrichtungen .... E **560A2** *569.12*
Sicherheitsleuchten für den Bereitschaftsbetrieb geschaltet mit der allgemeinen Beleuchtung .... E **560A2** *569.11*
Sicherheitsleuchten von Rettungswegen; Aufteilung auf Stromkreise .... E **718** *718.568.3.7*
Steuergeräte .... E **560A2** *569.10*
Stromkreise .... E **560A2** *568.3,*
E **718** *568.3*
Überstrom-Schutzeinrichtungen bei mehr als einer Leuchte .... E **560A2** *569.12*
Zugänglichkeit der Steuerungen .... E **718** *718.569.6*
Zuordnung von Überstrom-Schutzeinrichtungen .... E **718** *718.569.5*

Sicherheitseinrichtungen
allgemeine Anforderungen .... E **560A2** *561*
Auswahl .... E **560A2**
Begriff .... E **560A2** *563.3*
behördliche Anforderungen .... E **560A2** *564.1.1, Anmerkung 1*
Betriebsmittel .... E **560A2**
Errichten .... E **560A2**
Funktion im Falle eines Feuers .... E **560A2** *564.1.1*
Hauptstromschalter .... E **560A2** *567.2*
in Fahrstuhlschächten .... E **560A2** *569.5*
Kabel .... E **560A2** *569.3*
Leitungen .... E **560A2** *569.3*
Schaltgeräte .... E **560A2** *567*
Steuergeräte .... E **560A2** *567*
Steuergeräte (Bedienbarkeit) .... E **560A2** *567.2*
Unabhängigkeit der Stromkreise .... E **560A2** *565.1*
Verordnungen .... E **560A2** *564.1.1, Anmerkung 1*

Verteiler (Feuerbeständigkeit) ... *E* **560A2** *567.1*

Sicherheitsleuchten

Begriff ... *E* **718** *718.3.7*
von Rettungswegen; Aufteilung auf Stromkreise ... *E* **718** *568.2.7, 718.568.3.7*

Sicherheitsstromquellen

leitfähige Bereiche mit begrenzter Bewegungsfreiheit ... N **706** 4.2.3
medizinisch genutzte Räume ... *E* **710** *710.562, 710.562.1, 710.562.2*
mehrere, die andere Betriebsmittel versorgen ... *E* **560A1** *562.5*
nicht für andere Zwecke verwenden ... *E* **560A1** *562.5*
Sicherheitszwecke ... *E* **560A1** *561, 562*
zusätzlich zur allgemeinen Stromversorgung ... *E* **560A1** *561.1*

Sicherheitsstromversorgungen

Abschnitt-Schalter ... *E* **560A2** *567.5*
Abstand der Kabel und Leitungen ... *E* **560A2** *569.4*
andere Spannung als allgemeine Stromversorgung; Transformatoren ... *E* **718** *718.569.7*
Anordnung ... *E* **560A2** *568.2.1.2*
Antriebe ... *E* **560A2** *568.5.1.4*
Anzeige des Betriebszustandes bei zwei Versorgungen ... *E* **560A2** *568.5.1.6.1*
Auswahl ... *E* **560A2** *561, 568.2.1*
Belüftung ... *E* **560A2** *568.2.1.3*
Bemessungsbetriebsdauer ... *E* **560A2** *568.2.1*
CP-Systeme ... *E* **560A2** *568.5.1.3*
Einrichtungen für Sicherheitszwecke ... *E* **718** *718.569*
Einteilung für medizinisch genutzte Räume ... *E* **710** *Anhang A*
Einzelbatteriesysteme ... *E* **560A2** *568.5.1.1*
Endstromkreise; maximale Leuchtenzahl ... *E* **718** *718.569.1*
Endstromkreise; Schalter ... *E* **718** *718.569.2*
Ersatzstromaggregate ... *E* **560A2** *568.5.1.4*
Fernbedienung bei zwei Versorgungen ... *E* **560A2** *568.5.1.6.1*
feste Installation ... *E* **560A2** *568.2.1.1*
für mehrere Gebäude ... *E* **560A2** *567.5*
für mehrere Gebäuden ... *E* **560A2** *568.5.1.6.2*
Generatoren ... *E* **560A2** *568.5.1.4*
Höchstbelastung der Endstromkreise ... *E* **718** *718.569.1*
Kabel ... *E* **560A2** *569.3*
Kopplung auf der Hochspannungsseite ... *E* **560A2** *567.5*
Kopplung auf der Niederspannungsseite ... *E* **560A2** *567.5*
Leitungen ... *E* **560A2** *569.3*
Leitungen, die Einzel-Noteinrichtungen mit der allgemeinen Stromversorgung verbinden ... *E* **560A2** *568.2.1.6*

LP-Systeme .... *E* ***560A2*** *568.5.1.2*
medizinisch genutzte Räume .... *E* ***710*** *710.52.1, 710.55.1, 710.562.1.1*
mit einer Umschaltzeit bis zu 0,5 s für medizinisch genutzte Räume .... *E* ***710*** *710.562.2.1*
mit einer Umschaltzeit bis zu 15 s für medizinisch genutzte Räume .... *E* ***710*** *710.562.2.2*
mit einer Umschaltzeit von mehr als 15 s für medizinisch genutzte Räume .... *E* ***710*** *710.562.2.3*
Montage .... *E* ***560A2*** *561*
Schaltzustand .... *E* ***560A2*** *568.1.2*
Schnellbereitschaftsaggregate .... *E* ***560A2*** *568.5.1.5*
Schutz bei indirektem Berühren .... *E* ***560A2*** *566.1*
Schutz bei Kurzschluss .... *E* ***560A2*** *566.1*
Sofortbereitschaftsaggregate .... *E* ***560A2*** *568.5.1.5*
Umschalteinrichtungen .... *E* ***560A2*** *567.4*
unabhängige Versorgungsleitungen .... *E* ***560A2*** *568.2.1.4*
ungewollte Abschaltungen vermeiden .... *E* ***560A2*** *569.6*
Verbindung der Sternpunkte .... *E* ***560A2*** *566.1, Anmerkung*
Verbrennungsmaschinen mit Hubkolbenmotor .... *E* ***560A2*** *568.5.1.4*
Versorgung von Gebäudeteilen .... *E* ***718*** *718.569.3*
Versorgungseinrichtungen für Sicherheitszwecke .... *E* ***560A2*** *568*
Verwendung für andere Zwecke .... *E* ***560A2*** *568.2.1.5*
zentrale Batterieversorgungssysteme .... *E* ***560A2*** *568.5.1.3*
zentrale Batterieversorgungssysteme mit begrenzter Leistung .... *E* ***560A2*** *568.5.1.2*
Zugänglichkeit .... *E* ***560A2*** *568.2.1.2*
zwei unabhängige Netze .... *E* ***560A2*** *568.5.1.6*
zwei Versorgungen .... *E* ***560A2*** *568.5.1.6*

Sicherheitsstromversorgungsanlagen
Feuerlöschpumpen .... *E* ***560A2*** *569.9*
Schaltgeräte .... *E* ***560A2*** *569.8*
Schutz bei Überlast .... *E* ***560A2*** *569.7*
Steuergeräte .... *E* ***560A2*** *569.8*
Unabhängigkeit von der Versorgung anderer Stromkreise .... *E* ***560A2*** *569.1*
Verteiler, räumlich getrennt von Bauteilen der allgemeinen Stromversorgung .... *E* ***560A2*** *567.3*
Zugänglichkeit von Schalt- und Steuergeräten .... *E* ***560A2*** *569.8*

Sicherheitsstromversorgungssysteme mit Leistungsbegrenzung (LPS-Systeme)
Begriff .... *E* ***718*** *718.3.12*

Sicherheitstemperaturbegrenzer
Schutz gegen thermische Einflüsse .... N **420** 6.1.1

Sicherheitstransformatoren
Kennzeichnung bei bedingter und bei unbedingter Kurzschlussfestigkeit .... *E* ***715*** *Anhang A*
Kleinspannungs-Beleuchtungsanlagen .... *E* ***715*** *715.411.1.2*

Sicherheitszwecke
elektrische Anlagen in Ausstellungen, Shows, Ständen, Jahrmärkten .... *E* ***711*** *711.56*
Sicherheitsstromquellen .... *E* ***560A1*** *561, 562*
Stromquellen .... N **300** 35
Stromversorgung .... *E* ***100A1*** *132.4*
Versorgungseinrichtung für Sicherheitszwecke; Begriff .... N **200** 2.1.5,
E ***200A2*** *826-01-05*
Versorgungseinrichtungen .... N **300** 313.2
vorübergehend errichtete Anlagen für Bauwerke, Vergnügungseinrichtungen und Buden auf Kirmesplätzen .... *E* ***740*** *740.56*
→ siehe auch Einrichtungen für Sicherheitszwecke
→ siehe elektrische Anlagen für Sicherheitszwecke

Sicherungen
allgemeine Anforderungen .... *E* ***530*** *533.1*
Anschluss .... N **alt** § 31 b)8
Auslösen bei Überspannungen *EB1* ***534*** *6.3*
Auswahl .... N **alt** § 31 a)3.1
Basisschutz .... N **410** 412.2.1
Besichtigen .... N **610** 4.3
Geräte zum Trennen .... N **537** 537.2.4
Schaltgeräte für betriebsmäßiges Schalten .... N **537** 537.5.3
Schaltüberspannungen beim Auslösen *EB1* ***534*** *B.3, B.7*
Schutz gegen direktes Berühren .... N **410** 412.2.1
Schutz gegen elektrischen Schlag unter normalen Bedingungen .... N **410** 412.2.1
→ siehe auch Überstrom-Schutzeinrichtungen

Signalanlagen
Räume mit Badewanne oder Dusche .... N **701** 5.4.3

Signalausgänge
mit Strombegrenzung von Hilfsstromkreisen .... *E* ***716*** *716.552.5*

Signalgeber
Hilfsstromkreise .... *E* ***716*** *716.46.01, 716.46.02*

Signalleitungen
Schutz gegen elektromagnetische Störungen (EMI) .... N **444** 444.3.9

Signalverbindungen
bei getrennten Potentialausgleichsanlagen; Schutz
gegen elektromagnetische Störungen (EMI) .... N **444** 444.3.15
elektromagnetische Verträglichkeit (EMV) .... *E* ***540A1*** *Anhang C*
räumliche Trennung zu Energiekabel /-leitungen .... N **444** 444.3.7
Schutz gegen elektromagnetische Störungen (EMI) .... N **444** 444.4
Signalübertragung zwischen verschiedenen
Bereichen des Potentialausgleichs .... *E* ***540A1*** *Anhang E*

Sofortbereitschaftsaggregate
Sicherheitsstromversorgungen .... *E* ***560A2*** *568.5.1.5*

Solarzellen
Begriff .... *E* ***712*** *712.2.1*

Sondernetze
Steckvorrichtungen .... N **550** 4.2

Sonneneinstrahlung
Kabel- und Leitungssysteme (-anlagen) .... N **520** 522.11

Sonnenstrahlung
Kenngrößen .... N **300** 321.11
Kurzzeichen .... N **300** 321.11

Spannbeton
Erder .... N **540** 4.2.1

Spannungen
Betriebsbedingungen .... N **510** 512.1.1,
E ***510*** *512.1.1*
Betriebsmittel .... N **510** 512.1.1,
E ***510*** *512.1.1*
gegen Erde; Begriff .... N **200** A.4.5
Hilfsstromkreise .... *E* ***716*** *716.512.1.1*
in mehradrigen Kabeln, Leitungen oder
Leiterbündeln mit PELV .... N **410** 411.1.3.2
in mehradrigen Kabeln, Leitungen oder
Leiterbündeln mit SELV .... N **410** 411.1.3.2
maximale Spannung beim Schutz durch Schutztrennung . N **410** 413.5.1.2
vorübergehend errichtete Anlagen für Bauwerke,
Vergnügungseinrichtungen und Buden auf
Kirmesplätzen, Vergnügungsparks und Zirkusse .... *E* ***740*** *740.313.1*

Spannungsausfall
RCDs .... *E* ***530A6*** *531.2.1.1*
Anmerkung 2

Spannungsbegrenzung bei Erdschluss eines Außenleiters
Freileitungsnetze .... N **610** 5.6.1.5
Gesamterdungswiderstand .... N **610** 5.6.1.5

Spannungsbereich I
Beschreibung und Werte .... N **410** Nationales Vorwort

Spannungsbereich II
Beschreibung und Werte .... N **410** Nationales Vorwort

Spannungsbereiche
Gleichstrom .... N **410** Nationales Vorwort,
N **520** Nationales Vorwort
Wechselstrom .... N **410** Nationales Vorwort,
N **520** Nationales Vorwort

Spannungseinbruch
Schutz gegen Unterspannung .... N **450** 3.1

Spannungsfall
auf dem Hauptschutzleiter zu hoch;
Hauptpotentialausgleich .... E ***410A5*** *Bild 5*
Begrenzung, Grenzlängen von Kabeln und Leitungen ...... B5 **-** 1.3
Beleuchtungsanlagen im Freien .... E ***737A1*** *7XX.525*
elektrische Anlagen .... N **300** 311.1
elektrische Anlagen in Ausstellungen, Shows,
Ständen, Jahrmärkten .... E ***711*** *711.525*
Erproben und Messen .... N **610** 5.1
Grenzlängen von Kabeln und Leitungen .... B5 **-** 1.3, 4.2
Hilfsstromkreise .... E ***716*** *716.525*
in Verbraucheranlagen .... N **520** 525
Kleinspannungs-Beleuchtungsanlagen .... E ***715*** *715.525*
kombinierte Funktionserdungs- und Schutzleiter .... E ***540A1*** *545.7.4.1*
Nachweise vor erster Inbetriebnahme .... E ***610A1*** *611.3*
Prüfungen .... N **610** 5.11
Verbraucheranlagen .... N **520** 525

Spannungsfestigkeit
Betriebsmittel, die nicht typgeprüft sind .... N **610** 5.8.1
Erproben und Messen .... N **610** 5.1
Prüfspannung .... N **610** 5.8.2

Spannungsgrenzen
PELV .... N **410** 411.1.1
SELV .... N **410** 411.1.1

Spannungsmesser
Innenwiderstand .... N **610** Tabelle 2

Spannungspolarität
Erproben und Messen .... N **610** 5.1
Verwendung einpoliger Schalter .... N **610** 5.7

Spannungsverschleppung
Betriebsmittel; Auswahl und Anbringung .... N **510** 515.1,
E ***510*** *515.1*

Spannungswaage
TN-Systeme .... N **410** 413.1.3.7,
E ***410A5*** *Bild 10*

Spannungswiederkehr
Schutz gegen Unterspannung .... N **450** 3.1

Spanplatten
Brandschutz .... N **482** 482.2.2
feuergefährdete Betriebsstätten .... N **482** 482.2.2

Spartransformatoren
Verwendung .... N **alt** § 26 a)2

Speisepunkte
außerhalb von Experimentierständen .... N **723** 6
Baustelle .... N **704** 4
Caravan-Stellplatz .... N **708** 2.4, 3.3.1
der vorübergehend errichteten elektrischen Anlage; Begriff .... E ***740*** *740.2.7*
einer elektrischen Anlage; Begriff .... N **200** 2.1.2,
E ***200A2*** *826-01-02*
einer vorübergehend errichteten elektrischen Anlage für Ausstellungen, Shows, Stände, Jahrmärkte; Begriff .... E ***711*** *711.2.7*
Experimentierstände .... N **723** 4
Fliegende Bauten .... N **722** 4,
E ***722*** *4*
vorübergehend errichtete Anlagen für Bauwerke, Vergnügungseinrichtungen und Buden auf Kirmesplätzen, Vergnügungsparks und Zirkusse .... E ***740*** *740.55.8*
Wagen nach Schaustellerart .... N **722** 4,
E ***722*** *4*

Wohnwagen nach Schaustellerart N **722** 4,
E ***722*** *4*

Speisestromkreise
Hubmagneten N **430** 5.7

spezielle Verbrauchsmittel
Abweichungen E ***100*** *1.4*

spezifischer Erdwiderstand
Begriff N **200** A.5.9

Sportarenen
bauliche Anlagen für Menschenansammlungen E ***718*** *718.1*

Springbrunnen
Anwenden von Schutzmaßnahmen E ***702A1*** *702.47*
äußere Einflüsse E ***702A1*** *702.32, 702.512*
Auswahl N **738** 3
Auswahl und Errichten elektrischer Betriebsmittel abhängig von den Bereichen E ***702A1*** *Tabelle A.2*
Becken aus Metall N **738** 4.4.1
begehbare Springbrunnen; Begriff N **738** 2.2
Begrenzung von Kabel und Leitungen in den Bereichen E ***702A1*** *702.522.22*
Begriff N **738** 2
Beispiel für die Festlegung der Bereiche E ***702A1*** *Bild 702E*
Bereiche N **738** 3
Bereich 0 E ***702A1*** *702.32, 702.471.3.2*
Bereich 1 E ***702A1*** *702.32, 702.471.3.2*
Bereich 2 E ***702A1*** *702.32, 702.471.3.3*
berührbare Teile, großflächig N **738** 4.4.1
Betriebsbedingungen E ***702A1*** *702.512*
Betriebsmittel N **738** 5.1
elektrische Betriebsmittel E ***702A1*** *702.55.3*
elektrische Pumpen E ***702A1*** *702.55.3*
Errichtung N **738** 3
gefährliche Körperströme, Schutz gegen N **738** 4
großflächig berührbare Teile N **738** 4.4.1
IP-Schutzarten N **738** 5.1
Kabel und Leitungen E ***702A1*** *702.522.23*
Kabel und Leitungen unter Berücksichtigung der Bereiche E ***702A1*** *702.522.21*
Kabel- und Leitungssysteme (-anlagen) E ***702A1*** *702.52*
Konstruktionsteile, metallene N **738** 4.4.1
Körperströme, Schutz gegen gefährliche N **738** 4

Leuchten .... N **738** 4.2.2 c)
nicht begehbare Springbrunnen; Begriff .... N **738** 2.1
PELV .... *E* ***702A1*** *702.411.1*
Potentialausgleich, zusätzlicher .... N **738** 4.4
Potentialausgleichsleiter .... N **738** 4.4.1
Potentialausgleichsleiter, Verbindung der .... N **738** 4.6
Potentialausgleichsleiterquerschnitt .... N **738** 4.4.2
Potentialsteuerung .... N **738** 4.5
RCDs .... *E* ***702A1*** *702.471.3.2, 702.471.3.3*
Rohrleitungssysteme .... N **738** 4.4.1
Schalter .... *E* ***702A1*** *702.53*
Schaltgeräte .... *E* ***702A1*** *702.53*
Schaltgeräte bei nichtbegehbaren Springbrunnen .... N **738** 4.1.3
Schutz bei indirektem Berühren .... *E* ***702A1*** *702.413*
Schutz durch Abschaltung bei begehbaren Springbrunnen .... N **738** 4.2.1 b), 4.3.1, 4.3.3
Schutz durch Abschaltung bei nichtbegehbaren Springbrunnen .... N **738** 4.1.1, 4.1.3, 4.3.1, 4.3.3
Schutz durch Abstand .... *E* ***702A1*** *702.412.4*
Schutz durch erdfreien örtlichen Potentialausgleich .... *E* ***702A1*** *702.413.4*
Schutz durch Hindernisse .... *E* ***702A1*** *702.412.3*
Schutz durch nichtleitende Räume .... *E* ***702A1*** *702.413.3*
Schutz gegen direktes Berühren .... *E* ***702A1*** *702.412*
Schutz gegen elektrischen Schlag .... *E* ***702A1*** *702.41, 702.471*
Schutz gegen gefährliche Körperströme .... N **738** 4
Schutz sowohl gegen direktes als auch bei indirektem Berühren .... *E* ***702A1*** *702.411*
Schutzarten .... *E* ***702A1*** *702.512.2*
Schutzkleinspannung bei begehbaren Springbrunnen .... N **738** 4.2.1, 4.3
Schutzkleinspannung bei nichtbegehbaren Springbrunnen .... N **738** 4.1, 4.3
Schutzkleinspannungsstromquelle außerhalb der Bereiche .... *E* ***702A1*** *702.471.3.3*
Schutzmaßnahmen .... *E* ***702A1*** *702.4*
Schutzmaßnahmen in den Bereichen .... *E* ***702A1*** *Tabelle A.1*
Schutztrennung .... N **738** 4.3.1,
E ***702A1*** *702.471.3.2, 702.471.3.3*
SELV .... *E* ***702A1*** *702.411.1, 702.471.3.2, 702.471.3.3*
SELV-Stromkreise .... *E* ***702A1*** *702.411.1.4*
Steckdosen .... N **738** 4.1.4, 4.2.3, 4.3.3,
E ***702A1*** *702.53*

Steuergeräte	*E*	***702A1***	*702.53*
Verbindungsdosen	*E*	***702A1***	*702.522.24*
Verlegen von Kabeln und Leitungen	N	**738**	5.2
Wasserschutz	N	**738**	5.1
Zusammenstellung grundsätzlicher Schutzanforderungen	*E*	***702A1***	*Anhang A*
zusätzlicher Potentialausgleich	N	**738**	4.4,
	E	***702A1***	*702.413.1.6*

Spulen

Schutzleiter	N	**540**	5.3.4

SRC

Standardbezugsbedingungen	*E*	***712***	*712.2.11*

Staberder

Erder	N	**540**	4.2.1

Stahlbetonmaste

Schutz bei indirektem Berühren entbehrlich	N	**470**	471.2.2

Stall

Kabel und Leitungen	N	**705**	5.2.2

Standardbezugsbedingungen (SRC)

Begriff	*E*	***712***	*712.2.11*

Standbereich (der Tiere)

landwirtschaftliches Anwesen	N	**705**	3.4
zusätzlicher Potentialausgleich	N	**705**	3.4

Stände

Begriff	*E*	***711***	*711.2.3,*
	E	***740***	*740.2.4*
elektrische Anlagen	*E*	***711***	

Standorte

Stromquellen für Sicherheitszwecke	*E*	***718***	*568.1.4*

Standorte für Fliegende Bauten, Wagen, Wohnwagen nach Schaustellerart

Anpassung	N	**722**	Deckblatt
Beitrittsgebiet	B2	**-**	Seite 21

Starkstromanlagen

Begriff	N	**200**	A.1.1
Bestimmungen allgemeiner Merkmale	N	**300**	
Blitzschutzanlagen	N	**alt**	§ 18 a)2
elektrische Anlagen für Sicherheitszwecke	N	**560**	
Kabel- und Leitungssysteme (-anlagen)	N	**520**	
Merkmale	N	**300**	

Möbel ... E ***713***
RCDs ... E ***530A6***
Schaltgeräte ... E ***530A6***
Schutzmaßnahmen ... E ***460A1***
Steuergeräte ... E ***530A6***
Trennen und Schalten ... E ***460A1***
→ siehe auch 'Anlagen'

Starterbatterien
für Fahrzeuge; elektrische Anlagen für Sicherheitszwecke ... N **560** 562 Anmerkung
für Sicherheitszwecke ... N **300** Erläuterungen zu 352

Stationsräume
Begriff ... E ***710*** *Tabelle B.1-3.*
Zuordnung Sicherheitsstromversorgung und Anwendungsgruppe ... E ***710*** *Tabelle B.1-3.*

statische Wechselrichter
Niederspannungs-Stromerzeugungsanlagen ... N **551** 551.4.3

Staub
auf Umhüllungen von elektrischen Betriebsmitteln in feuergefährdeten Betriebsstätten ... N **482** 482.1.2
in feuergefährlichen Mengen (Brandschutz) ... N **482** 482.1.2
in nennenswerter Menge; Kenngrößen ... N **300** 321.6
in nennenswerter Menge; Kurzzeichen ... N **300** 321.6
Kabel- und Leitungssysteme (-anlagen) ... N **520** 522.4.2

steckbare Verbindungen
Hilfsstromkreise ... E ***716*** *716.46.02*

Steckdosen
abgeschlossene elektrische Betriebsstätten ... N **731** 3.2
auf Campingplatz (Schutz durch Fehlerstrom-Schutzeinrichtungen) ... N **708** 3.3.2.6
Baustelle ... N **704** 5.2,
E ***704A1*** *704.471, 704.538*
Betriebsmittel mit strombegrenzenden Eigenschaften ... E ***719*** *7XX.471.2.3.2*
bewegliche oder ortsveränderliche elektrische Anlagen ... E ***717*** *717.412.5, 717.55.02*
Buden auf Messegeländen ... E ***711A1*** *711A.55.07*
Campingplatz ... N **708** 3.3.2
Caravan ... N **708** 5.4.2, 5.7.2,
E ***708A1*** *5.4.2*
Drehfeldrichtung bei Drehstrom-Steckdosen ... N **610** 5.6.5
elektrische Betriebsstätten ... N **731** 3.2

FELV .... N **470** 471.3.4
gartenbauliches Anwesen .... N **705** 3.2
Gleichstromanteil im Fehlerstrom .... E ***719*** *7XX.471.2.3.2*
Heißluft-Saunaraum .... N **703** 4.3
im Freien betriebene Betriebsmittel .... N **737** 5.3
im Freien; Schutz mit RCDs .... N **470** 471.2.3
IT-System .... N **610** 5.6.1.1.1 f)
Lampenfassungen .... N **550** 4.11
Lampensockel .... N **550** 4.11
landwirtschaftliches Anwesen .... N **705** 3.2
Liegeplätze .... N **721** 4
Marinas .... E ***709*** *4.1.3.3*
medizinisch genutzte Räume .... E ***710*** *710.512.2.2*
nicht mit Krallen befestigen bei brennbaren
Hohlwänden .... N **482** 482.2.2.3
PELV .... N **410** 411.1.3.3
Planschbecken .... E ***702A1*** *702.53*
Räume mit Badewanne oder Dusche .... N **701** 4.1.3, 5.3,
E ***701*** *701.53*
Schaltgerätekombinationen der Schutzklasse II .... N **410** Nationales Vorwort zu 413.2
Schutz bei direktem Berühren .... N **470** 471.2.3 Anmerkung 3
Schutz durch Schutztrennung .... N **410** 413.5.3.2
Schwimmanlage .... N **702** 5.3
Schwimmbäder und andere Becken .... E ***702A1*** *702.53*
SELV .... N **410** 411.1.3.3
Springbrunnen .... N **738** 4.1.4, 4.2.3, 4.3.3,
E ***702A1*** *702.53*
Stromquellen mit strombegrenzenden Eigenschaften .... E ***719*** *7XX.471.2.3.2*
TN-System .... N **610** 5.6.1.1.1 f)
TT-System .... N **610** 5.6.1.1.1 f)
Vergnügungsparks .... E ***711A1*** *711A.55.07*
vorübergehend errichtete Anlagen für Bauwerke, Vergnügungseinrichtungen und Buden auf Kirmesplätzen, Vergnügungsparks und Zirkusse .... E ***740*** *740.481.3.1.4, 740.55.7*
vorübergehend errichtete elektrische Anlagen auf Messegeländen .... E ***711A1*** *711A.55.07*
Wohnungen .... N **737** 5.3.2
Zirkusse .... E ***711A1*** *711A.55.07*
zur gelegentlichen Versorgung von tragbaren
Betriebsmitteln für den Gebrauch im Freien .... N **470** 471.2.3

Steckdoseneinsätze
Befestigungsmittel .... N **550** 4.9
Unterputzinstallation .... N **550** 4.8, 4.9

Steckdosenstromkreise			
Grenzlängen von Kabeln und Leitungen	B5	-	3.1, 3.2
im IT-System für medizinisch genutzte Räume der Anwendungsgruppe 2	*E*	***710***	*710.55.3*
Stecker			
bewegliche oder ortsveränderliche elektrische Anlagen	*E*	***717***	*717.55.01*
Buden auf Messegeländen	*E*	***711A1***	*711A.55.07*
FELV	N	**470**	471.3.4
Leitungsanschluss	N	**550**	4.10
PELV	N	**410**	411.1.3.3
SELV	N	**410**	411.1.3.3
Vergnügungsparks	*E*	***711A1***	*711A.55.07*
vorübergehend errichtete Anlagen für Bauwerke, Vergnügungseinrichtungen und Buden auf Kirmesplätzen, Vergnügungsparks und Zirkusse	*E*	***740***	*740.55.7*
vorübergehend errichtete elektrische Anlagen auf Messegeländen	*E*	***711A1***	*711A.55.07*
Zirkusse	*E*	***711A1***	*711A.55.07*
Steckvorrichtungen			
Auswahl	N	**550**	4
Auswechseln	N	**550**	4.5
Baustellen	N	**550**	4.1,
	N	**704**	9.2
Befehlsgeräte	N	**725**	7.3
betriebsmäßiges Schalten	N	**460**	7.1.4
Bühnensteckvorrichtungen	N	**550**	4.2
Drehstrom-Steckvorrichtungen	N	**550**	4.3
Drehstromverlängerungsleitungen	N	**550**	4.4
explosionsgeschützte Ausführungen	N	**550**	4.2
Geräte für Not-Ausschaltung	N	**537**	537.4.2
Geräte zum Ausschalten für mechanische Instandhaltung	N	**537**	537.3.1
Geräte zum Trennen	N	**537**	537.2.4
IT-System	N	**610**	5.6.1.1.1 f)
Netzanschluss	N	**550**	4.1
ohne Schutzkontakt; PELV und SELV	N	**410**	411.1.3.3
Reihenfolge im Leitungszug	N	**550**	4.6
Schaltgeräte für betriebsmäßiges Schalten	N	**537**	537.5.2
Sondernetze	N	**550**	4.2
TN-System	N	**610**	5.6.1.1.1 f)
TT-System	N	**610**	5.6.1.1.1 f)
überflutbare Ausführungen	N	**550**	4.2
Vielfachsteckvorrichtungen	N	**550**	4.2
Steckvorrichtungssysteme			
Unverwechselbarkeit bei PELV und SELV	N	**410**	411.1.3.3

Stegleitungen

Befestigungen	N	**520**	Anhang ZB e)
Gipspflaster	N	**520**	Anhang ZB e)
in Hohlräumen	N	**520**	Anhang ZB b)
in trockenen Räumen	N	**520**	Anhang ZB a)
in und unter Putz	N	**520**	Anhang ZB a)
Installationsdosen	N	**520**	Anhang ZB h)
kleben	N	**520**	Anhang ZB e)
nageln	N	**520**	Anhang ZB e)
nicht auf brennbaren Baustoffen	N	**520**	Anhang ZB c)
nicht auf Holz	N	**520**	Anhang ZB c)
nicht auf Metall oder darunter	N	**520**	Anhang ZB g)
nicht auf oder unter Drahtgewebe	N	**520**	Anhang ZB g)
nicht auf oder unter Metallen	N	**520**	Anhang ZB g)
nicht bündeln	N	**520**	Anhang ZB d)
nur in trockenen Räumen	N	**520**	Anhang ZB a)
nur in und unter Putz	N	**520**	Anhang ZB a)
Schellen	N	**520**	Anhang ZB e)
unter Gipskartonplatten	N	**520**	Anhang ZB f)
unzulässig in Räumen mit Badewanne oder Dusche	*E*	***701***	*701.52*
Verbindungen	N	**520**	Anhang ZB h)
Verwendung in Deutschland	N	**520**	Anhang ZB

Steilheitsfaktor

Begriff	*EB1*	***534***	*3.12*

Stelleinrichtungen

Funktionsprüfungen	N	**610**	5.9

Stellplätze

Caravan-Stellplatz; Begriff	N	**708**	2.2

Sterilisationsräume

Begriff	*E*	***710***	*Tabelle B.1-9.*
Zuordnung Sicherheitsstromversorgung und Anwendungsgruppe	*E*	***710***	*Tabelle B.1-9.*

Stern-Dreieck-Anlauf

Brandschutz	N	**482**	482.1.13
feuergefährdete Betriebsstätten	N	**482**	482.1.13

Sternpunkt

IT-Systeme	N	**410**	413.1.5.1
TN-Systeme	N	**410**	413.1.3.1
TT-Systeme	N	**410**	413.1.4.1
Verbindung der Sternpunkte bei Sicherheitsstromversorgungen	*E*	***560A2***	*566.1, Anmerkung*

Steuereinrichtungen
Hilfsstromkreise ... *E* ***716*** *716.46.01, 716.46.02*
leitfähige Bereiche mit begrenzter Bewegungsfreiheit ... N **706** 4.2.3

Steuererder
Begriff ... N **200** A.5.6

Steuergeräte
allgemeine Anforderungen ... *E* ***530*** *531*
bauliche Anlagen für Menschenansammlungen ... *E* ***718*** *718.53*
Bedienbarkeit bei Sicherheitseinrichtungen ... *E* ***560A2*** *567.2*
Begriff ... N **200** 2.7.3
Buden auf Messegeländen ... *E* ***711A1*** *711A.53*
elektrische Anlagen für Sicherheitszwecke ... N **560** 563.5
Funktionserhalt ... *E* ***718*** *567.1*
für die Sicherheitsbeleuchtung; Kennzeichnung ... *E* ***718*** *567.4*
für die Sicherheitsbeleuchtung; Zugänglichkeit ... *E* ***718*** *567.4*
gartenbauliches Anwesen ... N **705** 5.3
Kennzeichnung ... N **510** 514.1, *E* ***510*** *514.1*
landwirtschaftliches Anwesen ... N **705** 5.3
medizinisch genutzte Räume ... *E* ***710*** *710.53*
Planschbecken ... *E* ***702A1*** *702.53*
Schwimmanlage ... N **702** 5.3
Schwimmbäder und andere Becken ... *E* ***702A1*** *702.53*
Sicherheitsbeleuchtung ... *E* ***560A2*** *569.10*
Sicherheitseinrichtungen ... *E* ***560A2*** *567*
Sicherheitsstromversorgungsanlagen ... *E* ***560A2*** *569.8*
Springbrunnen ... *E* ***702A1*** *702.53*
Starkstromanlagen ... *E* ***530A6***
Überspannungs-Schutzeinrichtungen ... V **534**, *E* ***534***
Vergnügungsparks ... *E* ***711A1*** *711A.53*
vorübergehend errichtete Anlagen für Bauwerke, Vergnügungseinrichtungen und Buden auf Kirmesplätzen, Vergnügungsparks und Zirkusse ... *E* ***740*** *740.51, 740.53*
vorübergehend errichtete elektrische Anlagen auf Messegeländen ... *E* ***711A1*** *711A.53*
Zirkusse ... *E* ***711A1*** *711A.53*

Steuerschalter
Geräte zum Ausschalten für mechanische Instandhaltung ... N **537** 537.3.1
Handbetätigung ... N **537** 537.3.2

Steuerstromkreise
Antrieb ... N **537** 537.3.1

betriebsmäßiges Schalten .... N **460** 7.2
elektrische Anlagen in Ausstellungen, Shows, Ständen, Jahrmärkten .... E ***711*** *711.55.05*
Mindestquerschnitte .... N **520** Tabelle 52 J

Steuerungen für Notfälle
Grundsätze .... E ***100A1*** *132.9*

Stillsetzen im Notfall
Begriff .... N **537** Anhang NA

Störbeeinflussungen
vermeiden beim Schutz bei Überspannungen EB1 ***534*** *10.2*

Störquellen
Anordnung zum Schutz gegen elektromagnetische Störungen (EMI) .... N **444** 444.3.1

Strahlennetze
Grenzlängen von Kabeln und Leitungen .... B5 - 1.4

Strahlerleuchten
Beleuchtungsanlagen .... E ***559A1*** *559.5.1*

Strahlwasser
Betriebsmittel .... N **737** 4.2

Streuströme
Kenngrößen .... N **300** 321.10
Kurzzeichen .... N **300** 321.10

stroboskopischer Effekt
Leuchten .... E ***559A1*** *559.11*

Strom
Betriebsbedingungen .... N **510** 512.1.2, *E* ***510*** *512.1.2*
Betriebsmittel .... N **510** 512.1.2, *E* ***510*** *512.1.2*
durch den menschlichen Körper; zu erwartende Berührungsspannung .... E ***410A5*** *Bild B1*
Wirkungen auf den menschlichen Körper .... E ***410A5*** *0.2*

strombegrenzende Signalausgänge
Hilfsstromkreise .... N **725** 6.1.4

Strombelastbarkeit
Begriff .... N **200** 2.5.5, *E* ***200A2*** *826-05-05*
Kleinspannungs-Beleuchtungsanlagen .... E ***715*** *715.523*

Nachweise vor erster Inbetriebnahme ..... *E* ***610A1*** *611.3*
von Leitern (Verweis auf Normen) ..... N **520** 523

Stromerzeuger
geeignet für Parallelbetrieb bei elektrischen Anlagen für Sicherheitszwecke ..... N **560** 566
nicht geeignet für Parallelbetrieb bei elektrischen Anlagen für Sicherheitszwecke ..... N **560** 565

Stromerzeugungsanlagen
als umschaltbare Alternative zum Netz ..... N **551** 551.4.2
Verbindung mit dem Netz verhindern ..... N **551** 551.7.3
→ siehe auch Kleinspannungs-Stromerzeugungsanlagen
→ siehe auch Niederspannungs-Stromerzeugungsanlagen

Stromkreise
Anordnung bei PELV ..... N **410** 411.1.3
Anordnung bei SELV ..... N **410** 411.1.3
Aufteilung ..... N **300** 314
Begriff ..... N **200** A.1.5
der Sicherheitsbeleuchtung ..... *E* ***718*** *568.3, 718.568.3*
Einrichtungen für Sicherheitszwecke; unzulässige Bereiche ..... *E* ***718*** *568.2.2, 568.2.5*
Einrichtungen für Sicherheitszwecke; Vermeidung ungewollter Trennung ..... *E* ***718*** *568.2.6*
elektrische Anlagen für Sicherheitszwecke ..... N **560** 563
elektrischer Stromkreis; Begriff ..... N **200** 2.5, 2.5.1,
E ***200A2*** *826-05-01*
für Sicherheitseinrichtungen nicht durch explosionsgefährdete Bereiche führen ..... *E* ***560A2*** *569.2*
für Sicherheitseinrichtungen und feuergefährdete Bereiche ..... *E* ***560A2*** *569.2*
gemeinsame Verlegung der Bänder I und II ..... N **520A1** 528.1.1
gemeinsames Verlegen bei unterschiedlicher Spannung ..... N **520** 528.1.1
Hilfsstromkreise ..... *E* ***716*** *716.473.3*
mehrere Stromkreise in Elektroinstallationsrohren oder Elektroinstallationskanälen ..... N **520** 521.6
mit Spannungen der Bänder I und II gemeinsam ..... N **520A1** 528.1.1
mit Steckdosen und Schutz bei Überstrom ..... N **550** 4.1
Not-Ausschaltung ..... N **460** 6.3
Not-Halt ..... N **460** 6.3
PELV ..... N **410** 411.1.5
RCDs ..... *E* ***530A6*** *531.2.1.2*
Schutz durch Schutztrennung ..... N **410** 413.5.1.1, 413.5.1.5
SELV ..... N **410** 411.1.4

Sicherheitsbeleuchtung ...... *E* **560A2** *568.3,*
E **718** *568.3*
Trennen ...... N **460** 4.1
Unabhängigkeit bei Sicherheitseinrichtungen ...... *E* **560A2** *565.1*
Unabhängigkeit für Sicherheitszwecke ...... *E* **718** *568.2.1*
zur Versorgung lebenserhaltender und chirurgischer medizinischer elektrischer Geräte ...... *E* **710** *710.413.1.5*

Stromkreisgruppen
Trennen ...... N **460** 4.1

Stromkreisverteiler
Fliegende Bauten ...... N **722** 5,
E **722** *5*

Stromquellen
Aufstellung bei elektrischen Anlagen für Sicherheitszwecke ...... N **560** 562.1, 562.2
Aufstellungsort bei elektrischen Anlagen für Sicherheitszwecke ...... N **560** 562.3
Einteilung nach der Unterbrechungszeit ...... N **560** Tabelle 1
elektrische Anlagen für Sicherheitszwecke ...... N **560** 562
für Sicherheitsstromversorgungen medizinisch genutzter Räume ...... *E* **710** *710.562.1.3*
für Sicherheitszwecke ...... N **300** 35,
N **560** 561.1.1
Kleinspannungs-Stromerzeugungsanlagen ...... N **551** 551.1.1.2, 551.2.1
leitfähige Bereiche mit begrenzter Bewegungsfreiheit ...... N **706** 4.2.3
Niederspannungs-Stromerzeugungsanlagen ...... N **551** 551.1.1.2, 551.2.1
nur eine vorhanden bei elektrischen Anlagen für Sicherheitszwecke ...... N **560** 562.5
Parallellauf bei elektrischen Anlagen für Sicherheitszwecke ...... N **560** 566.1
PELV ...... N **410** 411.1.2
Schutz durch Schutztrennung ...... N **410** 413.5.1.1
SELV ...... N **410** 411.1.2
Strombegrenzung in der Sternpunktverbindung paralleler Stromquellen bei elektrischen Anlagen für Sicherheitszwecke ...... N **560** 566.2
Vermeidung des Parallellaufes bei elektrischen Anlagen für Sicherheitszwecke ...... N **560** 565.1
Zugänglichkeit bei elektrischen Anlagen für Sicherheitszwecke ...... N **560** 562.2

Stromquellen für Sicherheitszwecke
Akkumulatorenbatterien ...... N **300** 351
Allgemeines ...... N **300** 351
Anzeige des Betriebszustands ...... *E* **718** *568.1.8*

Anzeigen an zentraler, ständig überwachter Stelle	E	***718***	*568.1.12*
Ausfall der allgemeinen Stromversorgung darf nicht beeinträchtigen	E	***718***	*568.1.2*
Begriff	E	***200A1***	*826-01-07,*
	E	***718***	*563.5*
Belüftung	E	***718***	*568.1.4*
Bemessungsbetriebsdauer	E	***718***	*568.1.1*
Einrichtungen für Sicherheitszwecke	E	***718***	*566.3, 568.1*
Einteilung	N	**300**	352
Generatoren	N	**300**	351
Kapazität	E	***718***	*568.1.10*
Leitungen zu Ladegeräten	E	***718***	*568.1.7*
Motor-Generatorsätze mit Verbrennungsmotor	E	***718***	*568.1.9*
Primärelemente	N	**300**	351
Prüfungen	E	***718***	*718.6*
Standort	E	***718***	*568.1.4*
Starterbatterien für Sicherheitszwecke	N	**300**	Erläuterungen zu 352
Stromversorgungseinrichtungen für Sicherheitszwecke	E	***718***	*568.1*
Umschaltzeit	E	***718***	*568.1.1*
unabhängige Einspeisungen	E	***718***	*568.1.5*
Unterbrechungszeit	N	**300**	352
Versorgungsdauer	E	***718***	*564.1*
Verwendung für andere Zwecke	E	***718***	*568.1.6*
zentrale Stromquelle für Einrichtungen für Sicherheitszwecke für mehrere Gebäude	E	***718***	*568.1.11*
Zugänglichkeit	E	***718***	*568.1.3*
zusätzliche Einspeisung aus der allgemeinen Stromversorgung	N	**300**	351

Stromquellen mit strombegrenzenden Eigenschaften

Abschaltbedingungen	E	***719***	*7XX.471.2.3.1*
Isolationsüberwachungseinrichtungen	E	***719***	*719.531.3*
Mindestquerschnitte	E	***719***	*719.543.1*
RCDs	E	***719***	*7XX.471.2.3.2*
Schutz bei indirektem Berühren	E	***719***	*7XX.413*
Schutz durch automatische Abschaltung der Stromversorgung	E	***719***	*7XX.471.2.3*
Schutz gegen direktes Berühren	E	***719***	*7XX.412*
Schutzleiter	E	***719***	*719.543.1*
Schutzverbindungen	E	***719***	*7XX.471.2.3.3*
Steckdosen	E	***719***	*7XX.471.2.3.2*
verstärkte Schutzleiter	E	***719***	*7XX.471.2.3.3*
zusätzlicher Potentialausgleich	E	***719***	*7XX.471.2.3.3*
zusätzlicher Schutz durch RCDs	E	***719***	*7XX.412.5*

Stromrichteranlagen
Abweichungen .... *E* ***100*** *1.4*

Stromrückführung
Messstromkreis .... N **725** 5.2

Stromschienen
Besichtigen .... N **610** 4.3
durch Gebäudeelemente mit vorgegebener Feuerwiderstandsdauer .... N **520** 527.2.2
Fliegende Bauten .... N **722** 7,
E ***722*** *7*
Wagen und Wohnwagen nach Schaustellerart .... N **722** 7,
E ***722*** *7*

Stromschienenkanalsysteme
durch Gebäudeelemente mit vorgegebener Feuerwiderstandsdauer .... N **520** 527.2.2

Stromschienensysteme
Kleinspannungs-Beleuchtungsanlagen .... *E* ***715*** *715.521.9*
metallgekapselte Stromschienensysteme als Schutzleiter .... *E* ***540A1*** *543.2.2*

Stromunterbrechung
Schaltgeräte für betriebsmäßiges Schalten .... N **537** 537.5.2

Stromversorgung durch Motor-Generator-Satz des Benutzers
Buden auf Messegeländen .... *E* ***711A1*** *711A.313.1.2*
Vergnügungsparks .... *E* ***711A1*** *711A.313.1.2*
vorübergehend errichtete elektrische Anlagen auf Messegeländen .... *E* ***711A1*** *711A.313.1.2*
Zirkusse .... *E* ***711A1*** *711A.313.1.2*

Stromversorgung vom öffentlichen Netz
Buden auf Messegeländen .... *E* ***711A1*** *711A.313.1.1*
Vergnügungsparks .... *E* ***711A1*** *711A.313.1.1*
vorübergehend errichtete Anlagen für Bauwerke, Vergnügungseinrichtungen und Buden auf Kirmesplätzen .... *E* ***740*** *740.313.2*
vorübergehend errichtete elektrische Anlagen auf Messegeländen .... *E* ***711A1*** *711A.313.1.1*
Zirkusse .... *E* ***711A1*** *711A.313.1.1*

Stromversorgungen
bauliche Anlagen für Menschenansammlungen .... *E* ***718***
bewegliche oder ortsveränderliche elektrische Anlagen .... *E* ***717*** *717.313*
der elektrischen Anlagen .... N **300** 313

elektrische Anlagen ... N **300** 3.1, 31
elektrische Anlagen in Ausstellungen, Shows, Ständen, Jahrmärkten ... E ***711*** *711.313*
für dauerhaft errichtete Anlagen mit Kleinspannungs-Stromerzeugungsanlagen ... N **551** 551.1.1.4
für dauerhaft errichtete Anlagen mit Niederspannungs-Stromerzeugungsanlagen ... N **551** 551.1.1.4
für ortsveränderliche Betriebsmittel mit Kleinspannungs-Stromerzeugungsanlagen ... N **551** 551.1.1.4
für ortsveränderliche Betriebsmittel mit Niederspannungs-Stromerzeugungsanlagen ... N **551** 551.1.1.4
für zeitweilig errichtete Anlagen mit Kleinspannungs-Stromerzeugungsanlagen ... N **551** 551.1.1.4
für zeitweilig errichtete Anlagen mit Niederspannungs-Stromerzeugungsanlagen ... N **551** 551.1.1.4
Grundsätze ... E ***100A1*** *132.2*
Hilfsstromkreise ... N **725** 3.1
leitfähige Bereiche mit begrenzter Bewegungsfreiheit ... N **706** 4.2.2
Liegeplätze ... N **721** 4
Marinas ... E ***709*** *4*
medizinisch genutzte Räume ... E ***710*** *710.313*
Sicherheitszwecke ... E ***100A1*** *132.4*
Trennen ... N **460** 4.1
vorübergehend errichtete Anlagen für Bauwerke, Vergnügungseinrichtungen und Buden auf Kirmesplätzen ... E ***740*** *740.313*

Stromversorgungsanlagen
umschaltbare Versorgungsalternative zum Netz ... N **551** 551.6, Anhang ZB

Stromversorgungsanlagen für Sicherheitszwecke
Erstprüfungen ... E ***718*** *718.61*
Prüfberichte ... E ***718*** *718.62.2*
Prüfungen ... E ***718*** *718.6*
Wiederholungsprüfungen ... E ***718*** *718.62*
→ siehe auch unter bauliche Anlagen für Menschenansammlungen ... E ***718***

Stromversorgungseinrichtungen
Einrichtungen für Sicherheitszwecke ... E ***718*** *568*

Stromversorgungseinrichtungen für Sicherheitszwecke
Begriff ... E ***200A1*** *826-01-05*
Kabel- und Leitungssysteme (-anlagen) ... E ***718*** *568.2*
Prüfungen ... E ***718*** *718.6*
Stromkreise der Sicherheitsbeleuchtung ... E ***718*** *568.3, 718.568.3*
Stromquellen für Sicherheitszwecke ... E ***718*** *568.1*
Umschalten von Normal- auf Notbetrieb ... E ***718*** *718.568.4.1*

Umschalten von Not- auf Normalbetrieb nach Spannungswiederkehr .... *E* ***718*** *718.568.4.2*

Stromversorgungssysteme für Sicherheitseinrichtungen
Anordnung der Betriebsmittel .... *E* ***560A2*** *564.3*
Isolationsüberwachungseinrichtungen .... *E* ***560A2*** *564.2*
IT-Systeme .... *E* ***560A2*** *564.2*
Kapazität .... *E* ***560A2*** *564.1.2*
Schutz gegen elektrischen Schlag .... *E* ***560A2*** *564.2*
Zugänglichkeit der Betriebsmittel .... *E* ***560A2*** *564.3*
Zuverlässigkeit .... *E* ***560A2*** *564.1.2*

Stromwandler
Sekundärstromkreise .... N **430** 5.7

Struktur der Normenreihe
Errichtungsnormen .... B3 -

Symbole
Schutz durch Verwendung von Betriebsmitteln der Schutzklasse II oder durch gleichwertige Isolierung .... N **410** 413.2.1.1

Systemausfälle
Schutz bei Überspannungen *EB1* ***534*** *10*

Systeme
2-Leiter .... N **300** 312.1
3-Leiter .... N **300** 312.1
aktive Leiter .... N **300** 312.1
Arten der Erdverbindungen .... N **300** 312.2
Drehstrom-3-Leiter .... N **300** 312.1
Drehstrom-4-Leiter .... N **300** 312.1
Einphasen-2-Leiter .... N **300** 312.1
Einphasen-3-Leiter .... N **300** 312.1
Erdverbindungen .... N **300** 312.2
Gleichstromsysteme .... N **300** 312.1
nach Art und Zahl der aktiven Leiter .... N **300** 312.1
Systeme nach Art der Erdverbindungen .... N **300** 312.2
Wechselstromsysteme .... N **300** 312.1
Zweiphasen-3-Leiter .... N **300** 312.1
Zweiphasen-5-Leiter .... N **300** 312.1

Systeme nach Art der Erdverbindungen
Bedeutung der Buchstaben .... N **300** 312.2
bewegliche oder ortsveränderliche elektrische Anlagen .... *E* ***717*** *717.312.2*
IT-Systeme .... N **300** 312.2.3
medizinisch genutzte Räume .... *E* ***710*** *710.312.2*

Photovoltaik-Anlagen ... *E* ***712*** *712.312.2*
Schutz bei indirektem Berühren ... N **410** Tabelle N.1
Schutzeinrichtungen ... N **410** Tabelle N.1
TN-C-S-Systeme ... N **300** 312.2.1
TN-C-Systeme ... N **300** 312.2.1
TN-S-Systeme ... N **300** 312.2.1
TN-Systeme ... N **300** 312.2.1
TT-Systeme ... N **300** 312.2.2
Überspannungs-Schutzeinrichtungen ... V **534** Anhang A

systemeigene Beherrschung
Schutz gegen Überspannungen ... *E* ***443A2*** *443.2.1*

T

Tabelle mit Werten zur Beurteilung
Abschaltstrom (TN-System) ... N **610** Tabelle 3, Tabelle F.1
Abschaltstrom (TT-System) ... N **610** Tabelle F.2
Erdungswiderstand (TT-System) ... N **610** Tabelle F.2
Erdungswiderstand bei Anwendung von Fehlerstrom-Schutzeinrichtungen ... N **610** Tabelle F.3
Fehlerstrom-Schutzeinrichtungen ... N **610** Tabelle F.3
Leiterwiderstand für Kupferleitungen ... N **610** Tabelle F.4
Schleifenimpedanz ... N **610** Tabelle 3, Tabelle F.1
TN-System ... N **610** Tabelle 3, Tabelle F.1
Überstrom-Schutzeinrichtungen (TN-System) ... N **610** Tabelle 3, Tabelle F.1
Überstrom-Schutzeinrichtungen (TT-System) ... N **610** Tabelle F.2

technische Anlagen
Nähe zu Kabel- und Leitungssystemen (-anlagen) ... N **520** 528

Teilblitze
Begriff ... *EB1* ***534*** *3.13*

Teile
fremde leitfähige Teile; Begriff ... N **200** 2.3.3,
E ***200A2*** *826-03-03*
gefährliche aktive Teile; Begriff ... N **200** 2.3.15
gleichzeitig berührbare Teile; Begriff ... N **200** 2.3.10,
E ***200A2*** *826-03-10*

Telefondosen
Räume mit Badewanne oder Dusche ... *E* ***701*** *701.53*

Temperaturanstieg
Schnittstellenanschlüsse B1 **520**

Temperaturbegrenzer
Schutz gegen thermische Einflüsse .... N **420** 6.2

Temperaturen
an den Klemmen von Kabel- und Leitungssystemen (-anlagen) .... N **520** 526.4
Anschluss B1 **520**
Anschlussklemmen B1 **520**
Gebläse-Heizsysteme .... N **420** 6.1.1
Isolierung und Anschlussklemme (Koordinierung) B1 **520** 52.2.3
Klemme B1 **520**
Schnittstellen B1 **520**

Temperaturgrenzwerte
Kabel- und Leitungssysteme (-anlagen) .... N **520** 522.1.2

Temperaturregler
Schutz gegen thermische Einflüsse .... N **420** 6.1.1

Theater
*bauliche Anlagen für Menschenansammlungen .... E **718** 718.1*
Kurzzeichen .... N **300** 322.4

thermische Belastung
*der Leiter (je nach Schutzeinrichtung) EB1 **530** A.4*

thermische Einflüsse
Erproben und Messen .... N **610** 5.1
gartenbauliches Anwesen .... N **705** 4
landwirtschaftliches Anwesen .... N **705** 4
Prüfungen .... N **610** 5.10
Schutzmaßnahmen .... N **420**

thermische Instabilität
*Begriff EB1 **534** 3.17*

Tiefgaragen
*bauliche Anlagen für Menschenansammlungen .... E **718** 718.1*

Tiere
Kabel- und Leitungssysteme (-anlagen) .... N **520** 522.10
Kenngrößen (Fauna) .... N **300** 321.9
Kurzzeichen (Fauna) .... N **300** 321.9
Verbrennungsgefahr .... N **705** 4.1

vorübergehend errichtete Anlagen für Bauwerke, Vergnügungseinrichtungen und Buden auf Kirmesplätzen .... *E* **740** *740.413.1.6.1*
vorübergehend errichtete Anlagen für Bauwerke, Vergnügungseinrichtungen und Buden auf Kirmesplätzen, Vergnügungsparks und Zirkusse .... *E* **740** *740.413.1.4*

Tierhaltung
elektrische Anlagen in Ausstellungen, Shows, Ständen, Jahrmärkten .... *E* **711** *711.413.1.3, 711.413.1.3.4, 711.413.1.6.1*

Tischschaukästen
Kabel- und Leitungssysteme (-anlagen) .... *E* **713** *713.1.1*

TN-C-Netz
→ siehe TN-C-Systeme

TN-C-S-Netz
→ siehe TN-C-S-Systeme

TN-C-S-Systeme
DC-System .... *E* **300A3** *Bild 31H*
Erklärung .... N **300** 312.2.1
RCDs .... *E* **530A6** *531.2.1.1*
Schutz gegen elektromagnetische Störungen (EMI) .... N **444** 444.3.13
Systeme nach Art der Erdverbindungen .... N **300** 312.2.1
Überspannungs-Schutzeinrichtungen .... V **534** Bild A1

TN-C-Systeme
Anlagen mit EMI-sensiblen Betriebsmitteln .... N **444** 444.3.12
Blitzstromverteilung .... *EB1* **534** *Bild 12*
DC-System .... *E* **300A3** *Bild 31G*
Erklärung .... N **300** 312.2.1
medizinisch genutzte Räume (dort nicht erlaubt) .... *E* **710** *710.546.2*
Schutz gegen elektromagnetische Störungen (EMI) .... N **444** 444.3.12
Systeme nach Art der Erdverbindungen .... N **300** 312.2.1

TN-Netz
→ siehe TN-Systeme

TN-S-Netz
→ siehe TN-S-Systeme

TN-S-Systeme
DC-System .... *E* **300A3** *Bild 31F*
Erklärung .... N **300** 312.2.1
Kleinspannungs-Stromerzeugungsanlagen .... N **551** 551.6.2

Neutralleiter	N	**460**	3.2
Niederspannungs-Stromerzeugungsanlagen	N	**551**	551.6.2
RCDs	*E*	***530A6***	*531.2.1.1*
Schutz gegen elektromagnetische Störungen (EMI)	N	**444**	Bild 2
Systeme nach Art der Erdverbindungen	N	**300**	312.2.1
Überspannungs-Schutzeinrichtungen	V	**534**	Bild A2

TN-Systeme

Abschaltbedingungen	N	**410**	413.1.3.3
Abschaltbedingungen durch Überstrom-Schutzeinrichtungen nicht zu erfüllen	N	**410**	413.1.3.6
Abschaltstrom	N	**610**	5.6.1.2.3.2
Abschaltzeit (Prüfung)	N	**610**	5.6.1.2.3.2
Abschaltzeit bis zu 5 s bei Endstromkreisen oder Verteilungsstromkreisen	N	**410**	413.1.3.5
Abschaltzeiten	N	**410**	Tabelle 41A
Abschaltzeiten bei öffentlichen Verteilungsnetzen	N	**410**	NB.1
Anlagen der Informationstechnik	*E*	***540A1***	*545.4, Bild 1*
Außenleiter	N	**610**	5.6.1.1.1 c)
Außenleiter erden	N	**410**	413.1.3.1
Außenleiter nicht als PEN-Leiter	N	**410**	413.1.3.1
Besichtigen	N	**610**	5.6.1.1.1, 5.6.1.2.1
bewegliche oder ortsveränderliche elektrische Anlagen	*E*	***717***	*717.312.2.1, 717.413.1, 717.413.1.3*
Brandschutz	N	**482**	482.1.7
Bruch des PEN-Leiters mit Erdschluss (Freileitungsnetz)	*E*	***410A5***	*Bild 11*
Buden auf Messegeländen	*E*	***711A1***	*711A.413.1.3*
DC-System	*E*	***300A3***	*Bild 31F, Bild 31G*
Endstromkreise	N	**410**	413.1.3.4
Erdung	N	**410**	413.1.3.1
Erdungsleiter	N	**610**	5.6.1.1.1 a), b)
Erdungswiderstand	N	**610**	5.6.1.1, 5.6.2
Erklärung	N	**300**	312.2.1
Erproben	N	**610**	5.6.1.1.2, 5.6.1.2.2
Erstprüfungen	*E*	***600A1***	*612.5.1 a)*
Fehler zwischen Außenleiter und Erde kann entstehen	N	**410**	413.1.3.7
Fehlerschleife	*E*	***410A5***	*1.1*
Fehlerstrom-Schutzeinrichtungen	N	**610**	5.6.1.1, 5.6.1.1.1 h), 5.6.1.2.3.3, 5.6.4
feuergefährdete Betriebsstätten	N	**482**	482.1.7
Flächenheizungen	*E*	***753***	*753.413.1.3.8*
Freileitungen	N	**410**	413.1.3.7
Gesamterdungswiderstand aller Betriebserder	N	**610**	5.6.1.2.3.1, 5.6.1.5

Grenzlängen von Kabeln und Leitungen	B5	-	1.1
große Gebäude	N	**410**	413.1.3.1
Hilfsstromkreise	*E*	***716***	*716.312.2.01*
Hochhäuser	N	**410**	413.1.3.1
Isolationswiderstand	N	**610**	5.3
Kennwerte der Schutzeinrichtungen	N	**410**	413.1.3.3
Kennzeichnung	N	**610**	5.6.1.1.1 e)
Körper	N	**410**	413.1.3.1
Körper innerhalb des Hauptpotentialausgleichs	*E*	***410A5***	*Bild A3*
medizinisch genutzte Räume	*E*	***710***	*710.413.1.3*
Messen	N	**610**	5.6.1.1.3, 5.6.1.2.3
Nachweise vor erster Inbetriebnahme	*E*	***610A1***	*612.6.1 a)*
Neutralleiter	N	**610**	5.6.1.1.1 d), e)
Niederspannungs-Stromerzeugungsanlagen	N	**551**	551.4.2, 551.4.4.2, Anhang ZB
öffentliche Verteilungsnetze	N	**410**	NB.1
PEN-Leiter	N	**410**	413.1.3.2,
	N	**610**	5.6.1.1.1 g)
Photovoltaik-Anlagen	*E*	***712***	*712.312.2.1*
Potentialausgleichsleiter	N	**610**	5.6.1.1.1 a), b)
Prinzip des Schutzes	*E*	***410A5***	*Bild 3*
RCDs	N	**410**	413.1.3.6, 413.1.3.8
RCDs dürfen in TN-C-Systemen nicht angewendet werden	N	**410**	413.1.3.8
RCDs in TN-C-S-Systemen	N	**410**	413.1.3.8
Schleifenimpedanz	N	**610**	5.6.1.1, 5.6.1.2.3.2, 5.6.3
Schleifenimpedanz, ab der der Spannungsfall für die Grenzlänge von Kabeln und Leitungen maßgebend ist	B5	-	1.4
Schleifenimpedanzen	N	**410**	413.1.3.3
Schutz bei Stromkreisen mit unterschiedlichen Abschaltzeiten	*E*	***410A5***	*1.6, Bild 9*
Schutz durch automatische Abschaltung der Stromversorgung	N	**410**	413.1.3
Schutz durch RCDs	*E*	***410A5***	*1.7, Bild 12, Bild 13*
Schutz gegen elektrischen Schlag	N	**410**	413.1.3
Schutz mit RCDs außerhalb des Einflussbereichs des Hauptpotentialausgleichs	N	**410**	413.1.3.9
Schutz mit RCDs außerhalb eines Gebäudes mit TN-System	*E*	***410A6***	*413.1.3.9*
Schutz von Niederspannungsanlagen bei Erdschlüssen in Netzen mit höherer Spannung	N	**442**	442.3.1, 442.4.1, 442.5, Bild 44B
Schutzeinrichtungen	N	**410**	413.1.3.8,
	N	**610**	5.6.1.1.1 h)

schutzisolierte Hauptstromversorgungssysteme .... N **410** NB.1
Schutzkontakte .... N **610** 5.6.1.1.1 f)
Schutzleiter .... N **410** 413.1.3.1,
N **610** 5.6.1.1.1 a), b),
5.6.1.1.1 c), d),
5.6.1.1.1 e), g)
Schutzleiter an der Eintrittsstelle in Gebäude
erden .... N **410** 413.1.3.1
Selbstlockern .... N **610** 5.6.1.1.1 b)
Selektivität .... N **410** 413.1.3.8
Spannungswaage .... N **410** 413.1.3.7,
E ***410A5*** *Bild 10*
Steckdose .... N **610** 5.6.1.1.1 f)
Steckvorrichtung .... N **610** 5.6.1.1.1 f)
Sternpunkt .... N **410** 413.1.3.1
Systeme nach Art der Erdverbindungen .... N **300** 312.2.1
Tabelle mit Werten zur Beurteilung .... N **610** Tabelle 3,
Tabelle F.1
Überspannungs-Schutzeinrichtungen .... V **534** 534.2.1, 534.2.4.1,
534.2.6, 534.3.1,
E ***534*** *534.2.3, Anhang A*
Überspannungs-Schutzeinrichtungen der
Anforderungsklasse B .... V **534** 534.3.1.1
Überspannungs-Schutzeinrichtungen der
Anforderungsklasse C .... V **534** 534.3.1.2
Überspannungs-Schutzeinrichtungen der
Anforderungsklasse D .... V **534** 534.3.1.3
Überspannungsableiter .... N **610** 5.6.1.1.1 h)
Überstrom-Schutzeinrichtungen .... N **410** 413.1.3.8,
N **610** 5.6.1.1.1 h),
5.6.1.2.3.2
Vergnügungsparks .... E ***711A1*** *711A.413.1.3*
Verteilungsstromkreise .... N **410** 413.1.3.5
*vorübergehend errichtete Anlagen für Bauwerke,
Vergnügungseinrichtungen und Buden auf
Kirmesplätzen .... E* ***740*** *740.413.1.3*
*vorübergehend errichtete elektrische Anlagen auf
Messegeländen .... E* ***711A1*** *711A.413.1.3*
zeitverzögerte RCDs .... N **410** 413.1.3.8
Zirkusse .... E ***711A1*** *711A.413.1.3*
zusätzlicher Potentialausgleich .... N **410** 413.1.3.6

Totalisolierung
Schutz durch Verwendung von Betriebsmitteln der
Schutzklasse II oder durch gleichwertige
Isolierung .... N **410** 413.2.1.1

TOV
→ siehe zeitweilige Überspannungen

Tragekonstruktion

Heizelement	N	**420**	6.1.2

tragende Gebäudeelemente

Hindurchführen von Kabel- und Leitungssystemen (-anlagen)	N	**520**	527.2.5

Trägerleiter

Kleinspannungs-Beleuchtungsanlagen	*E*	***715***	*715.521.7, 715.521.8*

Tragkraft

Aufhängevorrichtung für Leuchten	N	**559**	5.1

Transformatoren

Aufstellen	N	**alt**	§ 26 b)2
Buden auf Messegeländen	*E*	***711A1***	*711A.55.06*
Einbau	N	**alt**	§ 26 b)4, § 26 b)6
Einrichtungen der Informationstechnik	*E*	***707***	*707.471.3.3.3*
Fliegende Bauten	N	**722**	9.1,
	E	***722***	*9.1*
für ELV bei vorübergehend errichteten Anlagen für Bauwerke, Vergnügungseinrichtungen und Buden auf Kirmesplätzen	*E*	***740***	*740.55.6*
für IT-Systeme medizinisch genutzter Räume	*E*	***710***	*710.55.2*
für SELV bei elektrischen Anlagen in Ausstellungen, Shows, Ständen, Jahrmärkten	*E*	***711***	*711.55.06*
Hilfsstromkreise	N	**725**	3.1,
	E	***716***	*716.312.01*
Leistungsschild	N	**alt**	§ 26 a)1
mit sicherer Trennung für PELV	N	**410**	411.1.2.1
mit sicherer Trennung für SELV	N	**410**	411.1.2.1
Schutzmaßnahmen gegen thermische Einflüsse	N	**470**	NB.2
Sicherheitsstromversorgung	*E*	***718***	*718.569.7*
Überwachungseinrichtungen	N	**alt**	§ 26 c)
Verbindungsleitungen	N	**430**	5.5 b), 6.4.3,
	E	***470A2***	*473.1.2 b)*
Vergnügungsparks	*E*	***711A1***	*711A.55.06*
vorübergehend errichtete elektrische Anlagen auf Messegeländen	*E*	***711A1***	*711A.55.06*
Wagen nach Schaustellerart	N	**722**	9.1,
	E	***722***	*9.1*
Wohnwagen nach Schaustellerart	N	**722**	9.1,
	E	***722***	*9.1*
Zirkusse	*E*	***711A1***	*711A.55.06*
Zugänglichkeit	N	**alt**	§ 26 b)3

Transformatoren mit getrennten Wicklungen
Schutz gegen elektromagnetische Störungen (EMI) .... N **444** 444.4.3

Transformatorstationen
Berührungsspannung der Niederspannungsbetriebsmittel .... *E* ***410A6*** *442.4.2*
Schutz von Niederspannungsanlagen bei Erdschlüssen in Netzen mit höherer Spannung .... N **442** 442.4

Transport
Schaltanlagen... N **729** 4.1
Verteiler... N **729** 4.1

transportable elektrische Anlagen
→ siehe bewegliche elektrische Anlagen .... *E* ***717***

Treibstofflager
Kurzzeichen... N **300** 322.5

Trenneinrichtungen
Photovoltaik-Anlagen.. *E* ***712*** *712.462.1*

Trennen
Begriff... N **200** 2.8.1,
E ***200A2*** *826-08-01*
Betriebsmittel mit mehreren Versorgungen .... N **460** 4.3
Einschalten, unbeabsichtigt .... N **460** 4.2
Entladung gespeicherter Energie..................................... N **460** 4.4
Erden... N **460** 4.2
Erdungsleiter... *E* ***540A1*** *542.4.2*
Experimentierstände.. N **723** 4.1.1
Geräte .... N **537** 537.2,
E ***537A2*** *Tabelle 53A*
Haupterdungsklemmen.. *E* ***540A1*** *542.4.2*
Haupterdungsschienen .... *E* ***540A1*** *542.4.2*
Kurzschließen... N **460** 4.2
Maßnahmen gegen unbeabsichtigtes Einschalten .... N **460** 4.2
Mittel zum Trennen von Stromerzeugungsanlagen vom Netz.. N **551** 551.7.4
Nachweise vor erster Inbetriebnahme............................ *E* ***610A1*** *612.4*
Neutralleiter... N **460** 3.2,
E ***460A1*** *461.2,*
E ***530*** *531.1*
PEN-Leiter.. N **460** 3.2, 7.1.5,
E ***460A1*** *461.2*
Photovoltaik-Anlagen.. *E* ***712*** *712.46, 712.537*
Schaltvorrichtung .... N **537** 537.2.4
Schutzleiter... N **460** 3.2 Anmerkung 2, 7.1.5,

	E	***460A1***	*461.2 Anmerkung 2*
Stromkreis	N	**460**	4.1
Stromkreisgruppen	N	**460**	4.1
Stromversorgung	N	**460**	4.1
Verteilungsstromkreise	N	**300**	314.2
vorübergehend errichtete Anlagen für Bauwerke, Vergnügungseinrichtungen und Buden auf Kirmesplätzen, Vergnügungsparks und Zirkusse	*E*	***740***	*740.462, 740.537, 740.55.4.1*

Trennen und Schalten

Geräte	N	**537**	
Schutzmaßnahmen	N	**460**	
	E	***460A1***	
Starkstromanlagen	*E*	***460A1***	

Trenner

Geräte zum Trennen	N	**537**	537.2.4
Schaltgeräte für betriebsmäßiges Schalten	N	**537**	537.5.3

Trenngeräte

Besichtigen	N	**610**	4.3
gartenbauliches Anwesen	N	**705**	5.3.2
landwirtschaftliches Anwesen	N	**705**	5.3.2

Trennlaschen

Geräte zum Trennen	N	**537**	537.2.4
Schaltgeräte für betriebsmäßiges Schalten	N	**537**	537.5.3

Trennstellen

Buden auf Messegeländen	*E*	***711A1***	*711A.537.2.1*
Vergnügungsparks	*E*	***711A1***	*711A.537.2.1*
vorübergehend errichtete elektrische Anlagen auf Messegeländen	*E*	***711A1***	*711A.537.2.1*
Zirkusse	*E*	***711A1***	*711A.537.2.1*

Trennstrecken

Ableitströme	N	**537**	537.2.1.1
Geräte zum Ausschalten für mechanische Instandhaltung	N	**537**	537.3.2
Geräte zum Trennen	N	**537**	537.2.1.1

Trenntransformatoren

Hilfsstromkreise	*E*	***716***	*716.473.3.01*
Marinas	*E*	***709***	*4.1.4*
Wassersportfahrzeuge	*E*	***709***	*Anhang C, Anhang D*

Trennvorrichtungen
Erdungsleiter N **540** 4.4.2

Trennwände
Räume mit Badewanne oder Dusche N **701** 3

trockene Räume
Begriff N **200** A.6.3
Stegleitungen N **520** Anhang ZB a)

TT-Netz
→ siehe TT-Systeme

TT-Systeme
Abschaltbedingungen nicht zu erfüllen N **410** 413.1.4.3
Abschaltstrom N **610** 5.6.1.3.3.2
Abschaltzeit N **610** 5.6.1.3.3.2
Abschaltzeit meist 5 s E ***410A5*** *2.2*
Abschaltzeiten N **410** 413.1.4.2
Außenleiter N **610** 5.6.1.1.1 c)
Außenleiter erden N **410** 413.1.4.1
Begrenzung des Widerstandes der Schutzerdung E ***410A7*** *413.1.4.2*
Besichtigen N **610** 5.6.1.1.1, 5.6.1.3.1
bewegliche oder ortsveränderliche elektrische Anlagen E ***717*** *717.413.1*
Brandschutz N **482** 482.1.7
DC-System E ***300A3*** *Bild 31J*
Einrichtungen der Informationstechnik E ***707*** *707.471.4*
Erder N **410** 413.1.4.1
Erdung bei Buden auf Messegeländen E ***711A1*** *711A.541*
Erdung bei Vergnügungsparks E ***711A1*** *711A.541*
Erdung bei vorübergehend errichteten elektrischen Anlagen auf Messegeländen E ***711A1*** *711A.541*
Erdung bei Zirkussen E ***711A1*** *711A.541*
Erdungsleiter N **610** 5.6.1.1.1 a), b)
Erdungswiderstand N **610** 5.6.1.1, 5.6.1.3.3.1, 5.6.1.3.3.2, 5.6.2
Erklärung N **300** 312.2.2
Erproben N **610** 5.6.1.1.2, 5.6.1.3.2
Erstprüfungen E ***600A1*** *612.5.1 b)*
Fehlerschleife E ***410A5*** *2.1*
Fehlerspannungs-Schutzeinrichtungen N **410** 413.1.4.4, N **610** 5.6.1.3.3.4
Fehlerstrom E ***410A5*** *2.2*
Fehlerstrom-Schutzeinrichtungen N **610** 5.6.1.1, 5.6.1.1.1 h), 5.6.1.3.3.3, 5.6.4
feuergefährdete Betriebsstätten N **482** 482.1.7
Flächenheizungen E ***753*** *753.413.1.4.4*

gleichzeitig berührbare Körper	N	**610**	5.6.1.3.1
Hilfsstromkreise	*E*	***716***	*716.312.2.01*
Kennzeichnung	N	**610**	5.6.1.1.1 e)
Körper	N	**410**	413.1.4.1
Körper außerhalb des Hauptpotentialausgleichs	*E*	***410A5***	*Bild A2*
Körper innerhalb des Hauptpotentialausgleichs	*E*	***410A5***	*Bild A1*
Körper, gleichzeitig berührbar	N	**610**	5.6.1.3.1
medizinisch genutzte Räume	*E*	***710***	*710.413.1.4*
Messen	N	**610**	5.6.1.1.3, 5.6.1.3.3
Neutralleiter	N	**610**	5.6.1.1.1 d), e)
Niederspannungs-Stromerzeugungsanlagen	N	**551**	551.4.4.2, Anhang ZB
Photovoltaik-Anlagen	*E*	***712***	*712.312.2.2*
Potentialausgleich, zusätzlicher	N	**610**	5.6.1.3.1
Potentialausgleichsleiter	N	**610**	5.6.1.1.1 a), b)
Prinzip des Schutzes	*E*	***410A5***	*Bild 14*
RCDs	N	**410**	413.1.4.4
Schutz durch automatische Abschaltung der Stromversorgung	N	**410**	413.1.4
Schutz gegen elektrischen Schlag	N	**410**	413.1.4,
	E	***410A7***	*413.1.4.2*
Schutz von Niederspannungsanlagen bei Erdschlüssen in Netzen mit höherer Spannung	N	**442**	442.3.2, 442.4.1, 442.5, Bild 44C
Schutzeinrichtungen	N	**410**	413.1.4.4,
	N	**610**	5.6.1.1.1 h),
	E	***410A5***	*2.3*
Schutzkontakte	N	**610**	5.6.1.1.1 f)
Schutzleiter	N	**410**	413.1.4.1,
	N	**610**	5.6.1.1.1 a), b), 5.6.1.1.1 c), d), 5.6.1.1.1 e), g)
Selbstlockern	N	**610**	5.6.1.1.1 b)
Selektivität	N	**410**	413.1.4.2
Steckdose	N	**610**	5.6.1.1.1 f)
Steckvorrichtung	N	**610**	5.6.1.1.1 f)
Sternpunkt	N	**410**	413.1.4.1
Systeme nach Art der Erdverbindungen	N	**300**	312.2.2
Überspannungs-Schutzeinrichtungen	V	**534**	534.2.2, 534.2.4.2, 534.2.6, 534.3.2, Bild A3, Bild A4,
	E	***534***	*534.2.3, Anhang B*
Überspannungs-Schutzeinrichtungen der Anforderungsklasse B	V	**534**	534.3.2.1
Überspannungs-Schutzeinrichtungen der Anforderungsklasse C	V	**534**	534.3.2.2
Überspannungs-Schutzeinrichtungen der Anforderungsklasse D	V	**534**	534.3.2.3

Überspannungsableiter .... N **610** 5.6.1.1.1 h)
Überstrom-Schutzeinrichtungen .... N **410** 413.1.4.2, 413.1.4.4,
N **610** 5.6.1.1.1 h), 5.6.1.3.1, 5.6.1.3.3.2
Untersuchung der Schutzmaßnahmen .... E ***410A5*** *2.2*
zeitverzögerte RCDs .... N **410** 413.1.4.2
zusätzlicher Potentialausgleich .... N **410** 413.1.4.3,
N **610** 5.6.1.3.1
zusätzlicher Schutz .... E ***410A7*** *412.5.1*

Türen
abgeschlossene elektrische Betriebsstätten .... N **731** 5.2, 5.3
Schutz durch Verwendung von Betriebsmitteln der Schutzklasse II oder durch gleichwertige Isolierung .... N **410** 413.2.6

Türstopper
Flächenheizungen .... E ***753*** *753.522.4.3*

U

Überbrücken
Überstrom-Schutzeinrichtungen .... N **alt** § 31 b)9
von Wasseruhren; Potentialausgleichsleiter .... E ***540A1*** *544.3*
Wasserzähler .... N **540** 9.1.3

Überbrückungsleiter
Potentialausgleichsleiter .... E ***540A1*** *544.3*

Übereinstimmung
Begriff .... E ***610A1*** *Tabelle im Nationalen Vorwort*
mit Normen; Betriebsmittel .... N **510** 511.1,
E ***510*** *511.1*

überflutbare Ausführungen
Steckvorrichtungen .... N **550** 4.2

Überhitzung
Schutz gegen thermische Einflüsse .... N **420** 6

Überlast-Schutzeinrichtungen
Auswahl .... E ***530*** *533.2*

Überlastschutz
→ siehe Schutz bei Überlast

Überlaststrom
Begriff .... N **200** 2.5.7

Übersichtspläne
bauliche Anlagen für Menschenansammlungen .... E ***718*** *718.514.5.3*

Überspannungen
auf einer Niederspannungsleitung .... EB1 ***534*** *Bild 9*
aufgrund des Schaltens von Kondensatoren EB1 ***534*** *B.2*
aufgrund von Wechselwirkungen zwischen Systemen EB1 ***534*** *4d, 8*
Begrenzungen EB1 ***534*** *5.4.2*
Beispiele von unbeeinflussten Überspannungen EB1 ***534*** *A.2*
in Niederspannungssystemen EB1 ***534*** *4*
induzierte EB1 ***534*** *5.2.2, 5.6*
Intensität und Ausbreitung in Mittelspannungssystemen EB1 ***534*** *5.3.1*
IT-Systeme .... N **410** 413.1.5.2
Messungen EB1 ***534*** *5.6.2*
resultierend aus der Blitzstromverteilung EB1 ***534*** *5.7.2*
Schutz bei Überspannungen EB1 ***534*** *9*
Schutz von Niederspannungsanlagen bei Erdschlüssen in Netzen mit höherer Spannung .... N **442**
Simulationen EB1 ***534*** *5.6.1*
Übertragung in ein Mittelspannungssystem EB1 ***534*** *5.3.2*
unbeeinflusste EB1 ***534*** *5.5.1*
Verträglichkeit .... N **300** 330.1
verursacht durch Blitzeinschläge in Gebäude oder in deren unmittelbaren Nähe EB1 ***534*** *5.7*
verursacht durch die Einkopplung aus anderen Systemen EB1 ***534*** *5.2.3*
verursacht durch einen Direkteinschlag in Niederspannungsleitungen EB1 ***534*** *5.4*
→ siehe auch Blitzüberspannungen
→ siehe auch Schaltüberspannungen
→ siehe auch Schutz bei Überspannungen
→ siehe auch zeitweilige Überspannungen

Überspannungs-Referenz-Ausgleichsableiter
Begriff EB1 ***534*** *3.15*

Überspannungs-Schutzeinrichtungen
Ableitertrennschalter .... V **534** 534.2.6
Abtrennvorrichtungen für den Fall des Versagens EB1 ***534*** *11.5*
Anforderungsklasse B im IT-System .... V **534** 534.3.1.1
Anforderungsklasse B im TN-System .... V **534** 534.3.1.1
Anforderungsklasse B im TT-System .... V **534** 534.3.2.1

Anforderungsklasse B; Blitzstromtragfähigkeit	V	**534**	Tabelle 534.3.1.1, Tabelle 534.3.2.1
Anforderungsklasse C im IT-System	V	**534**	534.3.1.2
Anforderungsklasse C im TN-System	V	**534**	534.3.1.2
Anforderungsklasse C im TT-System	V	**534**	534.3.2.2
Anforderungsklasse C; Nennableitstoßstrom	V	**534**	Tabelle 534.3.2.2
Anforderungsklasse D im IT-System	V	**534**	534.3.1.3
Anforderungsklasse D im TN-System	V	**534**	534.3.1.3
Anforderungsklasse D im TT-System	V	**534**	534.3.2.3
Anordnung	*E*	*534*	*534.2.1*
Anschlussleitungen	V	**534**	534.2.7, Anhang C
Anwendung	*EB1*	*534*	*Anhang E*
Anzeigeeinrichtungen	*E*	*534*	*534.2.9*
Arten des Schutzes	*EB1*	*534*	*12.4.1*
Auswahl	V	**534**	534.2.4,
	E	*534*	*534.2.3*
Auswahl entsprechend der Bedrohung	*EB1*	*534*	*12.3.2*
Auswahlkriterien	*EB1*	*534*	*Bild 25*
Auswahlschritte	*EB1*	*534*	*12.3.3*
Auswirkung einer zusätzlichen Anschlussleitung auf die Begrenzungsspannung eines Varistors	*EB1*	*534*	*Bild 26*
Begriff	*EB1*	*534*	*3.14*
Bestimmung der notwendigen Werte für Entkopplungselemente	*EB1*	*534*	*E.3.2*
Blitzschutzsystem	*E*	*534*	*534.2.8*
Blitzüberspannungen	*EB1*	*534*	*12.3.2.1*
Blitzüberströme	*EB1*	*534*	*12.3.2.1*
Charakteristiken	*EB1*	*534*	*12.2.2, 12.2.3*
Einbau	*EB1*	*534*	*12.4*
Einfluss von Schwingungs- oder Reflexionsvorgängen auf die Schutzdistanz	*EB1*	*534*	*12.4.2*
Einfluss von Überspannungs-Schutzeinrichtungs-Anschlussleitungen	*EB1*	*534*	*12.4.3*
Einsatz	*EB1*	*534*	*12.2*
Einteilung	*EB1*	*534*	*12.2.2*
Erdungsleiter	*E*	*534*	*534.2.11*
Errichten von Überspannungs-Schutzeinrichtungen in Gebäuden	V	**534**	534.2
Errichten von Überspannungs-Schutzeinrichtungen von Gebäuden	*E*	*534*	
Fehler durch Überlastung	*E*	*534*	*534.2.4*
Funktion	*EB1*	*534*	*12.2.1*
für den Einsatz in Verteilungssystemen	*EB1*	*534*	*12.2*
Gebrauchsanweisung	V	**534**	534.4
Gegeninduktivität reduzieren	*EB1*	*534*	*12.4.1*
Grundmodell für die energetische Koordination von zwei Überspannungs-Schutzeinrichtungen	*EB1*	*534*	*Bild 27*
im TT-System mit Ableitertrennschalter (ATS)	V	**534**	Bild A4

IT-Systeme	V	**534**	534.2.3, 534.2.4.3, 534.2.6, 534.3.1, Bild A5,
	E	***534***	*534.2.3, Anhang B*
Kennwerte	V	**534**	534.3, 534.3.2
Koordination	V	**534**	534.4
Koordination Funkenstrecke zu ZnO-Varistor	*EB1*	***534***	*E.5.2*
Koordination von zwei ZnO-Varistoren	*EB1*	***534***	*E.5.1*
Koordination zwischen spannungsbegrenzenden Überspannungs-Schutzeinrichtungen	*EB1*	***534***	*E.2*
Koordination zwischen spannungsschaltenden und spannungsbegrenzenden Überspannungs-Schutzeinrichtungen	*EB1*	***534***	*E.3*
Koordination zwischen Überspannungs-Schutzeinrichtungen und dem zu schützenden Betriebsmittel	*EB1*	***534***	*12.5*
Koordination zwischen zwei Überspannungs-Schutzeinrichtungen abschätzen	*EB1*	***534***	*12.5.2*
Leitungslängen der Anschlussleitungen	V	**534**	534.2.7
Messung des Isolationswiderstandes	V	**534**	534.2.9
mit dem Erdungssammelleiter verbinden	*E*	***540A1***	*545.7.3.2*
Netzcharakteristika	*EB1*	***534***	*12.3*
Photovoltaik-Anlagen	*E*	***712***	*712.443.z*
Querschnitt des Potentialausgleichsleiters	V	**534**	534.2.8
RCDs	*E*	***534***	*534.2.7*
Reflexionen	*EB1*	***534***	*12.4.2*
Schaltüberspannungen	*EB1*	***534***	*12.3.2.2*
Schutz bei indirektem Berühren	V	**534**	534.2.6,
	E	***534***	*534.2.6*
Schutz bei Kurzschluss	V	**534**	534.2.5
Schutz bei Überlast	V	**534**	534.2.5
Schutz bei Überstrom	V	**534**	534.2.5,
	E	***534***	*534.2.5*
Schutz gegen Erdfehlerströme	*E*	***534***	*534.2.5*
Schutzdistanz	*EB1*	***534***	*12.4.2*
Schutzzonen	V	**534**	534.2
Schutzzonen-Einteilung	V	**534**	Bild B1
Systeme nach Art der Erdverbindungen	V	**534**	Anhang A
TN-C-S-Systeme	V	**534**	Bild A1
TN-S-Systeme	V	**534**	Bild A2
TN-Systeme	V	**534**	534.2.1, 534.2.4.1, 534.2.6, 534.3.1,
	E	***534***	*534.2.3, Anhang A*
TT-Systeme	V	**534**	534.2.2, 534.2.4.2, 534.2.6, 534.3.2, Bild A3, Bild A4,
	E	***534***	*534.2.3, Anhang B*
Verbindungsleiter	*E*	***534***	*534.2.10*

Vorzählerbereich ... *EB1* ***534*** *12.4.1*
zeitweilige Überspannungen ... *EB1* ***534*** *12.3.2.3*
Zuordnung ... V **534** 534.2

Überspannungsableiter
Einbau zum Schutz gegen elektromagnetische Störungen (EMI) ... N **444** 444.3.3
IT-System ... N **610** 5.6.1.1.1 h)
TN-System ... N **610** 5.6.1.1.1 h)
TT-System ... N **610** 5.6.1.1.1 h)
→ siehe Überspannungs-Schutzeinrichtungen ... V **534**

Überspannungskategorien
Schutz bei Überspannungen ... *E* ***443A3*** *3*
Schutz gegen Überspannungen ... *E* ***443A2*** *Seite 10*
Zweck ... *E* ***443A3*** *2*

Überstrom
Begriff ... N **200** 2.5.6,
E ***200A2*** *826-05-06*

Überstrom-Schutzeinrichtungen
allgemeine Anforderungen ... *E* ***530*** *533.1*
Auswahl ... N **430** 4,
E ***430A1*** *432.1,*
E ***530*** *532.1*
für den Schutz gegen elektrischen Schlag; Anordnung des Schutzleiters ... *E* ***540A1*** *543.6*
Hausanschlüsse ... N **732** 4.1, 4.2, Tabelle 1
Hausanschlusskabel ... N **732** Tabelle 1
IT-System bei Abschaltung wie im TN-System ... N **610** 5.6.1.4.2.2.3
IT-Systeme ... N **410** 413.1.5.8,
N **610** 5.6.1.1.1 h)
Kleinspannungs-Beleuchtungsanlagen ... *E* ***715*** *715.43*
Schutzleiter ... N **540** 6.1
Sicherheitsbeleuchtungen mit mehr als einer Leuchte ... *E* ***560A2*** *569.12*
Speisepunkte von Fliegenden Bauten, Wagen und Wohnwagen nach Schaustellerart ... *E* ***722*** *4.1.1.2*
Tabelle mit Werten zur Beurteilung für TN-System ... N **610** Tabelle 3, Tabelle F.1
Tabelle mit Werten zur Beurteilung für TT-System ... N **610** Tabelle F.2
TN-Systeme ... N **410** 413.1.3.8,
N **610** 5.6.1.1.1 h), 5.6.1.2.3.2
TT-Systeme ... N **410** 413.1.4.2, 413.1.4.4,

N **610** 5.6.1.1.1 h), 5.6.1.3.1, 5.6.1.3.3.2
Überbrücken .... N **alt** § 31 b)9
vorübergehend errichtete Anlagen für Bauwerke, Vergnügungseinrichtungen und Buden auf Kirmesplätzen, Vergnügungsparks und Zirkusse .... *E* ***740*** *740.537.1*
Zuordnung bei Sicherheitsbeleuchtung .... *E* ***718*** *718.569.5*
Zuordnung zum Schutz bei Überlast von Kabeln, Leitungen und Stromschienen .... N **430** 5.2,
E ***430A1*** *433.2*
Zusammenwirken mit Fehlerstrom-Schutzeinrichtungen .. *E* ***530*** *536.2*

Überstrombegrenzung
Art der Einspeisung .... N **430** 8

Überstromschutz
Liegeplätze .... N **721** 4.4
Stromkreise mit Steckdosen .... N **550** 4.1
→ siehe auch Schutz bei Überstrom

Überstromüberwachung
Begriff .... N **200** 2.5.10

Überwachungseinrichtungen
Besichtigen .... N **610** 4.3
Drosselspulen .... N **alt** § 26 c)
IT-Systeme .... N **410** 413.1.5.8
Maschinen .... N **alt** § 25 c)
Transformatoren .... N **alt** § 26 c)

Überwachungsräume
Begriff .... *E* ***710*** *Tabelle B.1-23.*
Zuordnung Sicherheitsstromversorgung und Anwendungsgruppe .... *E* ***710*** *Tabelle B.1-23.*

Überwachungsspulen
nicht im Schutzleiter .... *E* ***540A1*** *543.3.4*

U_L (vereinbarte Grenze der Berührungsspannung)
Begriff .... N **200** 2.2.4

Umgebung
äußere Einflüsse .... N **300** 321

Umgebungsbedingungen
Begründung für schärfere Anforderungen beim Schutz gegen elektrischen Schlag .... *E* ***410A5*** *Anhang B*

vereinbarte Grenze der Berührungsspannung
U_L = 25 V ... *E* ***410A5*** *Anhang B*

Umgebungseinflüsse
Auswahl und Errichtung von Kabel- und Leitungssystemen (-anlagen) ... N **520** 522
Kabel- und Leitungssysteme (-anlagen) ... N **520** 527.3

Umgebungstemperaturen
Begriff ... N **200** 2.1.4,
E ***200A2*** *826-01-04*
Betriebsmittel ... N **300** 321.1
Flächenheizungen ... *E* ***753*** *753.522.1*
Kabel- und Leitungssysteme (-anlagen) ... N **520** 522.1
Kenngrößen und Merkmale ... N **300** 321.1, 321.2
Kurzzeichen ... N **300** 321.2
Photovoltaik-Anlagen ... *E* ***712*** *712.512.2.1*

Umgebungsverhältnisse
Schutz durch automatische Abschaltung der Stromversorgung ... *E* ***410A5*** *0.4*

Umhüllungen
als Schutzleiter ... N **540** 5.2.3
aus ferromagnetischen Werkstoffen für Leiter von Wechselstromkreisen ... N **520** 521.5
Begriff ... N **200** 2.3.12
Besichtigen ... N **610** 4.3
Brandschutz ... N **482** 482.1.3
die ganz oder teilweise abgenommen werden müssen; Basisschutz ... N **410** 412.2.4
die geöffnet werden müssen; Basisschutz ... N **410** 412.2.4
Festigkeit ... N **410** 412.2.3
feuergefährdete Betriebsstätten ... N **482** 482.1.3
Haltbarkeit ... N **410** 412.2.3
Schutz durch Verwendung von Betriebsmitteln der Schutzklasse II oder durch gleichwertige Isolierung ... N **410** 413.2.8
von Kabeln als Schutzleiter ... N **540** 5.2.3

Umschalteinrichtungen
Sicherheitsstromversorgungen ... *E* ***560A2*** *567.4*

Umschaltung
bei Stromausfall der allgemeinen Stromversorgung auf Sicherheitsstromversorgung ... *E* ***560A2*** *568.1.1*
von Allgemeiner Stromversorgung auf Sicherheitsstromversorgung bei medizinisch genutzten Räumen ... *E* ***710*** *710.313.1*

Umschaltzeiten
Begriff ... *E* ***718*** *718.3.9*
Stromquellen für Sicherheitszwecke ... *E* ***718*** *568.1.1*

unbeabsichtigtes Wiedereinschalten
Ausschalten für mechanische Wartung ... N **460** 5.2

unbeeinflusste Überspannungen
Begriff ... *EB1* ***534*** *3.11*

unbeeinflusster, vollkommener Kurzschlussstrom
Begriff ... N **430** 2.2

unbefugtes Öffnen
Geräte zum Trennen ... N **537** 537.2.3

unersetzbare Güter
Brandschutz ... N **482** 482.0, 482.3

ungeschützte Anlagen im Freien
Begriff ... N **200** A.1.6
Betriebsmittel ... N **737** 5.2

unstabile Bauweise
Kabel- und Leitungssysteme (-anlagen) ... N **520** 522.14.2

Unterbrechungszeiten
Stromquellen für Sicherheitszwecke ... N **300** 352

unterirdische Konstruktionsteile
Erder ... N **540** 4.2.1

Unterputzinstallation
Schalter ... N **550** 4.8
Steckdoseneinsätze ... N **550** 4.8, 4.9

Unterrichtsräume
Begriff ... N **723** 2.1

Unterrichtsräume mit Experimentierständen
fremde leitfähige Teile ... N **723** 5
Fußböden ... N **723** 7
Potentialausgleichsleiter ... N **723** 5.2

Unterspannung
Schutz gegen ... N **450**

Unterspannungs-Schutzeinrichtungen
Kenngröße ... N **450** 3.4
Schütz ... N **450** 3.3

Schutz gegen Unterspannung .... N **450** 3.2
Wiedereinschalten .... N **450** 3.5
zeitverzögert .... N **450** 3.2

Untersuchungsräume
Zuordnung Sicherheitsstromversorgung und Anwendungsgruppe .... *E* ***710*** *Tabelle B.1-7.*

Unterteile von Freileitungsisolatoren
Schutz bei indirektem Berühren entbehrlich .... N **470** 471.2.2

Unterverteilungen
bauliche Anlagen für Menschenansammlungen .... *E* ***718*** *718.53.3*

Unterwasserleuchten
Schwimmbäder .... *E* ***702A1*** *702.55.2*

unvorhersehbare Gefährdung
Not-Ausschaltung .... N **460** 6.1

Urologieräume
Begriff .... *E* ***710*** *Tabelle B.1-10.*
Zuordnung Sicherheitsstromversorgung und Anwendungsgruppe .... *E* ***710*** *Tabelle B.1-10.*

V

vagabundierende Ströme
Stromerzeugungsanlagen .... N **551** 551.5.2

Verbindungen
beweglich; Mindestquerschnitte .... N **520** Tabelle 52 J
Bewehrungen von Fernmeldekabeln mit Erdungssammelleitern .... *E* ***540A1*** *545.7.1.2*
Dauerhaftigkeit bei kombinierten Funktionserdungs- und Schutzleitern .... *E* ***540A1*** *545.7.4.3*
die für Prüfzwecke gelöst werden im Schutzleiter .... *E* ***540A1*** *543.3.3*
durchgehend elektrische Verbindung bei Schutzleitern .... N **540** 5.3
Erdungssammelleiter .... *E* ***540A1*** *545.7.1.2*
Schutzleiter .... *E* ***540A1*** *543.3.2*
Stegleitungen .... N **520** Anhang ZB h)
von Neutralleiter und Schutzleiter nach Aufteilung des PEN-Leiters verboten .... *E* ***540A1*** *543.4.3*
von Personen mit Erdpotential; Kenngrößen .... N **300** 322.3
von Personen mit Erdpotential; Kurzzeichen .... N **300** 322.3

vorübergehend errichtete Anlagen für Bauwerke, Vergnügungseinrichtungen und Buden auf Kirmesplätzen ... *E* ***740*** *740.526*
zwischen den fest verlegten Kabeln und Leitungen und Betriebsmitteln ... N **520** 522.12.2
zwischen der Anschlussleitung und dem Heizelement für Decken-, Fußboden-, und Rohrheizsysteme ... N **520** 526.3
zwischen elektrischen Anlagen von Gebäuden und Möbeln ... *E* ***713*** *713.52.01*
zwischen Vorschaltgeräten und Lampenfassungen ... *E* ***559A1*** *559.7*

Verbindungsdosen
Planschbecken ... *E* ***702A1*** *702.522.24*
Räume mit Badewanne oder Dusche ... *E* ***701*** *701.53*
Schwimmanlage ... N **702** 5.2.4
Schwimmbäder und andere Becken ... *E* ***702A1*** *702.522.24*
Springbrunnen ... *E* ***702A1*** *702.522.24*

Verbindungsleiter
Überspannungs-Schutzeinrichtungen ... *E* ***534*** *534.2.10*

Verbindungsleitungen
Akkumulatoren ... N **430** 5.5 b),
E ***470A2*** *473.1.2 b)*
Akkumulatorenbatterien ... N **430** 6.4.3
Anlasser ... N **430** 5.5 b),
E ***470A2*** *473.1.2 b)*
Generatoren ... N **430** 5.5 b), 6.4.3,
E ***470A2*** *473.1.2 b)*
Gleichrichter ... N **430** 5.5 b), 6.4.3,
E ***470A2*** *473.1.2 b)*
Schaltanlagen ... N **430** 5.5 b), 6.4.3,
E ***470A2*** *473.1.2 b)*
Transformatoren ... N **430** 5.5 b), 6.4.3,
E ***470A2*** *473.1.2 b)*
Verzicht auf Schutzeinrichtungen bei Überlast ... N **430** 5.5 b),
E ***470A2*** *473.1.2 b)*

Verbindungsmittel
Auswahl für Kabel- und Leitungssysteme (-anlagen) ... N **520** 526.2
Nachweise vor erster Inbetriebnahme ... *E* ***610A1*** *611.3*

Verbraucheranlagen
Begriff ... N **200** A.1.4
Einrichtungen für Sicherheitszwecke ... *E* ***718*** *565*
Schutz gegen Überspannungen ... N **alt** § 18 a)1.3
Spannungsfall ... N **520** 525

Verbrauchsmittel
abgehängt ... *E* ***520A1*** *Tabelle 52H*
an zwei verschiedenen Stromkreisen bei
elektrischen Anlagen für Sicherheitszwecke ... N **560** 564.2
betriebsmäßiges Schalten ... N **460** 7.1.3
Boote, Jachten ... N **721** 6.4
Caravan ... N **708** 5.5
Drehstrom-Steckvorrichtungen ... N **550** 4.4
Einrichtungen für Sicherheitszwecke ... *E* ***718*** *565*
Einrichtungsgegenstände ... N **724** 7.2
elektrische Anlagen für Sicherheitszwecke ... N **560** 564
elektrische Verbrauchsmittel; Begriff ... N **200** 2.7.2
Liste bei baulichen Anlagen für
Menschenansammlungen ... *E* ***718*** *718.514.5.6*
medizinisch genutzte Räume ... *E* ***710*** *710.564*
mit eingebauter Batteriestromversorgung bei
elektrischen Anlagen für Sicherheitszwecke ... N **560** 562.6
mit flexibler Leitung ... *E* ***520A1*** *Tabelle 52H*
Möbel ... N **724** 7.2
Räume mit Badewanne oder Dusche ... *E* ***701*** *701.55*
Schutz durch Schutztrennung mit einem
Verbrauchsmittel ... N **410** 413.5.2
Schutz durch Schutztrennung mit mehreren
Verbrauchsmitteln ... N **410** 413.5.3
Schwimmbäder ... *E* ***702A1*** *702.55.1*

Verbrennungen, Schutz gegen
Schutz gegen thermische Einflüsse ... N **420** 5

Verbrennungsgefahr
Tiere ... N **705** 4.1

Verbrennungsmaschinen mit Hubkolbenmotor
Sicherheitsstromversorgungen ... *E* ***560A2*** *568.5.1.4*

vereinbarte Grenze der Berührungsspannung
Begriff ... N **200** 2.2.4
medizinisch genutzte Räume ... *E* ***710*** *710.413.1.1.1*
U_L = 25 V bei besonderen Umgebungsbedingungen ... *E* ***410A5*** *Anhang B*

vereinbarte Grenzen
Berührungsspannung U_L ... N **410** 413.1.1.1
Anmerkung 6

vereinbarter Ansprechstrom
Begriff ... N **200** 2.5.9,
E ***200A2*** *826-05-09*

Vereinigtes Königreich
besondere nationale Bedingungen für Kabel- und Leitungssysteme (-anlagen) .... N **520** Anhang ZB

Verfahren
zum Verlegen von Kabeln und Leitungen .... N **520** Nationales Vorwort, 132.7

Vergnügungseinrichtungen
Begriff .... *E* ***740*** *740.2.8*

Vergnügungsparks
Anbringungsort von Entladungs-Lampen .... *E* ***740*** *740.55.3.1*
Anlagen im Freien .... *E* ***711A1*** *711A.537.2.1*
Anwendung der Schutzmaßnahmen .... *E* ***711A1*** *711A.47*
äußere Einflüsse .... *E* ***711A1*** *711A.512,* *E* ***740*** *740.512*
Beleuchtung .... *E* ***740*** *740.481.3.1.4*
Beleuchtungsanlagen .... *E* ***711A1*** *711A.55.01*
Berührungsspannung U_L .... *E* ***740*** *740.413.1.4*
Betriebsbedingungen .... *E* ***711A1*** *711A.512,* *E* ***740*** *740.512*
Betriebsmittel, deren falsche Behandlung zu erwarten ist .... *E* ***740*** *740.512.3*
Brandschutz .... *E* ***711A1*** *711A.422,* *E* ***740*** *740.422*
brennbare Baustoffe .... *E* ***740*** *740.482.3*
elektrische Anlagen .... *E* ***740***
elektrische Versorgung .... *E* ***711A1*** *711A.55.08,* *E* ***740*** *740.55.8*
Endstromkreise .... *E* ***740*** *740.481.3.1.4*
Erdschlussüberwachung .... *E* ***711A1*** *711A.412.5.2*
Erdung .... *E* ***711A1*** *711A.54*
Erdung in TT-Systemen .... *E* ***711A1*** *711A.541*
Flutlichter .... *E* ***740*** *740.55.1.4*
Generatoren .... *E* ***711A1*** *711A.55.06*
Geräte zum Schalten .... *E* ***711A1*** *711A.537*
Geräte zum Trennen .... *E* ***711A1*** *711A.512.02, 711A.537*
Gleichrichter .... *E* ***711A1*** *711A.55.06*
Haltung von Tieren .... *E* ***740*** *740.413.1.4*
Hauptpotentialausgleich .... *E* ***740*** *740.413.1.2.1*
IT-Systeme .... *E* ***740*** *740.413.1.5*
IT-Systeme werden nicht empfohlen .... *E* ***711A1*** *711A.413.1.5*
Kabel- und Leitungssysteme (-anlagen) .... *E* ***711A1*** *711A.52*
Konverter .... *E* ***740*** *740.55.6*
Lampenfassungen .... *E* ***740*** *740.55.1.3*
Leiter, die nicht zur elektrischen Anlage gehören .... *E* ***711A1*** *711A.470*
Leiteranschlüsse .... *E* ***711A1*** *711A.52.02*

Leiterverbindungen	*E*	***711A1***	*711A.52.02*
Leuchten	*E*	***711A1***	*711A.55.02,*
	E	***740***	*740.55.1.1*
mechanische Beanspruchungen	*E*	***740***	*740.520.1*
Mittel zur Bedienung	*E*	***711A1***	*711A.512.02*
Motor-Generator-Gruppen	*E*	***740***	*740.313.3*
Neutralleiter	*E*	***711A1***	*711A.512.02*
Niederspannungs-Stromerzeugungsanlagen	*E*	***740***	*740.551*
Not-Aus-Einrichtungen	*E*	***740***	*740.55.3.3*
ortsveränderliche Jahrmärkte	*E*	***711A1***	*711A.52.01*
PELV	*E*	***740***	*740.42.1*
Potentialausgleich	*E*	***711A1***	*711A.413.1.2*
RCDs	*E*	***711A1***	*711A.412.5,*
	E	***740***	*740.412.5*
RCDs zum Trennen	*E*	***711A1***	*711A.537.2.2*
Schalten	*E*	***740***	*740.537*
schalten des Neutralleiters	*E*	***711A1***	*711A.537.1*
Schaltgeräte	*E*	***711A1***	*711A.53,*
	E	***740***	*740.53*
Scheinwerfer	*E*	***711A1***	*711A.55.02*
Schleifleitungen	*E*	***740***	*740.520.1*
Schutz bei Überlaststrom	*E*	***711A1***	*711A.433*
Schutz durch Abstand nicht erlaubt	*E*	***711A1***	*711A.471.1*
Schutz durch erdfreien Potentialausgleich nicht erlaubt	*E*	***711A1***	*711A.471.2*
Schutz durch Hindernisse nicht erlaubt	*E*	***711A1***	*711A.471.1*
Schutz durch nichtleitende Fußböden nicht erlaubt	*E*	***711A1***	*711A.471.2*
Schutz gegen elektrischen Schlag	*E*	***711A1***	*711A.41*
Schutz gegen elektrischen Schlag unter Fehlerbedingungen	*E*	***740***	*740.471.2*
Schutz gegen elektrischen Schlag unter normalen Bedingungen	*E*	***740***	*740.412, 740.471.1*
Schutz gegen thermische Einflüsse	*E*	***711A1***	*711A.42*
Schutzart	*E*	***711A1***	*711A.512.03*
Schutzeinrichtungen	*E*	***740***	*740.51, 740.512.2*
Schutzleiter	*E*	***711A1***	*711A.54*
SELV	*E*	***740***	*740.42.1, 740.512.1*
Spannungen	*E*	***740***	*740.313.1*
Speisepunkte	*E*	***740***	*740.55.8*
Steckdosen	*E*	***711A1***	*711A.55.07,*
	E	***740***	*740.481.3.1.4, 740.55.7*
Stecker	*E*	***711A1***	*711A.55.07,*
	E	***740***	*740.55.7*
Steuereinrichtungen von Entladungs-Lampen	*E*	***740***	*740.55.3.2*
Steuergeräte	*E*	***711A1***	*711A.53,*
	E	***740***	*740.51, 740.53*

Stromversorgung durch Motor-Generator-Satz des Benutzers .... E **711A1** *711A.313.1.2*
Stromversorgung vom öffentlichen Netz .... E **711A1** *711A.313.1.1*
TN-Systeme .... E **711A1** *711A.413.1.3*
Transformatoren .... E **711A1** *711A.55.06*
Trennen .... E **740** *740.462, 740.537*
Trennen von elektrischen Maschinen .... E **740** *740.55.4.1*
Trennstellen .... E **711A1** *711A.537.2.1*
Überstrom-Schutzeinrichtungen .... E **740** *740.537.1*
verdrillen von Leitern nicht gestattet .... E **711A1** *711A.52.02*
Zirkusse .... E **711A1** *711A.52.01*
zusätzlicher Schutz .... E **740** *740.412.5*
zusätzlicher Schutz durch RCDs .... E **711A1** *711A.412.5*

Verkaufsstätten
bauliche Anlagen für Menschenansammlungen .... E **718** *718.1*

Verkleidungen
Heizelement .... N **420** 6.1.2
Schutz gegen thermische Einflüsse .... N **420** 4.6

Verklinkbarkeit
Betätigungseinrichtungen für Not-Ausschaltgeräte .... N **537** 537.4.6

Verladeplätze
Drehstrom-Steckvorrichtungen .... N **550** 4.4

Verlegearten
Beispiele .... N **520** Tabelle 52 H
blanke oder isolierte Leiter auf Isolatoren .... N **520** Tabelle 52 H Referenz 18
die nicht genormt sind .... N **520** 521.3
die zulässig sind .... N **520** Tabelle 52 F
ein- oder mehradrige Kabel oder Mantelleitungen in abgehängten zu öffnenden Elektroinstallationskanälen .... N **520** Tabelle 52 H Referenz 34 A
ein- oder mehradrige Kabel oder Mantelleitungen in baulichen Hohlräumen .... N **520** Tabelle 52 H Referenz 21
ein- oder mehradrige Kabel oder Mantelleitungen in Elektroinstallationsrohren auf Wänden .... N **520** Tabelle 52 H Referenz 3 A
ein- oder mehradrige Kabel oder Mantelleitungen in Elektroinstallationsrohren in baulichen Hohlräumen .... N **520** Tabelle 52 H Referenz 22 A

ein- oder mehradrige Kabel oder Mantelleitungen in Elektroinstallationsrohren in Mauerwerk .... N **520** Tabelle 52 H Referenz 5 A

ein- oder mehradrige Kabel oder Mantelleitungen in Elektroinstallationsrohren oder geschlossenen Elektroinstallationskanälen in Erde .... N **520** Tabelle 52 H Referenz 61

ein- oder mehradrige Kabel oder Mantelleitungen in geschlossenen Elektroinstallationskanälen auf Wänden .... N **520** Tabelle 52 H Referenz 4 A

ein- oder mehradrige Kabel oder Mantelleitungen in geschlossenen Elektroinstallationskanälen in baulichen Hohlräumen .... N **520** Tabelle 52 H Referenz 23 A

ein- oder mehradrige Kabel oder Mantelleitungen in geschlossenen Elektroinstallationskanälen in Mauerwerk .... N **520** Tabelle 52 H Referenz 24 A

ein- oder mehradrige Kabel oder Mantelleitungen in Hohldecken, in Hohlraumböden .... N **520** Tabelle 52 H Referenz 25

ein- oder mehradrige Kabel oder Mantelleitungen in waagerecht oder senkrecht verlegten offenen oder belüfteten Kabelkanälen .... N **520** Tabelle 52 H Referenz 43

ein- oder mehradrige Kabel oder Mantelleitungen in zu öffnenden Fußbodenkanälen .... N **520** Tabelle 52 H Referenz 33 A

ein- oder mehradrige Kabel oder Mantelleitungen, in Mauerwerk verlegt - mit zusätzlichem mechanischem Schutz .... N **520** Tabelle 52 H Referenz 53

ein- oder mehradrige Kabel oder Mantelleitungen, in Mauerwerk verlegt - ohne zusätzlichen mechanischen Schutz .... N **520** Tabelle 52 H Referenz 52

ein- oder mehradrige Kabel, in Erde verlegt mit zusätzlichem mechanischem Schutz .... N **520** Tabelle 52 H Referenz 63

ein- oder mehradrige Kabel, in Erde verlegt ohne zusätzlichen mechanischen Schutz .... N **520** Tabelle 52 H Referenz 62

ein- und/oder mehradrige Kabel oder Mantelleitungen an Decken befestigt .... N **520** Tabelle 52 H Referenz 11 A

ein- und/oder mehradrige Kabel oder Mantelleitungen an Wänden befestigt .... N **520** Tabelle 52 H Referenz 11

ein- und/oder mehradrige Kabel oder Mantelleitungen auf Auslegern, horizontal oder vertikal .... N **520** Tabelle 52 H Referenz 14

ein- und/oder mehradrige Kabel oder Mantelleitungen auf durchbrochenen Kabelwannen, horizontal oder vertikal .... N **520** Tabelle 52 H Referenz 13

ein- und/oder mehradrige Kabel oder Mantelleitungen auf geschlossenen Kabelwannen ...... N **520** Tabelle 52 H Referenz 12

ein- und/oder mehradrige Kabel oder Mantelleitungen auf Kabelpritschen .... N **520** Tabelle 52 H Referenz 16

ein- und/oder mehradrige Kabel oder Mantelleitungen auf Schellen mit Abstand zur Wand oder zur Decke .... N **520** Tabelle 52 H Referenz 15

ein- und/oder mehradrige Kabel oder Mantelleitungen, befestigt an einem Tragseil oder mit integriertem Tragseil .... N **520** Tabelle 52 H Referenz 17

isolierte Leiter (Aderleitungen) in abgehängten zu öffnenden Elektroinstallationskanälen .... N **520** Tabelle 52 H Referenz 34

isolierte Leiter (Aderleitungen) in Elektroinstallationsrohren auf Wänden .... N **520** Tabelle 52 H Referenz 3

isolierte Leiter (Aderleitungen) in Elektroinstallationsrohren in baulichen Hohlräumen .. N **520** Tabelle 52 H Referenz 22

isolierte Leiter (Aderleitungen) in Elektroinstallationsrohren in belüfteten Kabelkanälen im Fußboden .... N **520** Tabelle 52 H Referenz 42

isolierte Leiter (Aderleitungen) in Elektroinstallationsrohren in Mauerwerk .... N **520** Tabelle 52 H Referenz 5

isolierte Leiter (Aderleitungen) in Elektroinstallationsrohren in wärmegedämmten Wänden .... N **520** Tabelle 52 H Referenz 1

isolierte Leiter (Aderleitungen) in Elektroinstallationsrohren oder ein- oder mehradrige Kabel oder Mantelleitungen in Fensterrahmen .... N **520** Tabelle 52 H Referenz 74

isolierte Leiter (Aderleitungen) in Elektroinstallationsrohren oder ein- oder mehradrige Kabel oder Mantelleitungen in Türrahmen N **520** Tabelle 52 H Referenz 73

isolierte Leiter (Aderleitungen) in geschlossenen Elektroinstallationskanälen auf Wänden .... N **520** Tabelle 52 H Referenz 4

isolierte Leiter (Aderleitungen) in geschlossenen Elektroinstallationskanälen in baulichen Hohlräumen .... N **520** Tabelle 52 H Referenz 23

isolierte Leiter (Aderleitungen) in geschlossenen Elektroinstallationskanälen in Mauerwerk .... N **520** Tabelle 52 H Referenz 24

isolierte Leiter (Aderleitungen) in Kunststoff-Formteilen (Leitungsträger) .... N **520** Tabelle 52 H Referenz 71

isolierte Leiter (Aderleitungen) in zu öffnenden Fußbodenkanälen .... N **520** Tabelle 52 H Referenz 33

isolierte Leiter (Aderleitungen) oder ein- oder mehradrige Kabel oder Mantelleitungen in eingebetteten Elektroinstallationskanälen .... N **520** Tabelle 52 H Referenz 75

isolierte Leiter (Aderleitungen) oder ein- oder mehradrige Kabel oder Mantelleitungen in geteilten zu öffnenden Elektroinstallationskanälen ..... N **520** Tabelle 52 H Referenz 72

isolierte Leiter (Aderleitungen) oder ein- oder mehradrige Kabel oder Mantelleitungen in zu öffnenden Elektroinstallationskanälen auf Wänden .... N **520** Tabelle 52 H Referenz 31, 31 A, Tabelle 52 H Referenz 32, 32 A

isolierte Leiter (Aderleitungen) oder ein- und/oder mehradrige Kabel und Mantelleitungen in Elektroinstallationsrohren in waagerecht oder se .... N **520** Tabelle 52 H Referenz 41

Kabel in Wasser .... N **520** Tabelle 52 H Referenz 81

Kabel- und Leitungssysteme (-anlagen) .... N **520** 521.1, 521.2, Tabelle 52 G

Kleinspannungs-Beleuchtungsanlagen .... E ***715*** *715.521.1.1*

mehradrige Kabel oder Mantelleitungen in Elektroinstallationsrohren in wärmegedämmten Wänden .... N **520** Tabelle 52 H Referenz 2

mehradrige Kabel oder Mantelleitungen, in wärmegedämmten Wänden verlegt .... N **520** Tabelle 52 H Referenz 51

Verlegen
Hausanschlusskabel .... N **732** 4.3
Stegleitungen .... N **520** Anhang ZB
Stromkreise für Sicherheitszwecke .... N **560** 563.1

Verlegen von Kabeln und Leitungen
Grundsätze .... *E* ***100A1*** *132.7*
Heißluft-Saunaraum .... N **703** 4.2
Räume mit Badewanne oder Dusche .... N **701** 5.2
Schwimmanlage .... N **702** 5.2
Springbrunnen .... N **738** 5.2

Verlegeorte
Kabel- und Leitungssysteme (-anlagen) .... N **520** Tabelle 52 G

Verlegetiefe
Erder .... N **540** 4.2.2,
E ***540A1*** *542.2.2*

Verlegung
Erdungssammelleiter .... *E* ***540A1*** *545.7.1.3*

Verletzungsrisiko
mechanische Wartung .... N **460** 5.1

Vermeidung gegenseitiger nachteiliger Beeinflussung
Betriebsmittel .... N **510** 515,
E ***510*** *515*

Verordnungen
Sicherheitseinrichtungen .... *E* ***560A2*** *564.1.1, Anmerkung 1*

Verputz
Brandschutz .... N **482** 482.2.2
feuergefährdete Betriebsstätten .... N **482** 482.2.2

Verriegelbarkeit
Betätigungseinrichtungen für Not-Ausschaltgeräte .... N **537** 537.4.6

Verriegelungen
Funktionsprüfungen .... N **610** 5.9

Versammlungsstätten
bauliche Anlagen für Menschenansammlungen ... *E* ***718*** *718.1*
Kurzzeichen ... N **300** 322.4

Verschlüsse
Kabel- und Leitungsdurchbrüche ... N **520** 527.2
Kabel- und Leitungssysteme (-anlagen) ... N **520** 527.3.1, 527.4.1, 527.4.2, 527.5.1

Versorgung
Baustelle ... *E* ***704A1*** *704.313*
Hilfsstromkreise ... *E* ***716*** *716.312.01*

Versorgungsdauer
elektrische Anlagen für Sicherheitszwecke ... N **560** 561.1.1

Versorgungseinheit
für Caravan-Stellplatz ... N **708** 2.4

Versorgungseinrichtungen
für Sicherheitszwecke ... N **300** 313.2

Versorgungseinrichtungen für Sicherheitszwecke
Auswahl ... *E* ***560A2*** *561*
Begriff ... N **200** 2.1.5,
E ***200A2*** *826-01-05*
Montage ... *E* ***560A2*** *561*
Schaltzustand der Sicherheitsstromversorgungen ... *E* ***560A2*** *568.1.2*
Sicherheitsstromversorgungen ... *E* ***560A2*** *568*
Umschaltung bei Stromausfall der allgemeinen Stromversorgung ... *E* ***560A2*** *568.1.1*
Unabhängigkeit von der allgemeinen Stromversorgung ... *E* ***560A2*** *568.1*

verstärkte Isolierungen
Begriff ... N **200** 2.3.20

verstärkte Schutzleiter
Gleichstromanteil im Fehlerstrom ... *E* ***719*** *7XX.471.2.3.3*

Verteiler
anschließen ... N **729**
Anschluss ... N **729** 4.3
aufstellen ... N **729**
Aufstellung ... N **729** 4.2
Auswahl ... N **729** 3.1
Baustelle ... N **704** 7,
E ***704A1*** *704.511.1*
der Sicherheitsstromversorgung räumlich getrennt von Bauteilen der allgemeinen Stromversorgung ... *E* ***560A2*** *567.3*

Feuerbeständigkeit bei Sicherheitseinrichtungen .... *E* ***560A2*** *567.1*
Gänge .... N **729** 4.2.3, 4.2.4, 4.2.5
Herstellung .... N **729** 3.2
Kennzeichnung .... N **729** 4.4
Prüfungen .... N **729** 5
Transport .... N **729** 4.1

Verteilertafeln
Hohlwände (brennbar) .... N **482** 482.2.2.1

Verteilungsnetze
als Freileitungsnetze (Schutz bei Überspannungen) .... *E* ***443A4*** *Anhang A*
Begriff .... N **200** A.1.2
Verzicht auf Schutzeinrichtungen bei Überlast .... *E* ***470A2*** *473.1.2 d)*
→ siehe auch öffentliche Verteilungsnetze

Verteilungsstromkreise
Begriff .... N **200** 2.5.2
getrennte Verteilungsstromkreise in elektrischen
Anlagen .... N **300** 314.2
TN-Systeme .... N **410** 413.1.3.5
trennen .... N **300** 314.2
Vorsorge bei Endkreisen mit beiden Abschaltzeiten
0,4 s und 5 s .... *E* ***410A5*** *1.4*

Verteilungssysteme
Arten .... N **300** 312

Verträglichkeit
Betriebsbedingungen .... N **510** 512.1.5,
E ***510*** *512.1.5*
Betriebsmittel .... N **300** 3.1,
N **510** 512.1.5,
E ***510*** *512.1.5*
elektrischer Betriebsmittel in elektrischen
Anlagen .... N **300** 33
elektromagnetische Verträglichkeit (EMV) .... N **444** 444.3
Temperatur von Betriebsmittelklemmen und von
Leiterisolierungen B1 **520** 52.2.3

Verwendungszweck
elektrische Anlagen .... N **300** 3.1

Verzeichnis der einschlägigen Normen
Errichtungsnormen .... B2 **-** Tabelle 1

Verzicht auf Schutzeinrichtungen
bei Kurzschluss in Messstromkreisen .... N **430** 6.4.3
bei Kurzschluss in öffentlichen Verteilungsnetzen .... N **430** 6.4.3

bei Kurzschluss in Verbindungsleitungen .... N **430** 6.4.3
bei Überlast bei Änderung des Querschnitts .... N **430** 5.5 a),
E ***470A2*** *473.1.2 a)*
bei Überlast in Hilfsstromkreisen .... N **430** 5.5 c),
E ***470A2*** *473.1.2 c)*
bei Überlast in öffentlichen Verteilungsnetzen .... N **430** 5.5 d)
bei Überlast in Verbindungsleitungen .... N **430** 5.5 b),
E ***470A2*** *473.1.2 b)*
bei Überlast in Verteilungsnetzen .... E ***470A2*** *473.1.2 d)*
Schutz bei Kurzschluss .... N **430** 6.4.3
Schutz bei Überlast .... N **430** 5.5,
E ***470A2*** *473.1.2*

Vibrationen
→ siehe Schwingungen

Vielfachsteckvorrichtungen
Steckvorrichtungen .... N **550** 4.2

vollkommener Körper-, Kurz- oder Erdschluss
Begriff .... N **200** A.7.8

Vorführstände
für Leuchten; Begriff .... E ***559A1*** *559.3.1*
von Leuchten .... E ***559A1*** *559.10*

Vorführstände für Leuchten
Anpassung .... N **559** Deckblatt
Auswahl und Errichtung .... N **559** 6
Begriff .... N **559** 2.1
Beitrittsgebiet .... B2 **-** Seite 20

Vorhandensein von Tieren
Kabel- und Leitungssysteme (-anlagen) .... N **520** 522.10

Vorschaltgeräte
Beleuchtungsanlagen .... E ***559A1*** *559.7*
Brandschutz .... N **559** 5.3
Kennzeichnung unabhängiger Vorschaltgeräte .... E ***559A1*** *Anhang A,*
E ***715*** *Anhang A*
Kleinspannungs-Beleuchtungsanlagen .... E ***715*** *715.411.1.2*
Leuchten .... E ***559A1*** *559.7*

vorübergehend errichtete Anlagen für Bauwerke, Vergnügungseinrichtungen und Buden auf Kirmesplätzen
Anbringungsort von Entladungs-Lampen .... E ***740*** *740.55.3.1*
äußere Einflüsse .... E ***740*** *740.32, 740.512*
Beleuchtung .... E ***740*** *740.481.3.1.4*
Beleuchtungsanlage .... E ***740*** *740.55.1*

vorübergehend errichtete Anlagen für Bauwerke, Vergnügungseinrichtungen und Buden auf Kirmesplätzen

Beleuchtungsgeräte .... E **740** 740.482.3.2
Bereiche mit Tieren .... E **740** 740.413.1.6.1
Berührungsspannung U_L .... E **740** 740.413.1.4
Betriebsbedingungen .... E **740** 740.512
Betriebsmittel .... E **740** 740.5
Betriebsmittel, deren falsche Behandlung zu erwarten ist .... E **740** 740.512.3
Brandschutz .... E **740** 740.422, 740.482
brennbare Baustoffe .... E **740** 740.482.3
elektrische Anlagen .... E **740**
elektrische Maschinen .... E **740** 740.55.4
elektrische Versorgung .... E **740** 740.55.8
Endstromkreise .... E **740** 740.481.3.1.4
Entladungslampen .... E **740** 740.55.3
Flutlichter .... E **740** 740.55.1.4
Haltung von Tieren .... E **740** 740.413.1.4
Hauptpotentialausgleich .... E **740** 740.413.1.2.1
IT-Systeme .... E **740** 740.413.1.5
Kabel- und Leitungssysteme (-anlagen) .... E **740** 740.52
Konverter .... E **740** 740.55.6
Lampenfassungen .... E **740** 740.55.1.3
Leuchten .... E **740** 740.482.3.2, 740.55.1.1
Leuchtröhren .... E **740** 740.482.3.2
mechanische Beanspruchungen .... E **740** 740.520.1
Motor .... E **740** 740.482.2.8
Motor-Generator-Gruppen .... E **740** 740.313.3
Niederspannungs-Stromerzeugungsanlagen .... E **740** 740.551
Not-Aus-Einrichtungen .... E **740** 740.55.3.3
PELV .... E **740** 740.42.1
RCD .... E **740** 740.481.3
RCDs .... E **740** 740.412.5
Schalten .... E **740** 740.537
Schaltgeräte .... E **740** 740.53
Schaltgeräte und Steuergeräte .... E **740** 740.53
Schleifleitungen .... E **740** 740.520.1
Schutz bei indirektem Berühren .... E **740** 740.481.3
Schutz durch automatische Abschaltung der Stromversorgung .... E **740** 740.413.1
Schutz gegen elektrischen Schlag .... E **740** 740.41, 740.471
Schutz gegen elektrischen Schlag unter Fehlerbedingungen .... E **740** 740.471.2
Schutz gegen elektrischen Schlag unter normalen Bedingungen .... E **740** 740.412, 740.471.1
Schutz gegen thermische Auswirkungen .... E **740** 740.42
Schutzeinrichtungen .... E **740** 740.51, 740.512.2
SELV .... E **740** 740.42.1, 740.512.1

Sicherheitszwecke	*E*	***740***	*740.56*
Spannungen	*E*	***740***	*740.313.1*
Speisepunkte	*E*	***740***	*740.55.8*
Steckdosen	*E*	***740***	*740.481.3.1.4, 740.55.7*
Stecker	*E*	***740***	*740.55.7*
Steuereinrichtungen von Entladungs-Lampen	*E*	***740***	*740.55.3.2*
Steuergeräte	*E*	***740***	*740.51, 740.53*
Stromversorgung	*E*	***740***	*740.313*
TN-Systeme	*E*	***740***	*740.413.1.3*
Trennen	*E*	***740***	*740.462, 740.537*
Trennen von elektrischen Maschinen	*E*	***740***	*740.55.4.1*
Überstrom-Schutzeinrichtungen	*E*	***740***	*740.537.1*
Verbindungen	*E*	***740***	*740.526*
Wärmeerzeugung	*E*	***740***	*740.482.3.2*
Wiederholungsprüfungen	*E*	***740***	*740.6*
zusätzlicher Potentialausgleich	*E*	***740***	*740.413.1.6*
zusätzlicher Potentialausgleich für fremde leitfähige Teile eines Fahrzeugs, Waggons, Caravans, Behälter	*E*	***740***	*740.413.1.6.2*
zusätzlicher Schutz	*E*	***740***	*740.412.5*

vorübergehend errichtete Aufbauten

Begriff	*E*	***740***	*740.2.5*

vorübergehend errichtete elektrische Anlagen

Begriff	*E*	***711***	*711.2.6,*
	E	***740***	*740.2.6*

vorübergehend errichtete elektrische Anlagen auf Messegeländen

Anlagen im Freien	*E*	***711A1***	*711A.537.2.1*
Anwendung der Schutzmaßnahmen	*E*	***711A1***	*711A.47*
äußere Einflüsse	*E*	***711A1***	*711A.512*
Beleuchtungsanlagen	*E*	***711A1***	*711A.55.01*
Betriebsbedingungen	*E*	***711A1***	*711A.512*
Brandschutz	*E*	***711A1***	*711A.422*
elektrische Versorgung	*E*	***711A1***	*711A.55.08*
Erdschlussüberwachung	*E*	***711A1***	*711A.412.5.2*
Erdung	*E*	***711A1***	*711A.54*
Erdung in TT-Systemen	*E*	***711A1***	*711A.541*
Generatoren	*E*	***711A1***	*711A.55.06*
Geräte zum Schalten	*E*	***711A1***	*711A.537*
Geräte zum Trennen	*E*	***711A1***	*711A.512.02, 711A.537*
Gleichrichter	*E*	***711A1***	*711A.55.06*
IT-Systeme werden nicht empfohlen	*E*	***711A1***	*711A.413.1.5*
Kabel- und Leitungssysteme (-anlagen)	*E*	***711A1***	*711A.52*
Leiter, die nicht zur elektrischen Anlage gehören	*E*	***711A1***	*711A.470*
Leiteranschlüsse	*E*	***711A1***	*711A.52.02*

Leiterverbindungen........ E **711A1** *711A.52.02*
Leuchten .... E **711A1** *711A.55.02*
Mittel zur Bedienung .... E **711A1** *711A.512.02*
Neutralleiter .... E **711A1** *711A.512.02*
ortsveränderliche Jahrmärkte .... E **711A1** *711A.52.01*
Potentialausgleich .... E **711A1** *711A.413.1.2*
RCDs .... E **711A1** *711A.412.5*
RCDs zum Trennen .... E **711A1** *711A.537.2.2*
schalten des Neutralleiters .... E **711A1** *711A.537.1*
Schaltgeräte .... E **711A1** *711A.53*
Scheinwerfer .... E **711A1** *711A.55.02*
Schutz bei Überlaststrom .... E **711A1** *711A.433*
Schutz durch Abstand nicht erlaubt .... E **711A1** *711A.471.1*
Schutz durch erdfreien Potentialausgleich nicht erlaubt .... E **711A1** *711A.471.2*
Schutz durch Hindernisse nicht erlaubt .... E **711A1** *711A.471.1*
Schutz durch nichtleitende Fußböden nicht erlaubt .... E **711A1** *711A.471.2*
Schutz gegen elektrischen Schlag .... E **711A1** *711A.41*
Schutz gegen thermische Einflüsse .... E **711A1** *711A.42*
Schutzart .... E **711A1** *711A.512.03*
Schutzleiter .... E **711A1** *711A.54*
Steckdosen .... E **711A1** *711A.55.07*
Stecker .... E **711A1** *711A.55.07*
Steuergeräte .... E **711A1** *711A.53*
Stromversorgung durch Motor-Generator-Satz des Benutzers .... E **711A1** *711A.313.1.2*
Stromversorgung vom öffentlichen Netz .... E **711A1** *711A.313.1.1*
TN-Systeme .... E **711A1** *711A.413.1.3*
Transformatoren .... E **711A1** *711A.55.06*
Trennstellen .... E **711A1** *711A.537.2.1*
verdrillen von Leitern nicht gestattet .... E **711A1** *711A.52.02*
Zirkusse .... E **711A1** *711A.52.01*
zusätzlicher Schutz durch RCDs .... E **711A1** *711A.412.5*

vorübergehend errichtete elektrische Anlagen für Bauwerke, Vergnügungseinrichtungen und Buden auf Kirmesplätzen
Stromversorgung vom öffentlichen Netz .... E **740** *740.313.2*

vorübergehende Aufbauten
Begriff .... E **711** *711.2.5*

Vorzählerbereich
Überspannungs-Schutzeinrichtungen EB1 **534** *12.4.1*

W

waagerechtes Verlegen
Kabel- und Leitungssysteme (-anlagen) ... N **520** 522.8.1.7

Wagen nach Schaustellerart
Beleuchtungsanlagen ... N **722** 8,
E ***722*** *8*
Kabel und Leitungen ... N **722** 7,
E ***722*** *7*
Maschinen ... N **722** 9.1,
E ***722*** *9.1*
Schaltgeräte ... N **722** 9.1,
E ***722*** *9.1*
Schaltpläne ... N **722** 6,
E ***722*** *6*
Speisepunkte ... N **722** 4,
E ***722*** *4*
Standorte dafür ... N **722** 4.1.4
Standorte dafür im Beitrittsgebiet ... B2 - Seite 21
Stromschienen ... N **722** 7,
E ***722*** *7*
Transformatoren ... N **722** 9.1,
E ***722*** *9.1*

Wandauslassdosen
Leuchten ... N **559** 5.2

Wände
als Bereichsgrenzen; Räume mit Badewanne oder Dusche ... E ***701*** *701.32*
Durchbrüche der Kabel- und Leitungssysteme (-anlagen) ... N **520** 527.2.1
Erproben und Messen des Widerstands ... N **610** 5.1
Messen von Wandwiderständen ... E ***610A1*** *612.5*
Messung des Widerstandes von isolierenden Wänden ... N **610** 5.5, Anhang A
Verlegen von Kabeln und Leitungen in Wänden ... N **520** 522.8.1.7

Wannen
aus Kunststoff und zusätzlicher Potentialausgleich ... N **701** 4.2.4
leitfähige Wanne und zusätzlicher Potentialausgleich ... N **701** 4.2.1, 4.2.5

Wärme
Betriebsmittel ... B1 **520** 52.3.1.3, 53.3.1.3

wärme- oder rauchabgebende Anlagen
Nähe zu Kabel- und Leitungssystemen (-anlagen) ... N **520** 528.2.1

Wärmeabzugsanlagen
Einrichtungen für Sicherheitszwecke .... *E* ***718*** *563.4 Anmerkung*

Wärmeabzugseinrichtungen
Einrichtungen für Sicherheitszwecke .... *E* ***718*** *718.1*

Wärmeeinwirkung
Schutz gegen thermische Einflüsse .... N **420** 4.4

Wärmeerzeugung
elektrische Anlagen in Ausstellungen, Shows, Ständen, Jahrmärkten .... *E* ***711*** *711.482.3.2*
vorübergehend errichtete Anlagen für Bauwerke, Vergnügungseinrichtungen und Buden auf Kirmesplätzen .... *E* ***740*** *740.482.3.2*

Wärmegeräte
Baustelle .... N **704** 12

Wärmequellen
äußere Wärmequellen und Kabel- und Leitungssysteme (-anlagen) .... N **520** 522.2

Wärmestau
Betriebsmittel .... N **420** 4.4
Schutz gegen thermische Einflüsse .... N **420** 4.4

Warnhinweise
Besichtigen .... N **610** 4.3
Nachweise vor erster Inbetriebnahme .... *E* ***610A1*** *611.3*

Wartung
Ausschalten .... N **460** 5
elektrische Anlagen für Sicherheitszwecke .... N **560** 561.3

Wartungsgänge
Begriff .... N **200** A.1.10
Mindestbreiten .... *E* ***481*** *481.2.4*

Wasser
→ siehe Auftreten von Wasser

Wasserabführung
Kabel- und Leitungssysteme (-anlagen) .... N **520** 522.3.2

Wasserbeständigkeit
Kabel- und Leitungssysteme (-anlagen) .... N **520** 527.3.1

Wasserdruck
Dampferzeuger .... N **420** 6.2

Heißwassererzeuger	N	**420**	6.2
Wassererwärmer			
Räume mit Badewanne oder Dusche	*E*	***701***	*701.55*
Wasserleitungen			
Nähe zu Kabel- und Leitungssystemen (-anlagen)	N	**520**	528.2.2
Schutz gegen elektromagnetische Störungen (EMI)	N	**444**	444.3.14
Wasserrohre			
als Schutzleiter	N	**540**	5.2.4
aus Metall; Schutz durch nichtleitende Räume	N	**410**	413.3.5
Räume mit Badewanne oder Dusche	*E*	***701***	*701.413.1.6*
Wasserrohrnetz			
Begriff	N	**540**	Erläuterung zu 5.2.2
Beitrittsgebiet	B2	-	Seite 21
Erder	N	**540**	4.2.1, 4.2.5,
	B2	-	Seite 21
Wasserschutz			
Betriebsmittel	N	**738**	5.1
Schwimmanlage	N	**702**	5.1
Springbrunnen	N	**738**	5.1
→ siehe auch unter AD (Auftreten von Wasser)			
→ siehe auch unter IP-Schutzarten			
Wassersportfahrzeuge			
Akkumulatoren	*E*	***709***	*6.2.1*
Anschlussleitung	*E*	***709***	*4.2*
Begriff	*E*	***709***	*2.1*
Eigenstromversorgung (Kleinspannung)	*E*	***709***	*6*
Eigenstromversorgung (Niederspannung)	*E*	***709***	*5*
Generatoren	*E*	***709***	*6.2.2*
Geräte zum Trennen	*E*	***709***	*4.3.4*
Hauptschalter	*E*	***709***	*4.3.4*
Kabel	*E*	***709***	*4.3.2, 6.3*
Ladegeräte	*E*	***709***	*6.2.3*
Leitungen	*E*	***709***	*4.3.2, 6.3*
Photovoltaik	*E*	***709***	*6.2.4*
Potentialausgleich	*E*	***709***	*6.1.3*
Schaltanlagen	*E*	***709***	*4.3.3, 6.4*
Schutz gegen gefährliche Körperströme	*E*	***709***	*4.3*
Trenntransformator	*E*	***709***	*Anhang C, Anhang D*
Wasseruhren			
Überbrückung	*E*	***540A1***	*544.3*

Wasserverbrauchsleitungen
Begriff .... N **540** Erläuterung zu 5.2.2

Wasserzähler
Überbrückung .... N **540** 9.1.3

Wechselschalter
Wechselschaltung .... N **550** 5

Wechselstrom
Spannungsbereiche .... N **410** Nationales Vorwort,
N **520** Nationales Vorwort

Wechselstromkreise
Umhüllungen aus ferromagnetischen Werkstoffen .... N **520** 521.5

Wechselstromsysteme
Systeme .... N **300** 312.1

Wehenräume
Begriff .... E ***710*** *Tabelle B.1-8.*
Zuordnung Sicherheitsstromversorgung und Anwendungsgruppe .... E ***710*** *Tabelle B.1-8.*

Weiterbetrieb im Falle eines Brandes
elektrische Anlagen für Sicherheitszwecke .... N **560** 561.1.2

Welleneinwirkungen
Kabel- und Leitungssysteme (-anlagen) .... N **520** 522.3.3

Werkstoffe
die bei Kontakt ihre Eigenschaften verschlechtern; Kabel- und Leitungssysteme (-anlagen) .... N **520** 522.5.3
Erder .... N **540** 4.2.3,
E ***540A1*** *542.2.1, 542.2.3, Tabelle 54A*

wettergeschützte Räume
Kurzzeichen .... N **300** 321.2

Whirlpooleinrichtungen
Räume mit Badewanne oder Dusche .... E ***701*** *701.55*

Widerstände
Beleuchtungsanlagen .... E ***559A1*** *559.7*
isolierende Wand .... N **610** 5.5, Anhang A

isolierender Fußboden .... N **610** 5.5, Anhang A
*Leuchten .... E **559A1** 559.7*
*Schutzleiter (Erstprüfungen) .... E **600A1** 612.5.4*
zwischen gleichzeitig berührbaren Körpern und fremden leitfähigen Teilen; zusätzlicher Potentialausgleich .... N **410** 413.1.6.2

Wiederanlauf
Motorsteuerstromkreise .... N **460** 7.3.1

Wiedereinschalten
Ausschalten für mechanische Wartung .... N **460** 5.2
Unterspannungs-Schutzeinrichtung .... N **450** 3.5

Wiederholungsprüfungen
*bauliche Anlagen für Menschenansammlungen .... E **718** 718.62*
*medizinisch genutzte Räume .... E **710** 710.62*
*Stromversorgungsanlagen für Sicherheitszwecke .... E **718** 718.62*
*vorübergehend errichtete Anlagen für Bauwerke, Vergnügungseinrichtungen und Buden auf Kirmesplätzen .... E **740** 740.6*

wiederkehrende Nachweise durch Prüfungen
*Änderung der Anlage .... E **620** 62.1*
*Erweiterung der Anlage .... E **620** 62.1*
*Nutzungsänderung .... E **620** 62.1*
*Prüfbericht .... E **620** 62.4*
*Prüffristen .... E **620** 62.2*
*Umfang .... E **620** 62.3*
*Ziel .... E **620** 62.1*

wiederkehrende Prüfungen
→ siehe auch wiederkehrende Nachweise

Wind
Beanspruchungen der Kabel- und Leitungssysteme (-anlagen) .... N **520** 522.13
Kenngrößen .... N **300** 321.15
Kurzzeichen .... N **300** 321.15

Wirksamkeit
der Schutzmaßnahmen sicherstellen .... N **300** 34
Not-Halt .... N **460** 6.3
Not-Schalteinrichtung .... N **460** 6.3, 6.4
Schutzarten .... N **737** 3.1
zusätzlicher Potentialausgleich .... N **410** 413.1.6.2

Wirkungen des elektrischen Stromes auf den menschlichen Körper
*Allgemeines .... E **410A5** 0.2*

Zeit/Strom Bereich über Auswirkungen durch
Wechselstrom .... *E* ***410A5*** *Bild 1*

Wohnhäuser
Kurzzeichen .... N **300** 322.4

Wohnung
Begriff .... N **739** 2.1
Steckdosen .... N **737** 5.3.2
zusätzlicher Schutz bei direktem Berühren .... N **739**

Wohnwagen nach Schaustellerart
Beleuchtungsanlagen .... N **722** 8,
E ***722*** *8*
Kabel .... N **722** 7,
E ***722*** *7*
Leitungen .... N **722** 7,
E ***722*** *7*
Maschinen .... N **722** 9.1,
E ***722*** *9.1*
Schaltgeräte .... N **722** 9.1,
E ***722*** *9.1*
Schaltpläne .... N **722** 6,
E ***722*** *6*
Speisepunkte .... N **722** 4,
E ***722*** *4*
Standort dafür .... N **722** 4.1.4
Standort dafür im Beitrittsgebiet .... B2 - Seite 21
Stromschienen .... N **722** 7,
E ***722*** *7*
Transformatoren .... N **722** 9.1,
E ***722*** *9.1*

Z

zeitverzögert
Unterspannungs-Schutzeinrichtung .... N **450** 3.2

zeitweilige Überspannungen
aufgrund des Verlustes eines spannungsführenden
Leiters *EB1* ***534*** *7.3.3*
aufgrund eines Kurzschlusses zwischen einem
Phasenleiter und dem Neutralleiter *EB1* ***534*** *7.3.1*
aufgrund von Fehlern *EB1* ***534*** *C.1*
aufgrund von Fehlern in Niederspannungsanlagen *EB1* ***534*** *7.3*
aufgrund von Fehlern zwischen dem
Mittelspannungssystem und Erde *EB1* ***534*** *7.2.1*

aufgrund von Mittelspannungs- und Niederspannungstörungen ... *EB1* ***534*** *7.2*
aufgrund von Niederspannungs-Isolationsfehlern gegen Erde ... *EB1* ***534*** *7.3.2*
Begriff ... *EB1* ***534*** *3.16*
maximal mögliche TOV-Werte in Niederspannungsanlagen aufgrund von Fehlern im Niederspannungssystem ... *EB1* ***534*** *Tabelle C.2*
Schutz bei Überspannungen ... *EB1* ***534*** *4c, 7, Anhang C*
Überspannungs-Schutzeinrichtungen ... *EB1* ***534*** *12.3.2.3*
versehentliche Berührung von unterschiedlichen Systemen ... *EB1* ***534*** *C.2*
Wahrscheinlichkeit von Ereignissen und Schadenstärke ... *EB1* ***534*** *7.4*

Zelt
elektrische Anlagen ... N **708**

zentrale Batterieversorgungssysteme
Sicherheitsstromversorgungen ... E **560A2** 568.5.1.3
mit begrenzter Leistung; Sicherheitsstromversorgungen .. E **560A2** 568.5.1.2

zentrale Stromversorgungssysteme (CPS-Systeme)
Begriff ... *E* ***718*** *718.3.11*

Zentralheizungsanlagen
Hauptpotentialausgleich ... N **410** 413.1.2.1

Zirkusse
Anbringungsort von Entladungs-Lampen ... *E* ***740*** *740.55.3.1*
Anlagen im Freien ... *E* ***711A1*** *711A.537.2.1*
Anwendung der Schutzmaßnahmen ... *E* ***711A1*** *711A.47*
äußere Einflüsse ... *E* ***711A1*** *711A.512,*
E ***740*** *740.512*
Beleuchtung ... *E* ***740*** *740.481.3.1.4*
Beleuchtungsanlagen ... *E* ***711A1*** *711A.55.01*
Berührungsspannung U_L ... *E* ***740*** *740.413.1.4*
Betriebsbedingungen ... *E* ***711A1*** *711A.512,*
E ***740*** *740.512*
Betriebsmittel, deren falsche Behandlung zu erwarten ist ... *E* ***740*** *740.512.3*
Brandschutz ... *E* ***711A1*** *711A.422,*
E ***740*** *740.422*
brennbare Baustoffe ... *E* ***740*** *740.482.3*
Buden auf Messegeländen ... *E* ***711A1*** *711A.52.01*
elektrische Anlagen ... *E* ***740***
elektrische Versorgung ... *E* ***711A1*** *711A.55.08,*
E ***740*** *740.55.8*
Endstromkreise ... *E* ***740*** *740.481.3.1.4*

Erdschlussüberwachung	*E*	***711A1***	*711A.412.5.2*
Erdung	*E*	***711A1***	*711A.54*
Erdung in TT-Systemen	*E*	***711A1***	*711A.541*
Flutlichter	*E*	***740***	*740.55.1.4*
Generatoren	*E*	***711A1***	*711A.55.06*
Geräte zum Schalten	*E*	***711A1***	*711A.537*
Geräte zum Trennen	*E*	***711A1***	*711A.512.02, 711A.537*
Gleichrichter	*E*	***711A1***	*711A.55.06*
Haltung von Tieren	*E*	***740***	*740.413.1.4*
Hauptpotentialausgleich	*E*	***740***	*740.413.1.2.1*
IT-Systeme	*E*	***740***	*740.413.1.5*
IT-Systeme werden nicht empfohlen	*E*	***711A1***	*711A.413.1.5*
Kabel- und Leitungssysteme (-anlagen)	*E*	***711A1***	*711A.52*
Konverter	*E*	***740***	*740.55.6*
Lampenfassungen	*E*	***740***	*740.55.1.3*
Leiter, die nicht zur elektrischen Anlage gehören	*E*	***711A1***	*711A.470*
Leiteranschlüsse	*E*	***711A1***	*711A.52.02*
Leiterverbindungen	*E*	***711A1***	*711A.52.02*
Leuchten	*E*	***711A1***	*711A.55.02,*
	E	***740***	*740.55.1.1*
mechanische Beanspruchungen	*E*	***740***	*740.520.1*
Mittel zur Bedienung	*E*	***711A1***	*711A.512.02*
Motor-Generator-Gruppen	*E*	***740***	*740.313.3*
Neutralleiter	*E*	***711A1***	*711A.512.02*
Niederspannungs-Stromerzeugungsanlagen	*E*	***740***	*740.551*
Not-Aus-Einrichtungen	*E*	***740***	*740.55.3.3*
ortsveränderliche Jahrmärkte	*E*	***711A1***	*711A.52.01*
PELV	*E*	***740***	*740.42.1*
Potentialausgleich	*E*	***711A1***	*711A.413.1.2*
RCDs	*E*	***711A1***	*711A.412.5,*
	E	***740***	*740.412.5*
RCDs zum Trennen	*E*	***711A1***	*711A.537.2.2*
Schalten	*E*	***740***	*740.537*
schalten des Neutralleiters	*E*	***711A1***	*711A.537.1*
Schaltgeräte	*E*	***711A1***	*711A.53,*
	E	***740***	*740.53*
Scheinwerfer	*E*	***711A1***	*711A.55.02*
Schleifleitungen	*E*	***740***	*740.520.1*
Schutz bei Überlaststrom	*E*	***711A1***	*711A.433*
Schutz durch Abstand nicht erlaubt	*E*	***711A1***	*711A.471.1*
Schutz durch erdfreien Potentialausgleich nicht erlaubt	*E*	***711A1***	*711A.471.2*
Schutz durch Hindernisse nicht erlaubt	*E*	***711A1***	*711A.471.1*
Schutz durch nichtleitende Fußböden nicht erlaubt	*E*	***711A1***	*711A.471.2*
Schutz gegen elektrischen Schlag	*E*	***711A1***	*711A.41*
Schutz gegen elektrischen Schlag unter Fehlerbedingungen	*E*	***740***	*740.471.2*

Schutz gegen elektrischen Schlag unter normalen Bedingungen .... *E* **740** *740.412, 740.471.1*
Schutz gegen thermische Einflüsse .... *E* **711A1** *711A.42*
Schutzart .... *E* **711A1** *711A.512.03*
Schutzeinrichtungen .... *E* **740** *740.51, 740.512.2*
Schutzleiter .... *E* **711A1** *711A.54*
SELV .... *E* **740** *740.42.1, 740.512.1*
Spannungen .... *E* **740** *740.313.1*
Speisepunkte .... *E* **740** *740.55.8*
Steckdosen .... *E* **711A1** *711A.55.07,*
E **740** *740.481.3.1.4, 740.55.7*
Stecker .... *E* **711A1** *711A.55.07,*
E **740** *740.55.7*
Steuereinrichtungen von Entladungs-Lampen .... *E* **740** *740.55.3.2*
Steuergeräte .... *E* **711A1** *711A.53,*
E **740** *740.51, 740.53*
Stromversorgung durch Motor-Generator-Satz des Benutzers .... *E* **711A1** *711A.313.1.2*
Stromversorgung vom öffentlichen Netz .... *E* **711A1** *711A.313.1.1*
TN-Systeme .... *E* **711A1** *711A.413.1.3*
Transformatoren .... *E* **711A1** *711A.55.06*
Trennen .... *E* **740** *740.462, 740.537*
Trennen von elektrischen Maschinen .... *E* **740** *740.55.4.1*
Trennstellen .... *E* **711A1** *711A.537.2.1*
Überstrom-Schutzeinrichtungen .... *E* **740** *740.537.1*
verdrillen von Leitern nicht gestattet .... *E* **711A1** *711A.52.02*
Vergnügungsparks .... *E* **711A1** *711A.52.01*
vorübergehend errichtete elektrische Anlagen auf Messegeländen .... *E* **711A1** *711A.52.01*
Zirkusse .... *E* **711A1** *711A.52.01*
zusätzlicher Schutz .... *E* **740** *740.412.5*
zusätzlicher Schutz durch RCDs .... *E* **711A1** *711A.412.5*

zu erwartende Berührungsspannung
abhängig vom Erdungssystem und der Örtlichkeit der Körper .... *E* **410A5** *Anhang A, 3*
Begriff .... N **200** 2.2.3,
E **410A5** *Anhang A, 1.2*
beim 2. Fehler; IT-Systeme .... *E* **410A5** *3.3.2*
Beziehung zur größten Unterbrechungszeit .... *E* **410A5** *Tabelle A*
Ermittlung .... *E* **410A5** *1.2, 1.3*
maximale Dauer .... *E* **410A5** *Bild B2*
Strom durch den menschlichen Körper .... *E* **410A5** *Bild B1*

zu öffnende Elektroinstallationskanäle
Begriff .... N **200** 2.6.4

zufälliges Öffnen
Geräte zum Trennen .... N **537** 537.2.3

Zugänglichkeit
Besichtigen .... N **610** 4.3
Betätigungseinrichtungen für Not-Ausschaltgeräte .... N **537** 537.4.5
Betriebsmittel .... N **510** 513,
E ***510*** *513*
der Betriebsmittel der Stromversorgungssysteme für Sicherheitseinrichtungen .... E ***560A2*** *564.3*
der Prüfeinrichtung; RCDs .... E ***530A6*** *531.2.1.5*
der Steuerungen der Sicherheitsbeleuchtung .... E ***718*** *718.569.6*
der Stromquellen bei elektrischen Anlagen für Sicherheitszwecke .... N **560** 562.2
der Verbindungen von Kabel- und Leitungssystemen (-anlagen) .... N **520** 526.3
der Verbindungen von Schutzleitern .... E ***540A1*** *543.3.2*
elektrische Betriebsmittel .... N **520** Nationales Vorwort, 132.12
für die Instandhaltung von Kabel- und Leitungssystemen (-anlagen) .... N **520** 529.3
Grundsätze .... E ***100A1*** *132.12*
Maschinen .... N **alt** § 25 a)2, § 25 a)3
Nachweise vor erster Inbetriebnahme .... E ***610A1*** *611.3*
Schalt- und Steuergeräte von elektrischen Anlagen für Sicherheitszwecke .... N **560** 563.5
Schutzleiterverbindungen .... N **540** 5.3.2
Sicherheitsstromversorgungen .... E ***560A2*** *568.2.1.2*
Stromquellen für Sicherheitszwecke .... E ***718*** *568.1.3*
Transformatoren .... N **alt** § 26 b)3
von Schalt- und Steuergeräten bei Sicherheitsstromversorgungsanlagen .... E ***560A2*** *569.8*
Zugang zum Ein- und Ausziehen von Kabeln und Leitungen .... N **520** 522.8.1.5

Zugbeanspruchung
Kabel- und Leitungssysteme (-anlagen) .... N **520** 522.8.1.4

Zugentlastung
in Möbeln .... E ***713*** *713.52.4, 713.52.5*

zulässige (Dauer-)Strombelastbarkeit
Begriff .... N **200** 2.5.5,
E ***200A2*** *826-05-05*

zulässige Strombelastbarkeit von Leitern
Verweis auf Normen .... N **520** 523

Zuordnungen
Überspannungs-Schutzeinrichtungen .... V **534** 534.2
von Schutzeinrichtungen; Schutz bei Überlast .... N **430** 5.2,
E ***430A1*** *433.2*

Zusammenhang
Harmonisierungsdokumente und DIN VDE 0100 .... B2 - Tabelle 3
IEC-Publikationen und DIN VDE 0100 .... B2 - Tabelle 3

zusätzliche Einspeisung aus der allgemeinen Stromversorgung
Stromquellen für Sicherheitszwecke .... N **300** 351

zusätzliche Isolierung
Schutz durch Verwendung von Betriebsmitteln der Schutzklasse II oder durch gleichwertige Isolierung .... N **410** 413.2.1.3

zusätzlicher Potentialausgleich
Ablaufstutzen (leitfähig) der Bade- oder Duschwanne .... N **701** 4.2.1
Bedingungen für das automatische Abschalten nicht erfüllt .... N **410** 413.1.2.2
Betriebsmittel mit strombegrenzenden Eigenschaften....... E ***719*** *7XX.471.2.3.3*
bewegliche Bade- oder Duschwanne .... N **701** 4.2.6
Durchgängigkeit .... N **610** 5.2
elektrische Anlagen in Ausstellungen, Shows, Ständen, Jahrmärkten .... E ***711*** *711.413.1.6.1, 711.413.1.6.2*
Erproben und Messen .... N **610** 5.1
Flächenheizungen... E ***753*** *753.413.1.6*
Gleichstromanteil im Fehlerstrom .... E ***719*** *7XX.471.2.3.3*
gleichzeitig berührbare fremde leitfähige Teile .... N **410** 413.1.6.1
gleichzeitig berührbare Körper .... N **410** 413.1.6.1
IT-Systeme .... N **410** 413.1.5.7,
N **610** 5.2, 5.6.1.1, 5.6.1.4.2.1
Kunststoffwanne .... N **701** 4.2.4
medizinisch genutzte Räume .... E ***710*** *710.413.1.6*
metallene Verstärkungen von Gebäudekonstruktionen..... N **410** 413.1.6.1
Mindestquerschnitte .... N **540** 9.1.2
Nachweise vor erster Inbetriebnahme .... E ***610A1*** *612.2*
nichtelektrischer Anlagen in der Nähe elektrischer Anlagen .... N **520** 528.2.4
Niederspannungs-Stromerzeugungsanlagen...................... N **551** 551.4.3.1
Photovoltaik-Anlagen .... E ***712*** *712.413.1.6*
Planschbecken .... E ***702A1*** *702.413.1.6*
Potentialausgleichsleiter .... E ***540A1*** *544.2*
Prinzip .... E ***410A5*** *4*

Schutz durch automatische Abschaltung der Stromversorgung	N	**410**	413.1.2.2, 413.1.6
Schutz gegen elektrischen Schlag	N	**410**	413.1.6
Schutzleiter	N	**410**	413.1.6.1
Schwimmanlage	N	**702**	4.1.2
Schwimmbäder und andere Becken	*E*	***702A1***	*702.413.1.6*
Springbrunnen	N	**738**	4.4,
	E	***702A1***	*702.413.1.6*
Standbereich (der Tiere)	N	**705**	3.4
Stromquellen mit strombegrenzenden Eigenschaften	*E*	***719***	*7XX.471.2.3.3*
TN-Systeme	N	**410**	413.1.3.6
TT-Systeme	N	**410**	413.1.4.3,
	N	**610**	5.2, 5.6.1.1, 5.6.1.3.1
vorübergehend errichtete Anlagen für Bauwerke, Vergnügungseinrichtungen und Buden auf Kirmesplätzen	*E*	***740***	*740.413.1.6*
Wanne aus Kunststoff	N	**701**	4.2.4
Wanne aus leitfähigem Material	N	**701**	4.2.1, 4.2.5
Widerstand zwischen gleichzeitig berührbaren Körpern und fremden leitfähigen Teilen	N	**410**	413.1.6.2
Wirksamkeit	N	**410**	413.1.6.2
Zweifel an der Wirksamkeit (Nachweise vor erster Inbetriebnahme)	*E*	***610A1***	*612.6.3*

zusätzlicher Schutz

Bemessungsdifferenzstrom	N	**410**	412.5.1
Betriebsmittel	N	**510**	512.2.2,
	E	**510**	512.2.2
bewegliche oder ortsveränderliche elektrische Anlagen	E	**717**	717.412.5
durch RCDs	N	**410**	412.5
vorübergehend errichtete Anlagen für Bauwerke, Vergnügungseinrichtungen und Buden auf Kirmesplätzen, Vergnügungsparks und Zirkusse	E	**740**	740.412.5
Wohnungen	N	**739**	

zusätzlicher Schutz durch RCDs

Betriebsmittel mit strombegrenzenden Eigenschaften	*E*	***719***	*7XX.412.5*
Buden auf Messegeländen	*E*	***711A1***	*711A.412.5*
Gleichstromanteil im Fehlerstrom	*E*	***719***	*7XX.412.5*
Stromquellen mit strombegrenzenden Eigenschaften	*E*	***719***	*7XX.412.5*
Vergnügungsparks	*E*	***711A1***	*711A.412.5*
vorübergehend errichtete elektrische Anlagen auf Messegeländen	*E*	***711A1***	*711A.412.5*
Zirkusse	*E*	***711A1***	*711A.412.5*

Zuständigkeit und Fähigkeit von Personen

Begriffe	N	**200**	2.9

Zuverlässigkeit
Betriebsmittel .... N **300** 34
der Schutzmaßnahmen sicherstellen........ N **510** 512.2.4,
E **510** 512.2.4
Erdungsanlage .... N **540** 4.2.5
Schutzmaßnahmen........ N **510** 512.2.4,
E **510** 512.2.4
Stromversorgungssysteme für
Sicherheitseinrichtungen .... E ***560A2*** *564.1.2*

Zweck
elektrische Anlagen .... N **300** 31

Zweiphasen-3-Leiter
Systeme........ N **300** 312.1

Zweiphasen-5-Leiter
Systeme........ N **300** 312.1

Zwischenabdeckungen
Basisschutz .... N **410** 412.2.4
Schutz gegen direktes Berühren .... N **410** 412.2.4
Schutz gegen elektrischen Schlag unter normalen
Bedingungen .... N **410** 412.2.4

Zwischenwände
Durchbrüche der Kabel- und Leitungssysteme
(-anlagen) .... N **520** 527.2.1